应用型本科机电类专业“十三五”规划教材

测绘与计算机绘图

主　编　丁有和

副主编　王玉鹏

西安电子科技大学出版社

内容简介

本书共七个项目，包括测绘准备与拆卸、草图绘制与测量、圆整与技术条件的确定、典型零件测绘、AutoCAD 图形绘制基础、AutoCAD 图样绘制以及齿轮油泵测绘。其中，前四个项目是测绘的基础内容，较为详细；后两个项目是 AutoCAD 2014 的内容，强调实训过程，有命令总结和许多用于巩固提高的练习内容；最后一个项目是测绘的综合训练以及撰写测绘报告与相关的答辩准备等内容。

本书可作为应用型本科(含独立本科院校)、高职高专机械类或近机类相关课程的实训教材，也可作为培训机构、企业有关技术人员的参考书。

图书在版编目(CIP)数据

测绘与计算机绘图 / 丁有和主编. —西安：西安电子科技大学出版社，2019.3

ISBN 978-7-5606-5236-8

Ⅰ. ① 测… Ⅱ. ① 丁… Ⅲ. ① AutoCAD 软件 Ⅳ. ① TP391.72

中国版本图书馆 CIP 数据核字(2019)第 029219 号

策划编辑 陈 婷

责任编辑 王 艳 陈 婷

出版发行 西安电子科技大学出版社(西安市太白南路 2 号)

电 话 (029)88242885 88201467 邮 编 710071

网 址 www.xduph.com 电子邮箱 xdupfxb001@163.com

经 销 新华书店

印刷单位 陕西日报社

版 次 2019 年 3 月第 1 版 2019 年 3 月第 1 次印刷

开 本 787 毫米×1092 毫米 1/16 印 张 16.375

字 数 386 千字

印 数 1～3000 册

定 价 39.00 元

ISBN 978-7-5606-5236-8 / TP

XDUP 5538001-1

如有印装问题可调换

前　言

机械制图、计算机绘图(CAD)以及测绘这三个模块是工科院校机械类和近机类专业所必修的专业基础内容。近些年来，有些院校将机械制图与CAD融合在一起，试图将“绘制”手段现代化，然而实际效果并不理想，一来CAD内容没说清楚(规范满足也不够)、制图内容也没讲透，二来弱化了空间想象能力的培养，甚至很多学生认为“制图就是CAD”。鉴于以上情况，建议将机械制图模块安排在第一学期中“单独”开设，且应强调人工尺规绘图、空间思维能力、图形表达能力以及严谨细致的工作作风和认真负责的工作态度。在此基础上，第二学期开设CAD与测绘模块。这样做不仅能协调课时，而且还可以将表达方法、零件图以及装配图的内容融入到CAD与测绘模块中。更为重要的是，这样做能强化和提升学生的机械制图基本技能、CAD技能以及综合应用能力，能更好地培养学生的独立思考、协作互助、查询资料以及解决工程实际问题的能力。

本书针对应用型本科(含独立本科院校)教学的实际情况，在内容上按“应用为主、够用为度”的理念将测绘和计算机绘图两者融合，并以“项目”的形式来组织知识架构；在应用和能力的培养上，采用“任务驱动”将理论、实践、实训内容融为一体。

本书遵循最新的国家标准，并按学习习惯，对相关的部分标准及要点进行汇总，方便在测绘过程中查阅。同时，针对AutoCAD的特点，本书按由易到难、循序渐进的教学模式，从简单图形绘制，到复杂平面图形分析和建构，再到零件图和装配图的绘制。本书设计的各个任务从应用需求和技巧(技术)出发，突出解决工程实际问题的策略和方法。

参加本书编写的有南京师范大学丁有和，南京工业大学浦江学院王玉鹏、徐海璐、戎新萍、韩雪、诸剑以及南通理工学院的张捷、程洋、孙健华等。全书由丁有和统稿并担任主编，王玉鹏担任副主编。南京工业大学袁祖强教授、南京信息职业技术学院李一民教授对全书进行了认真细致的审核，并提出了许多宝贵的意见和建议，在此表示衷心的感谢。同时，还要感谢西安电子科技大学出版社为江苏省内独立本科院校专业课程教材专题研讨建立了交流平台，并对杭程、马琼、周洋等的大力支持和帮助表示感谢。

由于编者水平有限，书中疏漏之处在所难免，敬请广大师生、读者批评指正。

编　者

2018年10月

目　　录

项目 1　测绘准备与拆卸

测绘实训是高校工科机械类、近机类各专业开设的重要实践必修课程之一。本项目主要完成“课程与测绘准备”、“拆卸工具的使用”及“拆卸并绘制装配示意图”三个任务，项目目标包括：

(1) 了解本课程的性质、任务、教学安排、进程和考核方法；

(2) 掌握测绘的概念、目的，熟悉测绘的步骤、要求及测绘注意事项；

(3) 掌握零部件测绘的准备工作及操作规则，学会对测绘任务进行组织；

(4) 熟悉常用拆卸工具的使用，学会部件的拆卸方法并绘制装配示意图。

任务 1.1　课程与测绘准备

除课程概述外，零部件测绘还需在组织、资料、工具等方面做好准备。

1.1.1　工作任务

1．任务内容

分析并阐述本课程的目的、意义和要求以及测绘概念、测绘类别、测绘内容与步骤、测绘进程与成绩考核等，做好测绘前的准备工作。

2．任务分析

具体如表 1.1.1 所示。

表 1.1.1　任务准备与分析

<table>
<tr><td>任务准备</td><td colspan="3">安排场所，准备课件等</td></tr>
<tr><td rowspan="6">任务实施</td><td>学习情境</td><td>实施过程</td><td>结果形式</td></tr>
<tr><td>课程概述</td><td>教师根据课程大纲讲解、答疑
学生听、看、记</td><td></td></tr>
<tr><td>测绘概述</td><td>教师讲解、答疑
学生回答“练一练”问题</td><td></td></tr>
<tr><td>测绘内容与步骤</td><td rowspan="2">教师讲解、答疑
学生听、看、记</td><td></td></tr>
<tr><td>测绘的基本要求</td><td></td></tr>
<tr><td>测绘前的准备</td><td>教师讲解、答疑
学生课后制表、填表及准备相应的物品</td><td>班级分组表、小组任务分配表、测绘任务表、物品准备清单</td></tr>
<tr><td>学习重点</td><td colspan="3">测绘内容与步骤，测绘前的准备</td></tr>
<tr><td>学习难点</td><td colspan="3">测绘程序</td></tr>
<tr><td>任务总结</td><td colspan="3">学生提出任务实施过程中存在的问题，解决并总结
教师根据任务实施过程中学生存在的共性问题，讲评并解决</td></tr>
<tr><td>任务考核</td><td colspan="3">根据回答问题及完成的表格打分</td></tr>
</table>

参看表 1.1.1 完成任务，实施步骤如下。

1.1.2 任务实施

1. 课程概述

本实训课程是一门在学完“机械制图”全部内容后集中一段时间专门进行部件测绘的实践性极强的课程，主要目的是让学生把已经学习到的机械制图知识全面地、综合性地运用到零部件测绘实践中去，进一步总结、提高所学到的机械制图知识，培养学生的部件测绘工作能力和 AutoCAD 设计制图能力，并能配合后续的专业技术课程和专业课程开设的“课程设计”、“专业毕业设计”等环节的学习，有助于学生对后续课程的学习和理解。

1) 目的和任务

本实训课程的主要目的和任务包括：

(1) 培养学生综合运用机械制图理论知识去分析和解决工程实际问题的能力，并进一步巩固、深化、扩展所学到的机械制图理论知识。

(2) 通过部件测绘实践训练，使学生初步了解部件测绘的内容、方法和步骤，同时能正确使用工具拆卸机器部件，正确使用测绘工具测量零件尺寸。此外，训练学生徒手绘制零件草图、使用尺规和 AutoCAD 绘制装配图和零件工作图的技能。

(3) 使学生在设计制图、查阅标准手册、识读机械图样、使用经验数据等方面的能力得到全面的提高。

(4) 完成测绘实训所规定的零件草图、装配图、零件工作图的绘制工作任务，提高识图、绘图的技能与技巧。

(5) 培养学生认真负责的工作态度和严谨细致的工作作风。

(6) 培养学生的工程意识、创新能力以及团队合作精神。

2) 课程进程

本实训课程包括“测绘”与“AutoCAD”两个阶段的内容，先测绘后 AutoCAD，共 48 学时(各 24 学时)，每 3 学时(半天)一次课。其中，测绘可集中安排 1 周或以一次半天(3 学时)穿插进行。课程具体进程如表 1.1.2 所示(各校课时安排各不相同，这里仅供参考)。

表 1.1.2 课程进程及内容

阶段	课次	主要内容	学生完成的内容
测绘	1	项目 1	测绘前分组填表，拆卸，绘制装配示意图
	2	项目 2 项目 4 中的“轴套类零件的测绘”	测绘轴类零件
	3	项目 3	修改轴类零件草图，测绘零件
	4、5、6	项目 4 的其他内容	测绘其他非标准零件
	7	绘制装配图(项目 7)	尺规绘制装配图(课后继续完成)
	8	绘制零件图(项目 7)	尺规绘制 2～4 个零件图(课后继续完成)
AutoCAD	9、10	项目 5	完成各任务中的实训及练习内容
	11～14	项目 6	完成各任务中的实训及练习内容
	15	上机考查	绘制零件工作图(可将测绘的泵体工作图作为考查内容)
答辩与总结	16	分班级分组集中答辩	撰写测绘报告，装订测绘图册

3) 成绩评定

本实训课程成绩按百分制评定，“测绘”与“AutoCAD”各占 50%。其中，“测绘”成绩的百分制为平时(10%) + 测绘操作(60%) + 测绘报告(20%) + 答辩(10%)；“AutoCAD”成绩的百分制为平时(50%) + 上机考查(50%)。

2．测绘概述

部件测绘对现有机器设备的改造、维修、仿制和技术的引进、推广、革新等有着重要的意义，因此，部(零)件测绘是实际生产中的重要工作之一，是工程技术人员应掌握的基本技能。

1) 测绘的概念

测绘就是对现有的机器或部件进行实物拆卸与分析，并选择合适的表达方案，不用或只用简单的绘图工具，用较快的速度，徒手目测、绘制出全部零件的草图和装配示意图，然后根据装配示意图和部件实际的装配关系，对测得的尺寸和数据进行圆整与标准化，确定零件的材料和技术要求，最后根据零件草图绘制出装配工作图和零件工作图的过程。

2) 测绘的类别

根据用途不同，可将测绘分为以下三类：

(1) 设计测绘。为了设计新产品，对有参考价值的设备或产品进行测绘，作为新设计的参考或依据。

(2) 机修测绘。机器因零部件损坏不能正常工作，又无图样可查时，需对有关零部件进行测绘，以满足修配工作的需要。

设计测绘与机修测绘的明显区别是：设计测绘的目的是为了新产品的设计与制造，要确定的是基本尺寸和公差，主要满足零部件的互换性需要；机修测绘的目的仅仅是为了修配，确定出制造零件的实际尺寸或修理尺寸，以修配为主，即配作为主，互换为辅，主要满足一台机器的传动配合要求。

(3) 仿制测绘。为了制造生产性能较好的机器，而又缺乏技术资料和图纸时，通过测绘机器的零部件，得到生产所需的全部图样和有关技术资料，以便指导和组织生产。

3) 测绘常用的程序

测绘的程序不是唯一的，由于机器测绘的目的不同，机器的复杂程度也不同，因此一般有以下几种常用的测绘程序：

(1) 零件草图→装配图→零件工作图。

(2) 零件草图→零件工作图→装配图。

(3) 装配草图→零件工作图→装配图。

(4) 装配草图→零件草图→零件工作图→装配图。

上述不同程序有何区别？根据本实训课程的介绍，判断一下所采用的测绘程序是上述哪种类型，试比较它们的优缺点。

3．测绘内容与步骤

测绘的内容与步骤一般包括以下 8 个方面。

1) 做好测绘前的准备工作

全面细致地了解测绘部件的用途、工作性能、工作原理、结构特点以及装配关系等，了解测绘内容和任务，组织好人员分工，准备好相应的参考资料、拆卸工具、测量工具和绘图工具等。

2) 拆卸部件

分析并了解部件后，要进行部件拆卸。部件的拆卸一般按零件组装的反顺序进行，所以在拆卸之前要弄清零件组装的顺序，以及部件的工作原理、结构形状和装配关系，并对拆下的零件进行登记、分类、编号，弄清各零件的名称、作用、结构特点等。

3) 绘制装配示意图

采用简单的线条和图例符号绘制出部件大致轮廓的装配图样(装配示意图)。装配示意图主要表达各零件之间的相对位置、装配与连接关系、传动路线及工作原理等内容，是绘制装配工作图的重要依据。

4) 绘制零件草图

根据拆卸的零件，按照大致比例，用目测的方法徒手画出具有完整零件图内容的图样(零件草图)。零件草图应采用坐标纸(方格纸)绘制，也可采用一般图纸绘制。标准件不用画草图。

5) 测量零件尺寸

对拆卸后的零件进行测量，将测得的尺寸和相关数据标注在零件草图上。要注意，零件之间的配合尺寸、关联尺寸应协调，工艺结构尺寸、标准结构尺寸以及极限配合尺寸要根据所测的尺寸进行圆整，或查表和参考有关零件图样资料，使所测尺寸标准化、规格化。

6) 绘制装配图

根据装配示意图和零件草图绘制装配图，是部件测绘的主要任务。装配图要表达出部件的工作原理、装配关系、配合尺寸、主要零件的结构形状及相互位置关系和技术要求等。装配图是检查零件草图中的零件结构是否合理、尺寸是否准确的依据。

7) 绘制零件工作图

根据零件草图并结合有关零部件的图纸资料，用尺规(直尺、三角尺、圆规)或AutoCAD绘制出零件工作图。

8) 测绘总结与答辩

将在测绘过程中所学到的测绘知识与技能、学习体会、收获等以书面形式写出总结报告，并准备测绘要完成的图纸，参加答辩。

4．测绘的基本要求

在测绘中要注意培养独立分析问题和解决问题的能力，且保质、保量、按时完成部件测绘任务。具体要求是：

(1) 测绘前要认真阅读本书，明确测绘的目的、要求、内容、方法和步骤。

(2) 认真复习与测绘有关的内容，如视图表达、尺寸测量方法、标准件和常用件、零件图与装配图等。

(3) 做好准备工作，如测量工具、绘图工具、资料、手册、仪器用品等。

(4) 对测绘对象应先对其作用、结构、性能进行分析，考虑好拆卸和装配的方法与步骤。

(5) 测绘零件时，除弄清每一个零件的形状、结构、大小外，还要弄清零件间的相互关系，以便确定技术要求。

(6) 在测绘过程中，应将所学知识进行综合分析和应用，认真绘图，保证图纸质量，做到视图表达正确、尺寸标注完整合理。整个图面应符合国家标准《技术制图》和国家标准《机械制图》的有关规定：

① 绘制的图样应投影正确，视图表达得当。

② 尺寸标注应做到正确、完整、清晰、合理。

③ 注写必要的技术要求，包括表面粗糙度、尺寸公差、形位公差以及文字说明。

④ 对于标准件、常用件以及与其有关的零件或部分，其尺寸及结构应查阅标准后确定。

⑤ 图面清晰整洁。

(7) 在测绘中要独立思考，有错必改，不能不求甚解、照抄照搬，要培养严谨细致、一丝不苟的工作作风。

5．测绘前的准备工作

1) 测绘的组织分工

测绘一般以班级进行，针对测绘部件的零件数量和复杂程度，每个班级可分成几个测绘小组，各选出一名负责人组织本小组的工作，讨论制订零部件视图表达方案，掌握测绘工作进程，保管好零部件和测绘工具，解决测绘中遇到的问题，并及时向指导教师汇报情况。

2) 测绘工具

测绘常用的工具通常有拆卸工具(如扳手、螺丝刀、老虎钳和锤子等)、测量工具(如钢直尺、内外卡钳、游标卡尺、千分尺、量具量规等)、绘图工具及用品(如图板、丁字尺、绘图仪器、三角尺及其他绘图工具，画草图的方格纸、铅笔、橡皮等用品)、记录保管工具(如拆卸记录表、工作进程表、照相机、储放柜、储放架、多功能塑料箱等)以及其他工具(如起吊设备、加热设备、清洗设备等)。

3) 测绘的资料

根据测绘的部件类型以及任务内容，准备好相应的资料，如国家标准图册和手册、产品说明书、部件的原始图纸及有关参考资料，或在网上查询和收集测绘对象的资料与信息等。

4) 完成的任务

(1) 学生分组。按全班学生的学号顺序编成若干小组，一般将 3～4 人编为一组，并将其分成组长(A)、组员(B1、B2、B3、…)两个类别。每组任务相同，但各组成员具体的测绘任务由组长来分配。全班分组的方案如表 1.1.3 所示，由班级负责人(班长、学习委员或课代表)来完成。各组测绘任务分配方案如表 1.1.4 所示，由组长来完成。全班分组方案表和各组测绘任务表交任课教师备档以及答辩时使用。

表 1.1.3　全班分组方案

班级：　人数：　分组日期：　班长姓名：　手机号：

类别 组别	组长(A)		B1		B2		B3	
	学号	姓名	学号	姓名	学号	姓名	学号	姓名
第 1 组								
第 2 组								
第 3 组								
第 4 组								
第 5 组								
…								

表 1.1.4　小组任务分配方案

班级：　组别：　分配日期：　班长姓名：　手机号：

任务 成员		测绘的零件			
学号	姓名	零件名称	零件名称	零件名称	零件名称
…	…	…	…	…	…
…	…	…	…	…	…
…	…	…	…	…	…
…	…	…	…	…	…

(2) 填写测绘任务表。学生根据测绘任务的分配方案，参照表 1.1.5 的格式，另用 A4 纸制表，填入测绘任务内容并存档。

(3) 填写测绘物品准备清单。学生根据教师所讲解的测绘前的几类准备工作，参照测绘物品准备清单表 1.1.6 的格式，另用 A4 纸制表，填入测绘准备内容并存档。

表 1.1.5　测绘任务表

测绘模型：　班级：　学号：　姓名：　填写日期：

序号	制图	测绘内容	结果形式	备注
1	绘制装配示意图	了解所要测绘零部件的工作原理和装配关系，用专用工具按正确的顺序拆卸各零件，同时为拆卸下来的每一个零件编号并做适当记录，分清标准件和非标准件，绘制装配示意图	编号、记录文档及一张装配示意图	现场拆卸的编号及记录可用手机拍照，并插入到测绘报告书中
2	绘制零件草图	草图用坐标纸(或方格纸)徒手绘制，零件的表达方案要正确。注意在所有待测零件的草图绘制后再统一测量并标注尺寸，相关零件的关联尺寸要同时注出，避免矛盾。标准件不需绘制草图，只需要测量尺寸后查阅标准，写出规定标记即可	至少四个零件的草图(学生填写具体的零件)	可根据教学要求增减工作量

续表

序号	制图	测绘内容	结果形式	备注
3	绘制装配图	确定部件装配图的表达方案，根据测绘的零件草图和装配示意图拼画装配图。注意在此过程中可能要同时修改已测绘的零件图	一张装配图(学生填写具体的装配图名称)	尺规或CAD
4	绘制零件工作图	将主要零件整理成零件工作图。零件工作图可由装配图拆画得到，在绘制过程中，应参考已绘制的零件草图	至少三个零件的工作图，其中一个是CAD图(学生填写具体的内容)	具体内容可由指导教师确定
5		整理测绘模型、工具等		
6		撰写测绘报告书，交测绘作业		装入资料袋
7		答辩		

表1.1.6　测绘物品准备清单表

测绘模型：　　　　　班级：　　　学号：　　　姓名：　　　填写日期：

序号	类别	准备内容	备注
1	测绘模型	根据班级人数，按四人一组准备相应数量的测绘模型，对测绘模型编号并记录	实验人员准备
2	拆卸工具	一个测绘模型对应一套拆卸工具： ① 活动扳手一只、内六角扳手一套； ② 平口梅花旋具一套； ③ 铜冲铜棒一套； ④ 其他	实验人员准备，并根据测绘模型配备
3	测量工具	一个测绘模型对应一套测量工具： ① 内外卡钳一套； ② 钢直尺、游标卡尺、内六角扳手一套； ③ 其他。 除此之外，还应配有螺纹样板等	
4	测绘用品(工具)	① 坐标纸(方格纸)至少三张； ② 绘图工具套装一套； ③ 其他	一人一套，学生准备
5	资料	① 制图教材或制图手册(最新标准)； ② 本实训课程教材； ③ 其他	

1.1.3　知识拓展：测绘成员岗位责任

1．测绘责任小组的组成及其岗位责任

测绘是一项复杂而细致的工作，特别需要集体内部的密切配合和协调运作，其特点是时间短、任务重、头绪多、要求高。在测绘教学中，为了能发挥学生的主体作用，确实保证测绘教学的顺利实施，因此一般成立以指导老师、班长和小组长组成的测绘责任小组。

指导老师全面负责测绘小组测绘工作的正常展开。班长要协助指导老师开展工作，并保证测绘场所的环境和正常秩序，安排每天的卫生值日。测绘结束时由班长负责收齐作业交给老师批改，并协助指导老师将批改后的图纸按学号顺序装订成册。

1) 班长的工作职责

(1) 检查、督促各组准备好技术资料。

(2) 带领各组长借用相关物品工具，并办理相关手续。

(3) 负责与指导教师沟通，及时解决测绘工作中的各种问题。

(4) 完成测绘后，认真做好以下几项工作：

① 负责收集、清理和交纳作业，归还所借用的工具物品。

② 组织全面打扫测绘实验室的卫生。

2) 组长的工作职责

(1) 带领组员在指定的测绘工作台进行装配件的拆装。

(2) 负责保管好部件、量具，谨防丢失零件。

(3) 负责组织测绘工作，做好组员之间的配合与协调工作。

(4) 将组员完成的草图相互审核后，再根据草图画装配图。

(5) 完成测绘后，认真做好以下工作：

① 负责将装配件装配完好，同时将借用的工具物品交给班长。

② 收集组员的测绘作业交给班长。

③ 协助班长组织全面打扫测绘实验室的卫生。

2．测绘课堂纪律及注意事项

(1) 测绘课是一门独立的课程，要求每一个同学都必须积极参加。

(2) 测绘期间无特殊情况不准请假，上课时间不做与测绘无关的事情，不迟到、早退，不随意乱跑。

(3) 测绘作业必须独立完成，不准全盘抄画别人的作业，更不允许找人代画，一旦发现，就取消该同学大型测绘作业成绩，并报学校给予处分。

(4) 掌握时间进度，按时完成和交纳作业。

(5) 以小组为单位统一保管零件和测绘工具，不得丢失，测绘结束后由组长负责将装配件装配复原后，交给实验管理人员验收。

任务 1.2　拆卸工具的使用

部件的拆卸常常使用一些拆卸工具，如扳手类、螺钉旋具类等。当然，在拆卸过程中，还应正确使用工具，并熟悉工具使用的注意事项。

1.2.1　工作任务

1. 任务内容

阐述常用的拆卸工具，并重点介绍旋具类工具和扳手类工具的使用及注意事项。

2. 任务分析

具体如表1.2.1所示。

表1.2.1　任务准备与分析

任务准备	安排场所，准备拆卸工具实物、课件等		
任务实施	学习情境	实施过程	结果形式
	常用拆卸工具简介	教师讲解、答疑 学生查阅资料	
	旋具类工具的使用	教师讲解、示范、答疑 学生回答“练一练”问题	
	扳手类工具的使用	教师讲解、示范、答疑 学生回答“练一练”问题	
学习重点	螺钉旋具、螺帽旋具、扳手等的使用方法		
学习难点	活动扳手的使用方法		
任务总结	学生提出任务实施过程中存在的问题，解决并总结 教师根据任务实施过程中学生存在的共性问题，讲评并解决		
任务考核	根据学生回答问题的正确程度打分		

参看表1.2.1完成任务，实施步骤如下。

1.2.2　任务实施

拆卸零部件时，为了不损坏零件和影响装配精度，应在了解装配体结构的基础上选择适当的拆卸工具，同时应能正确使用这些工具。

1. 常用拆卸工具简介

常用的拆卸工具主要有螺钉旋具类、扳手类、手钳类和拉拔器、铜冲、铜棒、钳工锤等。

(1) 螺钉旋具类。螺钉旋具俗称螺丝刀或起子，常见的螺钉旋具按工作端不同分为一字形、十字形以及内六角花形螺钉旋具等，如表1.2.2所示。

(2) 扳手类。扳手种类较多，常用的有活动扳手、呆扳手、梅花扳手、内六角扳手、套筒扳手这5种，前四种如表1.2.3所示。

表 1.2.2　常用螺钉旋具

名称	图例及标准	规　格	用途与特点
一字形螺钉旋具	QB/T 2564.4—2002	按旋杆与旋柄的装配方式分为普通式(P)和穿心式(C)两种。以工作端口厚(mm)×工作端口宽(mm)以及旋杆长度(mm)来表示，如 0.4 × 2.5 75C、1 × 5.5 150P 等	用于紧固或拆卸各种标准一字槽螺钉
十字形螺钉旋具	GB/T 2564.5—2002	按旋杆与旋柄的装配方式分为普通式(P)和穿心式(C)两种。以旋杆槽号以及旋杆长度(mm)来表示，如 2100P、3150C 等	用于紧固或拆卸各种标准十字槽螺钉
内六角花形螺钉旋具	GB/T 5358—1998	用以 T 开头的代号×旋杆长度(mm)来表示，如 T10 × 75、T30 × 150H 等，H 表示带磁性	用于紧固或拆卸内六角螺钉

表 1.2.3　常用扳手

名称	图例及标准	规　格	用途与特点
活动扳手	GB/T 4440—2008	以总长度(mm)×最大开口宽度(mm)来表示，如 100 × 13、150 × 18、200 × 24、250 × 30、300 × 36、375 × 46、450 × 55、600 × 65 等	活动扳手具有在可调范围内紧固或拆卸任意大小转动零件的优点，但同时也有工作效率低、工作时容易松动、不易卡紧的缺点
呆扳手	GB/T 4388—2008	有单头和双头之分。单头呆扳手以开口宽度(mm)来表示，如 8、10、12、14、17、19 等；双头呆扳手以两头开口宽度(mm)来表示，如 8 × 10、12 × 14、17 × 19 等	呆扳手的开口宽度为固定值，使用时不需调整，因而具有工作效率高的优点。但缺点是每把呆扳手只适用于一种或两种规格的六角头或方头螺栓或螺母，工作时常常需要成套携带，并且由于只有两个接触面，容易对被拆卸件造成机械损伤
梅花扳手	GB/T 4388—2008	有单头和双头之分，并按颈部形状分为矮、高、直和弯颈型；花环内孔是由两个正六边形相互同心错开 30° 而成。单头梅花扳手以花环内孔对边宽度(mm)来表示，如 8、10、12、14、17、19 等；双头梅花扳手以两头花环内孔对边宽度(mm)来表示，如 8 × 10、12 × 14、17 × 19 等	在使用时因花环内孔对边宽度为固定值，因而不需调整。其工作效率高，且与前两种扳手相比占用空间较小，因此是使用较多的一种扳手。同时，因其有六对工作面，克服了前两种扳手因接触面数少而容易对被拆卸件造成机械损伤的缺点，但在工作时仍需成套携带
内六角扳手	GB/T 5356—2008	内六角扳手也叫艾伦扳手，分为普通级和增强级，其中增强级用 R 表示。内六角扳手以六角面对边宽度(mm)来表示，如 2、4、5、6、8、10 等	专门用于装拆标准内六角螺钉。由于其有六个工作面，因而受力充分且不容易损坏，且扳手两端都可以使用，但在工作时仍需成套携带

(3) 手钳类。常见的手钳有尖嘴钳、扁嘴钳、钢丝钳、弯嘴钳以及卡簧钳等，如表 1.2.4 所示。除此之外，还有圆嘴钳、斜嘴钳、鲤鱼钳、胡桃钳、剥线钳以及管子钳等。

(4) 拉拔器及其他。拉拔器常见的有三爪和两爪，用于轴系零部件的拆卸，如轮、盘或轴承等。除此之外，还有铜冲、铜棒、木槌、橡胶锤、铁锤等拆卸工具。

表 1.2.4　常 用 手 钳

名称	图例及标准	规　格	用途与特点
尖嘴钳	QB/T 2440.1—2007	分柄部带塑料套与不带两种。以钳全长(mm)来表示，如 125、140、160、180、200 等	在狭小工作空间夹持小零件和切断或扭曲细金属丝
扁嘴钳	QB/T 2440.2—2007	按钳嘴形式分为长嘴和短嘴两种，分手柄部带塑料套与不带两种。以钳全长(mm)来表示，如 125、140、160 等	用于弯曲金属薄片和细金属丝、拔装销子和弹簧等小零部件
钢丝钳	QB/T 2442.1—2007	又称夹扭剪切两用钳，分柄部带塑料套与不带两种。以钳全长(mm)来表示，如 160、180、200 等	用于夹持或弯曲金属薄片、细圆柱形件，可切断细金属丝，带绝缘柄的供有电的场合使用(称为电工钳)
弯嘴钳		分柄部带塑料套与不带两种。以钳全长(mm)来表示，如 125、140、160、180 等	与尖嘴钳(不带刃口)相似，适宜在狭窄或凹陷下的工作空间使用
卡簧钳	JB/T 3411.47—1999(轴用) JB/T 3411.48—1999(孔用)	又称挡圈钳，分轴用(外用，初态闭合，握紧外张)和孔用(内用，初态打开，握紧内紧)。根据安装部位的不同，又有直嘴式和弯嘴式。以钳全长(mm)来表示，如 125、175、225 等	专用于拆装弹性挡圈

2．旋具类工具的使用

旋具类工具包括螺钉旋具和螺帽旋具。

1) 螺钉旋具

螺钉旋具主要是螺丝刀(又称改锥或起子)，有一字形螺丝刀和十字形螺丝刀。螺丝刀的使用方法如下：

(1) 以右手握持螺丝刀，手心抵住柄端，让螺丝刀口端与螺钉槽口处于垂直吻合状态。

(2) 当开始拧松或最后拧紧时，应用力将螺丝刀压紧后再用手腕力扭转螺丝刀；当螺栓松动后，即可使手心轻压螺丝刀柄，用拇指、中指和食指快速转动螺丝刀。

2) 螺帽旋具

螺帽旋具又称螺帽起子，适用于装拆外六角螺钉或螺母，能使螺钉或螺帽上得更紧，而且拆卸时更快速、更省力，不易损坏螺钉或螺母。其外形如图 1.2.1 所示。

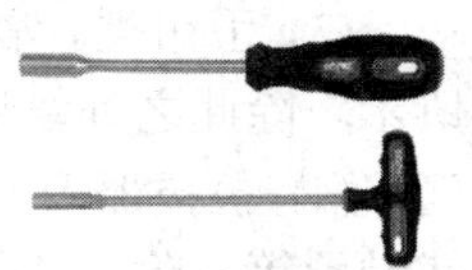
图 1.2.1　螺帽起子

3) 使用注意事项

(1) 不可将螺丝刀当撬棒或凿子使用。

(2) 在使用前应先擦净螺丝刀柄和口端的油污，以免工作时滑脱而发生意外，使用后也要擦拭干净。

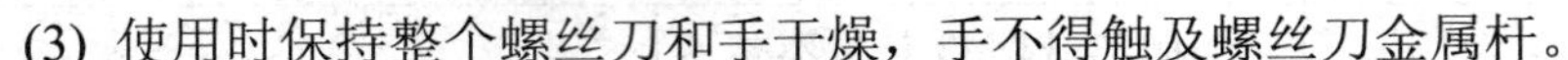
(3) 使用时保持整个螺丝刀和手干燥，手不得触及螺丝刀金属杆。

单选题：

1. 十字形螺丝刀的规格是以柄部外面的杆身长度和(　　)表示。

A．厚度　　B．半径　　C．直径

2. 尖嘴钳 150 mm 是指(　　)。

A．其总长度为 150 mm　　B．其绝缘手柄为 150 mm　　C．其开口宽度为 150 mm

3．扳手类工具的使用

扳手是紧固或拆卸螺栓、螺母的手工工具，常用的有固定扳手、活动扳手。

1) 固定扳手

固定扳手用于紧固或拆卸方形或六角形螺栓或螺母，其有开口扳手(呆扳手)、梅花扳手、组合扳手之分。它们的使用方法如下：

(1) 开口扳手。两头均为 U 形钳口，使用时，先将开口扳手套住螺栓或螺母六角的两个对向面，确保完全配合后才能施力。施力时，一只手推住开口扳手与螺栓或螺母连接处，另一只手握紧扳手柄部往身边拉扳，当拉到身体或物体阻挡时，将扳手取出重复前面的过程。

(2) 梅花扳手。两端呈花环状，其内孔由两个正六边形相互同心错开 30° 而成，一般梅花扳手头部有弯头，这样的结构便于拆卸、装配在凹槽的螺栓或螺母。使用梅花扳手时，左手推住梅花扳手与螺栓或螺母的连接处，保持接触部分完全配合，右手握住梅花扳手另一端并加力。因为梅花扳手可将螺栓、螺母的头部全部围住，因此可以施加大力矩。

(3) 组合扳手。又叫两用扳手，是梅花扳手和开口扳手的组合。在紧固过程中，可先用开口扳手把螺栓或螺母旋到底，再使用梅花端完成最后的紧固，而拧松时则先使用梅花端。

2) 活动扳手

活动扳手适用于旋动尺寸不规则的螺栓、螺母，它能在一定范围内任意调节开口尺寸。活动扳手由固定钳口和可调钳口两部分组成，其开口大小可通过调节螺杆(由蜗轮与轴销组成)进行调整，如图 1.2.2 所示。

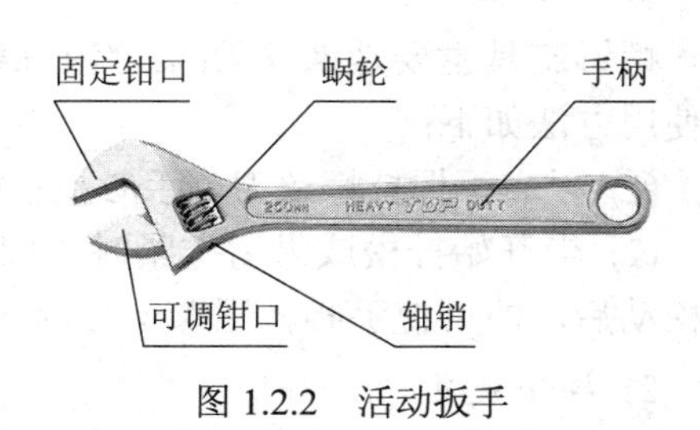

图 1.2.2　活动扳手

活动扳手的使用方法如下：

(1) 先将活动扳手调整合适，使扳手钳口与螺栓或螺母两对边完全贴紧，不存在间隙。

(2) 施加力。使可调钳口受推力，固定钳口受拉力，这样能保证螺栓、螺母及扳手本身不被破坏。

(3) 扳动较大螺栓、螺母时，所用力矩较大，手要握住手柄尾部；扳动较小螺栓、螺母时，为了防止钳口处打滑，手可握在接近头部位置，且用拇指调节和稳定螺杆。

3) 扳手的选用方法

(1) 一般按照“先套筒扳手，后梅花扳手，再开口扳手，最后活动扳手”的原则进行。

(2) 扳手尺寸型号很多，扳手的尺寸以它能拧动的螺栓或螺母正对面间的距离为准。

(3) 依据扳手是否容易接近螺栓或螺母，比如有些螺栓或螺母必须从横侧面插入，此时可用开口扳手。

(4) 依据紧固件的力矩，如果力矩大，应使用承受力矩大的扳手，如梅花扳手。

4) 扳手使用注意事项

(1) 扳转时，严禁在扳手手柄上加套管以增加力矩。

(2) 严禁把扳手当做锤子使用，这样会损坏扳手。

(3) 确保扳手和螺栓的尺寸、形状完全吻合，否则打滑会造成螺栓、螺母损坏。

(4) 使用开口扳手和活动扳手不能拆卸大力矩螺栓、螺母，放置它们的位置不能太高或只夹住螺栓或螺母的一小部分，否则会在紧固中打滑，从而会损坏螺栓、螺母或扳手。

(5) 梅花扳手转动30°后，就可以更换位置。

单选题：

1. 下列属于呆扳手使用不当的是(　　)。
   A．用于拧紧或拧松标准规格的螺栓或螺母
   B．可以上、下套入或横向插入
   C．用于拧紧力矩较大的螺栓或螺母
   D．只能在一个有限的空间扳动螺栓或螺母
2. 关于呆扳手的使用要点，不正确的是(　　)。
   A．呆扳手只能在一个有限的空间扳动螺栓或螺母，在扳到极限位置后，再将扳手取出重复原先的过程
   B．扳动扳手的方向应朝胸前，而不应往外推。若必须向外推时，应将手掌张开去操作
   C．呆扳手的两个工作面需与螺母的两个面完全接触
   D．有拧紧力矩要求的螺栓或螺母，应用呆扳手做最后拧紧

任务1.3 拆卸并绘制装配示意图

为了了解部件内部的结构，并准确方便地进行零件尺寸、公差等的测量，需将部件拆开。为了能将拆开后的部件顺利地装配上去，还需将拆下来的零件编号并绘出部件装配示意图。

1.3.1　工作任务

1. 任务内容

拆卸如图 1.3.1 所示的机用虎钳。需要说明的是，为了使机用虎钳被拆后仍能顺利装配复原，在拆卸过程中应尽量做好记录。最简便常用的方法是绘制出装配示意图，用以记录各种零件的名称、数量及其在装配体中的相对位置，以及装配连接关系。同时，也为绘制正式的装配图做好准备。

图 1.3.1　机用虎钳

2. 任务分析

具体如表 1.3.1 所示。

表 1.3.1　任务准备与分析

<table>
<tr><td>任务准备</td><td colspan="3">安排场所，准备机用虎钳、拆卸工具等</td></tr>
<tr><td rowspan="4">任务实施</td><td>学习情境</td><td>实施过程</td><td>结果形式</td></tr>
<tr><td>了解部件</td><td>教师讲解
学生查阅资料</td><td>了解机用虎钳的工作原理及装配关系，并指出哪些是标准件</td></tr>
<tr><td>拆卸部件</td><td>教师讲解、示范</td><td></td></tr>
<tr><td>绘制装配示意图</td><td>教师讲解、示范
学生查阅资料、绘图，讨论“试一试”</td><td>绘制装配示意图(A4)</td></tr>
<tr><td>学习重点</td><td colspan="3">测绘内容与步骤</td></tr>
<tr><td>学习难点</td><td colspan="3">测绘程序</td></tr>
<tr><td>任务总结</td><td colspan="3">学生提出任务实施过程中存在的问题，解决并总结
教师根据任务实施过程中学生存在的共性问题，讲评并解决</td></tr>
<tr><td>任务考核</td><td colspan="3">根据完成的装配示意图的表达的完整程度打分</td></tr>
</table>

3. 任务实施

参看表 1.3.1 完成任务，相关知识及实施步骤如下。

1.3.2　知识链接：拆卸基础

1. 拆卸要求和步骤

1) 拆卸的基本要求

(1) 拆卸时要考虑再装配后能恢复原部件状态，即保证原部件的完整性、准确度和密封性等。

(2) 对不易拆卸或拆卸后会降低联接质量和易损坏的联接件，应尽量不拆卸；过盈配合的衬套、销钉，以及一些经过调整、拆开后不易调整复位的零件(如刻度盘、游标尺等)，一般不进行拆卸。

2) 拆卸的步骤

(1) 做好拆卸前的准备工作。拆卸前的准备工作包括：场地的选择与清理；了解机器的结构、性能和工作原理；拆前放油。对于设备中的电气组件要预先拆下并保护好，以免受潮损坏。

(2) 确定合理的拆卸步骤。部件的拆卸顺序一般是由外部到内部、由上到下进行。

(3) 拆卸部件，进行零件编号，并绘制装配示意图。拆卸部件时，除采用正确方法进行拆卸外，还需做好以下几点：

① 编零件号牌和做标记。拆卸下来的零件应立即命名与编号，做出标记，并做好相应记录，必要时在零件上打号，然后分区分组放置。

② 做好记录。对每一拆卸步骤应逐条记录，注意装配的相对位置，必要时做出标记；对复杂组件，需绘制六面外轮廓图，最好在拆卸前进行拍照记录。

③ 绘制装配示意图。

(4) 将已拆卸零件合理放置以供测量。为保证测绘后能够顺利将样机恢复成原样，拆卸后的零部件必须妥善保管，确保不丢失、不损坏，为此应要做到：

① 各拆卸组需编制零件名册，并有专人负责零件保管。

② 要保护机件的配合表面，防止损伤。精密零件要垫平放好，细长零件应悬挂，以免弯曲变形。

③ 滚动轴承、橡胶件、紧固件和通用件要分组保管。

④ 当零件的件数多时，为防止弄错，可在零件上挂好标签，并编上与装配示意图上一致的编号。

(5) 装配还原部件。回装时注意装配顺序(包括零件的正反方向)，做到一次装成。在装配中尽量不使用锤子敲打，在装配前应将全部零件用煤油清洗干净，对配合面、加工面一定要涂上机油，方可装配。

2．拆卸方法

零件的材料、大小、结构不同，零件间的配合形式就会不同，拆卸的方法也完全不同。

1) 配合关系零件的拆卸

(1) 对于比较结实或精度不高的零件，可用冲击力拆卸法。采用锤头的冲击力打出要拆卸的零件，为保证受力均匀，常采用导向柱或导向套筒。为防止锤击力过大损坏零件，锤击时要垫上软质垫料，如图 1.3.2 所示。

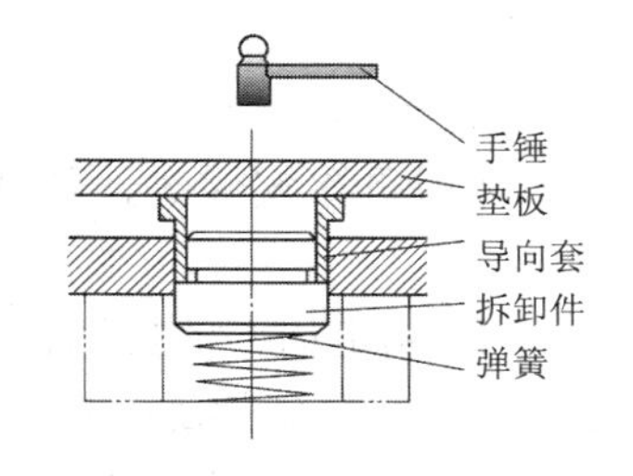

图 1.3.2　冲击力拆卸法示意图

(2) 对于少量过盈的带轮、齿轮及滚动轴承等精度相对较高的零件的拆卸，常采用压力法或拉出法，即使用专用工具或设备，用压出或拉出的方法进行拆卸，如图 1.3.3 和图 1.3.4 所示。

(3) 对于大尺寸的轴承或其他过盈配合件，可采用温差法进行拆卸。利用材料的热胀冷缩原理进行拆卸，用局部油加热或干冰冷却，可避免零件遭到破坏。

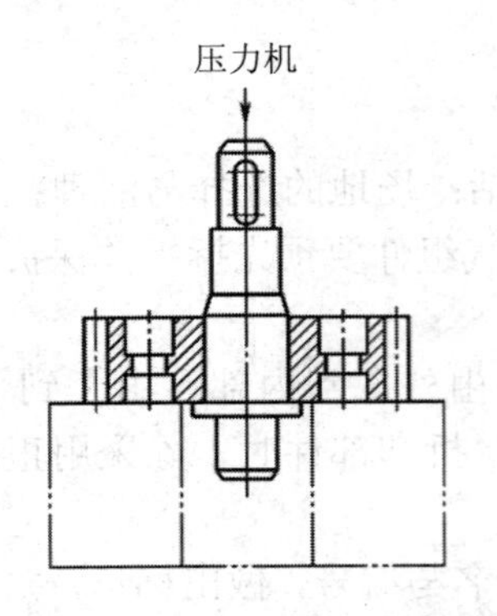

图 1.3.3　用压力机拆卸零件

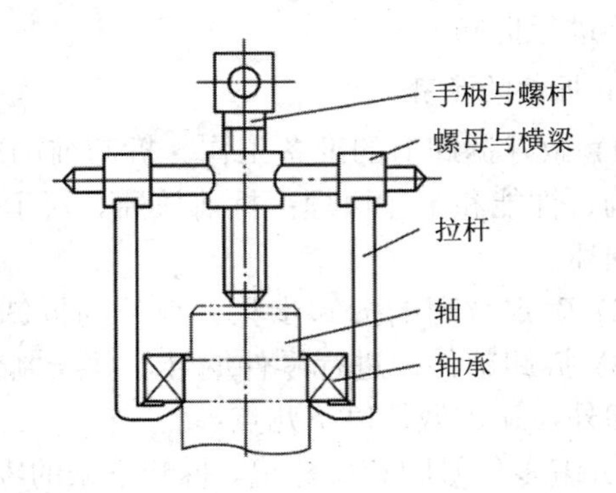

图 1.3.4　拆卸轴承、带轮等的工具—拉爪

2) 螺纹联接件的拆卸顺序

对于螺纹联接件，其拆卸顺序与装配时的拧紧顺序相反，应由外到里依次逐渐松开，如图 1.3.5 所示(图中的数字表示拆卸的次序)。

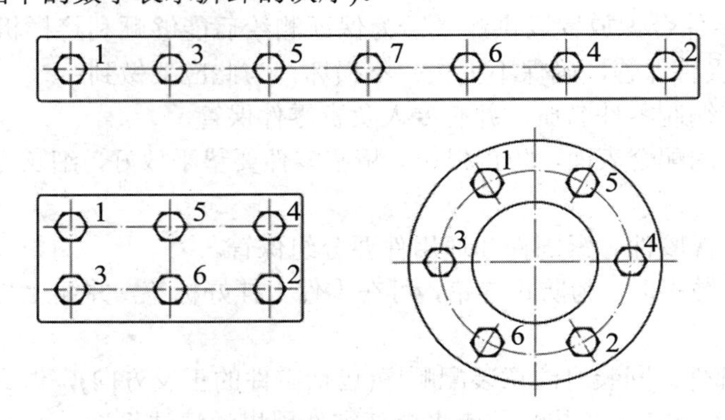

图 1.3.5　螺纹联接组的拆卸顺序

3. 拆卸注意事项

拆卸时要注意：

(1) 在拆卸前应测量一些必要的原始尺寸，比如某些零件之间的相对位置等，因为装配体拆卸后再次安装时，这些尺寸可能会发生变化，测量必要的尺寸便可以保证重装的准确。

(2) 要制定周密的拆卸计划，合理地选择工具，采用正确的拆卸方法，按照一定的顺序依次拆卸，严禁胡乱敲打，避免损坏零件。

(3) 当拆卸需要进行敲打、搬动时，操作时一定要慎重行事、注意安全。

(4) 对于有较高精度的配合或过盈配合，应尽量少拆或不拆，以避免降低原有配合精度。

(5) 注意保护高精度重要表面，不能用高精度的零件表面做放置的支承面，必须使用时需垫好橡胶垫或软布。

(6) 合理选择拆卸工具。

(7) 记录拆卸的方向，零件拆卸后即扎上零件号牌，按部件放置；紧固件容易混乱，最好串在一起。

1.3.3　任务实施

1．了解、分析机用虎钳

机用虎钳是安装在机床工作台上，用于夹紧工件，以便进行切削加工的一种通用工具。它由固定钳身、活动钳身、钳口板、螺杆、螺钉、螺母块和其他标准件等组成，如图 1.3.6 所示。

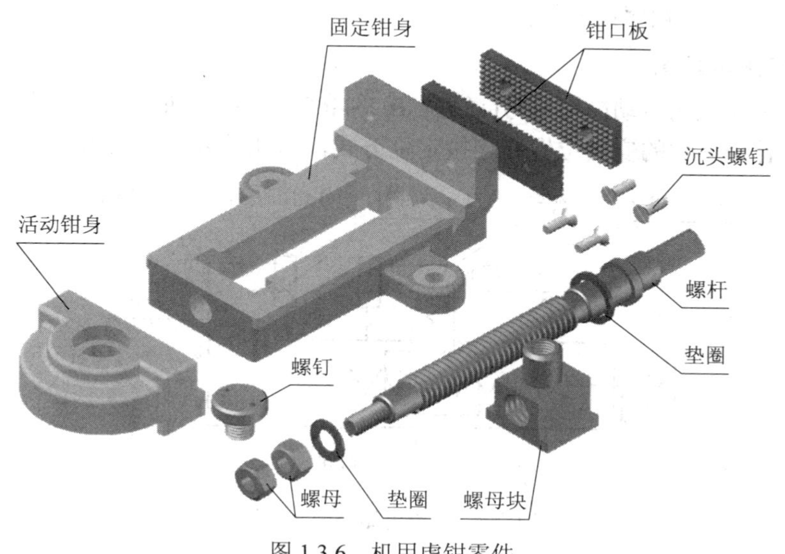

图 1.3.6　机用虎钳零件

1) 工作原理

固定钳身通过两个安装孔安装在工作台上，螺杆固定在钳身上，用扳手转动螺杆可带动螺母以直线移动。螺母块与活动钳身用螺钉连成整体，因此当螺杆转动时，活动钳身就会沿固定钳身移动，使钳口闭合或开启，达到夹紧或松开工件的目的。为了便于夹紧工件，钳口板上还有花纹结构。

2) 结构特点

固定钳身是机用虎钳的主要零件之一，其左、右两侧各有一个圆柱孔，用来支承螺杆的转动。螺杆的左、右两端通过垫圈、双螺母进行轴向定位。螺母块与螺杆形成螺纹副，活动钳身和螺母块通过非标准螺钉连接成整体，钳口板用沉头螺钉固定在固定钳身和活动钳身上。

3) 主要装配关系

(1) 固定钳身左、右两侧圆柱孔与螺杆的配合。

(2) 螺杆与螺母块的螺纹旋合。

(3) 螺杆和垫圈、双螺母的配合。

(4) 非标准螺钉与活动钳身、螺母块的配合。

(5) 钳口板与固定钳身、活动钳身及螺钉的配合。

2．拆卸部件

使用活动扳手、卡簧钳、木锤、起子等，将机用虎钳拆解，拆解次序如下。

(1) 用卡簧钳旋出非标准螺钉，取出活动钳身。

(2) 将螺杆尾部的双螺母旋出，卸下垫圈。

(3) 逆时针旋出螺杆，使其与螺母块分离。

(4) 拧出沉头螺钉取下钳口板(共两块)。

(5) 将零件按拆卸顺序摆放整齐。

3．绘制装配示意图

用简单线条和机构运动简图符号(详见 GB/T 4460—2013)来记录机用虎钳的大致轮廓、主要零件以及各个零件的安装位置和连接定位方式，这就是装配示意图，如图 1.3.7 所示。

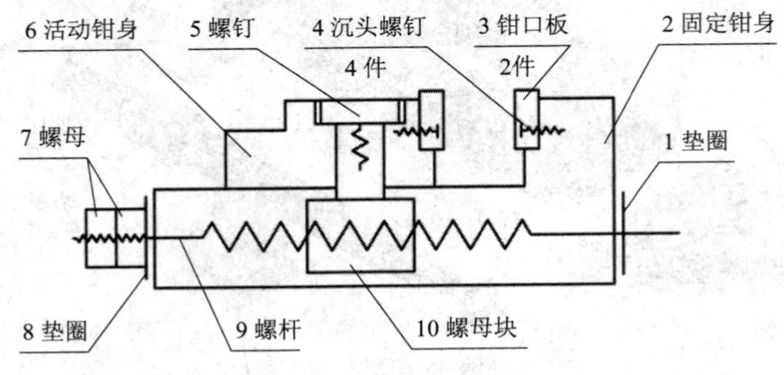

图 1.3.7　机用虎钳装配示意图

在装配示意图上，一般还将所有零件用引线的方式注写零件名称以及零件的序号、数量等。

上述零件哪些是标准件？非标准件中哪些是轴套类零件，哪些是盘盖类零件？哪些是箱(壳)体类零件？

项目 2　草图绘制与测量

除标准件外，装配体中的每一个零件都应根据零件的内、外结构特点，选择合适的表达方案，画出零件草图，然后进行测量并标注尺寸。本项目主要完成“零件的草图绘制”、“测量工具的使用”及“零件尺寸的测量”三个任务，项目目标包括：

(1) 熟悉零件草图的绘制步骤、基本要求和注意事项，学会绘制零件的草图。

(2) 熟知测量的常用工具及其特点，学会使用钢直尺、卡钳、游标卡尺、角度尺等常用的测量工具。

(3) 掌握不同类型的尺寸的测量方法，熟悉零件尺寸测量的要求及注意事项。

任务 2.1　零件的草图绘制

每一个非标准零件都需要绘制零件草图。绘制零件草图前，应分析每一个零件的结构特点，选择合适的测绘方法。根据零件的结构特点归类，使用类比法选择视图表达方案，徒手绘制出近似的零件草图。

2.1.1　工作任务

1．任务内容

绘制如图 2.1.1 所示的活动钳身的零件草图。

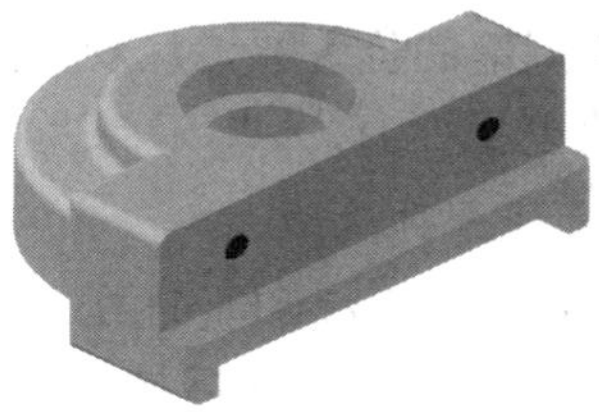

图 2.1.1　活动钳身

2．任务分析

具体如表 2.1.1 所示。

表 2.1.1　任务准备与分析

<table>
<tr><td>任务准备</td><td colspan="3">安排场所，准备机用虎钳的活动钳身、绘制工具、测量工具、方格纸(坐标纸)等</td></tr>
<tr><td rowspan="5">任务实施</td><td>学习情境</td><td>实施过程</td><td>结果形式</td></tr>
<tr><td>徒手绘图基础</td><td>教师讲解、示范、总结</td><td></td></tr>
<tr><td>绘制草图的要求、步骤和注意事项</td><td>教师讲解、总结</td><td></td></tr>
<tr><td>分析活动钳身的结构特点和表达方案</td><td>教师讲解、总结
学生查阅资料，讨论“试一试”</td><td>活动钳身的表达方案</td></tr>
<tr><td>绘制活动钳身草图</td><td>教师讲解、示范
学生绘制草图</td><td>绘制的活动钳身草图</td></tr>
<tr><td>学习重点</td><td colspan="3">徒手绘图的方法，绘制草图的要求、步骤和注意事项，绘制活动钳身草图</td></tr>
<tr><td>学习难点</td><td colspan="3">绘制活动钳身草图</td></tr>
<tr><td>任务总结</td><td colspan="3">学生提出任务实施过程中存在的问题，解决并总结
教师根据任务实施过程中学生存在的共性问题，讲评并解决</td></tr>
<tr><td>任务考核</td><td colspan="3">根据学生回答问题及完成的活动钳身草图打分</td></tr>
</table>

参看表 2.1.1 完成任务，实施步骤如下。

2.1.2 任务实施

1. 徒手绘图基础

徒手图亦称草图，是指使用铅笔而不借助或不完全借助于丁字尺、三角板、圆规等绘图仪器和工具，通过目测物体大小，手工绘制的图样。

徒手绘图是测绘机器或部件、技术交流或创意构思时常用的方法，也是工程技术人员必备的基本技能。

1) 徒手绘图的基本要求

徒手绘图时要注意满足以下基本要求：

(1) 画草图用的铅笔要软些，例如 B、HB；铅笔要削长些，笔尖不要过尖，要圆滑些。

(2) 画草图时，持笔的位置要高些，手放松些，这样画起来比较灵活。

(3) 草图上的线条要粗细分明，基本平直，方向正确，长短大致符合比例，线型符合国家标准。

(4) 画草图时，不要急于画细部，要先考虑大局。既要注意图形的长与高的比例，也要注意图形的整体与细部的比例是否正确。有条件时，草图最好用 HB 或 B 铅笔画在方格纸(坐标纸)上，图形各部分之间的比例可借助方格数的比例来解决。

(5) 绘图速度要快，尺寸标注要正确，字迹要工整。

2) 握笔的方法

手握笔的位置要比尺规作图高一些，以利于运笔和观察目标。笔杆与纸面成 45°～60°角，执笔稳而有力。

3) 徒手画直线

(1) 画水平线和垂直线。画水平线和垂直线时，铅笔要放平些。初学画草图时，可先画出直线两端点，然后持笔沿直线位置悬空比划一两次，掌握好方向，并轻轻画出底线。然后眼睛盯住笔尖，沿底线画出直线，并改正底线不平滑之处。画垂直线的方法与画水平线的方法相同。

(2) 画各特殊角度斜线。对于 30°、45°、60° 等常见的角度线，可根据两直角边的近似比例关系，定出两端点，然后连接两点即为所画的角度线；对于 10°、15° 的角度线可先画出 30° 的角度后再通过等分求得，如图 2.1.2 所示。

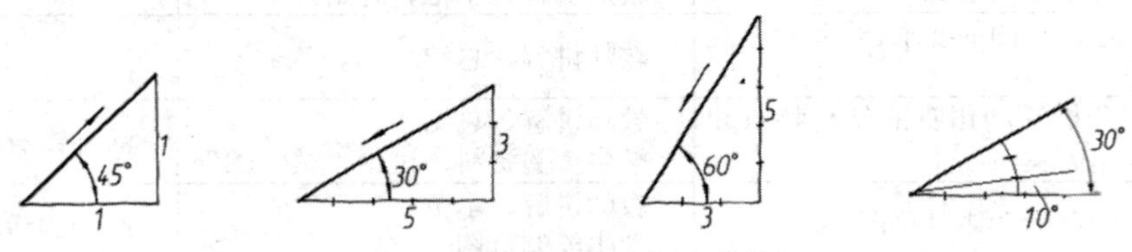

图 2.1.2 画各特殊角度斜线

4) 徒手画圆和曲线

(1) 画圆。画小圆时，先定圆心，画中心线，再按半径大小在中心线上定出四个点，然后过四点分两半画出；画中等圆时，增加两条 45° 的斜线，在斜线上再定出四个点，然后分段画出。圆的半径很大时，可用转动纸板或转动图纸的方法画出。圆的画法如图 2.1.3 所示。

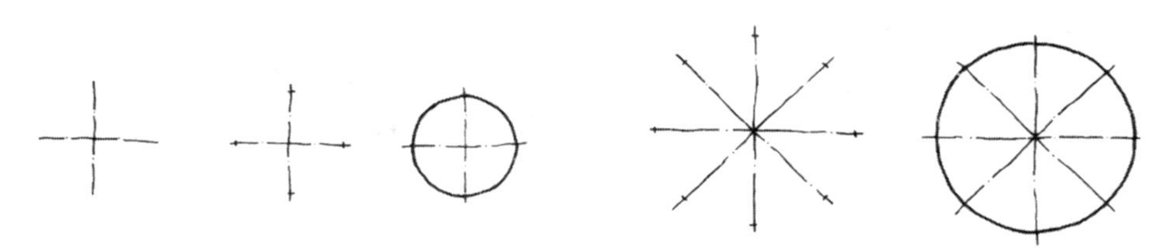

图 2.1.3　圆的画法

(2) 画圆角。画圆角时，先将两直线徒手画成相交，然后目测，在分角线上定出圆心位置，使它与角的两边的距离等于圆角的半径大小，过圆心向两边引垂线定出圆弧的起点和终点，并在分角线上也定出一圆周点，然后徒手画圆弧把三点连接起来，如图 2.1.4 所示。

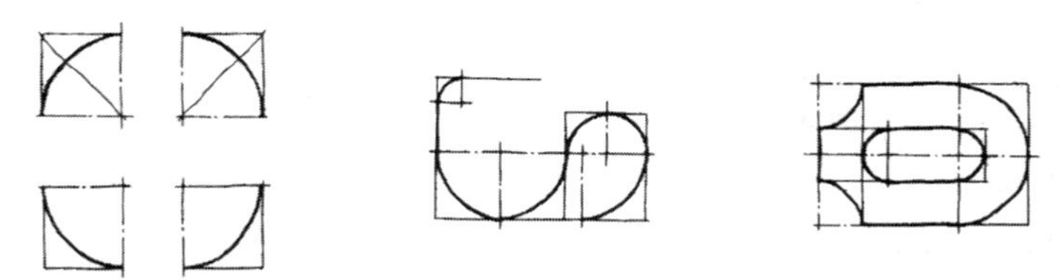

图 2.1.4　圆角的画法

(3) 画椭圆。画椭圆时，可先根据椭圆的长、短轴，或一对共轭直径，做出椭圆的外切矩形、棱形或平行四边形，然后在此矩形、棱形或平行四边形内，做出内切椭圆，如图 2.1.5 所示。注意，椭圆一定过矩形、棱形或平行四边形各边的中点。

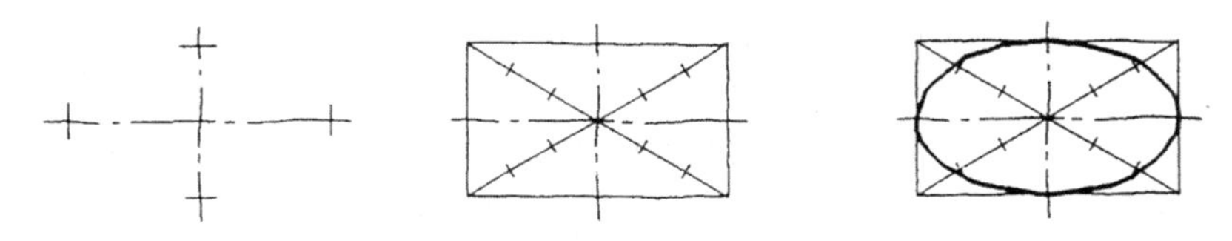

图 2.1.5　椭圆的画法

2．草图绘制的要求、步骤和注意事项

零件的结构千差万别，在部件和机器上所起的作用也各不相同。根据结构和作用的不同，可将机器零件分为一般零件、传动件和标准件(标准部件)。对于标准件和标准部件来说，由于它们的结构、尺寸、规格已经进行标准化，并由专门工厂生产，因此在测绘时不需要绘制草图；而对于一般零件和传动件来说，测绘时要绘出零件草图。

1) 绘制草图的基本要求

草图绘制的基本要求如下：

(1) 零件的视图表达要完整，各种图线轮廓要清晰、线型要分明。

(2) 目测尺寸应尽量符合实际，尺寸标注要字迹工整、正确。

(3) 在标题栏内需记录零件名称、材料、数量、图号、重量等内容。

可见，草图和正式的零件工作图在绘制上的要求是完全相同的，均要遵守制图的国家标准，区别仅在于草图是目测比例和徒手绘制。

2) 绘制草图的步骤

在绘制草图时，建议按照传动系统图(原理图)→装配草图(装配示意图)→零件草图→装配图→零件工作图的顺序进行。绘制零件草图的步骤大体如下：

(1) 分析零件。弄清被测零件在部件中的安装位置、作用以及与其他零件间的相互关系，再鉴别和判断零件的材料。用形体分析法分析零件结构，并考虑其加工方法与工艺。

(2) 绘制草图。草图绘制的要点及过程如下：

① 选择视图的原则是清楚、简单。视图选定后，要按图纸大小确定视图位置。

② 画出零件主要的中心线、轴线、对称线等基准线。

③ 由粗到细、由主体到局部、由外到内逐步完成各视图的底稿。

④ 绘制各个定形、定位尺寸的尺寸界线和尺寸线。

⑤ 测量各部分尺寸，并将实测值标注到草图上。

⑥ 确定各配合表面的配合公差、形位公差、各表面的粗糙度和零件的材料。

⑦ 补齐剖面线，加粗轮廓线。

⑧ 填写标题栏和技术要求。

⑨ 最后全面校对一次。

3) 绘制草图的注意事项

(1) 优先测绘基础件。将部件或机器解体后，应优先测绘作为装配核心的基础件，如底座、壳体以及重要的轴类零件(如柴油机的曲轴、凸轮轴等)。

基础件应优先精确计量，进行尺寸圆整、计算，并着手绘制零件工作图。这种边测量、边计算、边绘图的做法不仅可以及时发现尺寸中的矛盾，而且能加速与基础件相关的其余零件的测绘过程。

(2) 重视外购件。对外购件主要是整理出标准件清单和非标准件的零件工作图，以便早日订货。

(3) 仔细分析，忠于实样。画测绘草图时必须严格忠于实样，不能凭主观猜测。特别要注意零件的工艺性结构，零件上一些细小的结构，如倒角、圆角、退刀槽、凸台和凹坑，以及盲孔前端的钻顶等均不能忽略。对于某些不合理或华而不实之处，也只能在原机研究透彻的基础上，在零件工作图上进行改变，而在画草图时应保留原结构。

(4) 草图上允许标注封闭尺寸和重复尺寸。草图的尺寸有时也可标注成封闭的尺寸链。对于复杂零件，为了便于检查、测量尺寸的准确性，可由不同基面标注上封闭的尺寸，草图上各个投影的尺寸也允许有重复。

(5) 配备专门的工作记录本，做好工作记录。绘制草图时，应当配备专门的记录本，记录实测工作摘要，如记录实测中一时未能确定的问题和疑点、必要的验证资料、各方面的问题的处理过程、意见等，以作为后续各阶段的重要参考资料和备忘录。

(6) 注意以下两点：

① 绘制草图时，对一些易忽略的地方要给予充分的注意。如压力容器的螺栓联接，为了保证联接的紧密性和工作的可靠性，其中的螺母预紧力、螺母和垫圈的厚度、扳手开口尺寸等都会影响结合面的密封性。

② 对标准件要注意匹配性、成套性，切不可用大垫圈配小螺母等。

3．分析活动钳身的结构特点和表达方案

活动钳身是机用虎钳的主要零件之一，它与螺杆、螺母等零件配合，以实现机用虎钳的夹紧和松开。

1) 结构特点

活动钳身是铸件，它的前半部分是阶梯状长方体，左、右两侧有向下凸出的长方体结构，后上方的长方体平面上有两个螺纹孔，中间有圆柱阶梯孔，如图 2.1.1 所示。

2) 视图表达方案

主视图：按工作位置和形状特征原则，底面水平放置，垂直于长方体平面投射，采用半剖视图表达活动钳身左右及上下的内、外结构。

俯视图：采用局部剖视图补充表达活动钳身的外形特征和螺纹孔的内部结构。

左视图：采用全剖视图补充表达圆柱阶梯孔结构和前后及上下的位置特征。

4．绘制活动钳身草图

活动钳身草图的绘制过程如图 2.1.6(a)、；图 2.1.6(b)、图 2.1.6(c)所示。

> **试一试**　除上述表达方案之外，对活动钳身的表达还有没有其他方案，比较这些方案的优缺点，并说出哪一种更优。

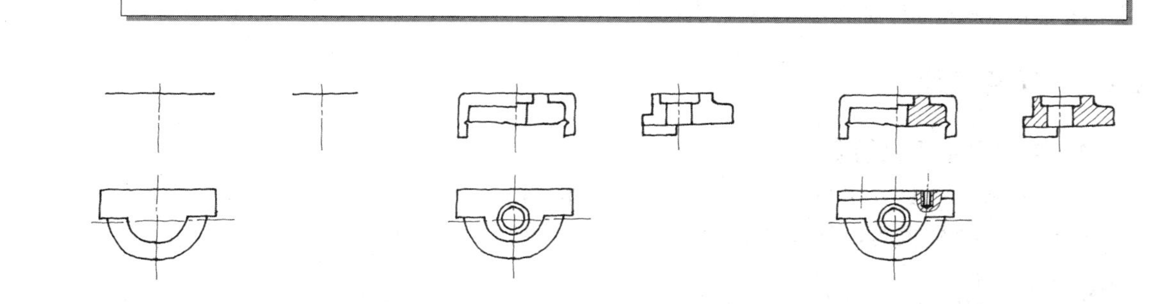

(a) 作点画线和主要轮廓线　　(b) 画其他轮廓线　　(c) 完善视图

图 2.1.6　活动钳身的视图绘制

任务 2.2　测量工具的使用

测量方法与测绘工具有关，因此需要了解常用的测绘工具，并掌握其正确的使用方法。

2.2.1　工作任务

1．任务内容

讲解钢直尺、外卡钳和内卡钳、游标卡尺和千分尺、游标万能角度尺、螺纹样板、半径样板等常用测量工具的特点、使用方法以及注意事项等。

2．任务分析

具体如表 2.2.1 所示。

表 2.2.1　任务准备与分析

任务准备	安排场所，准备课件等		
任务实施	学习情境	实施过程	结果形式
	常用测量工具简介	教师讲解、答疑	
	钢直尺和卡钳的使用	教师讲解、示范、答疑 学生回答“试一试”问题	
	游标卡尺的使用		
	外径千分尺的使用		
	游标万能角度尺的使用		
学习重点	游标卡尺和千分尺的使用		
学习难点	游标万能角度尺的使用		
任务总结	学生提出任务实施过程中存在的问题，解决并总结 教师根据任务实施过程中学生存在的共性问题，讲评并解决		
任务考核	根据学生回答问题的正确程度打分		

参看表 2.2.1 完成任务，实施步骤见下。

2.2.2　任务实施

1. 常用测量工具简介

常用的测量工具有钢直尺、外卡钳和内卡钳、游标卡尺和千分尺、游标万能角度尺、螺纹样板、半径样板等，如表 2.2.2 所示。

表 2.2.2 中除卡钳外，测量的工具均有相应的国家/企业标准代号。查一查，看看卡钳的标准代号有没有？如果有，是多少？

表 2.2.2　常用测量工具

名称	图例及标准	规　格	用途与特点
钢直尺 (金属直尺)	QB/T 9056—2004	钢直尺是最简单的长度量具，它的长度有 150、300、500 和 1000 mm 四种规格。通常刻度最小单位为 1 mm	用于测量零件的长度(线性)尺寸，且精度要求不高的场合
卡钳		卡钳有外卡钳(测量外径)和内卡钳(测量内径)两种，又有无表卡钳和有表卡钳之分。根据结构的不同，卡钳又分为紧轴式卡钳和弹簧式卡钳两种。其规格有 150、200、250、300、350、400、450、500 mm 等	使用时，有钢尺上取尺寸法和卡钳测量法两种。外卡钳用于测量圆柱外径或物体的长度等，内卡钳用于测量圆柱孔的内径或槽宽等

续表

名称	图例及标准	规　格	用途与特点
游标卡尺	GB/T 21389—2008	卡尺有游标、带表和数显之分。游标卡尺由主尺和附在主尺上能滑动的游标两部分构成。按游标的刻度值来分，游标卡尺又分 0.1、0.05、0.02 mm 三种。其测量范围常用的有 0～125、0～150、0～200、0～300、0～500 mm	游标卡尺是一种精度较高的量具，除可测量长度尺寸外，还可测量工件的内径、外径、深度以及台阶高度等
外径千分尺	GB/T 21389—2008	也叫螺旋测微器，常简称为“千分尺”。其精度有0.01、0.02 mm 及 0.05 mm 几种。常用规格有 0～25、25～50、50～75、75～100、100～125 mm 等	它是比游标卡尺更精密的测量仪器，常用来测量较高精度的长度和外径等
游标万能角度尺	GB/T 6315—2008	万能角度尺有游标、带表和数显之分。万能角度尺又被称为角度规、游标角度尺和万能量角器。可测 0°～320°外角及 40°～130°内角	万能角度尺是利用游标读数原理来直接测量工件角或进行划线的一种角度量具，它适用于机械加工中的内、外角度测量
螺纹样板	GB/T 7981—2010	螺纹样板(螺纹量距、螺距规)是具有确定的螺距及牙形，且满足一定的准确度要求，用做螺纹标准对类同的螺纹进行测量的标准件。一般有公制 60°和英制 55°之分	主要用于低精度螺纹工件的螺距和牙形角的检验。测量时，螺距规的测量面与工件的螺纹必须完全、紧密接触，此时螺距规上所标的数字即为螺纹的螺距
半径样板	JB/T 7980—2010	半径样板又称圆角规(R 规)，它带有一组准确的凸(测量内径)、凹(测量外径)圆弧半径尺寸的薄板，用于检验圆弧半径的测量器具。其规格一般有 1～7、7.5～15、15.5～25 mm 等	测量时，半径样板片应与被测表面完全密合，所用样板的数值即为被测表面的圆角半径

2．钢直尺和卡钳的使用

1) 钢直尺

使用钢直尺时，一般应以左端的零刻度线为测量基准，这样不仅便于找正测量基准，而且便于读数。钢直尺主要用来测量长度尺寸(宽度、直径、深度等)，如图 2.2.1 所示。

需要说明的是：

(1) 在使用钢直尺前要检查有无变形弯曲、表面损伤、刻度不清等缺陷。

(2) 测量时，钢直尺要放正，不得前后左右歪斜。否则，从直尺上读出的数据会比实际尺寸大。

(3) 钢直尺用于测量零件的长度尺寸时，它的最小读数值为 1 mm，比 1 mm 小的数值只能估计而得。这是由于钢直尺的刻线间距为 1 mm，而刻线本身的宽度就有 0.1～0.2 mm，所以测量时读数误差比较大，只能读出毫米数。

(4) 用钢直尺测量圆截面直径时，被测截面应平整。测量时，尺的左端应与被测截面的边缘相切，摆动尺子找出最大尺寸，即为所测圆截面的直径。

(5) 如果用钢直尺直接去测量零件的直径尺寸(轴径或孔径)，则测量精度更差。这是因为除了钢直尺本身的读数误差比较大以外，还由于钢直尺无法正好放在零件直径的正确位置。所以，零件直径尺寸的测量也可以利用钢直尺和内外卡钳配合起来进行。

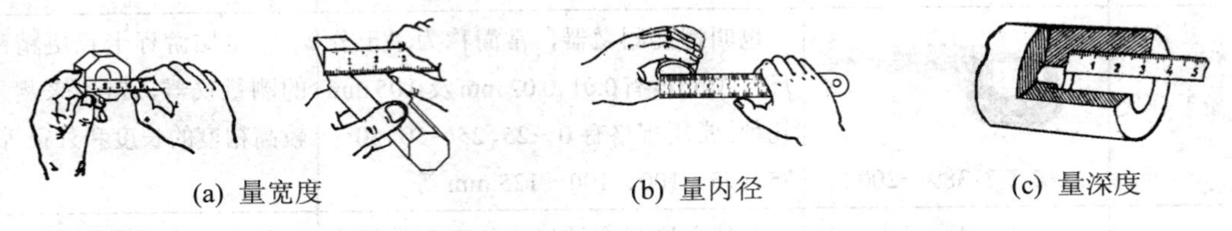

(a) 量宽度　　(b) 量内径　　(c) 量深度

图 2.2.1　钢直尺的使用方法

2) 卡钳

卡钳是一种简单的量具，由于它具有结构简单、制造方便、价格低廉、维护和使用方便等特点，因此广泛应用于要求不高的零件尺寸的测量和检验中，尤其是对锻铸件毛坯尺寸的测量和检验，卡钳是最合适的测量工具。常见的卡钳有内外两种，外卡钳是用来测量外径和平面的，内卡钳是用来测量内径和凹槽的。

由于卡钳本身不能直接读出测量结果，因此需要把测量得到的长度尺寸(直径也属于长度尺寸)在钢直尺上进行读数，或在钢直尺上先取下所需尺寸，再去检验零件直径是否符合。

(1) 外卡钳的使用。外卡钳在钢直尺上取下尺寸时，如图 2.2.2 所示，一个钳脚的测量面靠在钢直尺的端面上，另一个钳脚的测量面对准所需尺寸刻线的中间，且两个测量面的连线应与钢直尺平行，人的视线要垂直于钢直尺。

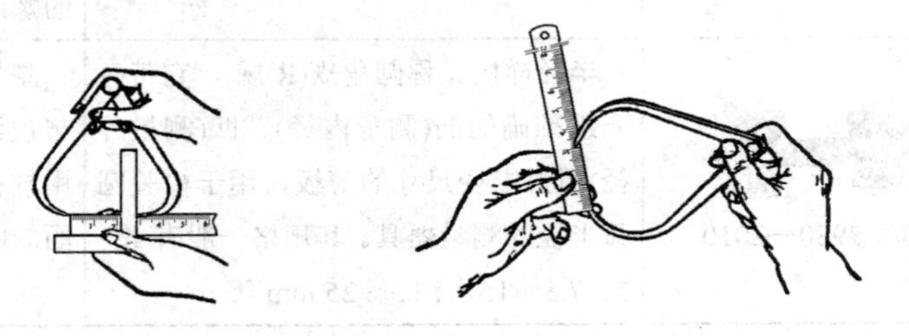

图 2.2.2　外卡钳量取尺寸

用已在钢直尺上取好尺寸的外卡钳去测量外径时，要使两个测量面的连线垂直零件的轴线，靠外卡钳的自重滑过零件外圆时，手中的感觉应该是外卡钳与零件外圆正好是点接触，此时外卡钳两个测量面之间的距离就是被测零件的外径。所以，用外卡钳测量外径就是比较外卡钳与零件外圆接触的松紧程度，以卡钳的自重能刚好滑下为合适。如当卡钳滑过外圆时，手中没有接触感觉，就说明外卡钳比零件的外径尺寸大；如靠外卡钳的自重不能滑过零件外圆，就说明外卡钳比零件的外径尺寸小。切不可将卡钳歪斜地放在工件上测量，这样会加大测量的误差。由于卡钳有弹性，把外卡钳用力压过外圆是错误的，更不能把卡钳横着卡上去。对于大尺寸的外卡钳，靠它的自重滑过零件外圆的测量压力会很大，此时应托住卡钳进行测量。

(2) 内卡钳的使用。用内卡钳测量内径时，应使两个钳脚的测量面的连线正好垂直相交于内孔的轴线，即钳脚的两个测量面应是内孔直径的两端点。因此，测量时应将下面钳脚的测量面停在孔壁上作为支点，上面的钳脚由孔口略往里面一些逐渐向外试探，并沿孔壁圆周方向摆动。当沿孔壁圆周方向能摆动的距离为最小时，则表示内卡钳脚的两个测量面已处于内孔直径的两端点了。

用已在钢直尺上或在外卡钳上取好尺寸的内卡钳(如图 2.2.3(a)所示)去测量内径，就是比较内卡钳在零件孔内的松紧程度。如内卡钳在孔内有较大的自由摆动时，就表示卡钳尺寸比孔径小了；如内卡钳放不进，或放进孔内后紧得不能自由摆动，就表示内卡钳尺寸比孔径大了；如内卡钳放入孔内，按照上述的测量方法能有 1～2 mm 的自由摆动距离，这时孔径与内卡钳尺寸正好相等。测量时不要用手抓住卡钳测量，如图 2.2.3(b)所示，这样就会没有手感，不仅难以比较内卡钳在零件孔内的松紧程度，而且会使卡钳变形而产生测量误差。

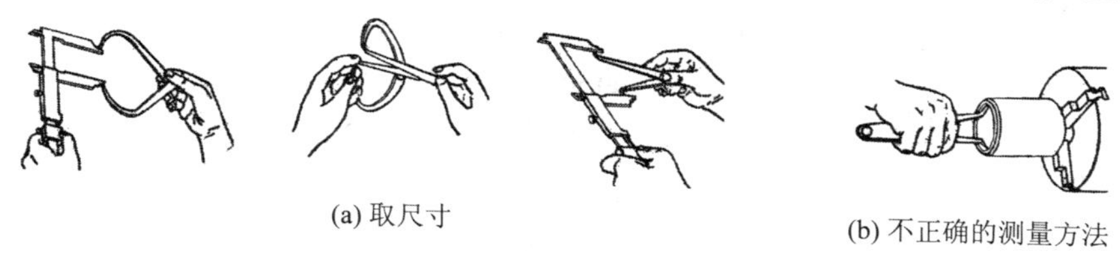

(a) 取尺寸　(b) 不正确的测量方法

图 2.2.3　内卡钳取尺寸和测量方法

回答问题：

① 请解释钢直尺的测量精度为什么一般能达到 0.2～0.5 mm？

② 卡钳的作用有哪些？如何将内卡钳测量内孔直径的误差控制在 0.02 mm 之内？

3．游标卡尺的使用

卡尺有游标、带表和数显之分。游标卡尺是一种常用的量具，具有结构简单、使用方便、精度中等和测量的尺寸范围大等特点，其结构如图 2.2.4 所示，可以用它来测量零件的外径、内径、长度、宽度、厚度、深度和孔距等，因此它的应用范围很广。

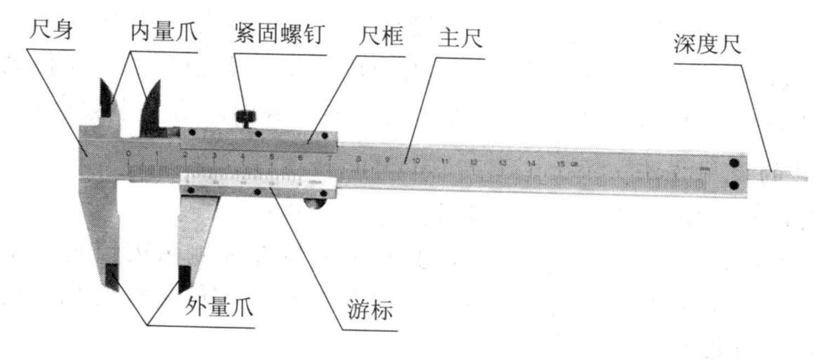

图 2.2.4　游标卡尺的结构

1) 游标卡尺的读数原理和读数方法

游标卡尺的读数机构是由主尺和游标(如图 2.2.4 所示)两部分组成。当活动量爪与固定量爪贴合时，游标上的“0”刻线(简称游标零线)对准主尺上的“0”刻线，此时量爪间的距离为“0”。当尺框向右移动到某一位置时，固定量爪与活动量爪之间的距离就是零件的测量尺寸。此时零件尺寸的整数部分可在游标零线左边的主尺刻线上读出来，而比 1 mm 小的小数部分可借助游标读数机构来读出。

游标卡尺一般分为 10 分度、20 分度和 50 分度三种，对应的精度分别为 0.1、0.05 mm 和 0.02 mm。这里仅介绍 50 分度(即 0.02 mm 精度)的游标卡尺的读数原理和读数方法。

(1) 读数原理。如图 2.2.5(a)所示，主尺刻线间距(每小格)为 1 mm，每大格 10 mm，游标(副尺)上每小格 0.98 mm，共 50 格，主、副尺每格之差等于 1− 0.98 = 0.02 mm。

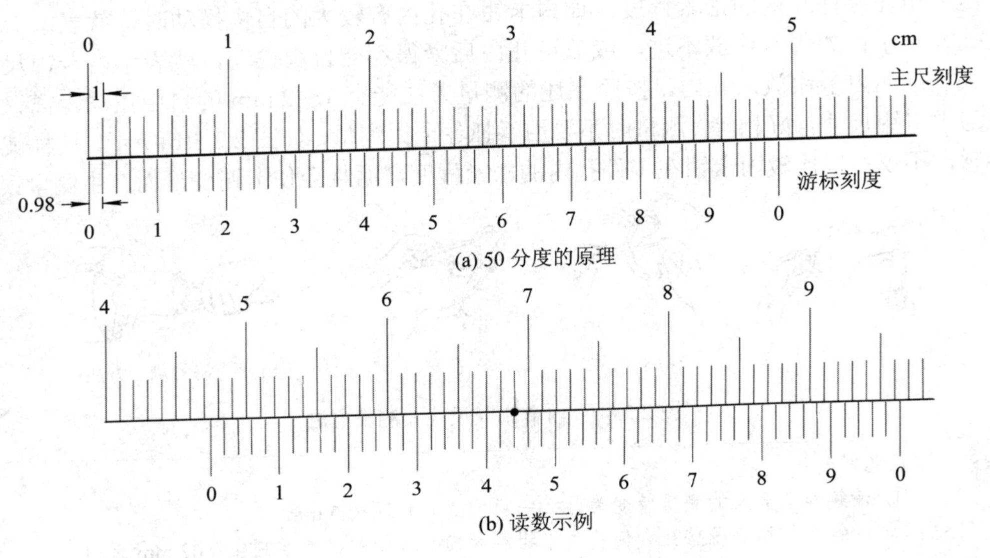

图 2.2.5　游标卡尺的读数原理

(2) 读数方法。读数值时，先在主尺上读出游标(副尺)零线左侧所对应的尺寸整数值部分，再找出游标(副尺)上与主尺刻度对准的那一根刻线，读出游标(副尺)的刻度线，乘以精度值，所得乘积即为小数值部分，整数与小数之和就是被测零件的尺寸。因此，图 2.2.5(b)所示的读数为 47 + 22 × 0.02 = 47.44 mm。

事实上，为了能够不通过上述换算而直接从游标尺上读出尺寸的小数部分，游标(副尺)的刻度标记往往是计算后的数值结果。在图 2.2.5(b)中，小数点后的第 1 位就是对齐刻线的游标左侧的大格刻度值 4，剩余的小格数乘以 2(0.02 × 100)，即为小数点后的第 2 位值。

2) *游标卡尺的使用方法*

使用游标卡尺测量零件尺寸时，需要注意以下几点：

(1) 测量前应把卡尺擦干净，检查卡尺的两个测量面和测量刃口是否平直无损，把两个量爪紧密贴合时，应无明显的间隙，同时游标和主尺的零位刻线要相互对准。这个过程称为校对游标卡尺的零位。

(2) 移动尺框时，活动要自如，不应过松或过紧，更不能晃动。用固定螺钉固定尺框时，卡尺的读数不应有所改变。在移动尺框时，不要忘记松开固定螺钉，亦不宜过松以免“掉了”。

(3) 当测量零件的外尺寸时，卡尺两测量面的连线应垂直于被测量表面，不能歪斜。测量时，先把卡尺的活动量爪张开，使量爪能自由地卡进工件，把零件贴靠在固定量爪上，然后移动尺框，用轻微的压力使活动量爪接触零件。如卡尺带有微动装置，此时可拧紧微动装置上的固定螺钉，再转动调节螺母，使量爪接触零件并读取尺寸。决不可把卡尺的两个量爪调节到接近甚至小于所测尺寸，把卡尺强制地卡到零件上去。这样做会使量爪变形，或使测量面过早磨损，使卡尺失去应有的精度。

(4) 当测量零件的内尺寸时，如图 2.2.6 所示，要使量爪分开的距离小于所测内尺寸。进入零件内孔后，再慢慢张开并轻轻接触零件内表面，用固定螺钉固定尺框后，轻轻取出卡尺来读数。取出量爪时，用力要均匀，并使卡尺沿着孔的中心线方向滑出，不可歪斜，以免使量爪扭伤、变形和受到不必要的磨损，同时会使尺框走动，影响测量精度。

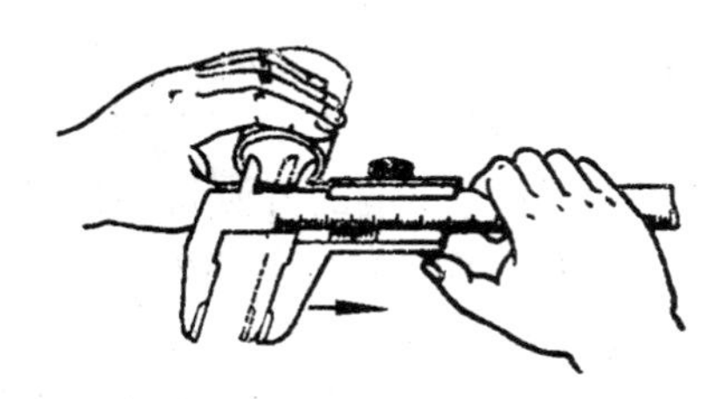

图 2.2.6　内孔的测量方法

(5) 当量爪与被测件表面接触后，不要用力太大；用力的大小应该使两个量爪恰好能够接触到被测件的表面。如果用力过大，尺框量爪会倾斜，这样容易引起较大的测量误差。所以在使用卡尺时，用力要适当，被测件应尽量靠近量爪测量面的根部。

(6) 使用卡尺测量深度时，卡尺要垂直，不要前后左右倾斜。

(7) 为获得正确的测量结果，可多测量几次，即在零件的同一截面上的不同方向进行测量。对于较长零件，则应当在全长的各个部位进行测量，务必获得一个较正确的测量结果。

练一练

对于 50 分度的游标卡尺来说，游标上相邻两个刻度间的距离为______mm，比主尺上相邻两个刻度间的距离小______mm。这种卡尺的刻度是特殊的，游标上的刻度值就是毫米以下的读数。这种卡尺的读数可以准确到______mm。如下面图例中的读数为________cm。

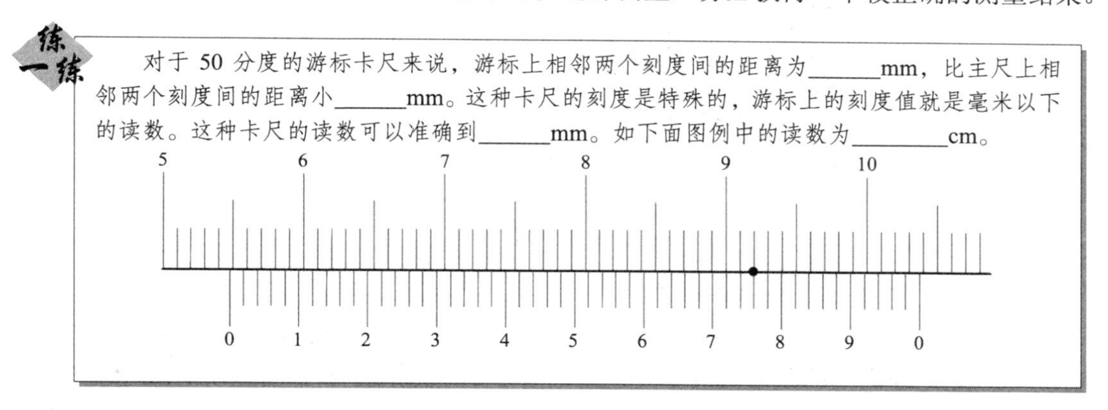

4．外径千分尺的使用

千分尺是一种应用螺旋测微原理制成的量具，又称为螺旋测微量具。由于它的测量精度比游标卡尺的高，并且测量比较灵活，因此，当加工精度要求较高时多被应用。千分尺的精度有 0.01、0.02、0.05 mm，常用规格有 0～25、25～50、50～75、75～100、100～125 mm 等。需要说明的是，目前大量使用的千分尺的精度为 0.01 mm(以前称它为百分尺)。

1) 千分尺的结构

各种千分尺的结构大同小异，常用来测量或检验零件的外径、凸肩厚度以及板厚或壁厚等(测量孔壁厚度的百分尺，其量面呈球弧形)。千分尺是由尺架、测微头、测力装置和制动器等组成，如图 2.2.7 所示为测量范围为 0～25 mm 的外径千分尺。尺架 1 的一端装着固定测砧 2，另一端装着测微螺杆 3。固定测砧和测微螺杆的测量面上都镶有硬质合金，以提高测量面的使用寿命。尺架 1 的两侧面覆盖着绝热板 12，使用千分尺时，手放在绝热板上，防止人体的热量影响千分尺的测量精度。

图 2.2.7 中的 3～9 是千分尺的测微头部分。带有刻度的固定刻度套筒 5 用螺钉固定在螺纹轴套 4 上，而螺纹轴套 4 又与尺架 1 紧密配合并结合成一体。在固定刻度套筒 5 的外面有一个带刻度的微分筒 6，它用锥孔通过接头 8 的外圆锥面再与测微螺杆 3 相连。测微螺杆 3 的一端是测量杆，并与螺纹轴套 4 上的内孔定心间隙配合；中间是精度很高的外螺纹，与螺纹轴套 4 上的内螺纹精密配合，可使测微螺杆 3 自如旋转，而且其间隙极小；测微螺杆 3 另一端的外圆锥与内圆锥接头 8 的内圆锥相配，并通过顶端的内螺纹与测力装置 10 连接。当测力装置的外螺纹旋紧在测微螺杆 3 的内螺纹上时，测力装置就通过垫片 9 紧压接头 8，而接头 8 上开有轴向槽，有一定的胀缩弹性，能沿着测微螺杆 3 上的外圆锥胀大，从而使微分筒 6 与测微螺杆 3 和测力装置 10 结合成一体。当用手旋转测力装置 10 时，就带动测微螺杆 3 和微分筒 6 一起旋转，并沿着精密螺纹的螺旋线方向运动，使两个测量面 2 和 3 之间的距离发生变化。

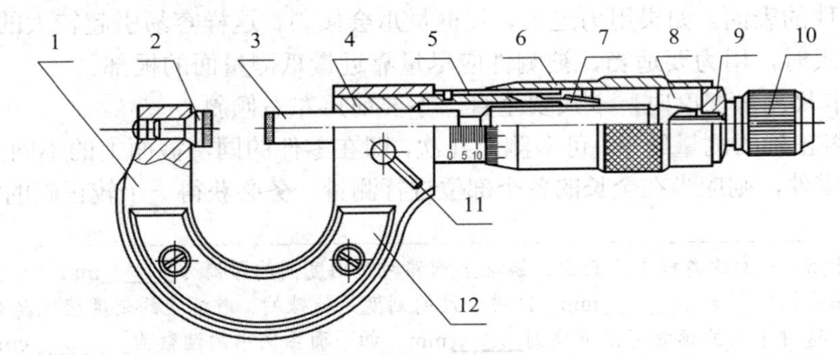

1—尺架；2—固定测砧；3—测微螺杆；4—螺纹轴套；5—固定刻度套筒；6—微分筒；
7—调节螺母；8—接头；9—垫片；10—测力装置；11—锁紧螺钉；12—绝热板

图 2.2.7　外径千分尺的结构

2) *千分尺的工作原理和读数方法*

(1) 工作原理。用千分尺测量零件的尺寸就是把被测零件置于千分尺的两个测量面之间，所以两测砧面之间的距离就是零件的测量尺寸。当测微螺杆在螺纹轴套中旋转时，由于螺旋线的作用，测微螺杆就有轴向移动，使两测砧面之间的距离发生变化。如测微螺杆按顺时针方向旋转一周，则两测砧面之间的距离就缩小一个螺距。同理，若测微螺杆按逆时针方向旋转一周，则两测砧面的距离就增大一个螺距。常用千分尺测微螺杆的螺距为 0.5 mm，而微分筒的圆周上刻有 50 个等分线，当微分筒旋转一周时，测微螺杆就推进或后退 0.5 mm，微分筒转过它本身圆周刻度的一小格时，两测砧面之间转动的距离为 0.5 mm / 50 = 0.01 mm。即千分尺上的螺旋读数机构，可以正确地读出 0.01 mm，也就是千分尺的读数值为 0.01 mm。

(2) 读数方法。在千分尺的固定刻度套筒上刻有轴向中线，作为微分筒读数的基准线。另外，为了计算测微螺杆旋转的整数转，在固定刻度套筒中线的两侧刻有两排刻线，刻线间距均为 1 mm，上下两排相互错开 0.5 mm。千分尺具体的读数方法可分为以下三步：

① 读出固定刻度套筒上露出的刻线尺寸，一定要注意不能遗漏应读出的 0.5 mm 的刻线值。

② 读出微分筒上的尺寸，要看清微分筒圆周上哪一格与固定刻度套筒的中线基准对齐，将格数乘以 0.01 mm 即得微分筒上的尺寸。

③ 将上面两个数相加，即为千分尺上测得的尺寸。

需要说明的是，若微分筒圆周上的格线与固定刻度套筒的中线基准不对齐，此时应对最后读取数值小数点后第 3 位的数值在 0.001～0.009 之间进行估值，估值的结果与步骤③相加后的数值再相加就是最后测得的尺寸。

如图 2.2.8 所示，在固定刻度套筒上读出的尺寸为 10 mm，固定刻度套筒的中线基准所对的是微分筒上第 29 格与第 30 格之间，故先将 29(格)× 0.01 mm = 0.29 mm，与 10 mm 相加得 10.29 mm，然后将估值 0.005 mm 再加入，最后的读值为 10.295 mm。

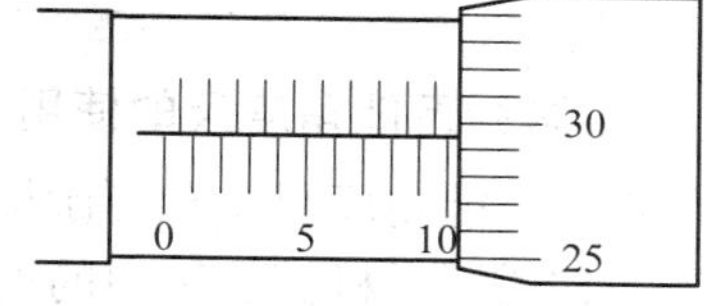

图 2.2.8　外径千分尺的读数

3) 千分尺的使用方法

使用千分尺测量零件尺寸时，必须注意以下几点：

(1) 使用前，应把千分尺的两个测砧面擦干净。转动测力装置，使两测砧面接触(若测量上限大于 25 mm 时，在两测砧面之间放入校对量杆或相应尺寸的量块)，接触面上应没有间隙和漏光现象，同时微分筒和固定刻度套筒要对准零位。

(2) 转动测力装置时，微分筒应能自由灵活地沿着固定刻度套筒活动，没有任何轧卡和不灵活的现象。如有活动不灵活的现象，应报修。

(3) 测量前，应把零件的被测量表面擦干净，以免有脏物存在时影响测量精度。绝对不允许用千分尺测量带有研磨剂的表面，以免损伤测量面的精度。用千分尺测量表面粗糙的零件也是错误的，这样易使测砧面过早磨损。

(4) 用千分尺测量零件时，应当手握测力装置的转帽来转动测微螺杆，使测砧面保持标准的测量压力，即听到嘎嘎的声音，表示压力合适，并可开始读数。要避免因测量压力不等而产生测量误差。

(5) 绝对不允许用力旋转微分筒来增加测量压力，从而使测微螺杆过分压紧零件表面，致使精密螺纹因受力过大而发生变形，损坏千分尺的精度。有时用力旋转微分筒后，虽因微分筒与测微螺杆间的连接不牢固，对精密螺纹的损坏不严重，但是微分筒打滑后，千分尺的零位走动了，就会造成质量事故。

(6) 用千分尺测量零件时，最好在零件上进行读数，放松后取出千分尺，这样可减少测砧面的磨损。如果必须取下读数时，应用制动器锁紧测微螺杆后，再轻轻滑出零件。把千分尺当卡规使用是错误的，因这样做不但易使测量面过早磨损，甚至会使测微螺杆或尺架发生变形而失去精度。

(7) 在读取千分尺上的测量数值时，要特别留心，不要读错 0.5 mm。

(8) 为了获得正确的测量结果，可在同一位置上再测量一次。尤其是测量圆柱形零件时，应在同一圆周的不同方向测量几次，检查零件外圆有没有圆度误差，再在全长的各个部位测量几次，检查零件外圆有没有圆柱度误差等。

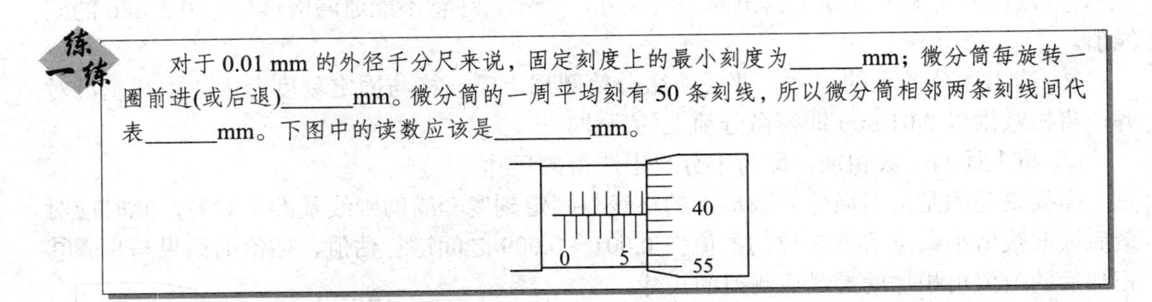

5．游标万能角度尺的使用

游标万能角度尺是利用游标读数原理来测量精密零件内外角度或进行角度划线的角度量具，它适用于机械加工中的内、外角度测量。

1) *游标万能角度尺的结构和读数原理*

如图 2.2.9 所示，这种万能角度尺的读数机构是由刻有基本角度刻线的尺座 1 和固定在扇形板 6 上的游标 3 组成。扇形板可在尺座上回转移动(有制动器 5)，这就形成了和游标卡尺相似的游标读数机构。

在游标万能角度尺中，尺座上的刻度线每格 1°，由于游标上刻有 30 格，所占的总角度为 29°，因此，每格刻线的度数差是 1°/30 = 2′，即万能角度尺的精度为 2′。

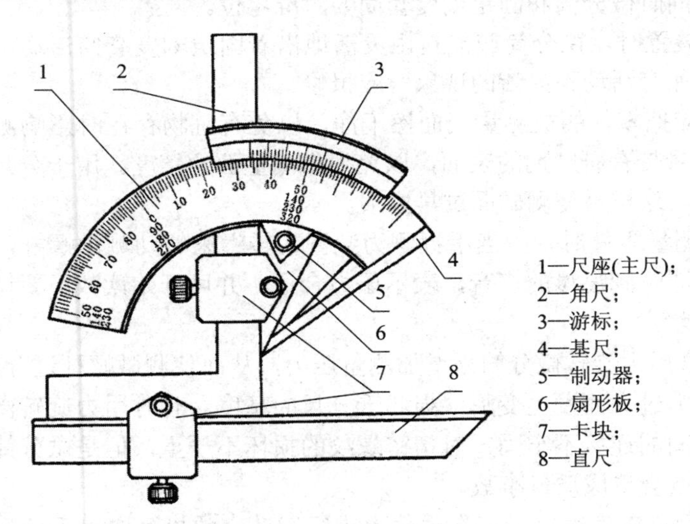

图 2.2.9　游标万能角度尺的结构

万能角度尺的读数方法和游标卡尺的相同，先读出游标零线前的角度是几度，再从游标上读出角度“分”的数值，两者相加就是被测零件的角度数值。

在万能角度尺的尺座上，基本角度的刻线只有 0～90°，如果测量的零件角度大于 90°，则在读数时应加上一个基数(90° 或 180° 或 270°)。当零件角度为>90°～180° 时，被测角度=90°+量角尺读数；为>180°～270° 时，被测角度=180°+量角尺读数；为>270°～320° 时，被测角度=270°+量角尺读数。

用万能角度尺测量零件角度时，应使基尺与零件角度的母线方向一致，且零件应与角度尺的两个测量面的全长接触良好，以免产生测量误差。

2) *游标万能角度尺的使用方法*

测量时，根据产品被测部位的情况，先调整好角尺或直尺的位置，用卡块上的螺钉把它们紧固住，再来调整基尺测量面与其他有关测量面之间的夹角。这时，要先松开制动头上的螺母，移动主尺进行粗调整，然后再转动扇形板背面的微动装置进行细调整，直到两个测量面与被测表面密切贴合为止，再拧紧制动器上的螺母，把角尺取下来进行读数。

在万能角度尺上，基尺 4 是固定在尺座 1 上的，角尺 2 是用卡块 7 固定在扇形板 6 上的，可移动直尺 8 是用卡块 7 固定在角尺 2 上的。若把角尺 2 拆下，也可把直尺 8 固定在扇形板 6 上。由于角尺 2 和直尺 8 可以移动和拆换，因此万能角度尺可以测量 0°～320° 的任何角度。

(1) 测量 0°～50° 之间的角度。测量时，角尺和直尺全都装上，产品的被测部位放在基尺和直尺的测量面之间。

(2) 测量 50°～140° 之间的角度。把角尺卸掉，而把直尺装上去，使它与扇形板连在一起，工件的被测部位放在基尺和直尺的测量面之间进行测量。也可以不拆下角尺，只把直尺和卡块卸掉，再把角尺拉到下边来，直到角尺短边与长边的交线和基尺的顶尖(尖棱)对齐为止，再把工件的被测部位放在基尺和角尺短边的测量面之间进行测量。

(3) 测量 140°～230° 之间的角度。把直尺和卡块卸掉，只装角尺，但要把角尺推上去，直到角尺短边与长边的交线和基尺的顶尖(尖棱)对齐为止，再把工件的被测部位放在基尺和角尺短边的测量面之间进行测量。

(4) 测量 230°～320° 之间的角度。把角尺、直尺和卡块全部卸掉，只留下扇形板和主尺(带基尺)，再把产品的被测部位放在基尺和扇形板测量面之间进行测量。

这里讲解的游标万能角度尺是哪一种型号，还有哪些型号？试比较它们的原理、读数方法和使用方法。

任务 2.3　零件尺寸的测量

零件尺寸的测量是机器部件测绘中的一项重要内容。采用正确的测量方法可以减少测量误差，提高测绘效率，保证测得的尺寸的精确度。

2.3.1　工作任务

1. 任务内容

讲解线性尺寸、直径、壁厚、孔间距、中心高、圆角、螺距以及曲线或曲面的测量方法。同时，在前面活动钳身视图表达的基础上，对活动钳身进行尺寸标注并测量。

2. 任务分析

具体如表 2.3.1 所示。

表 2.3.1　任务准备与分析

<table>
<tr><td>任务准备</td><td colspan="3">安排场所，准备课件等</td></tr>
<tr><td rowspan="4">任务实施</td><td>学习情境</td><td>实施过程</td><td>结果形式</td></tr>
<tr><td>常用尺寸的测量方法</td><td rowspan="2">教师讲解、答疑
学生听、看、记</td><td rowspan="2"></td></tr>
<tr><td>曲线或曲面的测量方法</td></tr>
<tr><td>活动钳身的尺寸标注与测量</td><td>教师讲解、示范
学生对活动钳身进行尺寸标注与测量</td><td>带尺寸的活动钳身草图</td></tr>
<tr><td>学习重点</td><td colspan="3">常用尺寸的测量方法，活动钳身的尺寸标注与测量</td></tr>
<tr><td>学习难点</td><td colspan="3">曲线或曲面的测量方法</td></tr>
<tr><td>任务总结</td><td colspan="3">学生提出任务实施过程中存在的问题，解决并总结
教师根据任务实施过程中学生存在的共性问题，讲评并解决</td></tr>
<tr><td>任务考核</td><td colspan="3">根据学生到课率、课堂表现、活动钳身草图等打分</td></tr>
</table>

参看表 2.3.1 完成任务，实施步骤如下。

2.3.2　任务实施

1．常用尺寸的测量方法

对于不同的尺寸，有不同的测量方法。下面来介绍线性尺寸、直径、壁厚、孔间距、中心高、圆角和螺距的测量方法。

1) 测量线性尺寸

一般可用直尺或游标卡尺直接测量尺寸的大小，如图 2.3.1 所示。

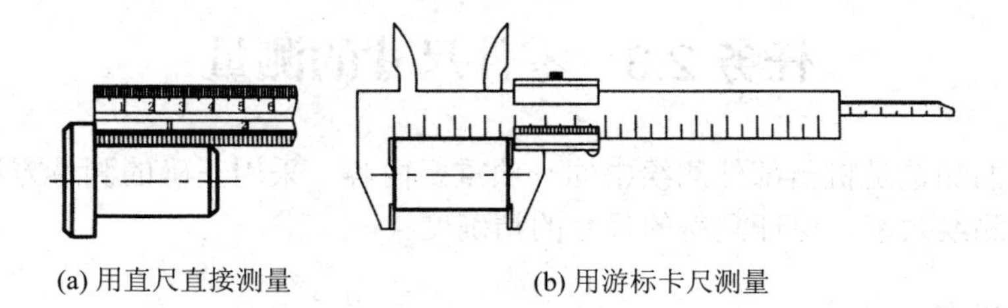

(a) 用直尺直接测量　　(b) 用游标卡尺测量

图 2.3.1　测量线性尺寸

2) 测量直径尺寸

一般可用游标卡尺或千分尺，如图 2.3.2 所示。在测量阶梯孔的直径时，会遇到外面孔小、里面孔大的情况，用游标卡尺无法测量大孔的直径。这时，可用内卡钳测量，如图 2.3.3(a)所示；也可用特殊量具(内外同值卡尺)，如图 2.3.3(b)所示。

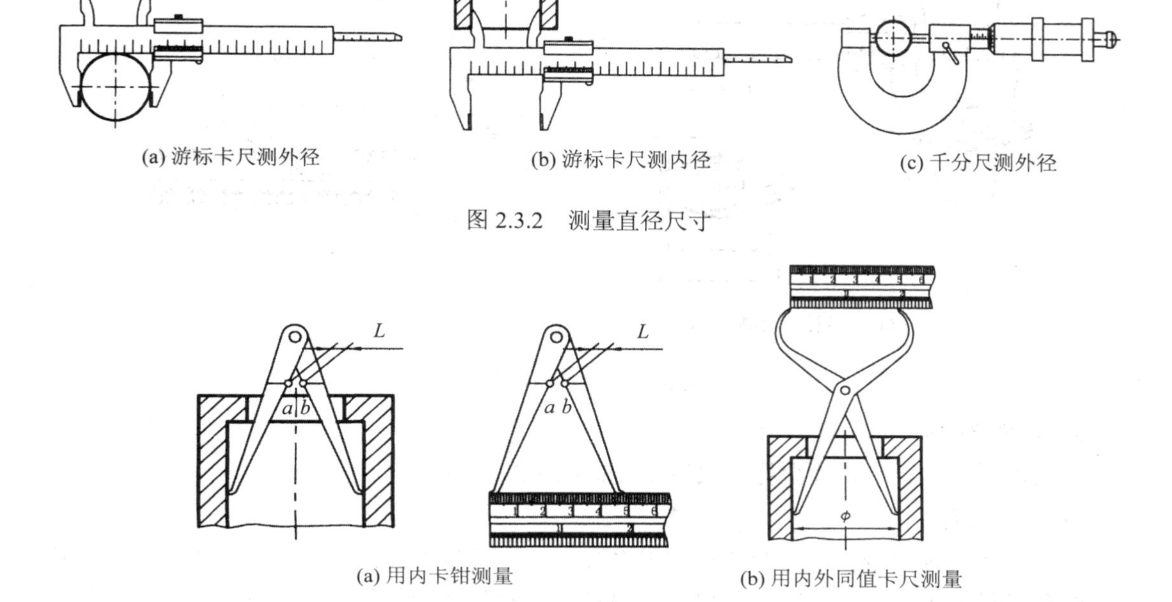

(a) 游标卡尺测外径　　(b) 游标卡尺测内径　　(c) 千分尺测外径

图 2.3.2　测量直径尺寸

(a) 用内卡钳测量　　(b) 用内外同值卡尺测量

图 2.3.3　测量阶梯孔的直径

3) 测量壁厚

一般可用直尺测量，如图 2.3.4(a)所示。若孔径较小时，可用带测量深度的游标卡尺测量，如图 2.3.4(b)所示。有时也会遇到用直尺或游标卡尺都无法测量的壁厚，这时则需用卡钳来测量，如图 2.3.4(c)、图 2.3.4(d)所示。

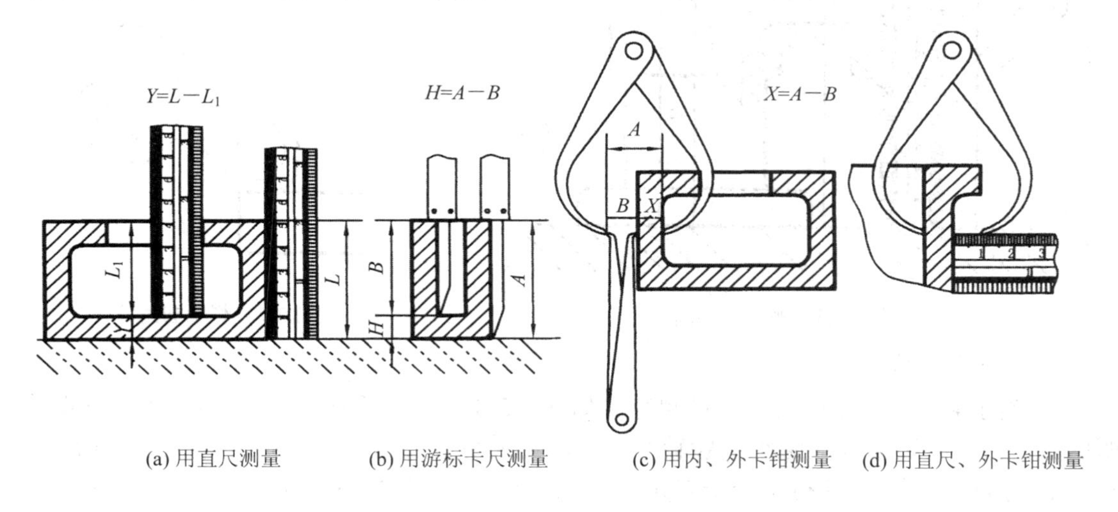

(a) 用直尺测量　　(b) 用游标卡尺测量　　(c) 用内、外卡钳测量　　(d) 用直尺、外卡钳测量

图 2.3.4　测量壁厚

4) 测量孔间距

可用游标卡尺、卡钳或直尺测量，如图 2.2.5 所示。

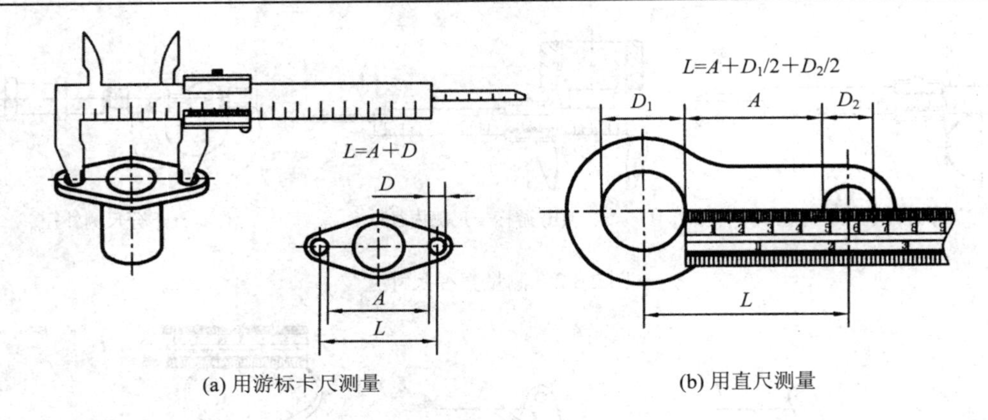

(a) 用游标卡尺测量　　(b) 用直尺测量

图 2.3.5　测量孔间距

5) 测量中心高

一般可用直尺、卡钳或游标卡尺测量，如图 2.3.6 所示。

6) 测量圆角

一般用圆角规测量。每套圆角规有很多片，一半测量外圆角，一半测量内圆角，每片刻有圆角半径的大小。测量时，只要在圆角规中找到与被测部分完全吻合的一片，则从该片上的数值可知圆角半径的大小，如图 2.2.7 所示。

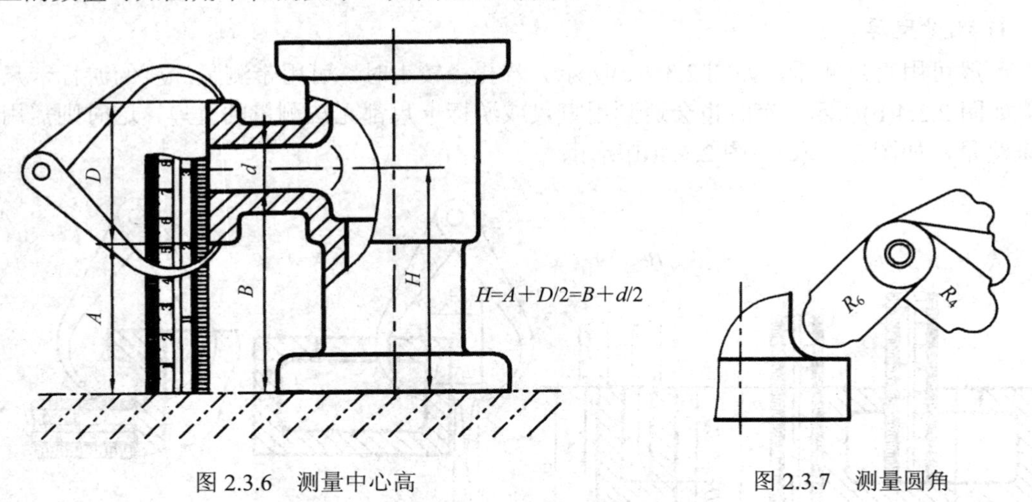

图 2.3.6　测量中心高　　图 2.3.7　测量圆角

7) 测量螺纹的螺距

螺纹的螺距可用螺纹规或直尺测得，如图 2.3.8(a)所示螺纹的螺距 $P = 1.5$。需要说明的是，由于普通螺纹的螺距一般较小，所以当采用直尺测量时，最好测量几个螺距的长度 L，然后除以 n，就得出一个较正确的螺距尺寸(在图 2.3.8(a)中，$n = 4$，$L = 6$)。也可用压痕法测螺距，如图 2.3.8(b)所示，即用一张纸放在被测螺纹上，压出螺距印痕，用直尺量出 5～10 个螺纹的长度，即可算出螺距 P，根据 P 和测出的大径查手册取标准数值。

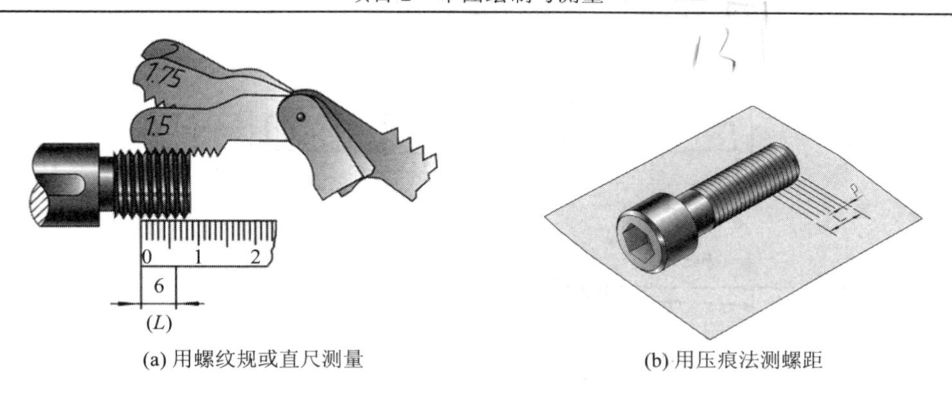

(a) 用螺纹规或直尺测量　　(b) 用压痕法测螺距

图 2.3.8　测量螺距

2. 曲线或曲面的测量方法

曲线和曲面要求测量很准确时，必须用专门的测量仪具进行测量。要求不太准确时，常采用下面的三种方法测量。

(1) 拓印法。对于柱面部分的曲率半径的测量，可用纸拓印其轮廓，得到如实的平面曲线，然后判定该曲线的圆弧连接情况，测量其半径，如图 2.3.9(a)所示。

(2) 铅丝法。对于曲线回转面零件的母线曲率半径的测量，可用铅丝弯成实形后，得到如实的平面曲线，然后判定曲线的圆弧连接情况，再用中垂线法求得各段圆弧的中心，测量其半径，如图 2.3.9(b)所示。

(3) 坐标法。一般的曲面可用直尺和三角板定出曲面上各点的坐标，在图上画出曲线，或求出曲率半径，如图 2.3.9(c)所示。

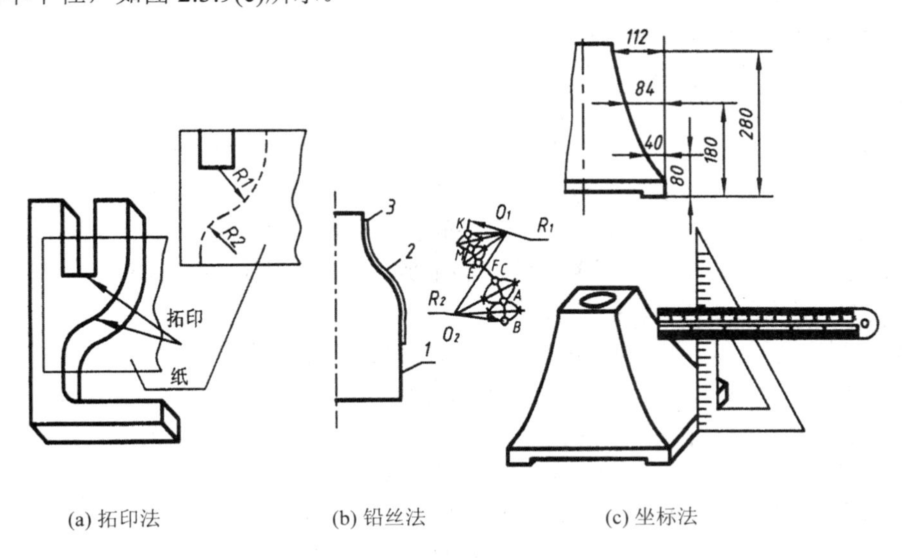

(a) 拓印法　　(b) 铅丝法　　(c) 坐标法

图 2.3.9　测量曲线和曲面

3. 活动钳身的尺寸标注与测量

如图 2.3.10 所示，对于活动钳身的尺寸而言，需先分析其尺寸基准，结果为长度方向(活动钳身的左、右对称面)、高度方向(活动钳身的底面)、宽度方向(活动钳身的后表面)。

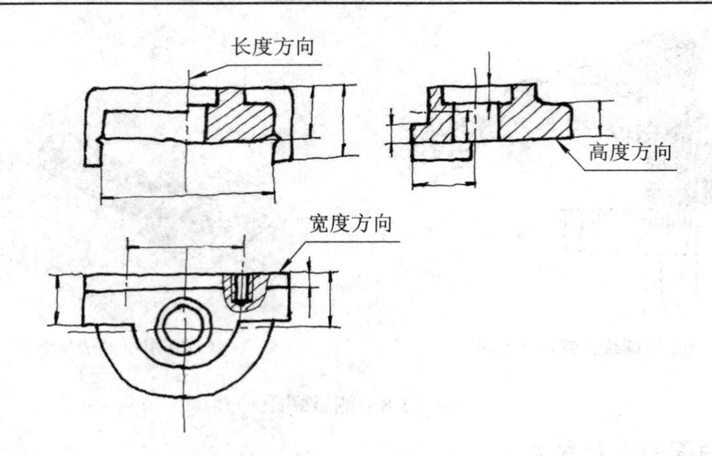

图 2.3.10　活动钳身的尺寸基准和定位尺寸标注

其次按组成的部分和结构分析所需的定形尺寸和定位尺寸以及整体尺寸，并绘出其尺寸界线、尺寸线和尺寸线终端。其中，主要结构的定位尺寸有：

(1) 高度方向：螺纹孔中心高，顶面和底面的高度，后表面长方体的台阶高度。

(2) 长度方向：螺纹孔的中心距，左、右两侧向下凸出长方体结构的内口距离。

(3) 宽度方向：宽度基准到圆柱阶梯孔轴线的距离，长方体缺口宽度。

最后测量并填写尺寸。另外，测量尺寸时还需要注意以下几点：

(1) 尺寸测量要做到心中有数，测量要仔细、认真，不能马虎，要做到测得准、记得细、写得清。

(2) 关键零件的尺寸和零件的重要尺寸应反复测量若干次，直到数据稳定可靠，然后记录其平均值或各次测得值。

(3) 整体尺寸应直接测量，不能用中间尺寸叠加而得，草图上一律标注实测数据。

(4) 对复杂零件，如叶片等，必须采用边测量、边画放大图的方法，以便及时发现问题；对配合面、型面，应随时考证数据的正确性，应多测几个点，取其平均数。

(5) 对于测量数据的整理工作，特别是间接测量的尺寸数据的整理，应及时进行，并将换算结果记录在草图上。对重要尺寸的测量数据，在整理过程中如有疑问或发现矛盾和遗漏，应立即提出重测或补测。

(6) 在测量过程中，要特别防止小零件丢失。在测量暂停和结束时，要注意零件的防锈。

(7) 有配合关系的尺寸，如孔与轴的配合尺寸，一般先测出直径尺寸(通常测量轴比较容易)，再根据测得的直径尺寸查阅有关手册确定标准的公称尺寸或公称直径。没有配合关系的尺寸或不重要的尺寸，可将测得的尺寸进行圆整。

(8) 零件上标准结构(如键槽、退刀槽、销孔、中心孔、螺纹、齿轮等)的尺寸，应根据测得的尺寸查阅相应的国家标准，并予以标准化。

2.3.3　知识拓展：测量工具的精度匹配

零件尺寸的测量需要根据零件尺寸所需的精确程度，选用相应的测量工具进行测量。如一般精度的尺寸可直接采用钢直尺或外卡钳、内卡钳测量读出数值，而精度较高的尺寸则需要游标卡尺或千分尺测量。表 2.3.2 为千分表、千分尺及游标卡尺的合理使用范围，供测绘时选择量具精度参考。

表 2.3.2　千分表、千分尺及游标卡尺的合理使用范围

名称	单位刻度值	量具精确度	工件的公差等级											
			IT5	IT6	IT7	IT8	IT9	IT10	IT11	IT12	IT13	IT14	IT15	IT16
千分表	0.001													
	0.005													
	0.01	0 级												
		1 级												
		2 级												
千分尺	0.01	0 级												
		1 级												
		2 级												
游标卡尺	0.02													
	0.05													
	0.1													

项目3　圆整与技术条件的确定

在零部件测绘中，要确定零件的表面结构、尺寸公差和形位公差、材料选择及热处理等技术要求。本项目主要完成“测量尺寸的圆整与协调”、“零件表面结构要求的确定”、“极限与配合的确定”、“几何公差的确定”及“材料及热处理的确定”五个任务。本项目的目标包括：

(1) 熟悉优先数和优先数系、尺寸圆整的概念、常见圆整方法以及尺寸协调。

(2) 掌握尺寸圆整的设计圆整法的使用及相关的圆整过程。

(3) 熟知零件表面结构要求的内容和原则，掌握表面粗糙度参数的确定的一般方法，学会用观察与触摸来确定表面粗糙度参数 *Ra* 的值。

(4) 熟悉配合制度、公差等级和配合性质的相关知识及其选择方法。

(5) 熟悉几何公差项目内容、标注方法及选择的原则。

(6) 学会用类比法确定零件材料及热处理和表面处理工艺。

任务3.1　测量尺寸的圆整与协调

由于加工误差和测量误差，零件测量实际测出的尺寸往往不是整数。在绘制零件图时，从零件实测尺寸推断原设计尺寸的过程称为尺寸的圆整，包括确定公称尺寸、尺寸公差、公差与配合等。圆整的目的是为了方便加工，常见的尺寸圆整的方法有设计圆整法和测绘圆整法。

3.1.1　工作任务

1．任务内容

分析并阐述优先数和优先数系、尺寸圆整的概念、常见的圆整方法以及尺寸协调等内容。

2．任务分析

具体如表3.1.1所示。

表3.1.1　任务准备与分析

任务准备	安排场所，准备课件等		
任务实施	学习情境	实施过程	结果形式
	优先数和优先数系	教师讲解、示范、答疑 学生听、看、记	
	常规设计的尺寸圆整		
	非常规设计的尺寸圆整		
	测绘中的尺寸协调		

续表

学习重点	常规设计的尺寸圆整，非常规设计的尺寸圆整
学习难点	优先数和优先数系
任务总结	学生提出任务实施过程中存在的问题，解决并总结 教师根据任务实施过程中学生存在的共性问题，讲评并解决
任务考核	根据学生到课率、课堂表现等打分

参看表 3.1.1 完成任务，实施步骤如下。

3.1.2　任务实施

1. 优先数和优先数系

尺寸圆整不仅可以简化计算，使图面清晰，更重要的是可以采用标准刀具、量具和标准化配件，从而可以缩短加工周期，提高生产效率。

尺寸圆整首先应进行数值优化，数值优化是指各种技术参数数值的简化和统一，即设计制造中所使用的数值为国际标准推荐使用的优先数。数值优化是标准化的基础。GB/T 321—2005 规定的优先数系是由公比分别为 10 的 5、10、20、40、80 次方根，且项值中含有 10 的整数幂的理论等比数列导出的一组近似等比的数列。各数列分别用符号 R5、R10、R20、R40 和 R80 表示，称为 R5 系数、R10 系数、R20 系数、R40 系数和 R80 系数。其中，前四个系数称为基本系列，如表 3.1.2 所示，而 R80 是补充系列。前四个系数的公比分别为

$$\text{R5 的公比：}\ q_5=\sqrt[5]{10}=1.5849\approx1.60$$

$$\text{R10 的公比：}\ q_{10}=\sqrt[10]{10}=1.2589\approx1.26$$

$$\text{R20 的公比：}\ q_{20}=\sqrt[20]{10}=1.1220\approx1.12$$

$$\text{R40 的公比：}\ q_{40}=\sqrt[40]{10}=1.0593\approx1.06$$

补充系列 R80 的公比为

$$\text{R80 的公比：}\ q_{80}=\sqrt[80]{10}=1.029\,36\approx1.03$$

表 3.1.2　优先数系的基本系列(1～10)

R5	R10	R20	R40	R5	R10	R20	R40	R5	R10	R20	R40
1.00	1.00	1.00	1.00			2.24	2.24		5.00	5.00	5.00
			1.06				2.36				5.30
		1.12	1.12	2.50	2.50	2.50	2.50			5.60	5.60
			1.18				2.65				6.00
	1.25	1.25	1.25			2.80	2.80	6.30	6.30	6.30	6.30
			1.32				3.00				6.70
		1.40	1.40		3.15	3.15	3.15			7.10	7.10
			1.50				3.35				7.50
1.60	1.60	1.60	1.60			3.55	3.55		8.00	8.00	8.00
			1.70				3.75				8.50
		1.80	1.80	4.00	4.00	4.00	4.00			9.00	9.00
			1.90				4.25				9.50
	2.00	2.00	2.00			4.50	4.50	10.00	10.00	10.00	10.00
			2.12				4.75				

优先数系中任一个项值均称为优先数。由于优先数系是等比数列，故任意个数的优先数的积和商仍为优先数，而优先数的对数(或序号)则是等差数列，利用这些特点可以大大简化设计计算。

优先数系可向两个方向无限延伸，表 3.1.2 中的值乘以 10、100、…，或乘以 0.1、0.01、…，即可得到大于 1 或小于 1 的优先数。

优先数系不仅适用于标准的制订，而且适用于标准制订以前的规划、设计阶段，这样可以把产品品种的发展，从一开始就引导到合理的标准化的轨道上。在确定产品的参数或参数系列时，如果没有特殊原因而必须选用其他数值的话，只要能满足技术经济上的要求，就应当力求选用优先数，并且按照 R5、R10、R20 和 R40 的顺序，优先选用公比较大的基本系列；当一个产品的所有特性参数不可能都采用优先数时，也应使一个或几个主要参数采用优先数；即使单个参数值，也应按上述顺序选用优先数。

表 3.1.3　标准尺寸系列(10～100)　　mm

R			R′			R			R′		
R10	R20	R40	R′10	R′20	R′40	R10	R20	R40	R′10	R′20	R′40
10.0	10.0		10	10			35.5	35.5		**36**	**36**
	11.2			**11**				37.5			**38**
12.5	12.5	12.5	**12**	**12**	**12**	40.0	40.0	40.0	40	40	40
		13.2			**13**			42.5			**42**
	14.0	14.0		14	14		45.0	45.0		45	45
		15.0			15			47.5			**48**
16.0	16.0	16.0	16	16	16	50.0	50.0	50.0	50	50	50
		17.0			17			53.0			53
	18.0	18.0		18	18		56.0	56.0		56	56
		19.0			19			60.0			60
20.0	20.0	20.0	20	20	20	63.0	63.0	63.0	63	63	63
		21.2			**21**			67.0			67
	22.4	22.4		22	**22**		71.0	71.0		71	71
		23.6			**24**			75.0			75
25.0	25.0	25.0	25	25	25	80.0	80.0	80.0	80	80	80
		26.5			**26**			85.0			85
	28.0	28.0		28	28		90.0	90.0		90	90
		30.0			30			95.0			95
31.5	31.5	31.5	**32**	**32**	**32**	100.0	100.0	100.0	100	100	100
		33.5			**34**						

说明：R′ 系列中的黑体字，为 R 系列相应各项优先数的化整值。

2. 常规设计的尺寸圆整

常规设计是指以方便设计、制造和良好的经济性为主的标准化设计。在对常规设计的零件进行尺寸选择时，一般应按国家标准 GB/T 2822—2005 推荐的尺寸系列进行，部分内容如表 3.1.3 所示，即按 R10、R20 和 R40 的顺序，优先选用公比较大的基本系列及其单值。若对实测尺寸进行圆整时，则应在相应的 R′系列中选用标准尺寸，其优选顺序为 R′10、R′20 和 R′40。

当被测绘的样机是属于公制计量标准时，公差与配合应符合国家标准 GB/T 1800.1—2009、GB/T l800.2—2009、GB/T l801—2009、GB/T l803—2003 以及 GB/T 1804—2000。

【实例 3.1】 实测一对配合孔和轴，孔的尺寸为 ϕ20.012 mm，轴的尺寸为 ϕ19.977 mm，测绘后圆整并确定尺寸公差。

① 确定公称尺寸。根据孔、轴的实测尺寸，查表 3.1.3，只有 R10 系列的基本尺寸 20 靠近实测值，故取公称尺寸为 ϕ20 mm。

② 确定基准制。通过结构分析，确定此配合为基孔制的间隙配合，即基准孔为 H。

③ 确定基本偏差。从其他资料可知此配合属单件小批生产，而单件小批生产孔、轴尺寸靠近最大实体尺寸(即孔的最小极限尺寸，轴的最大极限尺寸)，所以轴的尺寸 $\phi 20 - 0.023$ 靠近轴的基本偏差。查轴的基本偏差表，ϕ20 mm 所在的尺寸段与−0.023 靠近的只有 f 的基本偏差为−0.020 mm，即轴的基本偏差代号为 f。

④ 确定公差等级。通过对比及尽量选择较低等级的原则，查标准公差数值表 3.1.4，得轴公差等级为 IT7 级。又根据工艺等价的性质，得出孔的公差等级比轴低一级，为 IT8 级。

综上所述，尺寸圆整后得孔为 $\phi 20\mathrm{H8}(^{+0.033}_{\ \ 0})$，轴为 $\phi 20\mathrm{f7}(^{-0.020}_{-0.041})$，配合为 $\phi 20\dfrac{\mathrm{H8}}{\mathrm{f7}}$，属基孔制的间隙配合。

表 3.1.4　公称尺寸至 1000 mm 的标准公差数值

基本尺寸 /mm		公差等级																			
		IT01	IT0	IT1	IT2	IT3	IT4	IT5	IT6	IT7	IT8	IT9	IT10	IT11	IT12	IT13	IT14	IT15	IT16	IT17	IT18
大于	至	μm													mm						
—	3	0.3	0.5	0.8	1.2	2	3	4	6	10	14	25	40	60	0.10	0.14	0.25	0.40	0.60	1.0	1.4
3	6	0.4	0.6	1	1.5	2.5	4	5	8	12	18	30	48	75	0.12	0.18	0.30	0.48	0.75	1.2	1.8
6	10	0.4	0.6	1	1.5	2.5	4	6	9	15	22	36	58	90	0.15	0.22	0.36	0.58	0.90	1.5	2.2
10	18	0.5	0.8	1.2	2	3	5	8	11	18	27	43	70	110	0.18	0.27	0.43	0.70	1.10	1.8	2.7
18	30	0.6	1	1.5	2.5	4	6	9	13	21	33	52	84	130	0.21	0.33	0.52	0.84	1.30	2.1	3.3
30	50	0.6	1	1.5	2.5	4	7	11	16	25	39	62	100	160	0.25	0.39	0.62	1.00	1.60	2.5	3.9
50	80	0.8	1.2	2	3	5	8	13	19	30	46	74	120	190	0.30	0.46	0.74	1.20	1.90	3.0	4.6
80	120	1	1.5	2.5	4	6	10	15	22	35	54	87	140	220	0.35	0.54	0.87	1.40	2.20	3.5	5.4
120	180	1.2	2	3.5	5	8	12	18	25	40	63	100	160	250	0.40	0.63	1.00	1.60	2.50	4.0	6.3
180	250	2	3	4.5	7	10	14	20	29	46	72	115	185	290	0.46	0.72	1.15	1.85	2.90	4.6	7.2
250	315	2.5	4	6	8	12	16	23	32	52	81	130	210	320	0.52	0.81	1.30	2.10	3.20	5.2	8.1
315	400	3	5	7	9	13	18	25	36	57	89	140	230	360	0.57	0.89	1.40	2.30	3.60	5.7	8.9
400	500	4	6	8	10	15	20	27	40	63	97	155	250	400	0.63	0.97	1.55	2.50	4.00	6.3	9.7
500	630	4.5	6	9	11	16	22	30	44	70	110	175	280	440	0.70	1.10	1.75	2.8	4.4	7.0	11.0
630	800	5	7	10	13	18	25	35	50	80	125	200	320	500	0.80	1.25	2.00	3.2	5.0	8.0	12.5
800	1000	5.5	8	11	15	21	29	40	56	90	140	230	360	560	0.90	1.40	2.30	3.6	5.6	9.0	14.0

3. 非常规设计的尺寸圆整

1) 圆整原则

公称尺寸和尺寸公差不一定都是标准化的尺寸，这称为非常规设计的尺寸。非常规设计的尺寸圆整的一般原则是：

(1) 功能(性能)尺寸、配合尺寸、定位尺寸在圆整时，允许保留一位小数，个别重要的和关键的尺寸可保留两位小数，其他尺寸圆整为整数。

(2) 将实测尺寸圆整为整数或须保留的小数位时，尾数删除应采用四舍六入五单双法，即逢四以下舍去，逢六以上进位，遇五则以保证偶数的原则决定进舍。例如，19.6 应圆整为 20(逢六以上进位)，22.3 应圆整为 22(逢四以下舍去)，20.5 和 19.5 都应圆整为 20(遇五则以保证圆整后的尺寸为偶数)。

需要说明的是：

(1) 删除尾数时，只考虑删除位的数值，不得逐位删除。如 25.456 保留整数时，删除位为第一位小数 4，根据四舍六入五单双法，圆整后应为 25，不应逐位圆整成 25.456→25.46→25.5→26。

(2) 尽量使圆整后的尺寸符合国家标准推荐的尺寸系列值。

2) 轴向功能尺寸的圆整

在大批量生产条件下，零件的实际尺寸大部分位于零件公差带的中部，所以在圆整尺寸时，可将实测尺寸视为公差中值。同时尽量将基本尺寸按国家标准尺寸系列圆整为整数，并保证公差在 IT9 级之内。公差值采用单向或双向，孔类尺寸取单向正公差，轴类尺寸取单向负公差，长度类尺寸采用双向公差。

【实例 3.2】 某传动轴的轴向尺寸参与装配尺寸链计算，实测值为 84.98 mm，试将其圆整。

① 确定公称尺寸。查表 3.1.3，得公称尺寸为 85 mm。

② 查标准公差数值表 3.1.4。在基本尺寸大于 80～120 mm 时，公差等级为 IT9 的公差值为 0.087 mm。

③ 取公差值为 0.080 mm。

④ 得圆整方案为 (85 ± 0.04) mm。

【实例 3.3】 某轴的轴向尺寸参与装配尺寸链计算，实测值为 44.96 mm，试将其圆整。

① 确定公称尺寸。查表 3.1.3，得公称尺寸为 45 mm。

② 查标准公差数值表 3.1.4。在基本尺寸大于 30～50 mm 时，公差等级为 IT9 的公差值为 0.062 mm。

③ 取公差值为 0.060 mm。

④ 得圆整方案为 $(45^{\ 0}_{-0.06})$ mm。

⑤ 校核。公差值为 0.060 mm，该值在 IT9 级公差值以内且接近公差值，实测值 44.96 mm 接近 $45^{\ 0}_{-0.06}$ 的中值，故该圆整方案合理。

3) 非功能尺寸的圆整

非功能尺寸即一般公差的尺寸(未注公差的线性尺寸)，它包含功能尺寸外的所有轴向尺寸和非配合尺寸。

圆整这类尺寸时，主要是合理确定公称尺寸，保证尺寸的实测值在圆整后的尺寸公差范围之内，并且圆整后的基本尺寸符合国家标准规定的优先数、优先数系和标准尺寸，除个别外，一般不保留小数。例如，8.03圆整为8，30.08圆整为30等。

对于另外有其他标准规定的零件直径，如球体、滚动轴承、螺纹等，以及其他小尺寸，在圆整时应参照有关标准。这类尺寸的公差，即未标注公差尺寸的极限偏差一般规定为IT12～IT18级。原来的机床制造业规定为IT14，航空工业部规定为IT13。

4．测绘中的尺寸协调

一台机器或设备通常由许多零件、组件和部件组成。测绘时，不仅要考虑部件中零件与零件之间的关系，而且还要考虑部件与部件之间、部件与组件或部件与零件之间的关系。所以在标注尺寸时，必须把装配在一起的或装配尺寸链中有关零件的尺寸一起测量，并将测出的结果加以比较，最后一并确定基本尺寸和尺寸偏差。

任务3.2　零件表面结构要求的确定

为保证零件预定的设计要求和使用性能，必须在零件图上标注或说明零件在加工制造过程中的技术要求，如零件表面结构要求、极限与配合、几何公差以及热处理等，并将这些技术要求按照有关国家标准规定的代(符)号或用文字正确地在图样上表示出来。这里先来阐述零件表面结构要求的确定。

3.2.1　工作任务

1．任务内容

分析并阐述零件表面结构要求的一般原则以及评定参数确定的方法。同时，在活动钳身草图(项目2图2.3.10)的基础上，分析、确定各加工表面的表面粗糙度并标注。

2．任务分析

具体如表3.2.1所示。

表3.2.1　任务准备与分析

任务准备	安排场所，准备模型、课件等		
任务实施	学习情境	实施过程	结果形式
	原则和评定参数的确定	教师讲解、示范、答疑 学生听、看、记	
	确定活动钳身的表面粗糙度	教师讲解、示范 学生标注表面粗糙度	表面粗糙度的标注
学习重点	原则和评定参数的确定		
学习难点	确定活动钳身的表面粗糙度		
任务总结	学生提出任务实施过程中存在的问题，解决并总结 教师根据任务实施过程中学生存在的共性问题，讲评并解决		
任务考核	根据学生所标注的表面粗糙度内容进行打分		

参看表3.2.1完成任务，实施步骤如下。

3.2.2　任务实施

1. 原则和评定参数的确定

表面结构要求是表面粗糙度、表面波纹度和表面几何形状的总称。其中，微观几何形状误差即微小的峰谷高低程度称为表面粗糙度，它不仅影响美观，而且对零件接触面的摩擦、运动面的磨损、贴合面的密封、配合面的可靠、旋转件的疲劳强度以及抗腐蚀性能等都有影响。因此，在测绘中正确确定被测零件的表面粗糙度是一项重要内容。

1) 一般原则

(1) 在同一零件上，工作表面一般比非工作表面的粗糙度参数值要小；摩擦表面比非摩擦表面的粗糙度参数值要小；滚动摩擦表面比滑动摩擦表面的粗糙度参数值要小；运动速度高、压力大的摩擦表面比运动速度低、压力小的摩擦表面的粗糙度参数值要小。

(2) 承受循环载荷表面及易引起应力集中的结构(圆角、沟槽等)，其粗糙度参数值要小。

(3) 配合精度要求高的结合表面、配合间隙小的配合表面及要求连接可靠且承受重载的过盈配合表面，均应取较小的粗糙度参数值。

(4) 配合性质相同时，在一般情况下，零件尺寸越小，则粗糙度参数值应越小；在同一精度等级时，小尺寸比大尺寸、轴比孔的粗糙度参数值要小；通常在尺寸公差、表面形状公差小时，粗糙度参数值要小。

(5) 防腐性、密封性要求越高，粗糙度参数值应越小。

2) 评定参数的确定

表面粗糙度参数的确定主要根据不同的应用场合、加工方法来进行。由于测绘的模型表面质量比真实表面质量要求低，因此应采用类比法来确定，可参阅附录 D 及表 3.2.2 和表 3.2.3 的内容。

表 3.2.2　表面粗糙度 *Ra* 数值与加工方法及应用

<table>
<tr><th>Ra不大于/μm</th><th>表面特征</th><th>主要加工方法</th><th>应用举例</th></tr>
<tr><td>100，50</td><td>明显可见刀痕</td><td rowspan="2">粗车、粗铣、粗刨、钻、粗纹锉刀和粗砂轮加工</td><td rowspan="2">粗加工表面，一般很少使用</td></tr>
<tr><td>25</td><td>可见刀痕</td></tr>
<tr><td>12.5</td><td>微见刀痕</td><td>粗车、刨、立铣、平铣、钻</td><td>不接触表面；不重要表面，如螺钉孔、倒角、机座底面等</td></tr>
<tr><td>6.3</td><td>可见加工痕迹</td><td rowspan="3">精车、精铣、精刨、铰、镗、粗磨等</td><td rowspan="3">没有相对运动的接触表面，如箱、盖、套间要求紧贴的表面、键和键槽工作表面；相对运动速度不高的接触面，如支架孔、衬套、带轮轴孔的工作表面</td></tr>
<tr><td>3.2</td><td>微见加工痕迹</td></tr>
<tr><td>1.6</td><td>看不见加工痕迹</td></tr>
<tr><td>0.8</td><td>可辨加工痕迹方向</td><td rowspan="3">精车、精铰、精拉、精镗、精磨等</td><td rowspan="3">要求很好密合的接触面，如滚动轴承的配合表面、锥销孔等；相对运动速度较高的接触面，如滑动轴承的配合表面、齿轮轮齿的工作表面等</td></tr>
<tr><td>0.4</td><td>微辨加工痕迹方向</td></tr>
<tr><td>0.2</td><td>不可辨加工痕迹方向</td></tr>
<tr><td>0.1</td><td>暗光泽面</td><td rowspan="5">研磨、抛光、超级精细研磨等</td><td rowspan="5">精密量具的表面；极重要零件的摩擦面，如气缸的内表面、精密机床的主轴颈、坐标镗床的主轴颈等</td></tr>
<tr><td>0.05</td><td>亮光泽面</td></tr>
<tr><td>0.025</td><td>镜状光泽面</td></tr>
<tr><td>0.012</td><td>雾状镜面</td></tr>
<tr><td>0.006</td><td>镜面</td></tr>
</table>

表 3.2.3　公差等级与表面粗糙度数值(用于普通精密机械)

<table>
<tr><td rowspan="3">公差等级</td><td colspan="8">基本尺寸/mm</td></tr>
<tr><td>>6～10</td><td>>10～18</td><td>>18～30</td><td>>30～50</td><td>>50～80</td><td>>80～120</td><td>>120～180</td><td>>180～250</td></tr>
<tr><td colspan="8">表面粗糙度数值 Ra 不大于/μm</td></tr>
<tr><td>IT6</td><td colspan="2">0.2</td><td colspan="4">0.4</td><td colspan="2">0.8</td></tr>
<tr><td>IT7</td><td colspan="3">0.4</td><td colspan="4">0.8</td><td>1.6</td></tr>
<tr><td>IT8</td><td>0.4</td><td colspan="3">0.8</td><td colspan="4">1.6</td></tr>
<tr><td>IT9</td><td colspan="2">0.8</td><td colspan="3">1.6</td><td colspan="3">3.2</td></tr>
<tr><td>IT10</td><td colspan="2">1.6</td><td colspan="4">3.2</td><td colspan="2">6.3</td></tr>
<tr><td>IT11</td><td colspan="3">3.2</td><td colspan="5">6.3</td></tr>
<tr><td>IT12</td><td colspan="5">6.3</td><td colspan="3">12.5</td></tr>
</table>

测绘中可通过观察与触摸来确定 *Ra*，当用手指甲垂直于加工纹理方向移动时会有不同的阻力感。一般有：

(1) 当观察零件表面，微见加工痕迹，手指甲感觉阻力不明显时，表面粗糙度 *Ra*1.6～3.2 μm。

(2) 当观察零件表面，加工痕迹明显，手指甲微感阻力时，表面粗糙度 *Ra*3.2～6.3 μm。

(3) 当观察零件表面，可见刀痕，手指甲有明显阻力感时，表面粗糙度 *Ra*12.5～25 μm。

2. 活动钳身的表面粗糙度要求

根据测试、分析得出活动钳身的表面粗糙度要求为：

(1) 底面的表面粗糙度 *Ra*1.6 μm。

(2) 圆柱阶梯孔结合面的表面粗糙度 *Ra*1.6 μm，非结合面的表面粗糙度 *Ra*6.3 μm。

(3) 顶面的表面粗糙度 *Ra*6.3 μm。

(4) 左、右两侧向下凸出长方体结构的内侧面和底面的表面粗糙度 *Ra*6.3 μm。

(5) 后方长方体三个表面的表面粗糙度 *Ra*6.3 μm。

在活动钳身的草图中，对表面粗糙度的标注结果如图 3.2.1 所示。

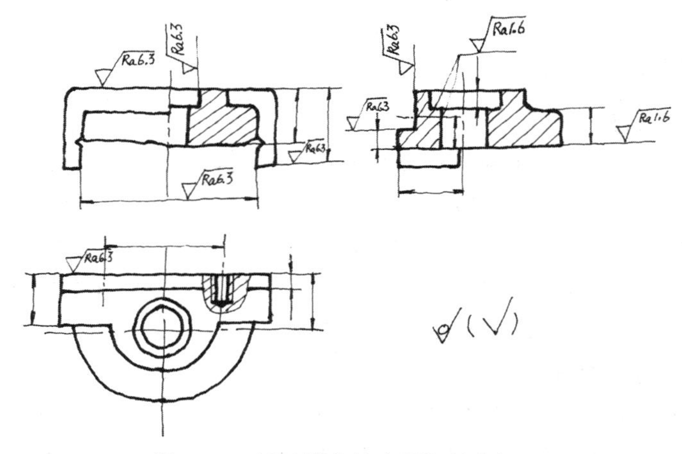

图 3.2.1　活动钳身的表面粗糙度标注

任务 3.3 极限与配合的确定

确定测绘零件的极限与配合，主要是确定基准制、公差等级、配合的形式。一般方法有计算法、试验法和类比法，其中类比法应用最广，它是从作用、工艺、经济、结构、是否采用标准件等方面与原有零件的使用要求和应用条件等通过技术类比来确定。

3.3.1 工作任务

1．任务内容

分析并阐述配合制度、公差等级以及配合性质选择的原则和方法。

2．任务分析

具体如表 3.3.1 所示。

表 3.3.1 任务准备与分析

任务准备	安排场所，准备课件等		
任务实施	学习情境	实施过程	结果形式
	配合制度的选择	教师讲解、答疑 学生听、看、记	
	公差等级的选择		
	配合性质的选择		
学习重点	配合制度的选择，配合性质的选择		
学习难点	公差等级的选择		
任务总结	学生提出任务实施过程中存在的问题，解决并总结 教师根据任务实施过程中学生存在的共性问题，讲评并解决		
任务考核	根据学生出勤率和课堂表现及回答问题进行打分		

参看表 3.3.1 完成任务，实施步骤如下。

3.3.2 任务实施

1．配合制度的选择

一般来说，相同代号的基孔制与基轴制配合的性质相同，因此基准制的选择与使用要求无关，主要应从结构、工艺性及经济性这几个方面综合分析。

(1) 一般情况下应优先选用基孔制。精度较高的孔需要定值刀具和量具，而轴不需要，且孔比轴难加工。为了减少定值刀具、量具的规格和数量，应优先选用基孔制。

(2) 基轴制的选择。下列情况下应选用基轴制：

① 无需再加工的冷拉轴。

② 因加工和装配对机械结构的要求，需要采用基轴制的，如同一个基本尺寸的轴上装上不同配合性质的孔零件(如轴承、离合器、齿轮等)(一轴多孔)。

(3) 若与标准件(零件或部件)配合，应以标准件为基准件来确定采用基孔制还是基轴制。如平键、半圆键等键联接，由于是标准件，因此键与键槽的配合应采用基轴制。

(4) 允许采用非基准制配合。非基准制配合是指相配合的孔和轴中，孔不是基准孔 H，轴也不是基准轴 h 的配合。最为典型的是轴承盖与轴承座孔的配合，如图 3.3.1 所示。在箱体孔中装配有滚动轴承和轴承盖，滚动轴承是标准件，它与箱体孔的配合是基轴制配合，箱体孔的公差带已由此而确定为 J7，这时如果轴承盖与箱体孔的配合坚持用基轴制，则配合为 J/h，属于过渡配合。但轴承盖需要经常拆卸，显然应该采用间隙配合，同时考虑到轴承盖的性能要求和加工的经济性，轴承盖配合尺寸采用 9 级精度，最后选择轴承盖与箱体孔的配合为 J7/f9。

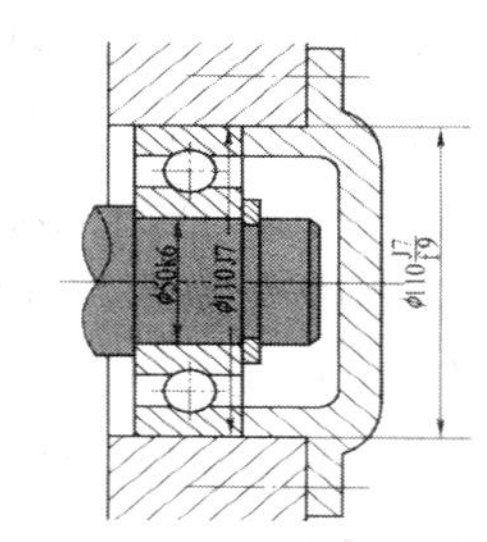

图 3.3.1　轴承的基准制确定

2. 公差等级的选择

公差等级的选用就是确定尺寸的制造精度与加工的难易程度。加工的成本和工件的工作质量有关，所以在选择公差等级时，要正确处理使用要求、加工工艺及生产成本之间的关系。其选择原则是：在满足使用要求的前提下，尽可能选择较低的公差等级。

公差等级的选用通常采用的方法为类比法，即参考从生产实践中总结出来的经验(如设计手册)进行比较选择。公差等级的应用范围如表 3.3.2 所示。

表 3.3.2　公差等级的主要应用范围

公差等级	主要应用实例
IT01～IT1	一般用于精密标准量块(IT1 也用于检验 IT6 和 IT7 级轴用量规的校对量规)
IT2～IT7	用于检验工件 IT5～IT16 的量规的尺寸公差
IT3～IT5(孔为 IT6)	用于精度要求很高的重要配合。例如机床主轴与精密滚动轴承的配合、发动机活塞销与连杆孔和活塞孔的配合(配合公差很小，对加工要求很高，应用较少)
IT6(孔为 IT7)	用于机床、发动机和仪表中的重要配合。例如机床传动机构中的齿轮与轴的配合，轴与轴承的配合，发动机中活塞与汽缸、曲轴与轴承、气阀杆与导套的配合等(配合公差较小，一般精密加工能够实现，在精密机械中广泛应用)
IT7，IT8	用于机床和发动机中不太重要的配合，也用于重型机械、农业机械、纺织机械、机车车辆等的重要配合。例如机床上操纵杆的支承配合、发动机活塞环与活塞环槽的配合、农业机械中齿轮与轴的配合等(配合公差中等，加工易于实现，在一般机械中广泛应用)
IT9，IT10	用于一般要求，或长度精度要求较高的配合；某些非配合尺寸的特殊需要，例如飞机机身的外壳尺寸，由于质量限制，要求达到 IT9 或 IT10
IT11，IT12	多用于各种没有严格要求，只要求便于连接的配合。例如螺栓和螺孔、铆钉和孔等的配合
IT12～IT18	用于非配合尺寸和粗加工的工序尺寸上。例如手柄的直径、壳体的外形和壁厚尺寸，以及端面之间的距离等

用类比法选择公差等级时，除了参考表 3.3.2 及相关资料外，还应考虑以下几个方面：

(1) 根据零件所处部件的精度高低、零件的作用、配合表面的粗糙度来选取，若这些方面要求越高，则公差等级的精度越高(即级别数值越小)。

(2) 考虑孔和轴的工艺等价性，即相同的加工难易程度，对于基本尺寸≤500 mm 的配合，在公差等级≤IT8 时，孔加工比同尺寸、同等级的轴加工要困难，加工成本要高些，其工艺是不等价的。公差等级应按优先或常用配合选用，而且孔比轴的公差等级低一级。若不是，则孔、轴加工难易程度相当，是等价的，孔和轴的公差等级相同。

(3) 相配合的零、部件精度要匹配。例如，与滚动轴承相配合的外壳孔和轴径的公差等级取决于相配合的轴承的公差等级，与齿轮孔配合的轴的公差等级要与齿轮精度相适应。

3. 配合性质的选择

通常采用类比法，并综合公差等级和配合制度的选择，确定配合性质。

1) *确定配合的种类*

选择时，应根据具体的使用要求确定是间隙配合还是过渡或过盈配合。例如，当孔、轴有相对运动要求且需要拆卸时，选择间隙配合；当孔、轴无相对运动时，应根据具体工作条件的不同，确定过盈(用于传递扭矩)、过渡(主要用于精确定心，有时需要拆卸)配合。

2) *优先配合*

确定配合类别后，首先应尽可能地选用优先配合，如表 3.3.3 所示，其次是常用配合，再次是一般配合，最后若仍不能满足要求，则可以选择其他任意的配合。

表 3.3.3　优先配合的特性及应用

优先配合		配合特性及应用说明
基孔制	基轴制	
H11/c11	C11/h11	间隙非常大，用于很松的、转动很慢的动配合，要求大公差与大间隙的外露组件，要求方便的、很松的配合
H9/d9	D9/h9	间隙很大的自由转动配合，用于精度为非主要要求时，或有大的温度变动以及高转速或大的轴颈压力时
H8/f7	F8/h7	间隙不大的转动配合，用于中等转速与中等轴颈压力的精确转动，也用于装配较易的中等定位配合
H7/g6	G7/h6	间隙很小的滑动配合，用于不希望自由转动，但可自由转动和滑动并精密定位时，也可用于要求明确的定位配合
H7/h6	K7/h6	均为间隙配合，零件可自由装拆，而工作时一般相对静止不动。在最大实体条件下的间隙为零，在最小实体条件下的间隙由公差等级决定
H8/h7	H8/h7	
H9/h9	H9/h9	
H11/h11	H11/h11	
H7/k6	K7/h6	过渡配合，用于精密定位
H7/n6	N7/h6	过渡配合，允许有较大过盈的更精密定位
H7/p6	P7/h6	过盈定位配合，即小过盈配合，用于定位精度特别重要时，能以最好的定位精度达到部件的刚性及对中的性能要求；而对内孔承受压力无特殊要求，不依靠配合的紧固性传递摩擦负荷
H7/s6	S7/h6	中等压入配合，适用于一般钢件，或用于薄壁件的冷缩配合，用于铸铁件可得到最紧的配合
H7/u6	U7/h6	压入配合，适用于可以承受高压力的零件或不宜承受大压力的冷缩配合

3) 基本偏差代号的确定

根据使用要求、工作情况(包括工作温度)、磨损情况等，确定零件的基本偏差代号。

(1) 间隙配合。间隙配合的特点是两零件间有间隙，常用于有相对运动的零件。间隙的大小与运动方式、速度和温度等因素有关(如表 3.3.4 所示)：

① 转速相同时，轴向运动零件比旋转运动零件的间隙大。

② 同为旋转零件，转速高的间隙要大。

③ 轴的温度高于孔的温度时，间隙要大。

表 3.3.4　不同工作条件影响配合间隙或过盈的趋势

具体条件	过盈量	间隙量	具体条件	过盈量	间隙量
材料强度小	减	—	装配时可能歪斜	减	增
经常拆卸	减	增	旋转速度增高	增	增
有冲击载荷	增	减	有轴向运动	—	增
工作时孔温高于轴温	增	减	润滑油黏度增大	—	增
工作时轴温高于孔温	减	增	表面趋向粗糙	增	减
配合长度增长	减	增	单件生产相对于成批生产	减	增
配合面形状和位置误差增大	减	增			

(2) 过渡配合。过渡配合的特点是可能有间隙，也可能有过盈，但量都很小，常用于既要承受一定的载荷，又要便于拆卸，特殊且有较高的同轴度要求的零件。

(3) 过盈配合。过盈配合的特点是不用紧固件就可以形成固定连接，有过盈量，常用于不再拆卸的零件。要注意，过盈的大小还受不同工作条件的影响(参见表 3.3.4)。

各配合的基本偏差代号的特点及应用情况如表 3.3.5 所示。可见，从 a(A)～h(H)，间隙量越来越小；从 p(P)～z(Z)，过盈量逐步增大。

表 3.3.5　各配合的特性及应用

配合	基本偏差	配合特性及应用说明
间隙配合	a(A)，b(B)	可得到特别大的间隙，应用很少
	c(C)	可得到很大的间隙，一般适用于缓慢、松弛的动配合。用于工作条件较差，受力变形大，或为了便于装配，而必须保证有较大的间隙时，推荐配合为 H11/c11；其较高等级的配合，如 H8/c7 适用于轴在高温工作的紧密配合，如内燃机拍气阀和套管
	d(D)	一般用于 IT7～IT11 级，适用于松的转动配合，如密封盖、滑轮、空转带轮等与轴的配合；也适用于大直径滑动轴承配合，如汽轮机、球磨机轧滚成形和重型弯曲机及其他重型机械中的一些滑动支撑
	e(E)	多用于 IT7、IT8、IT9 级，通常适用要求有明显间隙、易于转动的支撑配合，如大跨距支撑、多支点支撑等配合。高等级的 e 轴适用于大的、高速、重载支撑，如涡轮发电机、大电动机的支承及内燃机主要轴承、凸轮轴支承、摇臂支承等配合
	f(F)	多用于 IT6、IT7、IT8 级的一般转动配合。温度影响不大时，被广泛用于普通润滑油润滑支承，如齿轮箱、小电动机等转轴与滑动支承的配合

续表

配合	基本偏差	配合特性及应用说明
间隙配合	g(G)	配合间隙很小，制造成本高，除很轻负荷精密装置外不推荐用转动配合。多用于 IT5、IT6、IT7 级，最适合不回转的精密滑动配合，也用于插销定位配合如精密连杆轴承、活塞及滑阀、连杆销等
	h(H)	多用于 IT4～IT11 级。广泛用于无相对转动的零件，作为一般的定位配合。若没有温度、变形影响，也用于精密滑动配合
过渡配合	js(JS)	为完全对称偏差(±IT/2)平均起来、稍有间隙的配合。多用于 IT4～IT7 级，要求间隙比 h 轴小，并允许略有过盈的定位配合。如联轴器，可用手或木锤装配
	k(K)	平均起来没有间隙的配合，适用于 IT4～IT7 级。推荐用于稍有过盈的定位配合。例如为了消除振动用的定位配合，一般用木锤装配
	m(M)	平均起来具有不大过盈的过渡配合。适用于 IT4～IT7 级，一般可用木锤装配，但在最大过盈时要求相当的压入力
	n(N)	平均过盈比 m 轴稍大，很少得到间隙。适用于 IT4～IT7 级，用锤或压力机装配，通常推荐用于紧密的组件配合，H6/n5 配合时为过盈配合
过盈配合	p(P)	与 H6 或 H7 配合时是过盈配合，与 H8 孔配合时则为过渡配合。对非铁类零件为较轻的压入配合，当需要时易于拆卸；对钢、铸铁或铜，钢组件装配是标准压入配合
	r(R)	对铁类零件为中等打入配合，对非铁类零件为轻打入的配合，当需要时可以拆卸。与 H8 孔配合，直径在 100 mm 以上时为过盈配合，直径小时为过渡配合
	s(S)	用于钢和铁制零件的永久性和半永久性装配，可产生相当大的结合力。当用弹性材料，如轻合金时，配合性质与铁类零件的 p 轴相当，例如套环压装在轴上、阀座等配合。尺寸较大时，为了避免损伤配合表面，需用热膨胀或冷缩法装配
	t，u(T，U)	过盈量依次增大，一般不用
	v，x(V，X)	
	y，z(Y，Z)	

任务 3.4　几何公差的确定

为了保证零件的性能，除对尺寸提出尺寸公差要求外，还应对形状、方向、位置、跳动提出公差要求，使零件正常使用。几何公差的确定通常采用类比法。

3.4.1　工作任务

1. 任务内容

分析并阐述几何公差的项目、特征符号及其标注，以及用类比法确定几何公差的一般方法及原则。

2. 任务分析

具体如表 3.4.1 所示。

表 3.4.1　任务准备与分析

任务准备	安排场所，准备课件等		
任务实施	学习情境	实施过程	结果形式
	几何公差项目及符号	教师讲解、答疑	
	几何公差的选择	学生听、看、记	
学习重点	几何公差项目及符号，几何公差的选择		
学习难点	几何公差的选择		
任务总结	学生提出任务实施过程中存在的问题，解决并总结 教师根据任务实施过程中学生存在的共性问题，讲评并解决		
任务考核	根据学生出勤率和课堂表现进行打分		

参看表 3.4.1 完成任务，实施步骤如下。

3.4.2　任务实施

1. 几何公差项目及符号

在零件图中，几何公差应采用符号标注。当无法采用符号标注时，允许在技术要求中用文字说明。几何公差符号包括几何特征符号、附加符号、几何公差框格及指引线、几何公差数值和其他有关符号，以及基准符号等。

1) 几何特征符号和附加符号

几何特征符号包括形状公差、位置公差、方向公差和跳动公差，如表 3.4.2 所示。附加符号如表 3.4.3 所示。

表 3.4.2　几何特征符号

公差类型	几何特征	符　号	有无基准	公差类型	几何特征	符　号	有无基准
形状公差	直线度	—	无	位置公差	位置度	⌖	有或无
	平面度	⏥	无				
	圆度	○	无		同心度 (用于中心点)	◎	有
	圆柱度	⌭	无				
	线轮廓度	⌒	无		同轴度 (用于轴线)	◎	有
	面轮廓度	⌓	无				
方向公差	平行度	//	有		对称度	⌯	有
	垂直度	⊥	有		线轮廓度	⌒	有
	倾斜度	∠	有		面轮廓度	⌓	有
	线轮廓度	⌒	有	跳动公差	圆跳动	↗	有
	面轮廓度	⌓	有		全跳动	⌰	有

表 3.4.3　附 加 符 号

说　明	符　号	说　明	符　号
被测要素		自由状态条件(非刚性零件)	Ⓕ
基准要素	A　A	包容要求	Ⓔ
基准目标	φ2/A1	公共公差带	CZ
理论正确尺寸	50	小径	LD
延伸公差带	Ⓟ	大径	MD
最大实体要求	Ⓜ	中径、节径	PD
最小实体要求	Ⓛ	线素	LE
全周(轮廓)		不凸起	NC
		任意横截面	ACS

2) 几何公差符号

几何公差符号如图 3.4.1 所示，框格为细实线，水平或垂直绘制。图 3.4.1 中的框格由两格或多格组成，框格中的符号、字母和数字与图中尺寸数字等高；指引线直接指到有关的被测要素。

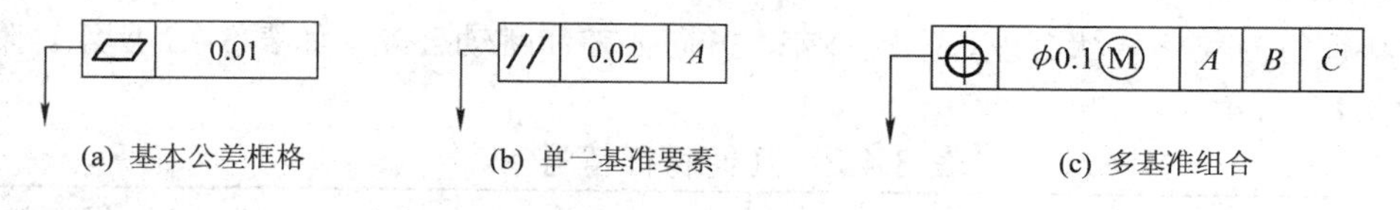

(a) 基本公差框格　(b) 单一基准要素　(c) 多基准组合

图 3.4.1　几何公差符号

3) 几何公差基准符号

几何公差基准符号如图 3.4.2 所示，它是由一个涂黑或空白的基准三角形的基准符号、引线、细实线框和相应字母组成。**注意**：无论基准符号在图面上的方向如何，其方框中的字母都应水平书写。

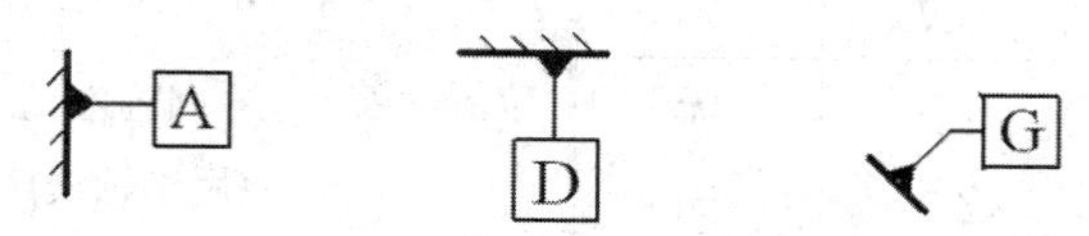

图 3.4.2　基准符号标注

2. 几何公差的选择

形位公差划分为 12 个等级，1 级精度最高，形位公差值最小；12 级精度最低，形位公差值最大。形位公差划分的总原则：在满足零件功能的前提下，选取最经济的公差值。

用类比法确定形位公差值时，应考虑以下几个方面：

(1) 形位公差各项目之间数值的大小关系以及与尺寸公差数值的大小关系。例如，同一要素给出的形状公差应小于位置公差值；圆柱形零件的形状公差值(轴线的直线度除外)应小于其尺寸公差值；平行度公差值应小于其相应的距离公差值。

(2) 在满足功能要求的前提下，考虑加工的难易程度、测量条件等，应适当降低 1～2 级。当几何公差无需提出较高要求，且一般加工工艺即可保证时，可作为未标注公差处理(GB/T 1184—1996，未标注公差等级按国家标准由精到粗分为 H、K、L 三级)。

(3) 确定与标准件相配合的零件形位公差值，不但要考虑形位公差国家标准的规定，还应遵守有关的国家标准的规定。例如，与滚动轴承相配合孔、轴的形位公差项目，在滚动轴承标准中已有规定；单键、花键、齿轮等标准对有关形位公差也都有相应的要求和规定。

任务 3.5　材料及热处理的确定

测绘中确定热处理等技术要求的前提是先鉴定材料，然后确定所测零件所用材料。一般来说，零件大多要经过热处理，但并不是说在测绘的图样上都需要注明热处理要求，要依零件的作用来决定。

3.5.1　工作任务

1. 任务内容

分析并阐述用类比法确定零件金属材料、非金属材料的一般方法及原则，以及金属材料常用的热处理和表面处理的方法。

2. 任务分析

具体如表 3.5.1 所示。

表 3.5.1　任务准备与分析

<table>
<tr><td>任务准备</td><td colspan="3">安排场所，准备课件等</td></tr>
<tr><td rowspan="4">任务实施</td><td>学习情境</td><td>实施过程</td><td>结果形式</td></tr>
<tr><td>零件金属材料的确定</td><td rowspan="3">教师讲解、答疑
学生听、看、记</td><td></td></tr>
<tr><td>零件非金属材料的确定</td><td></td></tr>
<tr><td>金属材料的热处理</td><td></td></tr>
<tr><td>学习重点</td><td colspan="3">零件金属材料的确定，金属材料的热处理</td></tr>
<tr><td>学习难点</td><td colspan="3">金属材料的热处理</td></tr>
<tr><td>任务总结</td><td colspan="3">学生提出任务实施过程中存在的问题，解决并总结
教师根据任务实施过程中学生存在的共性问题，讲评并解决</td></tr>
<tr><td>任务考核</td><td colspan="3">根据学生出勤率和课堂表现进行打分</td></tr>
</table>

参看表 3.5.1 完成任务，相关知识及实施步骤如下。

3.5.2　知识链接：材料类别及牌号说明

1．工程材料概述

一般按化学成分的不同，将工程材料分为金属材料、非金属材料、高分子材料和复合材料四大类。

1) 金属材料

金属材料是最重要的工程材料，包括金属和以金属为基的合金。工业上把金属和其合金分为两大部分，即黑色金属材料(铁和以铁为基的合金，如钢、铸铁和铁合金)、有色金属材料(黑色金属以外的所有金属及其合金)。

应用最广的是黑色金属，以铁为基的合金材料占整个结构材料和工具材料的 90%以上。黑色金属材料的工程性能比较优越，价格也较便宜，是最重要的工程金属材料。

有色金属按照性能和特点可分为轻金属、易熔金属、难熔金属、贵金属、稀土金属和碱土金属。它们是重要的有特殊用途的材料。

2) 非金属材料

非金属材料也是重要的工程材料。它包括耐火材料、耐火隔热材料、耐蚀(酸)非金属材料和陶瓷材料等。

3) 高分子材料

高分子材料为有机合成材料，也称聚合物。它具有较高的强度、良好的塑性、较强的耐腐蚀性能，以及很好的绝缘性和重量轻等优良性能，在工程上是发展最快的一类新型结构材料。高分子材料种类很多，工程上通常根据机械性能和使用状态将其分为三大类，即塑料、橡胶、合成纤维。

4) 复合材料

复合材料就是用两种或两种以上不同材料组合的材料，其性能是其他单质材料所不具备的。复合材料可以由各种不同种类的材料复合组成。它在强度、刚度和耐蚀性方面比单纯的金属、陶瓷和聚合物都优越，是特殊的工程材料，具有广阔的发展前景。

2．钢铁材料牌号表示

1) 钢号表示法及分类说明

钢的牌号简称钢号，其表示方法根据国家标准《钢铁产品牌号表示方法》(GB 221—79)中规定，采用汉语拼音字母、化学元素符号和阿拉伯数字相结合的方法表示。即：

(1) 钢号中化学元素采用国际化学符号表示，例如 Si、Mn、Cr、… 等。混合稀土元素用“RE”(或“Xt”)表示。

(2) 产品名称、用途、冶炼和浇注方法等，一般采用汉语拼音的缩写字母表示，如表 3.5.2 所示。

(3) 钢中主要化学元素含量(%)采用阿拉伯数字表示。

表 3.5.2　GB 标准钢号中所采用的缩写字母及其涵义

名　称	汉字	符号	字体	位置	名　称	汉字	符号	字体	位置
屈服点	屈	Q	大写	头	多层或高压容器用钢	高层	gc	小写	尾
沸腾钢	沸	F	大写	尾	铸钢	铸钢	ZG	大写	头
半镇静钢	半	b	小写	尾	轧辊用铸钢	铸辊	ZU	大写	头
镇静钢	镇	Z	大写	尾	地质钻探钢管用钢	地质	DZ	大写	头
特殊镇静钢	特镇	TZ	大写	尾	电工用热轧硅钢	电热	DR	大写	头
氧气转炉(钢)	氧	Y	大写	中	电工用冷轧无取向硅钢	电无	DW	大写	头
碱性空气转炉(钢)	碱	J	大写	中	电工用冷轧取向硅钢	电取	DQ	大写	头
易切削钢	易	Y	大写	头	电工用纯铁	电铁	DT	大写	头
碳素工具钢	碳	T	大写	头	超级	超	C	大写	尾
滚动轴承钢	滚	G	大写	头	船用钢	船	C	大写	尾
焊条用钢	焊	H	大写	头	桥梁钢	桥	q	小写	尾
高级(优质钢)	高	A	大写	尾	锅炉钢	锅	g	小写	尾
特级	特	E	大写	尾	钢轨钢	轨	U	大写	头
铆螺钢	铆螺	ML	大写	头	精密合金	精	J	大写	中
锚链钢	锚	M	大写	头	耐蚀合金	耐蚀	NS	大写	头
矿用钢	矿	K	大写	尾	变形高温合金	高合	GH	大写	头
汽车大梁用钢	梁	L	大写	尾	铸造高温合金		K	大写	头
压力容器用钢	容	R	大写	尾	质量等级：A、B、C、D、E			大写	尾

参考 GB/T 221—2008《钢铁产品牌号表示方法》，部分分类说明如下。

(1) 碳素结构钢。

① 由 Q+ 数字 + 质量等级符号 + 脱氧方法符号组成。它的钢号冠以“Q”，代表钢材的屈服点，后面的数字表示屈服点数值，单位是兆帕(MPa)。例如，Q235 表示屈服点为 235 MPa 的碳素结构钢。

② 必要时钢号后面可标出表示质量等级和脱氧方法的符号。质量等级符号分别为 A、B、C、D；脱氧方法符号为 F、b、Z 和 TZ，　Z 和 TZ 都可不标。例如，Q235-AF 表示 A 级沸腾钢。

③ 专门用途的碳素钢，例如桥梁钢、船用钢等，基本上采用碳素结构钢的表示方法，但在钢号最后附加表示用途的字母。

(2) 优质碳素结构钢。

① 钢号开头的两位数字表示钢的碳含量，以平均碳含量的万分之几表示。例如，平均碳含量为 0.45%的钢，钢号为“45”。

② 锰含量较高的优质碳素结构钢，应将锰元素标出，例如 50Mn。如果合金元素超过 1.5%，应标出。例如 60Si2Mn，Si 含量其为 1.6%～2.0%。

③ 沸腾钢、半镇静钢及专门用途的优质碳素结构钢应在钢号最后特别标出，例如平均碳含量为 0.1%的半镇静钢，其钢号为 10b。

(3) 碳素工具钢。

① 钢号冠以“T”，以免与其他钢类相混。

② 钢号中的数字表示碳含量，以平均碳含量的千分之几表示。例如，“T8”表示平均碳含量为 0.8%。

③ 锰含量较高者，在钢号最后标出“Mn”，例如“T8Mn”。

④ 高级优质碳素工具钢的磷、硫含量比一般优质碳素工具钢的低，在钢号最后加注字母“A”以示区别，例如“T8MnA”。

(4) 易切削钢。

① 钢号冠以“Y”，以区别于优质碳素结构钢。

② 字母“Y”后的数字表示碳含量，以平均碳含量的万分之几表示。例如，平均碳含量为 0.3%的易切削钢，其钢号为“Y30”。

③ 锰含量较高者，也在钢号后标出“Mn”，例如“Y40Mn”。

(5) 合金结构钢。

① 钢号开头的两位数字表示钢的碳含量，以平均碳含量的万分之几表示，如 40Cr。

② 钢中主要合金元素，除个别微合金元素外，一般以百分之几表示。当平均合金含量小于 1.5%时，钢号中一般只标出元素符号，而不标明含量，但在特殊情况下易致混淆者，在元素符号后也可标以数字“1”。例如，钢号“12CrMoV”和“12Cr1MoV”，前者铬含量为 0.4%～0.6%，后者为 0.9%～1.2%，其余成分全部相同。当合金元素平均含量≥1.5%、≥2.5%、≥3.5%、…时，在元素符号后面应标明含量，可相应表示为 2、3、4、…，例如 18Cr2Ni4WA。

③ 钢中的钒 V、钛 Ti、铝 Al、硼 B、稀土 RE 等合金元素，均属微合金元素，虽然含量很低，仍应在钢号中标出。例如 20MnVB 钢中，钒为 0.07%～0.12%，硼为 0.001%～0.005%。

④ 高级优质钢应在钢号最后加“A”，以区别于一般优质钢。

⑤ 专门用途的合金结构钢，钢号冠以(或后缀)代表该钢种用途的符号。例如，铆螺专用的 30CrMnSi 钢，钢号表示为 ML30CrMnSi。

(6) 低合金高强度钢。

① 钢号的表示方法基本上和合金结构钢的相同。

② 对专业用低合金高强度钢，应在钢号最后标明。例如 16Mn 钢，用于桥梁的专用钢种为“16Mnq”，汽车大梁的专用钢种为“16MnL”，压力容器的专用钢种为“16MnR”。

(7) 弹簧钢。

弹簧钢按化学成分可分为碳素弹簧钢和合金弹簧钢两类，其钢号表示方法，前者基本上与优质碳素结构钢的相同，后者基本上与合金结构钢的相同。

(8) 滚动轴承钢。

① 钢号冠以字母“G”，表示滚动轴承钢类。

② 高碳铬轴承钢钢号的碳含量不标出，铬含量以千分之几表示，例如 GCr15。渗碳轴承钢的钢号表示方法基本上和合金结构钢的相同。

(9) 合金工具钢和高速工具钢。

① 合金工具钢钢号的平均碳含量≥1.0%时，不标出碳含量；当平均碳含量＜1.0%时，以千分之几表示。例如，Cr12、CrWMn、9SiCr、3Cr2W8V。

② 钢中合金元素含量的表示方法基本上与合金结构钢的相同。但铬含量较低的合金工

具钢钢号，其铬含量以千分之几表示，并在表示含量的数字前加“0”，以便把它和一般元素含量按百分之几表示的方法区别开来，例如 Cr06。

③ 高速工具钢的钢号一般不标出碳含量，只标出各种合金元素平均含量的百分之几。例如，钨系高速钢的钢号表示为“W18Cr4V”。钢号冠以字母“C”者，表示其碳含量高于未冠“C”的通用钢号的碳含量。

(10) 不锈钢和耐热钢。

① 钢号中碳含量以千分之几表示，例如“2Cr13”钢的平均碳含量为 0.2%；若钢中含碳量≤0.03%或≤0.08%，则钢号前分别冠以“00”及“0”，例如 00Cr17Ni14Mo2、0Cr18 Ni9 等。

② 对钢中主要合金元素以百分之几表示，而钛、铌、锆、氮、…则按上述合金结构钢对微合金元素的表示方法标出。

(11) 焊条钢。

它的钢号前冠以字母“H”，以区别于其他钢类。例如，不锈钢焊丝为“H2Cr13”，可以区别于不锈钢“2Cr13”。

2) 铸钢牌号表示法

铸钢代号用“铸”和“钢”两字的汉语拼音的第一个大写正体字母“ZG”表示。当要表示铸钢的特殊性能时，可用代表铸钢特殊性能的汉语拼音的第一个大写正体字母排列在铸钢代号的后面，如耐热铸钢 ZGR、耐蚀铸钢 ZGS、耐磨铸钢 ZGM、焊接结构用铸钢 ZGH 等。根据 GB/T 5613—2014《铸钢牌号表示方法》，铸钢牌号表示方法有以下三种。

(1) 以力学性能表示的铸钢牌号。在 ZG 后面加两组数字，第一组数字表示该牌号铸钢的屈服强度最低值，第二组数字表示其抗拉强度最低值，单位均为兆帕(MPa)。两组数字间用“-”隔开。力学性能用阿拉伯数字表示，如 ZG200-400 表示屈服强度为 200 MPa、抗拉强度为 400 MPa 的铸钢。

(2) 以化学成分表示的铸造碳钢牌号。在 ZG 后面以一组(两位或三位)数字表示铸钢的名义万分碳含量。平均碳含量＜0.1%时，第一位数字为“0”，名义碳含量用上限表示；碳 含量≥0.1%时，名义碳含量用平均碳含量表示。铸钢中常规的锰、硅、磷、硫等元素一般在牌号中不标明。如 ZG25，表示平均碳含量为 0.25%的铸造碳钢。

(3) 以化学成分表示的铸造合金钢牌号。在(2)表示方法的后面排列各主要合金元素符号，每个元素符号后面用整数标出其名义百分含量(质量分数)。牌号中的元素符号用国际化学元素符号表示，混合稀土元素用符号“RE”表示。合金元素平均含量＜1.50%时，牌号中只标明元素符号，一般不标明含量；合金元素平均含量为 1.50%～2.49%、2.50%～3.49%、3.50%～4.49%、4.50%～5.49%、…时，在合金元素符号后面相应写成 2、3、4、5、…。当主要合金化学元素多于三种时，可只标注前两种或前三种元素的名义含量值；各元素符号的标注顺序按它们的平均含量的递减顺序排列；若两种或多种元素的平均含量相同，则按元素符号的英文字母顺序排列。

3) 铸铁牌号表示法

根据 GB/T 5612—2008《铸铁牌号表示方法》规定，铸铁牌号的组成有以下三种类型：

(1) 由代号和表示力学性能特征值的阿拉伯数字组成。如 HT250，表示抗拉强度为

250 MPa 的灰铸铁；QT400-18，表示抗拉强度为 400 MPa、伸长率为 18%的球墨铸铁；RuT300，表示抗拉强度为 300 MPa 的蠕墨铸铁。

(2) 由代号和主要合金元素的元素符号及名义百分含量(质量分数)数字组成。如 HTS Si15Cr4RE，表示硅的质量分数为 15%、铬的质量分数为 4%，而稀土的质量分数小于 1%的耐蚀灰铸铁。

(3) 由代号和主要合金元素的元素符号、名义百分含量(质量分数)和力学性能特征值的数字组成。如 QTMMn8-300，表示锰的质量分数为 8%、抗拉强度为 300 MPa 的抗磨球墨铸铁。

3. 有色金属牌号表示

1) 铝牌号的表示方法

根据加工方法的不同，铝合金可以分为变形铝合金和铸造铝合金。变形铝合金又分为不可热处理强化型铝合金和可热处理强化型铝合金。

(1) 四位字符体系牌号。根据 GB/T 16474“变形铝及铝合金牌号表示方法”，凡化学成分与变形铝及铝合金国际牌号注册协议组织(简称国际牌号注册组织)命名的合金相同的所有合金，其牌号直接采用国际四位数字体系牌号；未与国际四位数字体系牌号的变形铝合金接轨的，采用四位字符牌号(但试验铝合金在四位字符牌号前加 X)命名，并按要求注册化学成分。

四位字符体系牌号的第一、三、四位为阿拉伯数字，第二位为英文大写字母(C、I、L、N、O、P、Q、Z 字母除外)。牌号的第一位数字表示铝及铝合金的组别，如 1xxx 系为工业纯铝，2xxx 为 Al-Cu 系合金，3xxx 为 Al-Mn 系合金，4xxx 为 Al-Si 系合金，5xxx 为 Al-Mg 系合金，6xxx 为 Al-Mg-Si 系合金，7xxx 为 Al-Zn-Mg 系合金，8xxx 为 Al-其他元素合金，9xxx 为备用合金组。

对 2xxx～8xxx 牌号系列，当第二位字母为 A 表示为原始合金(1xxx 为原始纯铝)；如果是 B～Y 的其他字母(按国际规定用字母表的次序)，则表示为原始合金的改型合金(1xxx 为原始纯铝的改型)。

除改型合金外，铝合金组别按主要合金元素来确定，主要合金元素指极限含量算术平均值为最大的合金元素。当有一个以上的合金元素极限含量算术平均值同为最大时，应按 Cu、Mn、Si、Mg、Mg_2Si、Zn、其他元素的顺序来确定合金组别。牌号的第二位字母表示原始纯铝或铝合金的改型情况，最后两位数字用以标识同一组中不同的铝合金或表示铝的纯度。

一些老牌号的铝及铝合金化学成分与国际四位数字体系牌号不完全吻合，不能采用国际四位数字体系牌号代替，为保留国内现有的非国际四位数字体系牌号，不得不采用四位字符体系牌号命名方法，以便逐步与国际接轨。例如，老牌号 LF21 的化学成分与国际四位数字体系牌号 3003 不完全吻合，因此，四位字符体系表示的牌号为 3A21。

(2) 铝铸件牌号。我国容器用铝铸件牌号采用 ZAl+ 主要合金元素符号 + 合金元素含量数百分率表示。例如，ZAlSi7Mg1A(7%的硅，1%的镁)、ZAlCu4(4%的铜)、ZAlMg5Si(5%的镁，不大于 1%的硅)等。

(3) 铸造铝合金牌号。铸造铝合金(ZL)按成分中铝以外的主要元素硅、铜、镁、锌分为四类，代号编码分别为 100、200、300、400。例如，ZL101、ZL204、ZL302、ZL401 等。

(4) 状态代号。相同牌号的铝及铝合金，状态不同时，力学性能不相同。按照 GB/T 16475“变形铝和铝合金状态代号”规定，可有 F(自由加工状态)、O(退火状态)、H112(热作状态)、T4(固溶处理后自然时效状态)、T5(高温成形过程冷却后人工时效状态)、T6(固溶处理后人工时效状态)等。

2) 铜牌号的表示方法

根据 GB/T 29091—2012《铜及铜合金牌号和代号表示方法》规定，有：

(1) 铜和高铜合金的命名方法。

① 铜以“T+顺序号”或“T+第一主添加元素化学符号+各添加元素含量(数字间以-隔开)”命名。例如，T2(铜含量≥99. 90%的二号纯铜)、TAg0.1(银含量为 0.06%～0.12%的银铜)等。

② 无氧铜以“TU + 顺序号”或“TU + 添加元素的化学符号 + 各添加元素含量”命名。例如，TU1(氧含量≤0.002%的一号无氧铜)、TUAg(银含量为 0.15%～0.25%、氧含量≤0.003%的无氧银铜)等。

③ 磷脱氧铜以“TP + 顺序号”命名。例如，TP2(磷含量为 0.015%～0.040% 的二号磷脱氧铜)等。

④ 高铜合金以“T + 第一主添加元素化学符号 + 各添加元素含量(数字间以-隔开)”命名。例如，TCr1- 0.15(铬含量为 0.50%～1.50%、锆含量为 0.05%～0.25%的高铜)等。

需要说明的是，铜和高铜合金牌号中不体现铜的含量。

(2) 黄铜的命名方法。

① 普通黄铜以“H + 铜含量”命名。例如，H65(铜含量为 63.5%～68.0%的普通黄铜)等。

② 复杂黄铜以“H + 第二主添加元素化学符号 + 铜含量 + 除锌以外的各添加元素含量(数字间以 - 隔开)”命名。例如，HPb59-1(铅含量为 0.8%～1.9%、铜含量为 57.0%～60.0%的铅黄铜)等。需要说明的是，若黄铜中锌为第一主添加元素，则牌号中不体现锌的含量。

(3) 青铜的命名方法。

青铜以“Q+ 第一主添加元素化学符号 + 各添加元素含量(数字间以- 隔开)”命名。例如，Q Al5(铝含量为 4.0%～6.0%的铝青铜)、QSn6.5- 0.1(含锡 6.0%～7.0%、磷 0.10%～0.25%的锡磷青铜)等。

(4) 铸造铜及铜合金牌号的命名方法。

在加工铜及铜合金牌号的命名方法的基础上，牌号的最前端冠以“铸造”一词汉语拼音的第一个大写字母“Z”。

4．材料选用原则

机械零件材料选用的原则要考虑三个方面的要求：

(1) 使用要求(首要考虑)。包括零件的工况(震动、冲击、高温、低温、高速、高载都应慎重对待)、对零件尺寸和质量的限制，以及零件的重要程度(对于整机可靠度的相对重要性)。

(2) 工艺要求。包括毛坯制造的方法(铸造、锻打、切板、切棒)、机械加工方法、热处理以及表面处理要求等。

(3) 经济性要求。主要是指材料价格(普通圆钢与冷拉型材、精密铸造、精密锻造的毛坯成本与加工成本的对比)、加工批量和加工费用、材料的利用率(如板材、棒料、型材的合理利用)、替代(尽量用廉价材料来代替价格相对昂贵的稀有材料，如在一些耐磨部位的套用球墨替代铜套；用含油轴承替代车削加工的一些套；速度负载不大的情况下，用尼龙替代钢件齿轮或者铜蜗轮等)。另外，还要考虑当地材料的供应情况。

5．材料确定原则

零件材料的确定原则有：

(1) 对于一般用途的零件，可参照应用场合雷同的零件或设计手册。

(2) 对于特别重要的零件，最好能通过光谱分析或化学分析鉴定所含的元素及含量。

(3) 通过砂轮上磨出的火花鉴别材料。

(4) 测绘实训的零件最好通过查阅手册确定材料。

3.5.3　任务实施

1．零件金属材料的确定

测绘中，对于一般用途的零件，可参照同类零件选取或查阅手册确定。但测绘模型所用的材料，为了轻便常采用铝合金材料，而图样中必须合理地反映零件的真实材料。其中，金属材料可根据附录 B 进行选取。

2．零件非金属材料的确定

可把除金属材料以外的其他材料，如高分子材料、硅酸盐材料和复合材料等，统称为非金属材料。非金属材料资源丰富，成型工艺简单，又具有一定的特殊性能，因此其应用非常广泛。这里简单介绍几类用于制作密封、防振缓冲件的材料。

(1) 工业用毛毡(FZ/T 25001—2012)。工业用毛毡有细毛、半粗毛、粗毛等种类，用于制作密封、防振缓冲衬垫。

(2) 耐油橡胶板(GB/T 5574—2008)。耐油橡胶板具有耐溶剂、介质膨胀性能，可在一定温度的润滑油、变压器油、汽油等介质中工作，用于制作各种形状的垫圈。

(3) 软钢纸板(QB/T 2200—1996)。软钢纸板用于制作零件联接处的密封垫片。

3．金属材料的热处理

热处理是指材料在固态下，通过加热、保温和冷却的手段，以获得预期组织和性能的一种金属热加工工艺。热处理对于金属材料的力学性能的改善与提高有着显著的作用，因此在设计机器零件时常提出热处理要求。如轴类零件一般进行调质处理 42～45HRC，齿轮轮齿部分一般进行淬火处理等。常用热处理和表面处理的方法及应用见附录 C。

项目4 典型零件测绘

根据零件的功用与主要结构，将零件分为轴套类、盘盖类、叉架类和箱(壳)体类。零件测绘时，应把握两个基本要求：一是确保零件测绘的准确性；二是还原零件的原型特征。本项目主要完成“轴套类零件的测绘”、“盘盖类零件的测绘”、“叉架类零件的测绘”、“箱体类零件的测绘”及“圆柱齿轮的测绘”五个任务。本项目的目标包括：

(1) 熟悉典型零件的作用、结构特点、尺寸基准的选择以及相关的视图表达。

(2) 熟悉典型零件中的工艺结构的原理、内容和尺寸标注方法。

(3) 掌握典型零件的尺寸测量方法，能正确计算典型零件的参数尺寸。

(4) 能用类比法正确合理地确定典型零件的技术要求。

(5) 学会用类比法确定典型零件的材料及热处理和表面处理工艺。

任务4.1 轴套类零件的测绘

轴套类零件是轴类零件和套类零件的统称，是组成机器部件的重要零件之一。轴类零件的主要作用是安装、支承回转零件(如齿轮、皮带轮等)，并传递动力，同时又通过轴承与机器的机架连接起到定位作用。套类零件的主要作用是定位、支承、导向和传递动力。

4.1.1 工作任务

1. 任务内容

从轴套类零件的结构特点、设计、工艺、检测等方面分析轴套类零件的表达方案、尺寸与测量、材料和技术要求。

2. 任务分析

具体如表4.1.1所示。

表4.1.1 任务准备与分析

<table>
<tr><td>任务准备</td><td colspan="3">安排场所，准备课件等</td></tr>
<tr><td rowspan="5">任务实施</td><td>学习情境</td><td>实施过程</td><td>结果形式</td></tr>
<tr><td>轴套类零件的视图表达</td><td rowspan="4">教师讲解、示范、答疑
学生听、看、记</td><td></td></tr>
<tr><td>轴套类零件的尺寸与测量</td><td></td></tr>
<tr><td>轴套类零件的材料</td><td></td></tr>
<tr><td>轴套类零件的技术要求</td><td></td></tr>
</table>

续表

学习重点	轴套类零件的视图表达，轴套类零件的尺寸与测量
学习难点	轴套类零件的尺寸与测量
任务总结	学生提出任务实施过程中存在的问题，解决并总结 教师根据任务实施过程中学生存在的共性问题，讲评并解决
任务考核	根据学生到课率、课堂表现等打分

参看表 4.1.1 完成任务，相关知识与实施步骤如下。

4.1.2　知识链接：尺寸基准与尺寸标注

零件图中的尺寸是零件图的主要内容之一，是零件加工制造和检验的主要依据。标注尺寸除必须满足正确、齐全、清晰的要求外，还需满足尺寸标注合理的要求。所谓尺寸标注合理，是指所标注的尺寸既要满足设计要求，又要满足加工、测量和检验等制造工艺要求，从而降低加工制造成本。为了能做到尺寸标注合理，必须对零件进行结构分析、形体分析和工艺分析，据此确定尺寸基准，选择合理的标注形式，并结合零件的具体情况标注尺寸。

1. 尺寸基准

零件的尺寸基准是指导零件装配到机器上或在加工、装夹、测量和检验时，用以确定其位置的一些面、线或点。根据基准作用的不同，一般将基准分为设计基准和工艺基准。

(1) 设计基准。它是设计时满足产品的性能、需要所选定的基准，以该基准去约束零件的其他结构形状。

(2) 工艺基准。它是加工、检验过程中使用的基准，以该基准去加工零件的其他结构形状，保证零件其他结构形状的尺寸精度。

任何一个零件都有长、宽、高三个方向(或轴向、径向两方向)的尺寸，每个尺寸都有基准，因此每个方向至少要有一个基准。同一方向上有多个基准时，其中必定有一个基准是主要基准，其余的则为辅助基准。主要基准与辅助基准之间应有尺寸联系。

主要基准应为设计基准，同时也为工艺基准；辅助基准可为设计基准或工艺基准。从设计基准出发标注尺寸，能反映设计要求，保证零件在机器中的工作性能；从工艺基准出发标注尺寸，能把尺寸标注与零件加工制造联系起来，保证工艺要求，方便加工和测量。因此，标注尺寸时应尽可能地将设计基准与工艺基准统一起来。当两者不能统一时，要按设计要求标注尺寸，在满足设计要求的前提下，力求满足工艺要求。

2. 尺寸标注的形式

尺寸标注的形式有链状式(连续)、坐标式(基线)和综合式三种。

(1) 链状式：零件同一方向的几个尺寸连续依次首尾相接，后一尺寸以它邻接的前一个尺寸的终点为起点(基准)，注写成链状。链状式可保证所注各段尺寸的精度要求，但由于基准依次推移，使各段尺寸的位置误差累加。因此，当阶梯状零件对总长精度要求不高而对各段度的尺寸精度要求较高时，或零件中各孔中心距的尺寸精度要求较高时，适合采用链状式尺寸标注法。

(2) 坐标式：零件同一方向的几个尺寸由同一基准出发进行标注的方式。坐标式所注各段尺寸其精度只取决于本段尺寸的加工误差，这样既可以保证所注各段尺寸的精度要求，又因各段尺寸精度互不影响，故不产生误差累加。因此，当需要从同一基准定出一组精确的尺寸时，适合采用这种尺寸标注法。

(3) 综合式：零件同一方向的多个尺寸既有链状式又有坐标式，它是这两种形式的综合。综合式具有链状式和坐标式的优点，既能保证一些精确尺寸，又能减少阶梯状零件中尺寸误差的积累。因此，综合式标注法应用较多。

3. 合理标注尺寸应注意的事项

1) 按设计要求标注尺寸

(1) 功能尺寸应从设计基准出发直接标注出。零件的功能尺寸(重要尺寸)是指影响产品性能、工作精度、装配精度及互换性的尺寸。为保证设计要求，对零件的功能尺寸应从基准出发直接标注出。在一个零件的尺寸中，功能尺寸的数量较少，占尺寸总数的10%～20%，其余是非功能尺寸(一般尺寸)。一般尺寸在满足设计要求的情况下，可从工艺基准出发进行标注。

(2) 联系尺寸应标注出，相关尺寸应一致。为保证设计要求，零件同一方向上主要基准与辅助基准之间、确定位置的定位尺寸之间，都必须直接标注出尺寸(联系尺寸)，将其联系起来。对部件中有配合、连接、传动等关系(如轴和轴孔、键和键槽、销和销孔、内螺纹和外螺纹、两零件的结合面等)的相关零件，在标注它们的尺寸时，应尽可能做到尺寸基准、尺寸标注形式及其内容等协调一致，以利于装配、满足设计要求。

2) 按工艺要求标注尺寸

(1) 按加工顺序标注尺寸。按加工顺序标注尺寸符合加工过程，也方便加工和测量，从而易于保证工艺要求。

(2) 不同工种加工的尺寸应尽量分开标注。

(3) 标注尺寸应尽量方便测量。在没有结构图上的或其他重要的要求时，标注尺寸应尽量考虑测量方便。在满足设计要求的前提下，所标注尺寸应尽量做到使用普通量具就能测量，以减少专用量具的设计和制造。

4.1.3　任务实施

1. 轴套类零件的视图表达

轴套类零件是机器和部件中常用的典型零件，包括传动轴、支承轴、各类套等，主要用来支承传动零部件、承受载荷、传递动力和运动。其结构特点为轴向尺寸大于径向尺寸的同轴回转体，常见的工艺结构有倒角、圆角、退刀槽、越程槽、键槽、螺纹、中心孔、径向孔、销孔、油孔等。

轴套类零件主视图的选择首先考虑形状特征原则，其次考虑加工位置原则。由于轴套类零件的主要加工工序是车削和磨削，其加工时在车床或磨床上以轴线定位，因此该类零件以轴线水平放置为主视图的投射方向，一般将孔、槽朝前或朝上放置。由于轴套类零件的主要结构形状是回转体，因此一般只画一个主要视图。

轴套类零件的其他结构形状，如键槽、螺纹退刀槽、砂轮越程槽和螺纹孔等可以用剖视、断面、局部视图和局部放大图等加以补充。对形状简单且较长的轴套类零件还可以采用折断的方法表示。

如图 4.1.1 所示是一个典型轴的零件图。在此轴的表达中，主视图连同标注的尺寸能表达轴的总体结构形状；轴上的局部结构，如退刀槽、半圆槽等采用局部放大表达；键槽断面用移出剖面表示；直径 $\phi 4$ 的销孔用局部剖视表达等。

套类零件一般是空心的，因此主视图大多采用全剖视图或半剖视图表达，但内部简单的也可不剖或采用局部剖视，轴向结构较复杂的可增加反映圆的视图。

2．轴套类零件的尺寸与测量

1) 轴向尺寸与径向尺寸的测量

轴套类零件的尺寸主要有轴向尺寸和径向尺寸两类(即轴的长度尺寸和直径尺寸)。重要的轴向尺寸要以轴的安装端面(轴肩端面)为主要尺寸基准，其他尺寸可以以轴的两头端面作为辅助尺寸基准。径向尺寸(即轴的直径尺寸)以轴的中轴线为主要尺寸基准，如图 4.1.1 所示。

轴的轴向尺寸一般为非功能尺寸，可用钢直尺、游标卡尺直接测量各段的长度和总长度，然后圆整成整数。轴套类零件的总长度尺寸应直接度量出数值，不可用各段轴的长度累加计算。轴的径向尺寸多为配合尺寸，先用游标卡尺或千分尺测量出各段轴径后，根据配合类型、表面粗糙度等级查阅轴或孔的极限偏差表，对照选择相对应的轴的基本尺寸和极限偏差值。

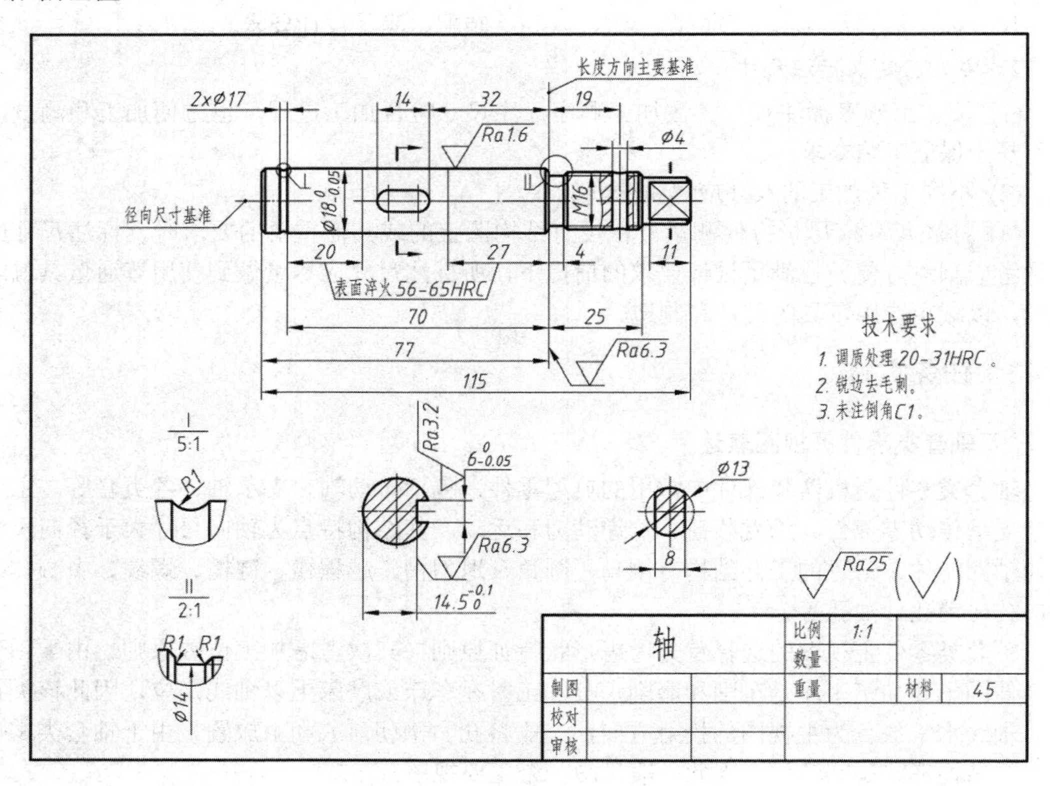

图 4.1.1　轴零件图

2) 标准结构尺寸测量

(1) 螺纹的测量。轴套上的螺纹主要起定位和锁紧作用，一般以普通三角形螺纹较多。普通螺纹的大径和螺距可用螺纹量规直接测量，也可以采用综合测量法测量出大径和螺距，然后查阅标准螺纹表(见附录A)，选用接近的标准螺纹尺寸。

测量丝杠或非普通螺纹时，要注意其螺纹线数、旋向、牙型和螺距。对于锯齿形螺纹更要注意旋向。

(2) 键槽的测量。键槽尺寸主要有槽宽 b、槽深 t 和长度 L 三种，从外形就可以判断键的类型。根据测量所得出的 b、t、L 值，结合键槽所在轴段的基本直径尺寸，就可得键的类型和键槽的标准尺寸，如表 4.1.2 所示(GB/T 1096—2003、GB/T 1095—2003)。

【实例 4.1】 测得圆头普通平键槽宽度为 5.96 mm，槽深为 3.36 mm，长度为 14.1 mm，轴径圆整后为 ϕ18mm，如何确定键的尺寸？

查阅键与键槽国家标准(如表 4.1.2 所示)，与其最接近的标准尺寸是 $b=6$，$t=3.5$，$L=14$；与其配合的圆头普通平键标准尺寸为 6 × 6 × 14。

(3) 孔的测量。轴上的孔很多，都是用来安装销钉的，销的作用是定位，常用的销有圆柱销和圆锥销。测量时，先用游标卡尺或千分尺测出销孔的直径和长度(圆锥销测量小头直径)，然后根据销的类型查表 4.1.3(GB/T 119.1—2000 不淬硬钢和奥氏体不锈钢、GB/T 119.2—2000 淬硬钢和马氏体不锈钢)来确定销的公称直径和销的长度。

表 4.1.2　平键、键槽的剖面尺寸　mm

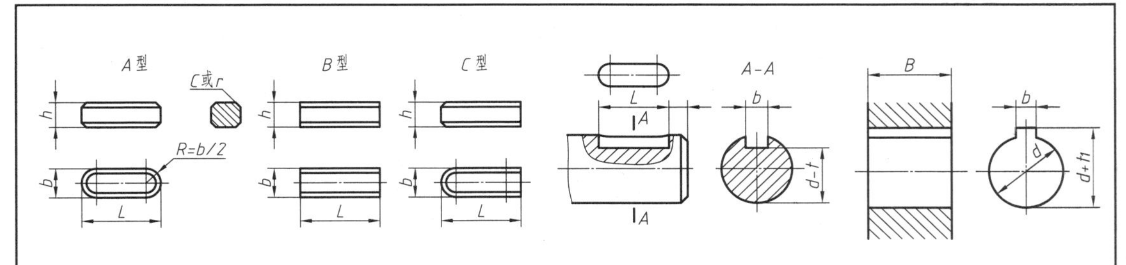

注：(1) 在工作图中，轴槽槽深用 t 或($d-t$)标注，轮毂槽深按 $d+t_1$ 标注。

(2) $d-t$ 和 $d+t_1$ 的偏差按相应的 t 和 t_1 的偏差选取，但 $d-t$ 的偏差应取负值。

(3) 较松键连接用于导向平键，一般用于载荷不大的场合；较紧键连接用于载荷较大，有冲击和双向转矩的场合。

(4) 键 b 的极限偏差为 h9，键 h 的极限偏差为 h11，键长 L 的极限偏差为 h14。

(5) 键长 L 系列：6，8，10，12，14，16，18，20，22，25，28，32，36，40，45，50，56，63，70，80，90，100，110，125，140，160，180，200，220，…。

(6) 若有普通平键(B 型)其 $b=16$，$h=10$，$L=100$，则标记为“键 GB/T 1096　B16 × 100”(A 型可不标出 A)。

续表

公称直径 d	公称尺寸 b×h	宽度 b 公称尺寸 b	偏差 较松键连接 轴 H9	较松键连接 毂 D10	一般键连接 轴 N9	一般键连接 毂 JS9	较紧键连接 轴和毂 P9	深度 轴 t 公称	轴 t 偏差	毂 t_1 公称	毂 t_1 偏差	半径 r 最大	半径 r 最小
6～8	2×2	2	+0.025	+0.060	−0.004	±0.0125	−0.006	1.2		1.0			
>8～10	3×3	3	0	+0.020	−0.029		−0.031	1.8		1.4		0.08	0.16
>10～12	4×4	4						2.5	+0.1	1.8	+0.1		
>12～17	5×5	5	+0.030	+0.078	0	±0.015	−0.012	3.0	0	2.3	0		
>17～22	6×6	6	0	+0.030	−0.030		−0.042	3.5		2.8		0.16	0.25
>22～30	8×7	8	+0.036	+0.098	0	±0.018	−0.015	4.0		3.3			
>30～38	10×8	10	0	+0.040	−0.036		−0.051	5.0		3.3			
>38～44	12×8	12						5.0		3.3			
>44～50	14×9	14	+0.043	+0.120	0		−0.018	5.5		3.8		0.25	0.40
>50～58	16×10	16	0	+0.050	−0.043	±0.0215	−0.061	6.0	+0.2	4.3	+0.2		
>58～65	18×11	18						7.0	0	4.4	0		
>65～75	20×12	20						7.5		4.9			
>75～85	22×14	22	+0.052	+0.149	0		−0.022	9.0		5.4			
>85～95	25×14	25	0	+0.065	−0.052	±0.026	−0.074	9.0		5.4		0.40	0.60
>95～110	28×16	28						10.0		6.4			

表 4.1.3　圆　柱　销

mm

末端形状，由制造者确定

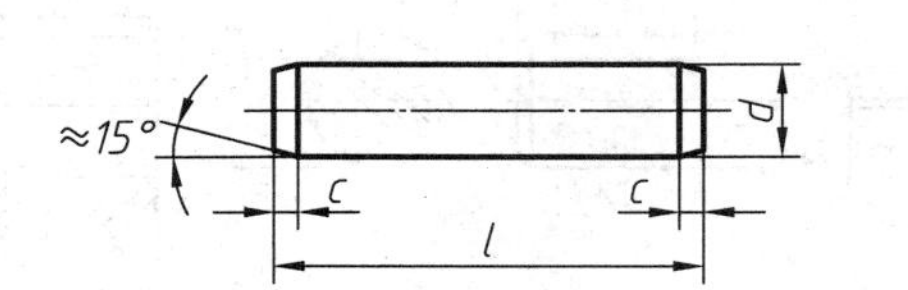

注：(1) *d* 的公差在 GB/T 119.1 中可以有 m6 或 h8，而 GB/T 119.2 仅有 m6，其他公差由供需双方协议。

(2) *l* 系列：2，3，4，5，6，8，10，12，14，16，18，20，22，24，26，28，30，32，35，40，45，50，55，60，65，70，75，80，85，90，100，120，140，180，200，大于 200 按 20 递增。

(3) 若有公称直径 *d* = 8、公差 m6、公称长度 *l* = 30、材料为钢、不经淬火、不经表面处理的圆柱销，则标记为“销 GB/T 119.1 8 m6×30”；若有公称直径 *d* = 8、公差 m6、公称长度 *l* = 30、材料为 A1 组奥氏体不锈钢、表面简单处理的圆柱销，则标记为“销 GB/T119.1　8 m6×30－A1”。

GB/T 119.1	d	0.6	0.8	1	1.2	1.5	2	2.5	3	4	5	6	8	10	12	16	20	25	30	40	50
	c ≈	0.12	0.16	0.2	0.25	0.3	0.35	0.4	0.5	0.63	0.8	1.2	1.6	2	2.5	3	3.5	4	5	6.3	8
	l	2～6	2～8	4～10	4～12	4～16	6～20	6～24	8～30	8～40	10～50	12～60	14～80	18～95	22～140	26～180	35～200	50～200	60～200	80～200	95～200

GB/T 119.2	d	1	1.5	2	2.5	3	4	5	6	8	10	12	16	20
	c ≈	0.2	0.3	0.35	0.4	0.5	0.63	0.8	1.2	1.6	2	2.5	3	3.5
	l	3～10	4～16	5～20	6～24	8～30	10～40	12～50	14～60	18～80	22～100	26～100	40～100	50～100

(4) 工艺结构尺寸的测量。轴套零件上常见的工艺结构有退刀槽、倒角和圆角、中心孔等，先测得这些结构的尺寸，然后查阅有关工艺结构的画法与尺寸标注方法，按照工艺结构标注方法统一标注，如常见的倒角标注为 *C*1(C 代表 45° 倒角)、退刀槽尺寸标注为 2 × 1(2 表示槽宽尺寸，1 表示较低的轴肩高度尺寸)。

3．轴套类零件的材料

1) 轴类零件

一般轴类零件常用 34、45、50 优质碳素结构钢，经正火、调质及部分表面淬火等热处理，得到所要求的强度、韧性和硬度。45 钢应用最为广泛，一般经调质处理其硬度可达到 230～260HBS。

对中等精度而转速较高的轴类零件，一般选用合金钢(如 40Cr 等)，经过调质和表面淬火处理，使其具有较高的综合力学性能，硬度可达到 230～240HBS 或淬硬到 35～42HRC。

对在高转速、重载荷等条件下工作的轴类零件，可选用 20Cr、20CrMnTi、20Mn2B 等低碳合金钢，经渗碳淬火处理后，具有很高的表面硬度，其芯部则获得较高的强度，且具有较高的耐磨性、抗冲击韧性和耐疲劳强度的性能。

对高精度和高转速的轴，可选用 38CrMoAlA 高级优质合金钢，其热处理变形较小，经调质和表面渗氮处理，可达到很高的心部强度和表面硬度，从而获得优良的耐磨性和耐疲劳性。

2) 套类零件

套类零件的材料一般用钢、铸铁、青铜或黄铜制成。孔径较大的套筒一般选用带孔的铸件、锻件或无缝钢管；孔径较小时，可选用冷轧或冷拉棒料或实心铸件。

在大批量生产情况下，为节省材料、提高生产率，也可用挤压、粉末冶金、工艺制造精度较高的材料。有些强度要求较高的套(如伺服阀的阀套、镗床主轴套等)，则应选用优质合金钢。

套类零件常采用退火、正火、调质和表面淬火等热处理方法。

4．轴套类零件的技术要求

1) 轴类零件

(1) 尺寸公差的选择。轴与其他零件有配合要求的尺寸应标注尺寸公差，根据轴的使用要求参考同类型的零件图，用类比法确定极限尺寸。主要配合轴的直径尺寸公差等级一般为 IT5～IT9 级，相对运动的或经常拆卸的配合尺寸其公差等级要高一些，相对静止的配合尺寸其公差等级相应要低一些。如轴与轴承的配合尺寸其公差带可选为 f6，与皮带轮的配合尺寸其公差带可选为 k7，与齿轮的配合尺寸其公差带也可选为 k7。

对于阶梯轴的各段长度尺寸可按使用要求给定尺寸公差，或按装配尺寸链要求分配公差。

(2) 形位、公差的确定。轴类零件通常是用轴承支承在两段轴颈上，这两个轴颈是装配基准，其几何精度(圆度、圆柱度)应有形状公差要求。对精度要求一般的轴颈，其几何形状公差应限制在直径公差范围内，即按包容要求在直径公差后标注。如轴颈要求较高，则可直接标注其允许的公差值，并根据轴承的精度选择公差等级，一般为 IT6～IT7 级。轴颈处的端面圆跳动一般选择 IT7 级，对轴上键槽两工作面应标注对称度。

轴类零件的位置精度要求主要是由轴在机器中的位置和功用决定的，通常应保证装配传动件的轴颈对支承轴颈的同轴度要求，否则会影响传动件(齿轮等)的传动精度，并产生噪声。通常选择测量方便的径向圆跳动来表示，普通精度的轴对支承轴颈的径向跳动一般为 0.01～0.03 mm，高精度轴为 0.001～0.005 mm。此外，还有轴向定位端面与轴线的垂直度等要求，最终实现轴转动平稳、无振动和噪声。

(3) 表面粗糙度的确定。轴套类零件都是机械加工表面，在一般情况下，轴的支承轴颈表面粗糙度等级较高，常选择 *Ra*0.8～3.2 μm，其他配合轴径的表面粗糙度为 *Ra*3.2～6.3 μm，非配合表面粗糙度则选择 *Ra*12.5 μm。

不同表面结构的外观情况、加工方法与应用举例如表 3.2.2 所示，典型零件的表面粗糙度数值的选择见附录 D，轴的机加工表面粗糙度参数值如表 4.1.4 所示。在实际测绘中也可参照同类零件，运用类比的方法确定粗糙度参数值。

表 4.1.4 轴的机加工表面粗糙度参数值参考表

加工表面	粗糙度 *Ra* 值不大于/μm
与传动件、联轴器等零件的配合表面	0.4～1.6
与普通精度等级的滚动轴承配合表面	0.8，1.6
与传动件、联轴器等零件的轴肩端面	1.6，3.2
与滚动轴承配合的轴肩端面	0.8，1.6
平键键槽	3.2，1.6(工作面)，6.3(非工作面)
其他表面	6.3，3.2(工作面)，12.5，25(非工作面)

2) 套类零件

(1) 尺寸公差的选择。套类零件的外圆表面通常是支承表面，常用过盈配合或过渡配合与机架上的孔配合，外径公差一般为 IT6～IT7 级。如果外径尺寸不作配合要求，可直接标注直径尺寸。套类零件的孔径尺寸公差一般为 IT7～IT9 级(为便于加工，通常孔的尺寸公差要比轴的尺寸公差低一等级)，精密轴套孔尺寸公差为 IT6 级。

(2) 形位公差的确定。套类零件有配合要求的外表面其圆度公差应控制在外径尺寸公差范围内，精密轴套孔的圆度公差一般为尺寸公差的 1/2～1/3。对较长的套筒零件，除圆度要求外，还应标注圆孔轴线的直线度公差。

套类零件内外圆的同轴度要根据加工方法的不同选择精度的高低，如果套类零件的孔是将轴套装入机座后进行加工的，套的内外圆的同轴度要求较低；若是在装配前加工完成的，则套的内孔对套的外圆的同轴度要求较低，一般为 ϕ0.01～ ϕ0.05 mm。

(3) 表面粗糙度的确定。套类零件有配合要求的外表面粗糙度可选择 *Ra*0.8～1.6 μm。孔的表面粗糙度一般为 *Ra* 0.8～3.2 μm，要求较高的精密套其可达 *Ra* 0.1 μm。

任务 4.2 盘盖类零件的测绘

盘盖类零件是盘类零件和盖类零件的统称，是机器、部件上的常见零件。盘类零件的主要作用是连接、支承、轴向定位和传递动力等，如齿轮、皮带轮、阀门手轮等；盖类零件的主要作用是定位、支承和密封等，如电机、水泵、减速器的端盖等。

4.2.1　工作任务

1．任务内容

从盘盖类零件的结构特点、设计、工艺、检测等方面分析盘盖类零件的表达方案、尺寸与测量、材料和技术要求。

2．任务分析

具体如表 4.2.1 所示。

表 4.2.1　任务准备与分析

<table>
<tr><td>任务准备</td><td colspan="3">安排场所，准备课件等</td></tr>
<tr><td rowspan="5">任务实施</td><td>学习情境</td><td>实施过程</td><td>结果形式</td></tr>
<tr><td>盘盖类零件的视图表达</td><td rowspan="4">教师讲解、示范、答疑
学生听、看、记</td><td></td></tr>
<tr><td>盘盖类零件的尺寸与测量</td><td></td></tr>
<tr><td>盘盖类零件的材料</td><td></td></tr>
<tr><td>盘盖类零件的技术要求</td><td></td></tr>
<tr><td>学习重点</td><td colspan="3">盘盖类零件的视图表达，盘盖类零件的尺寸与测量</td></tr>
<tr><td>学习难点</td><td colspan="3">盘盖类零件的尺寸与测量</td></tr>
<tr><td>任务总结</td><td colspan="3">学生提出任务实施过程中存在的问题，解决并总结
教师根据任务实施过程中学生存在的共性问题，讲评并解决</td></tr>
<tr><td>任务考核</td><td colspan="3">根据学生到课率、课堂表现等打分</td></tr>
</table>

参看表 4.2.1 完成任务，实施步骤如下。

4.2.2　任务实施

1．盘盖类零件的视图表达

盘盖类零件的主体结构一般由同一轴线多个扁平的圆柱体组成，其直径明显大于轴或轴孔，形似圆盘状。为加强结构连接的强度，常有肋板、轮辐等连接结构；为便于安装紧固，沿圆周均匀分布有螺栓孔或螺纹孔。此外，还有销孔、键槽等标准结构。

盘盖类零件的加工以车削为主，一般按工作位置或加工位置放置，以轴线的水平方向投影来选择主视图，视结构形状及位置再选用一个左视图(或右视图)来表达盘盖类零件的外形和安装孔的分布情况。主视图常采用全剖视来表达内部结构，有肋板、轮辐结构的可采用断面图来表达其断面形状，细小结构可采用局部放大图来表达。

如图 4.2.1 所示为旋塞盖零件图，它采用半剖的主视图表达内部孔和螺纹孔结构，并在此基础上用局部剖反映台阶安装孔的内部结构，左视图反映旋塞盖的外形和安装孔的布局。

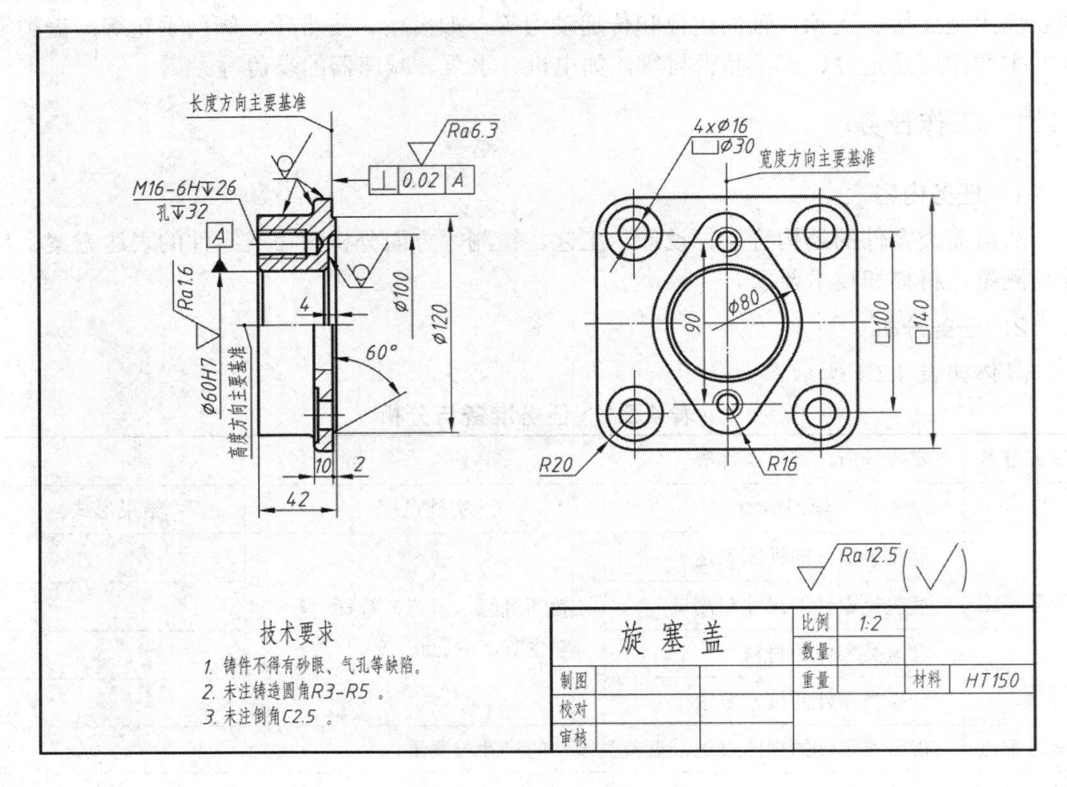

图 4.2.1　旋塞盖零件图

2．盘盖类零件的尺寸与测量

在标注(盘盖类零件)的尺寸时，通常以重要的安装端面或定位端面(配合或接触表面)作为轴向(长度)尺寸的主要基准(如图 4.2.1 所示)；以中轴线作为径向(高度方向)尺寸的主要基准；在左(右)视图中，竖直的对称点画线为宽度尺寸的主要基准。

盘盖类零件尺寸的测量方法如下：

(1) 对于盘盖类零件的配合孔或轴的尺寸，要用游标卡尺或千分尺测量出圆的直径，再查表选用符合国家标准推荐的基本尺寸系列。

(2) 测量各安装孔的直径，并且确定各安装孔的中心定位尺寸。

(3) 一般性的尺寸，如盘盖类零件的厚度、铸造结构尺寸可直接测量。

(4) 对于标准结构，如螺纹、键槽、销孔等，在测出尺寸后还要查表确定其标准尺寸。对于工艺结构，如退刀槽、越程槽、油封槽、倒角和倒圆等，要按照通用标注方法标注尺寸。

需要说明的是，测量后内、外尺寸应分开标注。直径尺寸应尽可能集中标注在非圆视图上；键槽尺寸、各孔以及轮辐的分布尺寸、圆弧半径等尺寸应在圆视图上标注；细小部分的结构尺寸多集中标注在所表达的断面图或局部放大图上。

3．盘盖类零件的材料

盘盖类零件可用类比法或检测法确定零件材料和热处理方法。盘盖类零件坯料多为铸锻件，材料为 HT150～HT200，一般不需要进行热处理，但重要的、受力较大的锻造件常用正火、调质、渗碳和表面淬火等热处理方法。

4．盘盖类零件的技术要求

(1) 尺寸公差的选择。盘盖类零件中有配合要求的轴与孔要标注尺寸公差，按照配合要求选择基本偏差，公差等级一般为 IT6～IT9 级，也可参考表 3.3.2～3.3.5 选择。如图 4.2.1 所示的旋塞盖零件其中间轴孔为 ϕ60H7。

(2) 形位公差的选择。盘盖类零件与其他零件接触到的表面应有平面度、平行度、垂直度要求；外圆柱面与内孔表面应有同轴度要求，一般为 IT7～IT9 级精度。

(3) 表面粗糙度的选择。在一般情况下，盘盖类零件有相对运动配合(如齿轮)的表面粗糙度为 Ra 0.8～1.6，相对静止配合的表面粗糙度为 Ra 3.2～6.3，非配合表面粗糙度为 Ra 6.3～12.5；也有许多盘盖类零件非配合表面是铸造面，如电机、水泵、减速器的端盖外表面，则不需要标注参数值。表面粗糙度和加工方法有关，测绘时可参看表 3.2.2 和表 3.2.3 的内容通过观察与触摸来确定，或采用类比法参阅附录 D 来确定。

任务 4.3　叉架类零件的测绘

叉架类零件如拨叉、连杆、杠杆、摇臂、支架和轴承座等，常用在变速机构、操纵机构、支承机构和传动机构中，起拨动、连接和支承传动的作用。其中，叉是操纵件，操纵其他零件变位；而架是支承件，用以支持其他零件。

4.3.1　工作任务

1．任务内容

从叉架类零件的结构特点、设计、工艺、检测等方面分析叉架类零件的表达方案、尺寸与测量、材料和技术要求。

2．任务分析

具体如表 4.3.1 所示。

表 4.3.1　任务准备与分析

任务准备	安排场所，准备课件等		
任务实施	学习情境	实施过程	结果形式
	叉架类零件的视图表达	教师讲解、示范、答疑 学生听、看、记	
	叉架类零件的尺寸与测量		
	叉架类零件的材料		
	叉架类零件的技术要求		
学习重点	叉架类零件的视图表达，叉架类零件的尺寸与测量		
学习难点	叉架类零件的尺寸与测量		
任务总结	学生提出任务实施过程中存在的问题，解决并总结 教师根据任务实施过程中学生存在的共性问题，讲评并解决		
任务考核	根据学生到课率、课堂表现等打分		

参看表 4.3.1 完成任务，实施步骤如下。

4.3.2　任务实施

1. 叉架类零件的视图表达

叉架类零件的结构一般由工作部分、支承(安装固定)部分和连接部分三部分组成。图 4.3.1 所示为托架及其结构。叉架类零件的工作部分为支承或带动其他零件运动的部分，一般为孔、平面、各种槽面或圆弧面等；支承(安装固定)部分是支承和安装自身的部分，一般为平面或孔等；连接部分为连接零件自身的工作部分和支承部分的那一部分，其截面形状有矩形、椭圆形、工字形、T 字形、十字形等多种形式。叉架类零件的毛坯多为铸件或锻件，零件上常有铸造圆角、肋、凸缘、凸台等结构。

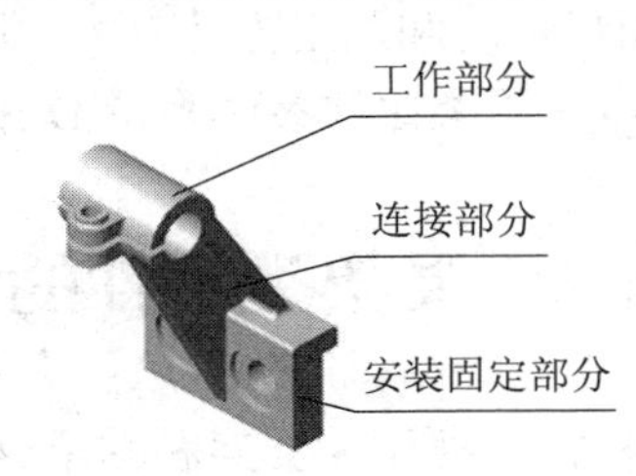

图 4.3.1　托架及其结构

叉架类零件的结构比较复杂，形状不规则，且加工位置多变，有的叉架类零件在工作中是运动的，其工作位置也不固定，所以这类零件主视图一般按照工作位置、安装位置或形状特征位置综合考虑来确定主视图投影方向，再加上一个至两个其他的基本视图组成叉架类零件的表达方案。由于叉架类零件的连接结构常是倾斜或不对称的，因而还需要采用斜视图、局部视图、局部剖视图等表达方法。肋板一般用断面图表达。

如图 4.3.2 所示是托架零件图，它采用局部剖的主视图来表达该托架三个组成部分的形状特征和相对位置(局部剖分别用来表达左上方凸缘的圆柱孔和螺孔，以及下部的安装孔的结构)；采用局部剖的左视图表达支承(安装)部分的外形和安装孔的位置(局部剖用来表达上方支承孔的内部结构)；采用 A 局部向视图表达左上方凸缘的外形；采用移出断面图表达 T 形连接部分的断面形状。

2. 叉架类零件的尺寸与测量

叉架类零件的尺寸较复杂，在标注尺寸时，一般是选择零件的安装基面或零件的对称面作为主要尺寸基准。如图 4.3.2 所示，该零件选用表面粗糙度等级较高的安装底板的右端面(竖直安装面)作为长度方向尺寸的主要基准，来定位圆筒圆心的位置和其他主要结构尺寸；选用安装底板中间的水平面(水平安装面)作为高度方向尺寸的主要基准，来确定圆筒圆心的高度定位和其他结构尺寸。由于支架的宽度方向是对称结构，故选用对称面作为宽度方向尺寸的基准。另外工作部分上的各个细部结构是以圆筒(支承体)轴线作为辅助尺寸基准来标注直径尺寸和细部结构的定位尺寸。

由于支架的 ϕ20H7 支承孔和安装底板是重要的配合结构，支承孔的圆心位置和直径尺寸、底板及底板上的安装孔尺寸应采用游标卡尺或千分尺精确测量，测出尺寸后加以圆整或查表选择标准尺寸，其余一般尺寸可直接度量取值。

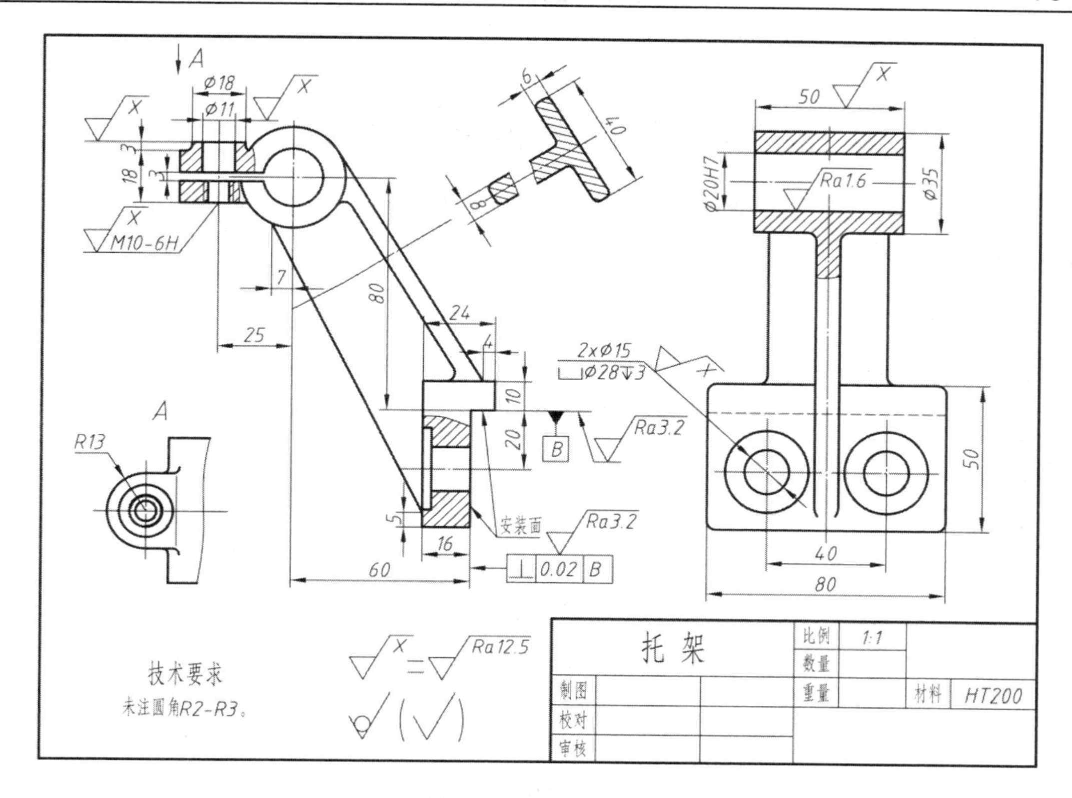

图 4.3.2　托架零件图

其他结构的测量和圆整方法与轴套类、盘盖类零件的相同。其中，工艺结构、标准件如螺纹、退刀槽和越程槽、倒角和圆角等，测出尺寸后还应按照规定的标注方法标注，螺纹等标准结构应查表确定其标准尺寸。

3．叉架类零件的材料

叉架类零件可用类比法或检测法确定零件材料和热处理方法。叉架类零件坯料多为铸锻件，材料为 HT150～HT200，一般不需要进行热处理，但重要的、做周期运动且受力较大的锻造件常用正火、调质、渗碳和表面淬火等热处理方法。

4．叉架类零件的技术要求

(1) 尺寸公差的选择。叉架类零件工作部分有配合要求的孔要标注尺寸公差，按照配合要求选择基本偏差，公差等级一般为 IT7～IT9 级。配合孔的中心定位尺寸常标注有尺寸公差，如图 4.3.2 所示托架零件上端的孔 ϕ20H7、螺纹孔 M10-6H 等。

(2) 形位公差的选择。叉架类零件安装底板与其他零件接触到的表面应有平面度、垂直度要求，工作部分的内孔轴线应有平行度要求，一般为 IT7～IT9 级精度，可参考同类型的叉架类零件图来选择。

(3) 表面粗糙度的选择。叉架类零件通常只有工作部分和安装部分有表面粗糙度的要求。在一般情况下，叉架类零件工作部分的支承孔表面粗糙度为 *Ra*1.6～6.3，安装底板的接触表面粗糙度为 *Ra*3.2～6.3，非配合表面粗糙度为 *Ra*6.3～12.5，其余表面都是铸造面，不作要求。表面粗糙度测绘时可参看表 3.2.2 和表 3.2.3 的内容，通过观察与触摸来确定，或采用类比法参阅附录 D 来确定。

任务 4.4　箱体类零件的测绘

箱体类零件是机器及其部件的基础件，用以支承和容纳安装机器或部件中的其他零件，如轴、轴承和齿轮等。

4.4.1　工作任务

1. 任务内容

从箱体类零件的结构特点、设计、工艺、检测等方面分析箱体类零件的表达方案、尺寸与测量、材料和技术要求。

2. 任务分析

具体如表 4.4.1 所示。

表 4.4.1　任务准备与分析

任务准备	安排场所，准备课件等		
任务实施	学习情境	实施过程	结果形式
	箱体类零件的视图表达	教师讲解、示范、答疑 学生听、看、记	
	箱体类零件的尺寸与测量		
	箱体类零件的材料		
	箱体类零件的技术要求		
学习重点	箱体类零件的视图表达，箱体类零件的尺寸与测量		
学习难点	箱体类零件的尺寸与测量		
任务总结	学生提出任务实施过程中存在的问题，解决并总结 教师根据任务实施过程中学生存在的共性问题，讲评并解决		
任务考核	根据学生到课率、课堂表现等打分		

参看表 4.4.1 完成任务，相关知识及实施步骤如下。

4.4.2　知识链接：铸造圆角和斜度工艺

箱体类零件多为铸件，箱体外形常有铸造斜度、铸造圆角、壁厚等铸造工艺结构。下面就铸造圆角和斜度来阐述。

1. 铸造圆角

在铸件毛坯各表面的相交处都有铸造圆角，这样既能方便起模，又能防止浇铸铁水时将砂型转角处冲坏，还可避免铸件在冷却时产生裂纹或缩孔以及应力集中。铸造圆角分为铸造内圆角和铸造外圆角，其半径的大小必须与箱体的相邻壁厚及铸造工艺方法相适应。

1) 铸造内圆角

表 4.4.2 为铸造内圆角半径 R 的标准规定(JB/ZQ 4255—2006)。对于压铸，$R=(a+b)/3$；对于金属型铸造，$R=(1/8\sim1/4)(a+b)$；对于熔模铸造，$R=(1/5\sim1/3)(a+b)$。通常情况下，取 $R=(1/6\sim1/3)(a+b)$，其中 a，b 为相邻两壁的壁厚。

表 4.4.2　铸造内圆角半径 R

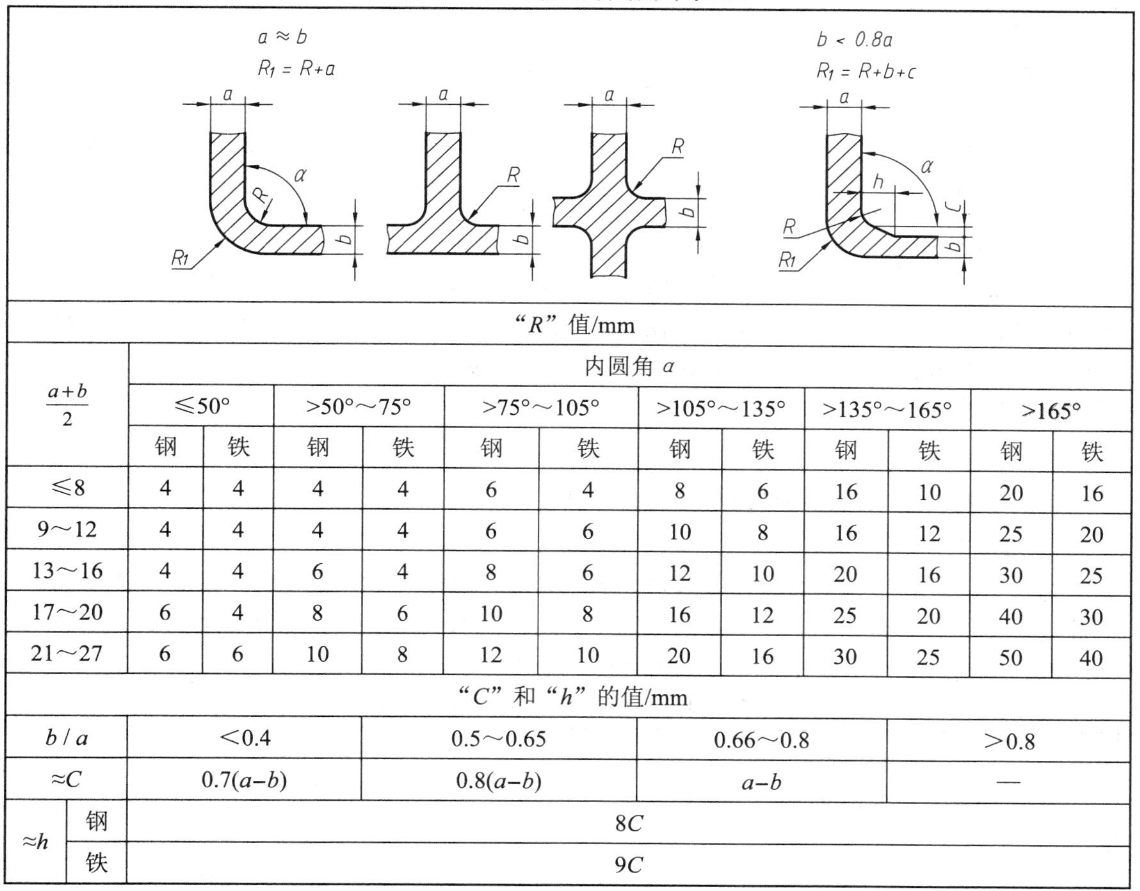

"R" 值/mm

$\frac{a+b}{2}$	内圆角 α											
	≤50°		>50°～75°		>75°～105°		>105°～135°		>135°～165°		>165°	
	钢	铁	钢	铁	钢	铁	钢	铁	钢	铁	钢	铁
≤8	4	4	4	4	6	4	8	6	16	10	20	16
9～12	4	4	4	4	6	6	10	8	16	12	25	20
13～16	4	4	6	4	8	6	12	10	20	16	30	25
17～20	6	4	8	6	10	8	16	12	25	20	40	30
21～27	6	6	10	8	12	10	20	16	30	25	50	40

"C" 和 "h" 的值/mm

b/a		<0.4	0.5～0.65	0.66～0.8	>0.8
≈C		$0.7(a-b)$	$0.8(a-b)$	$a-b$	—
≈h	钢	$8C$			
	铁	$9C$			

2) 铸造外圆角

铸造外圆角指的是零件外表面的过渡圆角，其半径 R 的标准规定(JB/ZQ 4256—2006)如表 4.4.3 所示，如一铸件按表 4.4.3 铸造外圆角可选出许多不同的圆角 "R" 时，应尽量减少或只取适当的 "R" 值以求统一。

表 4.4.3　铸造外圆角半径 R

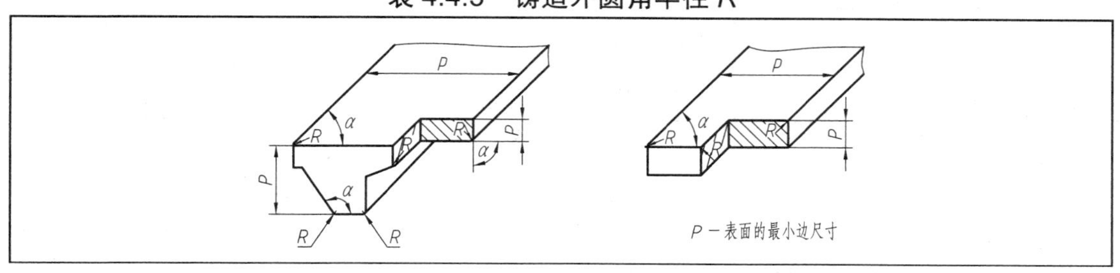

续表

表面的最小边尺寸 P/mm	"R"值/mm					
	外圆角 α					
	≤50°	>50°～75°	>75°～105°	>105°～135°	>135°～165°	>165°
≤25	2	2	2	4	6	8
>25～60	2	4	4	6	10	16
>60～160	4	4	6	8	16	25
>160～250	4	6	8	12	20	30
>250～400	6	8	10	16	25	40
>400～600	6	8	12	20	30	50

3) 铸造圆角的标注

铸造圆角在零件图上必须标注，由于铸造圆角都是连接圆弧，因此在图纸上只需标注出圆弧半径，无需确定其圆心位置。在标注铸造圆角尺寸时，除个别圆角半径直接在图上标注外，一般都是在技术要求中集中标注。例如，在技术要求中标注为"未注铸造圆角 $R3$"或"未注铸造圆角半径 $R3$～$R5$"等。

2. 斜度

铸造中的斜度工艺包括过渡斜度和铸造斜度。

1) 过渡斜度

为保证铸件在浇铸时各处冷却速度一致，避免冷却时产生内应力而造成裂纹或缩孔，因此铸件壁厚应尽量均匀。当必须采用不同壁厚连接时，应采用逐渐过渡的方式，如表 4.4.4 所示的铸造过渡斜度的标准规定(JB/ZQ 4254—2006)。

表 4.4.4　铸造斜度及过渡斜度

铸造斜度

	斜度 $b:h$	角度 β	使用范围
不同壁厚的铸件在转折点处的斜角最大可增大到30°～45°	1∶5	11°30′	h<25 mm 时的钢和铁铸件
	1∶10 1∶20	5°30′ 3°	h=25～500 mm 时的钢和铁铸件
	1∶50	1°	h>500 mm 时的钢和铁铸件
	1∶100	30′	有色金属铸件

铸造过渡斜度

	铸铁和铸钢件的壁厚 δ	K (mm)	h (mm)	R (mm)
适用于减速器箱体、连接管、气缸及其他连接法兰的过渡处	10～15	3	15	5
	>15～20	4	20	
	>20～25	5	25	
	>25～30	6	30	8
	>30～35	7	35	
	>35～40	8	40	10
	>40～45	9	45	
	>45～50	10	50	
	>50～55	11	55	
	>55～60	12	60	15
	>60～65	13	65	
	>65～70	14	70	
	>70～75	15	75	

2) 铸造斜度

对于压铸来说，斜度的作用是减少铸件与模具型腔的摩擦，容易取出铸件，保证铸件表面不拉伤；而对于浇铸来说，斜度的作用是为了方便起模或铸件出型，以免损坏砂型或铸件。铸造斜度的参数值如表4.4.4所示(JB/ZQ 4254—2006)。

另外，机械铸造生产中还常见起模(拔模、脱模)斜度和结构斜度工艺，现分述如下：

(1) 起模斜度。为了便于将模样从砂型中取出(起模)，型腔应有适当的斜度，因此铸件表面沿拔模或脱模方向有一斜度(一般不大于3°)。起模斜度是铸造工艺斜度，其标准可参照JB/T 5105—1991。若当铸造斜度满足起模要求时，则起模斜度可不加考虑。

(2) 结构斜度。为便于起模，在机箱上垂直于分型面的不加工表面要设计有一定的斜度，这一斜度称为结构斜度。结构斜度是在零件图上非加工表面设计的斜度，其斜度值一般比较大。拔模斜度是在铸造工艺图上方便起模，在垂直分型面的各个侧面设计的工艺斜度，其斜度值一般比较小。有结构斜度的表面不加工艺斜度。

需要说明的是，对于起模斜度的画法，国家标准有规定，即当对拔模斜度没有特殊要求或起模斜度较小时，在图上可以不画出，也不加标注。如果铸件有明显的斜度，则应在与分型面垂直的视图上画出起模斜度，其他投影按小端画出。起模斜度一般标注在技术要求中，并用度数表示，如写出“起模斜度为1°～3°”；也可以直接标注在零件图上，此时通常用斜度或锥度的形式加以标注。

4.4.3 任务实施

1. 箱体类零件的视图表达

箱体类零件的功用主要是容纳、支承和安装其他零件。因此，这类零件的结构形状要比其他类型的零件的结构形状复杂得多。为了满足使用要求，箱体类零件常设计成中空型，其结构大体分为工作、安装和连接三个部分，如图4.4.1所示。箱体类零件的箱壁上常带有轴承孔、凸台、肋板等结构，安装部分还有安装底板、螺栓孔和螺孔。为符合铸件制造工艺特点，安装底板和箱壁、凸台外形常有起模斜度、铸造圆角、壁厚等铸造工艺结构。

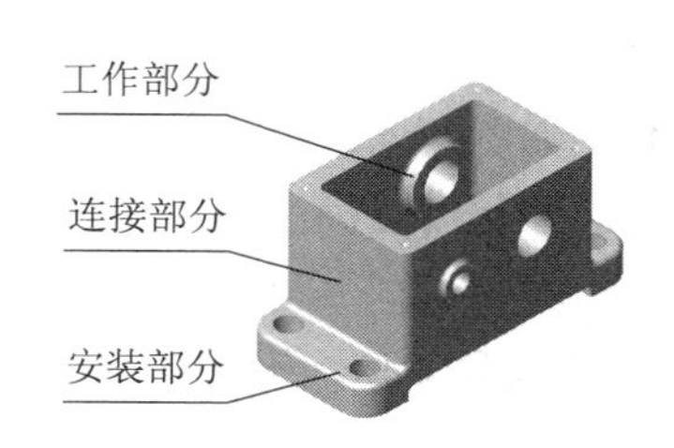

图4.4.1　箱体及其结构

由于箱体类零件的结构复杂，加工工序方法较多，加工位置也多有变化，因此在选择主视图时，主要是根据箱体类零件的工作位置以及形状特征综合考虑，通常需要三个到四个基本视图，并采用全剖视、局部剖视来表达箱体的内部结构。其局部外形还常用局部视图、斜视图和规定画法来表达。如图4.4.2所示的箱体零件图，它是按箱体工作位置放置，沿内外凸台内孔轴线方向作主视图投影方向，共采用了三个基本视图。根据结构形状及表达范围的大小，主视图采用大局部剖视，保留ϕ18凸台局部外形；左视图采用阶梯全剖视来表达其内部结构。

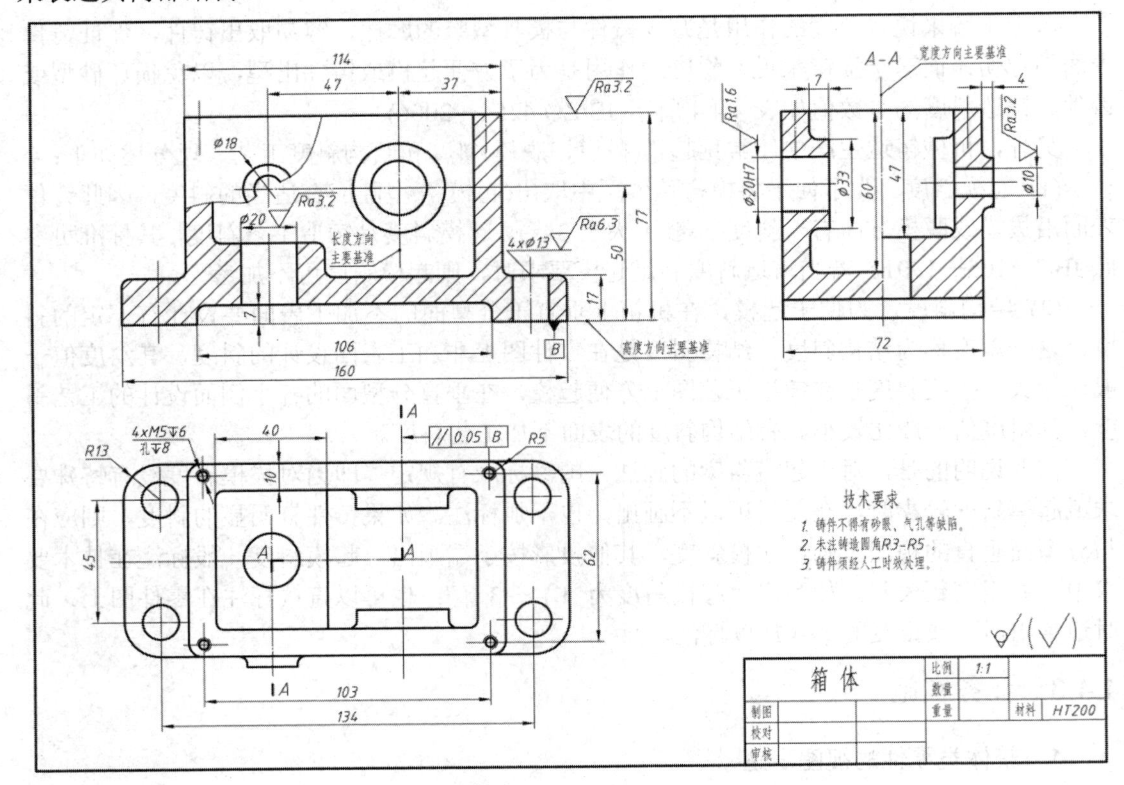

图 4.4.2　箱体零件图

2．箱体类零件的尺寸与测量

1) 尺寸及基准

由于箱体类零件结构复杂，在标注尺寸时，确定各部分结构的定位尺寸很重要，因此要选择好各个方向的尺寸基准。一般是以安装表面、主要支承孔轴线和主要端面作为长度和高度尺寸方向的尺寸基准，当各结构的定位尺寸确定后，其定形尺寸才能确定；具有对称结构的以对称面作为尺寸基准。如图 4.4.2 所示的箱体零件图是以箱体凸台内孔 φ20H7 轴线所在的竖直平面为长度方向尺寸基准，标注了 47、37 等主要结构尺寸；以安装底板底部为高度方向尺寸基准，标注了高度定位尺寸 50 和 17；宽度则以对称面(φ18 凸台除外)为基准，标注了 45、62 等尺寸；以安装底板左右对称面为辅助基准，标注了其他细部结构尺寸。

标注尺寸时要注意：

(1) 先将箱体零件的定形尺寸直接标出，如箱体的长、宽、高、壁厚、各种孔径及深度、圆角半径、沟槽深度、螺纹尺寸等，图 4.4.2 中的 160、72、77 即为箱体的长、宽、高尺寸。

(2) 再标定位尺寸，一般应从基准直接标出，如孔的中心线及平面与基准的距离等尺寸，如图 4.4.2 中的 50；对影响机器或部件工作性能的尺寸应直接标出，如轴孔中心距。

(3) 标注尺寸要考虑铸造工艺的特点。铸造箱体应在基本几何形体的定位尺寸标注后，再标注各形体的定形尺寸。

(4) 重要的配合尺寸都应标出尺寸公差。箱体尺寸繁多，标注时应避免遗漏、重复及出现封闭尺寸链。

2) 凸缘结构及其测绘

箱体类零件上常有各种各样的凸缘，且与其他零件有形体对应关系。大多数凸缘基本上都由直线段和圆弧组成，通常可分为内形和外形两部分。内形是核心，包括全部型孔和连接孔，外形则围绕内形而定。根据型孔和连接孔的形状、位置及尺寸大小，采用形体对应原则，用一定尺寸的材料将型孔和连接孔包住，形成凸缘外形。图 4.4.3 所示即为凸缘的常见结构形式。

凸缘的联接表面为平面，测绘时，将其轮廓分解为若干条直线和若干段圆弧，对于直线段，要确定其长度；对于圆弧，则要确定其曲率半径和圆心所在位置。必要时，除可以采用拓印法、铅丝法和坐标法外，还可采用下面阐述的对应法来测量。

由于箱体上的凸缘形状通常与其他零件的形状有着对应关系，如图 4.4.4 所示，因而测绘箱体上的凸缘形状，可通过直接测量中间垫片获得。尤其是在机修测绘中，遇到箱体凸缘变形、破裂等，为了保证测绘的准确性和测绘方便，经常采用对应法。

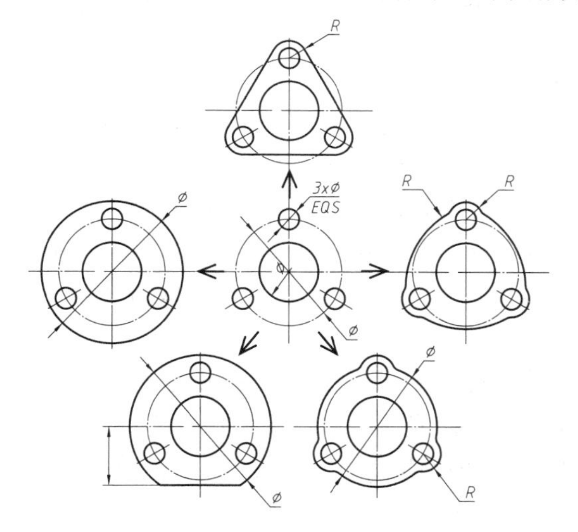

图 4.4.3　凸缘的常见结构形式

图 4.4.4　箱体上凸缘形状的对应测绘

3) 铸造圆角的测绘

铸造圆角的测量一般可用半径样板进行，其实际测量的数值可参照国家有关标准进行确定。表 4.4.2、表 4.4.3 中列出了铸造圆角有关标准的具体数值，测绘时可供参阅。

需要说明的是，在箱体类零件图上，对于非加工面的铸造圆角均应画出；而铸造表面经过机械加工后，圆角就不存在了，因而不应再画成圆角了。

4) 过渡线的确定

在铸造箱体类零件时，由于铸造圆角的存在，会使箱体不同表面分界的地方出现光滑过渡的情况。但在绘图过程中，当圆角半径不大时，仍应在原来表面交线的位置上，示意性地画出相贯线或分界线，这种线称为过渡线。

箱体上的过渡线都是制造过程中自然形成的，因而没有必要将它们画得非常精确，无需进行测量，也不需要标注出它们的尺寸。测绘箱体类零件时，一般只要把握住交线的性质和走向(直线还是曲线)，就能够比较正确和客观地将其弯曲方向表示出来。

5) 凸台和凹坑的测绘

箱体类零件与螺栓、螺母或其他零件的接触面一般都需进行加工。为了减少加工面积，在箱体类零件的接触部位常设有凸台和凹坑。凸台与凹坑的测绘非常简单，用游标卡尺或直尺测量，再按形体标注即可。

6) 油孔、油槽、油标及放油孔

在箱体类零件上通常设有润滑油孔、油槽以及检查油面高度的油标安装孔和排放污油的放油螺塞孔等。测绘时应弄清箱体上的各孔是通孔还是盲孔，各孔之间的相互联接关系，其检测方法通常有以下几种：

(1) 插入法。可用细铁丝或细的硬塑料线等直接插入箱体孔内，从而进行检查和测绘。

(2) 注油法。将油直接注入待测孔道之中，与其连通的孔道就会有油流出来，而其他不需检查的孔应用堵头或橡皮塞堵住，这样才能保证测绘的准确性。

(3) 吹烟法。测绘时可借助塑料管、硬纸制作的卷筒等工具，将烟雾吹进待测孔内，如果是相互间连通的孔，马上就会有烟雾冒出来；然后再堵住这些孔，检查与其他孔之间的关系，这种方法简单实用。

7) 箱体类零件的测量方法

箱体类零件的测量方法应根据各部位的形状和精度要求来选择，对于一般要求的线性尺寸，可用钢直尺或钢卷尺直接量取，如箱体零件的长、宽、高等外形尺寸；对于壳体孔、槽的深度，可用游标卡尺上的深度尺、深度游标卡尺或深度千分尺进行测量。

孔径尺寸可用游标卡尺或内径千分尺进行测量，精度要求高时要采用多点测量法，即在三、四个不同直径位置上进行测量；对于孔径产生磨损的情况，要选取测量中的最小值，以保证测绘的准确、可靠。

在测绘中如果遇到不能直接测量的尺寸，可利用工具进行间接测量。对于箱体上的大直径尺寸测量，可采用周长法(测出周长 L，则直径 $D = L/\pi$)或弓高弦长法(测出弓高 H、弦的长度 L，则直径 $D = L^2/4H + H$)进行；对于内环形槽的直径测量，可用打样膏或橡皮泥拓出阳模后再进行测量、计算。

3. 箱体类零件的材料

由于箱体类零件形状结构比较复杂，一般先铸造成毛坯，然后再进行切削加工。根据使用要求，箱体材料可选用 HT100～HT400 之间各种牌号的灰口铸铁，常用牌号有 HT150、HT200。某些负荷较大的箱体，有时采用铸钢件铸造而成。单件小批量生产或某些简易机器或部件的箱体，为了缩短毛坯的生产周期，可采用钢板焊接。有特殊要求时，也可采用其他材料制作，如飞机发动机的汽缸体，为了减轻重量，通常采用镁铝合金铸造而成。

为避免箱体加工变形，提高尺寸的稳定性，并改善切削性能，箱体类零件毛坯要进行时效处理。箱体类零件的材料和热处理可参考附录 C。

4. 箱体类零件的技术要求

箱体类零件是为了支承、包容和安装其他零件。为了保证机器或部件的性能和精度，对箱体类零件就要标注出一系列的技术要求，主要包括箱体零件上孔和平面的尺寸精度、形位精度及表面粗糙度要求以及热处理、表面处理和有关装配、试验等方面的要求。

1) 总体要求

箱体上的重要孔，如轴承孔等，要求有较高的尺寸公差、形状公差及较小的表面粗糙度值；有齿轮啮合关系的相邻孔之间应有一定的孔距尺寸公差和平行度要求；同一轴线上的孔应有一定的同轴度要求。

箱体的装配基面和加工中的定位基面都要求有较高的平面度和较小的表面粗糙度值。各轴承孔的装配圆柱面应有一定的尺寸公差，轴线与端面应有一定的垂直度要求。箱体上各平面与装配基面也应有一定的平行度或垂直度要求；对于标准圆锥齿轮和蜗杆，蜗轮啮合的两轴线应有垂直度要求；如果箱体上孔的位置精度较高时，应有位置度要求等。

如果箱体类零件经过长期使用后，有不同程度的磨损、变形、破裂等，会使箱体类零件在尺寸和形状上有不同程度的改变。测绘时，应对失效部位及原因进行认真分析与检查，并结合具体生产要求和使用情况采取相应措施加以改进。

2) 箱体类零件的尺寸公差

在测绘中，应根据箱体类零件的具体情况来确定尺寸公差与配合。通常，对于各种重要的主轴箱体，主轴孔的尺寸精度为IT6，箱体上其他轴承孔的尺寸精度一般为IT7，各轴承孔中心距精度允差为±0.05～0.07 mm；剖分式减速器箱体上轴承孔孔距精度允差为±0.03～0.05 mm。在实际测绘中，也可采用类比法参照同类零件的尺寸公差综合考虑而定。

3) 箱体类零件的形位公差

在实际测绘中，可先测出箱体上各有关部位的形状和位置公差，再参照同类零件进行确定，同时注意与尺寸公差和表面粗糙度等级相适应。测量方法如下：

(1) 箱体上支承孔的圆度或圆柱度误差可采用千分尺测量，位置度误差可采用坐标测量装置测量。

(2) 箱体上孔与孔的同轴度误差可采用千分表配合检验心轴测量；孔与孔的平行度误差，先采用游标卡尺(或量块，百分表)测出两检验心轴的两端尺寸后，再通过计算求得。

(3) 箱体上孔中心线与孔端面的垂直度误差可采用塞尺和心轴配合测量，也可采用千分尺配合检验心轴测量。

4) 表面粗糙度的选择

箱体类零件加工面较多，一般情况下，箱体类零件主要支承孔表面粗糙度等级较高，为 *Ra*0.8～1.6；一般配合表面粗糙度为 *Ra*1.6～3.2；非配合表面粗糙度为 *Ra*6.3～12.5；其余表面都是铸造面，可不做要求。在实际测绘时，还可参看表3.2.2和表3.2.3的内容，通过观察与触摸来确定，或采用类比法参阅附录D来确定。

5) “技术要求”的内容

箱体类零件图上的“技术要求”标题下的内容除一般结构工艺、铸造工艺、检验等外，一般还应看箱体表面有无镀层、有无化学处理，箱体的表面硬度及热处理方法等，包括对毛坯的技术要求。其内容如下：

(1) 对毛坯种类的要求，如在技术要求中注明毛坯为铸件、锻件或焊接件等。

(2) 对毛坯制造缺陷的要求，如对铸件要求清砂，铲平浇冒口毛刺，铸件不得有裂纹、缩孔等缺陷，在结合面、轴承孔面上对缺陷的限制说明等。

任务 4.5　圆柱齿轮的测绘

齿轮是广泛应用于机器设备中的传动零件，它的主要作用是传递运动、改变运动方向和转速。齿轮传动的种类很多，常见的有圆柱齿轮、直齿锥齿轮、斜齿锥齿轮、蜗轮蜗杆等。

4.5.1　工作任务

1. 任务内容

从圆柱齿轮的结构特点、设计、工艺、检测等方面分析圆柱齿轮的表达方案、尺寸与测量、材料和技术要求。

2. 任务分析

具体如表 4.5.1 所示。

表 4.5.1　任务准备与分析

<table>
<tr><td>任务准备</td><td colspan="3">安排场所，准备课件等</td></tr>
<tr><td rowspan="4">任务实施</td><td>学习情境</td><td>实施过程</td><td>结果形式</td></tr>
<tr><td>圆柱齿轮的视图表达</td><td rowspan="3">教师讲解、示范、答疑
学生听、看、记</td><td></td></tr>
<tr><td>圆柱齿轮的尺寸与测量</td><td></td></tr>
<tr><td>圆柱齿轮的技术要求</td><td></td></tr>
<tr><td>学习重点</td><td colspan="3">圆柱齿轮的视图表达，圆柱齿轮的尺寸与测量</td></tr>
<tr><td>学习难点</td><td colspan="3">圆柱齿轮的尺寸与测量</td></tr>
<tr><td>任务总结</td><td colspan="3">学生提出任务实施过程中存在的问题，解决并总结
教师根据任务实施过程中学生存在的共性问题，讲评并解决</td></tr>
<tr><td>任务考核</td><td colspan="3">根据学生到课率、课堂表现等打分</td></tr>
</table>

参看表 4.5.1 完成任务，实施步骤如下。

4.5.2　任务实施

圆柱齿轮传动是最常用到的一种传动形式，其结构主要由轮齿、辐板(辐条)和轴孔三部分组成。轮齿部分是标准结构，轮齿的大小和齿宽由传动力的大小来设计，齿数由额定转速和传动比来选定；轴孔部分是通用结构，轴孔里常加工有键槽；其余部分是非标准结构。

1. 圆柱齿轮的视图表达

圆柱齿轮为回转体，一般采用一到两个基本视图表达；按齿轮的工作位置放置，选择轴向位置作为主视图投影方向，通常要采用全剖视表达内部结构，结构复杂一些的齿轮可再选用左视图；对于键槽等局部结构还可以用局部视图来表达，如图 4.5.1 所示的齿轮零件图。

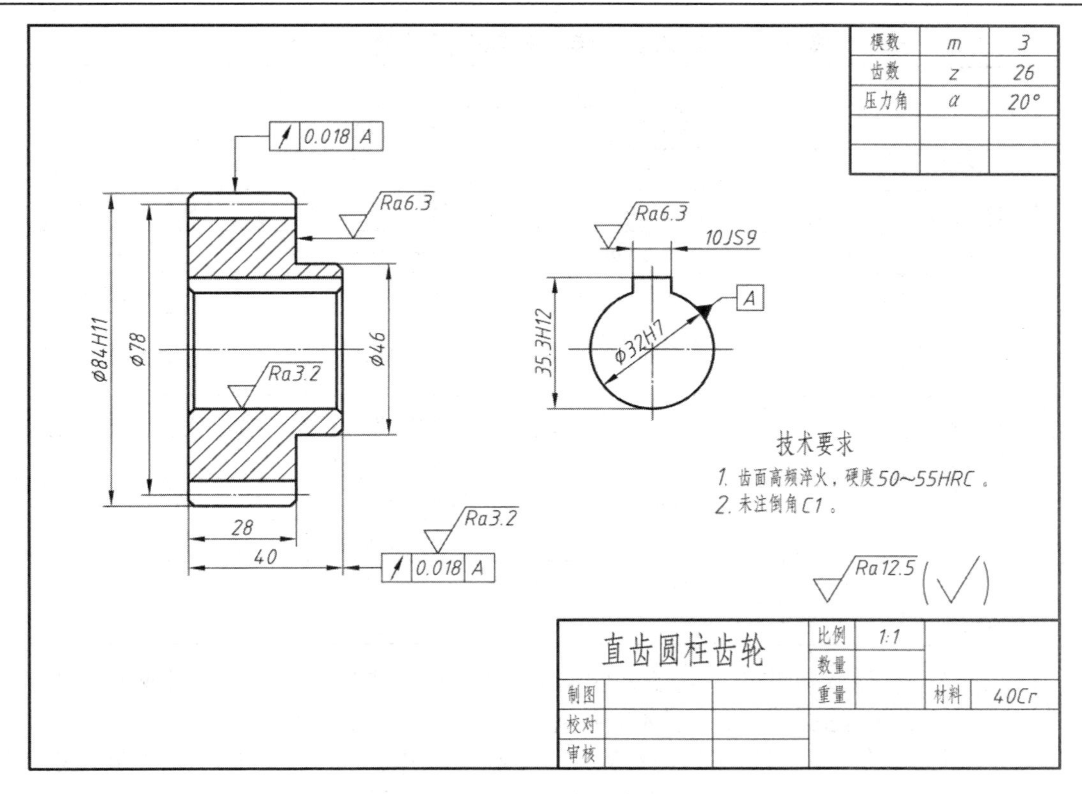

图 4.5.1　齿轮零件图

需要说明的是，齿轮零件图一般应有一个参数表，放在图样的右上角。参数表中应列出模数、齿数和压力角等基本参数，必要时可根据需要列出其他参数。

2. 圆柱齿轮的尺寸与测量

1) 尺寸及基准

圆柱齿轮主要由轴向尺寸(轴的长度)和径向尺寸(齿轮直径尺寸)组成，轴向尺寸基准选择齿轮端面(如图 4.5.1 中的左端面)，径向尺寸基准选择轴线。

齿轮轮齿上的三个圆直径，即分度圆直径、齿顶圆直径、齿根圆直径，是齿轮的重要尺寸，应标注准确。

2) 几何参数的测量

标准直齿圆柱齿轮需要测量齿顶圆直径 d_a、齿根圆直径 d_f、齿数 z、齿高 h、啮合齿轮中心距 a 的数值，需要推算和查表确定模数 m 和压力角 α(我国规定为 20°)。表 4.5.2 和表 4.5.3 分别列出了齿轮模数系列(GB/T 1357—2008)和直齿圆柱齿轮各部分尺寸的计算公式。

表 4.5.2　标准模数　　mm

第一系列	1　1.25　1.5　2　2.5　3　4　5　6　8　10　12　16　20　25　32　40　50
第二系列	1.125　1.375　1.75　2.25　2.75　3.5　4.5　5.5　(6.5)　7　9　(11)　14　18　22　28　36　45

说明：在选用模数时，应优先选用第一系列，其次选用第二系列，括号内的模数尽可能不选用。

表 4.5.3　直齿圆柱齿轮各部分尺寸的计算公式

名称	代号	计算公式		
		通用公式	标准齿制	短齿制
齿顶高系数	h_a*	—	1.0	0.8
顶隙系数、顶隙	c*，c	—，$c = c^*m$	0.25，$c = 0.25m$	0.3，$c = 0.3m$
齿顶高	h_a	$h_a = h_a^*m$	$h_a = m$	$h_a = 0.8m$
齿根高	h_f	$h_f = (h_a^* + c^*)\,m$	$h_f = 1.25m$	$h_f = 1.1m$
全齿高	h	$h = h_a + h_f = (2h_a^* + c^*)\,m$	$h = 2.25m$	$h = 1.9m$
分度圆直径	d	$d = mz$		
齿顶圆直径	d_a	$d_a = (z + 2h_a^*)\,m$	$d_a = (z+2)\,m$	$d_a = (z+1.6)\,m$
齿根圆直径	d_f	$d_f = (z - 2h_a^* - 2c^*)\,m$	$d_f = (z-2.5)\,m$	$d_f = (z-2.2)\,m$
齿距	p	$p = \pi m$		
中心距	a	$a = (d_1 + d_2)/2 \quad = (z_1 + z_2)\,m/2$		
传动比	i	$i = z_2/z_1$		

(1) 齿顶圆直径 d_a 和齿根圆直径 d_f 的测量。对于偶数齿轮，用游标卡尺或千分尺直接测量 d_a 和 d_f，如图 4.5.2(a)所示。在不同位置测量 3～4 次，取平均值。

对于奇数齿轮，有孔时可采用间接测量方法测量出 d_a 和 d_f，如图 4.5.2(b)所示。间接测量出轴孔直径 $d_孔$、内孔壁到齿顶的距离 L_1、内孔壁到齿根的距离 L_2，则有 $d_a = 2L_1 + d_孔$，$d_f = 2L_2 + d_孔$。无孔时，测量齿顶到另一侧齿端部的距离，再乘以相应的校正系数，称为校正系数法(具体的校正系数值可查阅相关文献)。

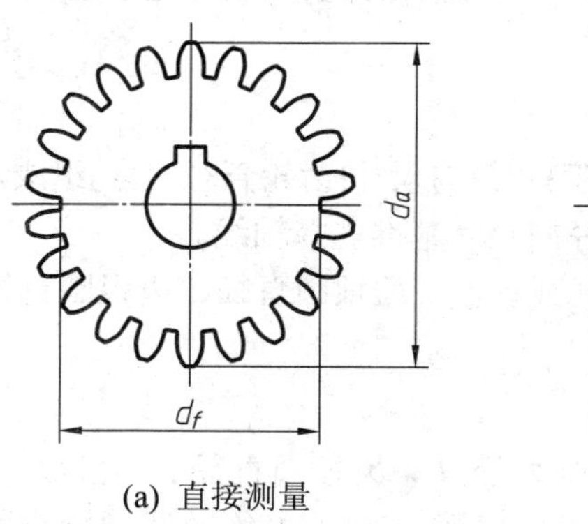

(a) 直接测量

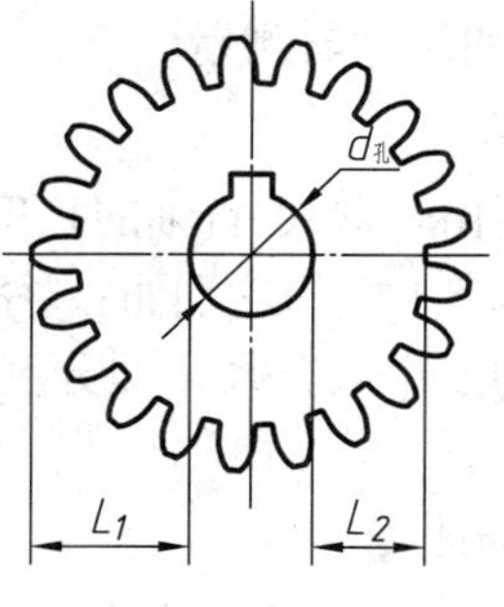

(b) 间接测量

图 4.5.2　齿轮 d_a 和 d_f 的测量

对于不完整的齿轮，可用拓印法将齿顶线画出，再做出拟合这些齿顶线的切圆(齿顶圆)，或在这些齿顶线找出不在一直线的三点来做出齿顶圆，可近似得到齿顶圆直径 d_a。

(2) 齿数 z 的确定。对于完整的齿轮，直接数出齿数 z；对于不完整的齿轮，可以采用图解法或计算法测算出齿数。

如图 4.5.3 所示，图解法的一般过程如下：

① 以齿顶圆直径 d_a 画圆。

② 任取完整的 n 个轮齿(图中取 6 个轮齿)，量取其弦长 L，如图 4.5.3(a)所示。

③ 以弦长 L 在 d_a 圆上截取全部整段 k 个。图 4.5.3(b)则是截取 3 个整段，即以 A 点为圆心，L 为半径截取得到 B、C 点，再以 B 点为圆心，L 为半径截取 D 点。

④ 余下的以相邻两轮齿的弦长 l 来截取，计 j 个。如图 4.5.3(b)所示，在 DC 弧上截取得到 1、2、3 和 4 点，4 点与 C 点基本重合。

⑤ 计算齿数 $z = n \times k + j$，则图 4.5.3 中 $z = 6 \times 3 + 4 = 22$。

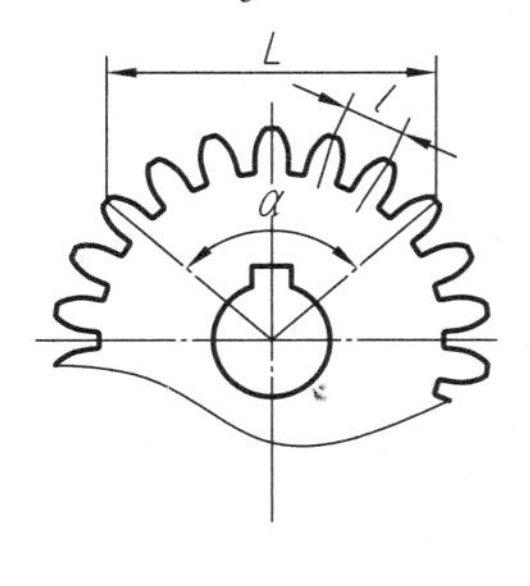

(a) 量取弦长 L 和 l

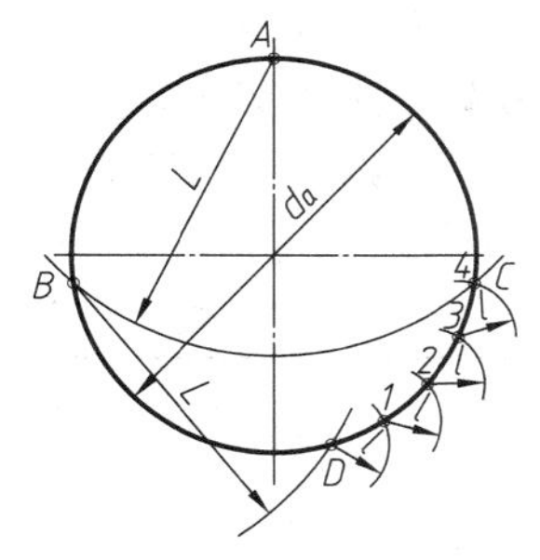

(b) 先按 L 截取，按按 l 分段

图 4.5.3　不完整齿轮齿数 z 的测量

计算法的一般过程如下：

① 量出跨 k 个齿的弦长 L。

② 计算 k 个轮齿所含的圆心角度数 α，如图 4.5.3(a)所示，$\alpha = 2\arcsin(L/d_a) \times 180° / \pi$。

③ 计算齿数 $z = 360° k / \alpha$。

(3) 中心距 a 的测量。可以通过测量齿轮啮合轴或孔的距离和轴径或孔径，计算得到中心距 a。如图 4.5.4 所示，中心距 $a = L_1 + (d_1 + d_2)/2 = L_2 - (d_1 + d_2)/2$。

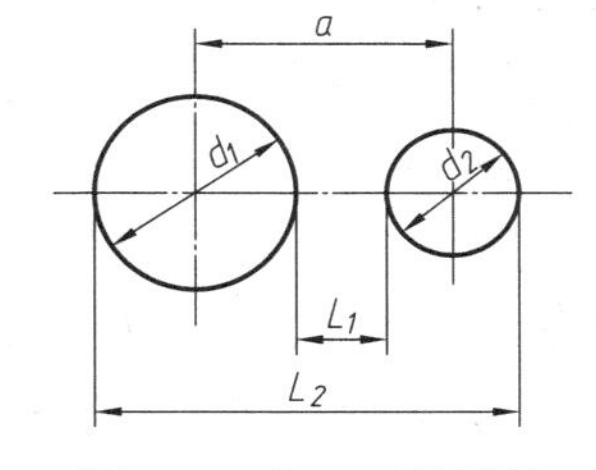

图 4.5.4 中心距的测量

(4) 模数 m 的确定。对于渐开线圆柱齿轮模数，可由测得的相关参数值计算得出，如表 4.5.4 所示。

表 4.5.4　直齿圆柱齿轮模数的计算公式

测得的参数	代号	计算公式		
		标准齿制	短齿制	说明
齿顶圆直径、齿数	d_a、z	$m = d_a/(z+2)$	$m = d_a/(z+1.6)$	—
齿根圆直径、齿数	d_f、z	$m = d_f/(z-2.5)$	$m = d_f/(z-2.2)$	—
全齿高	h	$m = h/2.25$	$m = h/1.9$	$h = (d_a - d_f)/2$
中心距、两轮齿数	a、z_1、z_2	$m = 2a/(z_1+z_2)$		

3) 其他测量

齿轮其他部分结构按一般测量方法进行，齿轮轴孔测得的尺寸在圆整后，再查表找到标准的基本尺寸。

由于对齿轮尺寸精度要求较高，测量时要选用比较精密的量具；其次，齿轮的许多参数都已标准化，测绘中测出的尺寸必须对照标准值选用；再则，齿轮许多尺寸与其装配在一起的其他零件尺寸都是相关联的或互相配合的，必须要标注一致。

3. 圆柱齿轮的技术要求

1) 齿轮精度等级

针对齿轮及齿轮副的运动精度、工作平稳性、接触精度和齿侧间隙等方面的要求，国家标准(GB/T 10095—2008)规定了0～12共13个精度等级，第0级的精度最高，第12级的精度最低。齿轮副中两个齿轮的精度等级一般取相同，也允许取不同。

确定齿轮的精度等级，必须根据齿轮的传动用途、工作条件等方面的要求而定，即综合考虑齿轮的圆周速度、传动功率、工作持续时间、机械振动、噪声和使用寿命等因素。实际操作时，一般采用经验类比法来确定，有条件的情况下，也可用齿轮测量仪测量齿轮精度等级。表4.5.5列举了常用机器传动中齿轮的精度等级。

表 4.5.5　齿轮精度等级

机器类型	精度等级	机器类型	精度等级
测量齿轮	2～5	一般用途减速器	6～9
透平机用减速器	3～6	载重汽车	6～9
金属切削机床	3～8	拖拉机及轧钢机的小齿轮	6～10
航空发动机	4～7	起重机械	7～10
轻便汽车	5～8	矿山用卷扬机	8～10
内燃机车和电气机车	6～7	农业机械	8～11

在齿轮零件图的参数表中，一般应标注齿轮的精度等级和齿厚偏差代号或偏差数值。举例如下：

(1) 第Ⅰ公差组精度为7级，第Ⅱ、Ⅲ公差组精度为6级，齿厚上偏差为G，齿厚下偏差为M，表示为“7-6-6GM”。

(2) 齿轮三个公差组精度同为7级，其齿厚上偏差为F，下偏差为L，表示为“7FL”。

2) 尺寸公差

齿轮轴孔直径的尺寸公差应根据配合性质(间隙配合)选择基本偏差，公差等级一般为IT7～IT9级。齿顶圆直径尺寸公差也是根据配合性质(间隙配合)选用基本偏差，公差等级一般选用IT9～IT11级。键槽尺寸公差可根据轴孔直径查表选用标准公差。

3) 形位公差

圆柱齿轮的形状与位置公差项目可参考表4.5.6选用。

表 4.5.6　圆柱齿轮形位公差参考项目表

内容	项目	对工作性能的影响
形状公差	齿轮轴孔的圆度	影响传动零件与轴配合的松紧及对中性
	齿轮轴孔的圆柱度	
位置公差	以齿顶圆为测量基准时，齿顶圆的径向圆跳动	影响齿厚测量精度，并在切齿时产生相应的齿圈径向跳动误差
	基准端面对轴线的端面圆跳动	影响齿轮、轴承的定位及受载的均匀性
	键槽侧面对轴心线的对称度	影响键侧面受载的均匀性

4) 表面粗糙度

齿轮加工面可用粗糙度量块测量或根据配合性质、公差等级选择表面粗糙度，圆柱齿轮主要表面粗糙度可参考表4.5.7选用。

表4.5.7　圆柱齿轮主要表面粗糙度参考表

加工表面		精度等级	6	7	8	9
轮齿工作面	法向模数≤8	表面粗糙度 Ra 值/μm	0.4	0.8	1.6	3.2
	法向模数＞8		0.8	1.6	3.2	6.3
齿轮基准孔(轮毂孔)			0.8	1.6	1.6	3.2
齿轮基准直径			0.4	0.8	1.6	1.6
与轴肩接触的端面			1.6	3.2	3.2	3.2
平键槽			3.2(工作面)，6.3(非工作面)			
齿顶圆	作为基准		1.6	3.2	3.2	6.3
	不作为基准		6.3～12.5			

5) 材料与热处理

可用类比法参考同类型齿轮零件图选择材料和热处理方法，或根据鉴定结果和齿轮的用途、工作条件参照表4.5.8综合考虑后确定。对于硬齿面的齿轮，其大小齿轮的硬度可以相同，也可以将小齿轮的硬度高于大齿轮20～30HB或2～3个HRC。

表4.5.8　齿轮的材料及热处理

齿轮的工作条件及特性	材　料	代用材料	热处理	硬度
低速、轻负荷，不受冲击	HT150～HT350			
低速、中负荷	45	50	调质	220～250HBW
	40Cr	45Cr、35Cr、35CrMnSi	调质	220～250HBW
低速、重负荷或高速、中负荷，不受冲击	45	50	高频表面、加热淬火	45～50HRC
中速、中负荷	50Mn2	50SiMn、40CrSi、45Mn2	淬火、回火	255～302HBW
中速、重负荷	40Cr、35CrMo	30CrMnSi、40CrSi	淬火、回火	45～50HRC
高速、轻负荷，无猛烈冲击，精密度及耐磨性要求较高	40Cr	35Cr	碳氮共渗或渗碳、淬火、回火	48～54HRC
高速、中负荷，并承受冲击负荷的小齿轮	15	20、15Mn	渗碳、淬火、回火	48～54HRC
高速、中负荷，并承受冲击负荷的外形复杂的重要齿轮	20Cr 18CrMnSi	20Mn2B	渗碳、淬火、回火	56～62HRC
高速、中负荷，无猛烈冲击	40Cr	—	高频感应加热淬火	50～55HRC
高速、重负荷	40CrNi 12CrNi3 35CrMoA		淬火、回火(渗碳)	45～50HRC

项目 5 AutoCAD 图形绘制基础

AutoCAD 2014 是美国 Autodesk 公司研制的较新版本的交互式绘制软件，用于二维绘图、详细绘制和基本三维设计等。本项目主要完成“初识 AutoCAD”、“使用捕捉工具和图层”及“绘制平面图形”三个任务，主要目标包括：

(1) 熟悉 AutoCAD 的用户界面，学会操作及定制工具栏。

(2) 掌握命令输入及基本操作，学会使用重复、撤销以及文件操作等命令。

(3) 学会坐标输入、角度和坐标辅助以及显示控制等，学会图层的建立及其基本操作。

(4) 熟悉基本绘图命令(直线、圆、圆弧、矩形等)，学会使用对象捕捉、基本编辑(修剪、过渡等)、夹点等操作。

(5) 熟悉点(定数等分、定距等线)、构造线等及其绘制方法，学会使用阵列等操作。

(6) 学会平面图形尺寸和线段分析。根据结构特点，掌握一般平面图形与典型平面图形的绘制方法。

任务 5.1 初识 AutoCAD

在开始使用 AutoCAD 之前，需要先认识并熟悉 AutoCAD 的界面，同时应为绘图定制和布局界面；其次，要熟悉命令输入、坐标输入以及基本绘图等；最后，还要掌握角度和坐标辅助以及显示控制等。

5.1.1 工作任务

1. 任务内容

本任务主要包括：认识并使用 AutoCAD 的工作界面、命令输入和基本操作、坐标及其输入、平移和缩放、角度和坐标辅助以及显示控制，并绘制如图 5.1.1 所示的两个简单图形。

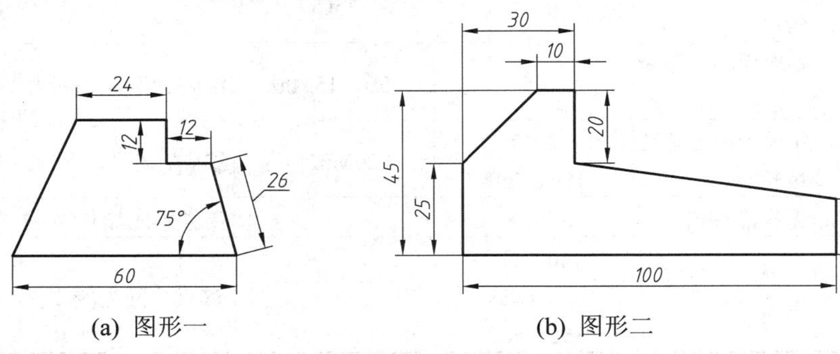

(a) 图形一　　(b) 图形二

图 5.1.1 简单图形

2. 任务分析

具体如表 5.1.1 所示。

表 5.1.1　任务准备与分析

<table>
<tr><td>任务准备</td><td colspan="3">网络机房，计算机每人一套，AutoCAD 2014 版软件等</td></tr>
<tr><td rowspan="8">任务实施</td><td>学习情境</td><td>实施过程</td><td>结果形式</td></tr>
<tr><td>认识并使用 AutoCAD 的工作界面</td><td rowspan="6">教师讲解、示范
学生听、看、记、模仿并完成“试一试”、“练一练”</td><td></td></tr>
<tr><td>命令输入和基本操作</td><td></td></tr>
<tr><td>选择和删除与平移和缩放</td><td></td></tr>
<tr><td>坐标及其输入</td><td></td></tr>
<tr><td>角度和坐标辅助</td><td></td></tr>
<tr><td>建立简单绘制规范</td><td></td></tr>
<tr><td>简单图形绘制</td><td>教师讲解、示范、辅导
学生上机模仿</td><td>绘制的指定、自选图形</td></tr>
<tr><td>学习重点</td><td colspan="3">坐标的输入方法，辅助工具的使用，缩放、平移、删除命令的使用，简单图形的绘制方法</td></tr>
<tr><td>学习难点</td><td colspan="3">坐标的输入方法，角度和坐标辅助以及显示控制</td></tr>
<tr><td>任务总结</td><td colspan="3">学生提出任务实施过程中存在的问题，解决并总结
教师根据任务实施过程中学生存在的共性问题，讲评并解决</td></tr>
<tr><td>任务考核</td><td colspan="3">根据学生上机模仿、图形绘制的数量、质量以及效率等方面综合打分</td></tr>
</table>

参看表 5.1.1 完成任务，实施步骤如下。

5.1.2　任务实施

1. 认识并使用 AutoCAD 的工作界面

本书以 AutoCAD 2014 版为操作软件，但为统一起见，本书仍称之为 AutoCAD，并以 Windows 7 作为操作系统平台。如不特别说明，以后的绘图操作均在“AutoCAD 经典”工作空间下进行。

1) *启动* AutoCAD

AutoCAD 2014 有下列两种常用的启动方法：

(1) 在 Windows 桌面上，找到并双击 AutoCAD 2014 快捷图标  。

(2) 在 Windows 左下角，选择“(开始)”→“所有程序”→“Autodesk”→“AutoCAD 2014 -简体中文(Simplified Chinese)” →“AutoCAD 2014 -简体中文(Simplified Chinese)”菜单。

AutoCAD 启动后，其界面默认为“Fluent/Ribbon 风格”，如图 5.1.2 所示(为遵循纸质印刷的特点，将中间绘图区设为无栅格线的白色，特此说明)。

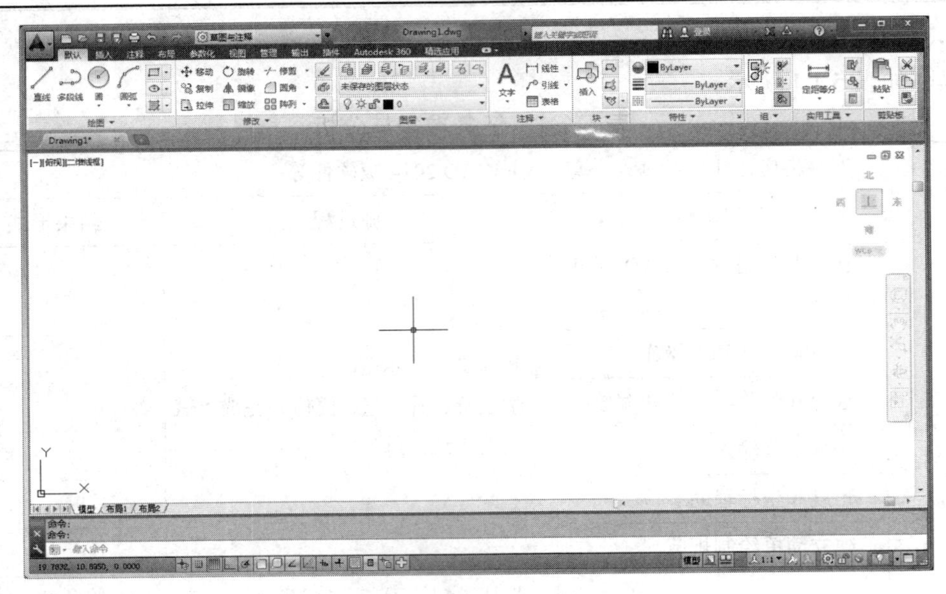

图 5.1.2　AutoCAD 2014 版界面

所谓“Fluent/Ribbon 风格”界面，是指将以往经典的菜单系统按常用的命令替换成一个个 Ribbon(带状)的功能面板，从而使操作者能更直接、更容易地找到各种常用命令，进而提高操作效率。自 2009 版及之后，AutoCAD 就采用这种新的界面。从图 5.1.2 中可以看出，AutoCAD 操作界面的最上部分就是与经典不同的“Fluent/Ribbon”部分，它主要由**功能区**、**菜单按钮**和**快速访问工具栏**构成，如图 5.1.3 所示。

图 5.1.3　“Fluent/Ribbon 风格”界面

2) *切换到经典风格界面*

与“Fluent/Ribbon 风格”界面不同的是，经典风格界面主要由一个主菜单栏和多个工具条(栏)组成。应用程序所有的菜单命令都可以通过顶部的主菜单栏进行，而工具栏常常具有显示和隐藏、浮动和停靠等功能。

在 AutoCAD 中，将界面切换成经典风格是通过改变其“工作空间”进行的。所谓工作空间，就是根据任务建立起来的包含相应菜单、工具栏、选项卡和功能区面板等的一些绘图环境。若将工作空间改变成经典风格，可有下列两种方法：

(1) 在主窗口最上面的“快速访问工具栏”中，从工作空间组合框中选择“AutoCAD 经典”选项，如图 5.1.4(a)所示。

(2) 在状态栏的右侧区域中，找到并单击“工作空间”图标，从弹出的快捷菜单上，如图 5.1.4(b)所示，选择“AutoCAD 经典”菜单项。

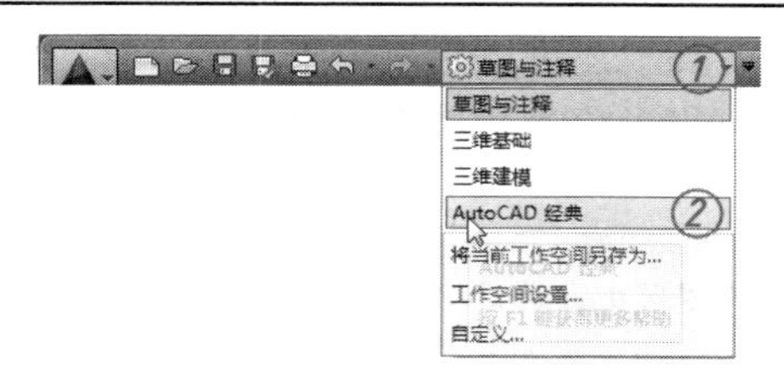

(a) 在“快速访问工具栏”中的操作

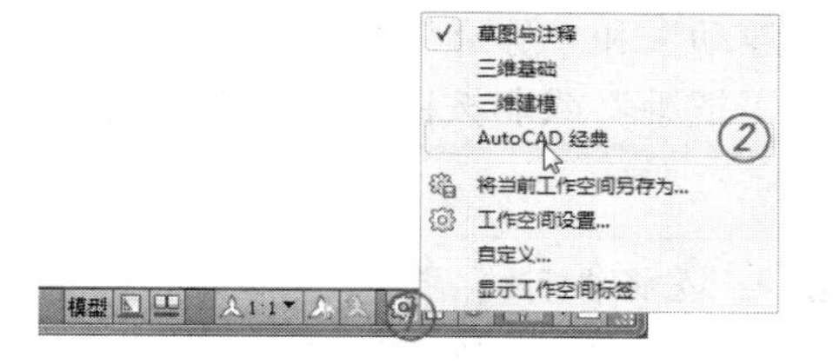

(b) 工作空间图标的操作

图 5.1.4　切换工作空间

需要强调的是，当工作空间切换到“AutoCAD 经典”后，将会出现如图 5.1.5 所示的绘图界面。默认时，在中间(绘图区)浮动着两个工具条窗口，一个是用于三维模型的“平滑网格”的工具条窗口，另一个是包含各种行业、各个用途的“工具选项板”窗口。特别地，在开始使用 AutoCAD 时，建议将这些“浮动”的工具条窗口关闭，即单击它们右上角的✖按钮。

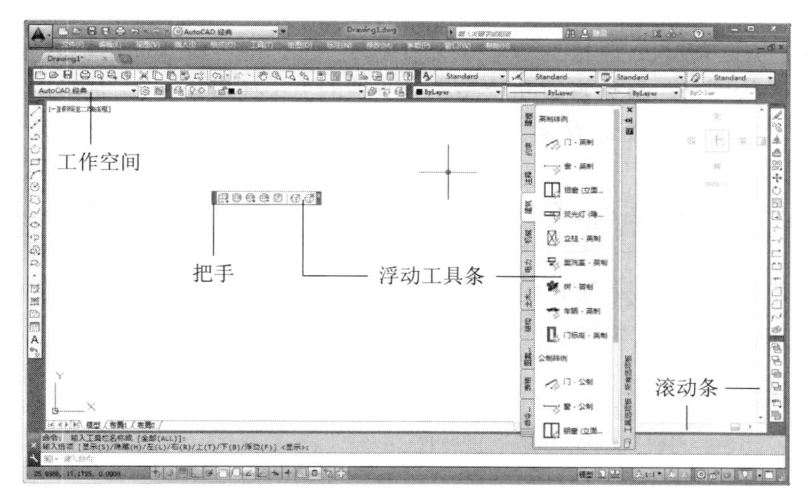

图 5.1.5　“AutoCAD 经典”的工作空间

将工作空间依次切换到“三维基础”、“三维建模”、“AutoCAD 经典”及“草图与注释”，看一看其绘图环境是怎样的界面？

3) 工具栏的功能

在“AutoCAD 经典”工作空间中，除顶部的主菜单栏外还有各种各样的工具栏(条)。这些工具栏常常具有浮动和停靠、显示和隐藏等功能。

(1) 浮动和停靠。从图 5.1.5 可以看出，停靠在绘图区窗口左边、上边、右边的是各式各样的用于快捷操作的工具栏。这些工具栏的左侧(水平放置)或顶部(垂直放置)都有由两条点线构成的“把手”。若将鼠标指针移至工具栏的“把手”处或其他非按钮区域中，然后按住鼠标左键，此时当前被操作的工具栏四周出现一个虚框，移动鼠标则虚框跟随。当移至主窗口四边时，虚框预显当前可**停靠**的位置；或移至绘图区等其他区域，虚框预显当前可**浮动**的位置；当虚框预显的位置满意时，即可松开鼠标完成其“拖放”操作。

“浮动”和“停靠”状态除“拖放”可以改变外，还可以用双击来直接进行，即在工具栏的“把手”或非按钮区域处双击鼠标左键，可将当前“浮动”与“停靠”状态进行相互切换。

先将“标准”、“样式”等工具栏“浮动”到绘图区中，然后“停靠”到主窗口的任意一边，最后通过选择“工作空间”重新恢复“AutoCAD 经典”界面。

(2) 显示和隐藏。对于工具栏的显示或隐藏来说，最直接的方法就是单击鼠标右键，通过弹出的快捷菜单来进行操作。具体如下：

① 当在工具栏(条)上的“把手”或非按钮区域处单击鼠标右键时，弹出的快捷菜单的各个菜单项就是工具栏名称。凡是显示在界面上的工具栏名称前面均有一个选中标记✓。

② 在主窗口中工具栏停靠的位置空白处单击鼠标右键，弹出快捷菜单，其中“AutoCAD”菜单项中的子菜单项就是用来显示和隐藏各个工具栏的。

4) *界面四部分*

无论是“Fluent/Ribbon 风格”还是传统的经典界面，都可将其简单地划分成四个部分，即**快捷操作区**、**绘图区**、**命令窗口**和**状态栏**。所谓的“快捷操作区”，是指用于提供快捷操作的菜单、工具栏、工具窗口以及功能区面板等，这在前面已提及，下面来认识其余的三个部分。

(1) 绘图区。绘图区是 AutoCAD 界面中间最大的一块空白区域，如图 5.1.6 所示，编辑的图形就显示在其中。在绘图区移动鼠标时，鼠标指针变成了一个十字加上一个小方框的光标(十)。其中，十字表示可以定位，小方框表示可以拾取对象。

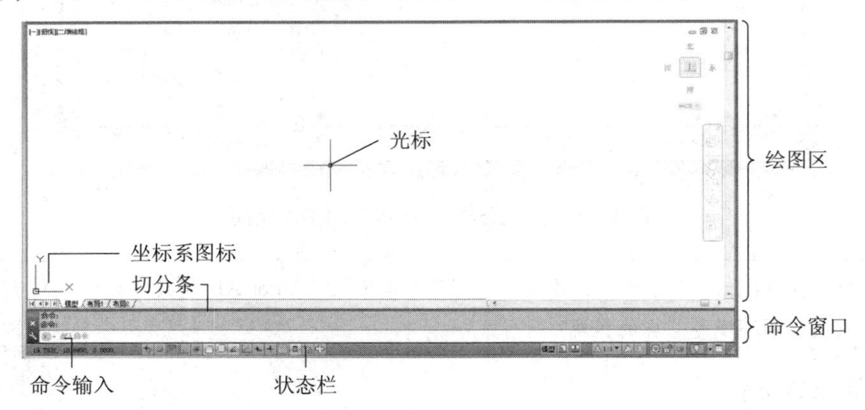

图 5.1.6　绘图区、命令窗口和状态栏

默认时，绘图区左下角显示的是世界坐标系(WCS)图标，它的坐标原点是在绘图区的左下角，在 X 轴与 Y 轴交汇处还显示一个“口”形方框标记。

绘图区是无限大的，可以配合使用显示缩放命令来放大或缩小显示图形。值得一提的是，在“AutoCAD 经典”工作空间下(参见图 5.1.5)，绘图区的右侧和右下角还有相应的滑块和滚动条，拖动滑块在滚动条上移动可以改变显示的区域。

绘图区下面有三个选项卡：“模型”、“布局 1”和“布局 2”。默认时，绘图区使用的是“模型”空间页面，它是用来设计的绘图空间，可以将其映射到图纸的各个“布局”空间去。而一个“布局”空间往往是基于打印机或绘图仪的输出设备的图纸空间。

(2) 命令窗口。AutoCAD 的命令窗口是一种独特的输入交互区，它是由末尾的“命令输入行”(简称“命令行”)和多行显示的“文本信息”组成的。

“命令输入行”是用户输入命令和参数的地方，当命令行提示仅为“命令：”时，表示当前命令为“空”。默认时，“文本信息”的显示行数为两行。若要改变其显示行数的大小，可将鼠标指针移至窗口上边的“切分条”(参见图 5.1.6)，当光标变成≑时按下鼠标左键不放，移动鼠标至满意位置松开即可。

若要显示和关闭“命令窗口”，可按组合键【Ctrl+9】。若要单独打开命令的文本窗口，可按【F2】键，如图 5.1.7 所示，则一个完整的 AutoCAD 文本窗口出现。单击窗口右上角的按钮，窗口关闭。

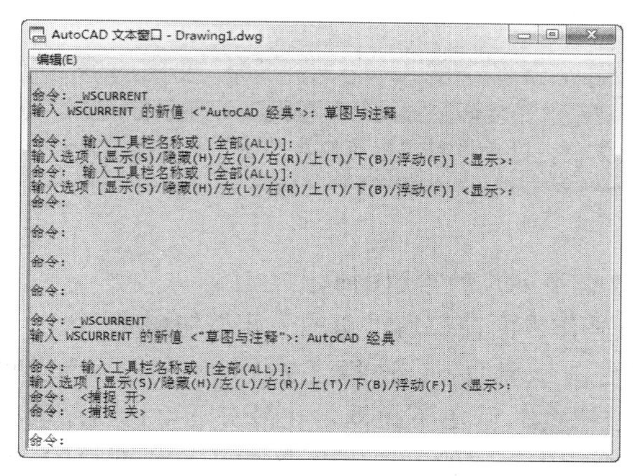

图 5.1.7　AutoCAD 文本窗口

(3) 状态栏。在应用程序主窗口的最下方是应用程序的状态栏，如图 5.1.8 所示。该状态栏不仅可显示当前光标的坐标值，而且还可用来操作一般绘图时常用的设置开关、绘制选项以及显示控制等。事实上，从整体来看，状态栏可分为三个部分：坐标显示、状态切换和其他工具。(以后还会详细讨论)

图 5.1.8　状态栏

5) *布局经典界面*

【实训 5.1】为了能够更高效地绘制图形，通常需要重新布局 AutoCAD 的界面环境。布局的宗旨是先将最常用的“绘图”、“修改”和“捕捉”工具栏显示并停靠，而其他工具栏则应遵循“随用随显，用完即关”的原则。当然，菜单栏是必须要显示的。

① 启动 AutoCAD，将其工作空间切换到“AutoCAD 经典”。

② 关闭浮动的两个工具栏：一个是“平滑网格”工具栏，另一个是与行业有关的“工具选项板”。

③ 显示“对象捕捉”工具栏，并将其拖放到窗口的右边，结果如下图所示。

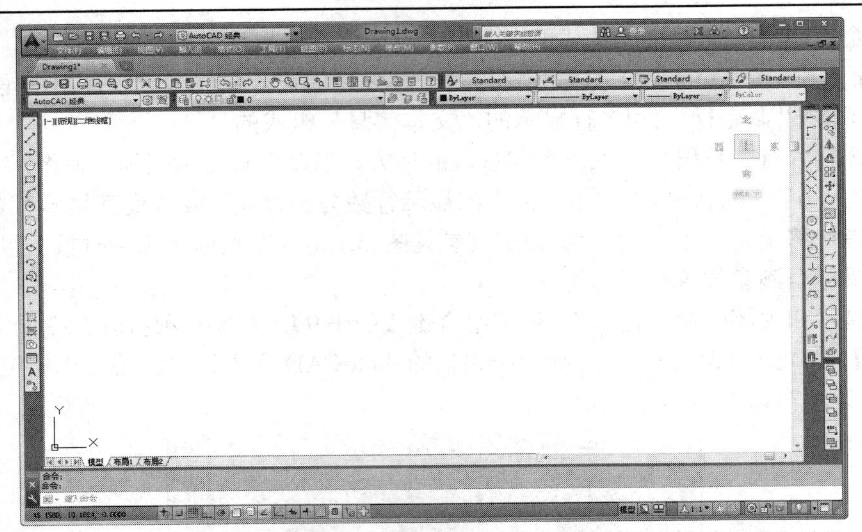

需要说明的是：为叙述方便，以后提到“布局经典界面”就是指上述相应的内容和过程。

6) 退出 AutoCAD

启动后的 AutoCAD 有下列几种常用的退出方法：

(1) 单击 AutoCAD 操作界面窗口右上角的关闭按钮。

(2) 在“AutoCAD 经典”界面下，选择“文件”→“退出”菜单命令。

(3) 单击“菜单”按钮，弹出下拉框，在最右下角找到并单击“退出 Autodesk AutoCAD 2014”按钮。

当然，还可以在命令行中直接输入退出命令“QUIT”或“EXIT”。不过，需要注意的是，若是对当前文档进行过编辑而又未保存，则会弹出相应的询问消息框。

2. 命令输入和基本操作

1) 命令输入

AutoCAD 的命令输入方式可归纳为两类：一类是快捷方式；另一类是在命令行中输入的直接方式。所谓命令的快捷方式，就是指菜单命令、图标按钮命令及快捷键等这一类的输入方式。其中，快捷键方式就是按下某个功能键或组合键来启动预定义命令的方式。例如，按【Esc】键可中止当前操作，按组合键【Ctrl+S】可执行文档保存等。

快捷方式与其他应用程序的操作相似，故这里不再赘述。需要说明的是，在“AutoCAD 经典”工作空间中，像直线(LINE)命令等绘图命令是集中在停靠在绘图区左边的“绘图”工具栏中，或集中在顶层的“绘图”菜单中。

而命令行输入不仅使命令执行得更快一些，而且还可以输入各种参数及数值。需要说明的是：

(1) 在命令行中输入命令字符的过程中，会自动弹出智能感知命令列表窗口，如图 5.1.9 所示，按上下光标键可选择列表中的命令，之后按【Enter】键，则选中的命令将被执行。或者，直接单击窗口中的命令列表项，则相应的命令将立即被执行。

(2) 命令是不分大小写的，且有些命令具有预定义的缩写的名称，称为“命令别名”。例如，直线(LINE)命令的缩写为“L”(不分大小写)。这样，在启动直线(LINE)命令时，直接在命令行输入“L”并按【Enter】键即可。

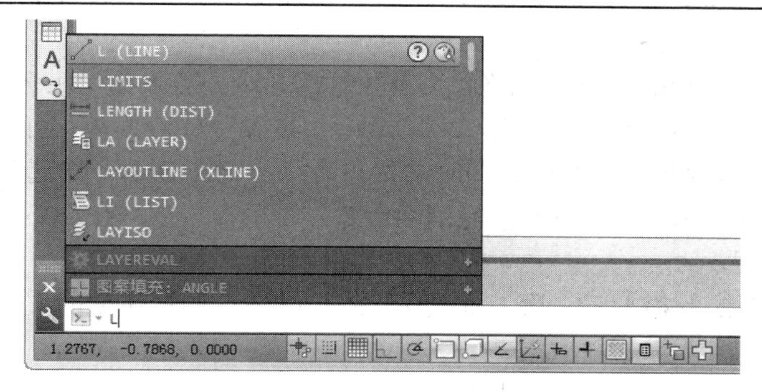

图 5.1.9　命令输入的智能感知

下面来看一看使用最基本的绘图命令，即直线(LINE)命令的具体过程。

【实训 5.2】使用直线(LINE)命令。

步骤

① 若命令行不为空，则首先按【Esc】键“取消”；输入“L”并按【Enter】键，执行直线(LINE)命令。此时命令文本上滚一行，命令行提示如下：

LINE 指定第一个点:

注意：此时若移动鼠标，光标变为大十字，若光标右下角旁还显示一些小文本框，则可“动态输入”位置坐标或数值。按【F12】键关闭它。

② 直接在绘图区任意位置单击鼠标左键，确定第一点，此时命令行提示如下：

LINE 指定下一点或 [放弃(U)]:

提示文本中，方括号“[]”中的内容表示此命令的选项，选项圆括号里的字母 U 称为选项字。若需指定该选项时，只需要输入“U”(大小写都可)并按【Enter】键即可。

③ 此时输入“U”并按【Enter】键，则刚才指定的点被放弃，又回到了“指定第一个点：”。

④ 在绘图区单击鼠标左键确定第一点，移动光标并单击鼠标左键确定第二点，再次移动光标并单击鼠标左键确定第三点。此时，命令行提示如下：

LINE 指定下一点或 [闭合(C) 放弃(U)]:

所谓“闭合”，就是在最后一点与第一点之间自动添加一条线，使之连接成为一个封闭的多边形。要注意的是，“闭合”选项只是在绘制两条或两条以上直线段后才会有用。

⑤ 输入“C”并按【Enter】键。直线(LINE)命令退出，一个闭合的三角形绘出。

实际上，在命令行输入时，有两种方式。一种是在输入命令名(或数值)后按【Enter】键(回车键)；另一种是在输入命令名(或数值)后按【Space】键(空格键)。区别在于，按【Enter】键后，提示将换行显示，而按【Space】键则不换行。

2) 基本操作

在绘图过程中，经常要重复、终止或撤销、重做(恢复)某条命令，下面就来说明这些基本操作的常用方式。

(1) 重复命令。按【Enter】键或【Space】键可重复执行刚刚使用过的命令，或者在绘图区单击鼠标右键，从弹出的快捷菜单中选择“重复 xxx”命令即可，或单击命令行 键入命令 中的下拉箭头，从弹出的下拉子菜单项中选择要重复的命令。

(2) 终止命令。一般的，终止当前执行的命令最直接的方法是按【Esc】键(可多按几次)。需要强调的是，按【Esc】键可中止当前操作，但不能撤销该命令已完成的部分。例如，执行直线(LINE)命令绘制了连续的几条直线后，再按【Esc】键，此时中止直线(LINE)命令，但已绘制好的线条并不消失。

(3) 撤销和重做。【Esc】键只能终止当前执行的命令，若要撤销(或称为“放弃”)当前或是以前执行的命令，则应使用 U 或 UNDO 命令。U 命令比较简单，可以输入任意次，每次均后退一步，直到存盘时或开始绘图时的状态为止；UNDO 命令的选项比较多，这里不作介绍；而重做(REDO)就是恢复已被撤销的命令。要注意的是：REDO 必须紧随在 U 命令或 UNDO 命令之后。

一般的，UNDO 1(相当于一次 U 命令)与 REDO 命令的最快捷的方式是使用快捷菜单和图标按钮：

① 在快速访问工具栏中，单击撤销图标按钮，即可执行一次 U 命令；也可单击撤销图标的右侧下拉按钮，从中选择要撤销的多个命令。而单击重做图标按钮，即可执行 REDO 命令；也可单击重做图标的右侧下拉按钮，从中选择要重做的多个命令。

② 在当前无命令处于活动状态也无对象选定的情况下，在绘图区中单击鼠标右键，从弹出的快捷菜单中选择“放弃 xxx”，即可执行一次 U 命令；若选择“重做 xxx”，即可执行 REDO 命令。

特别的，在“AutoCAD 经典”工作空间中，如图 5.1.10 所示，这两个命令还有以下执行方法：

① 选择菜单“编辑”→“放弃 xxx”，执行一次 U 命令；而选择菜单“编辑”→“重做 xxx”，则执行一次 REDO 命令。

② 单击“标准”工具栏中的图标按钮，执行一次 U 命令；单击图标按钮，则执行一次 REDO 命令。需要强调的是，图标右侧旁还有下拉选项，从中可选择要执行的步数和内容，它们与快速访问工具栏的操作一致。

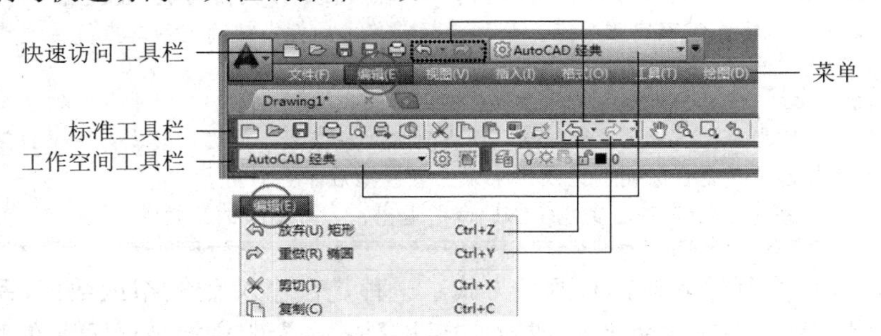

图 5.1.10　“AutoCAD 经典”的菜单和工具栏

试一试　尝试“绘图”菜单或工具栏中的各种绘图命令，看看这些绘图命令的命令名是什么？各具有什么功能？同时，在操作过程中，体验“撤销”和“重做”命令的作用。

3. 选择和删除与平移和缩放

通过上述“试一试”操作，AutoCAD 绘图区中已经布满了各种图元对象(组成图形的各种直线、矩形、圆及圆弧等元素，称为图元)，此时如果希望将它们删除或能找到还可以绘制的页面区域，这就涉及 AutoCAD 的选择、删除、平移和缩放操作。

1) 选择对象

在进行图形删除等编辑时，需要进行对象选择。选择又称为拾取。在 AutoCAD 中，最常用的构造选择集的方法是逐个拾取、框选以及按【Shift】键辅助等。需要说明的是，在选择对象时，其光标一定是带小方框的。空命令时，绘图区中的光标是一个十字加上一个小方框，所以此状态下可以进行对象的拾取操作。

(1) 逐个拾取。当将光标的小方框移至被拾取对象时，被拾取对象“虚线高亮”显示，若稍等片刻，还会出现提示窗口，如图 5.1.11(b)所示，单击鼠标左键，则当前对象被选择。此时，选中的对象呈“虚线”显示，且还有一些蓝色实心小方块，这称为夹点(以后再讨论)。默认时，对象右上角还有一个“快速特性”窗口，如图 5.1.11(c)所示。

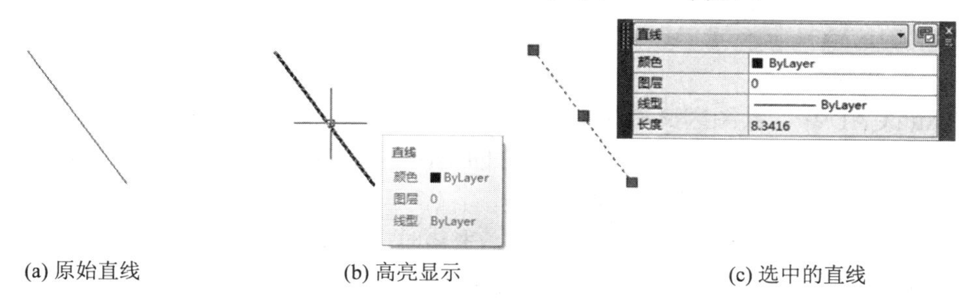

(a) 原始直线　(b) 高亮显示　(c) 选中的直线

图 5.1.11　直线的单个拾取过程

(2) 框选。框选用于多个对象的选择，它是通过指定对角点来定义一个矩形区域，并根据区域的构建方向来决定被选择的对象。

当指定矩形区域的第一个角点后，若是从左向右(正向)移动光标指定第二个角点，此时动态显示的实线矩形区域背景是蓝色透明的，则仅完全落在矩形区域的对象被选择，称为**窗口选择(正选)**；若是从右向左(反向)移动光标指定第二个角点，此时动态显示的虚线矩形区域背景是绿色透明的，则与矩形区域相交或被包围的对象均被选择，称为**窗交选择(反选)**，如图 5.1.12 所示。

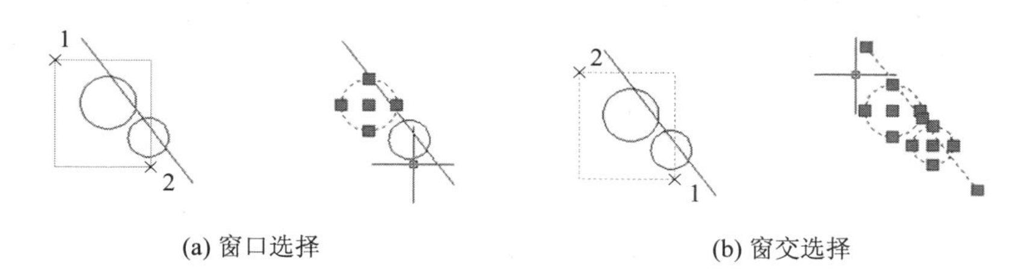

(a) 窗口选择　(b) 窗交选择

图 5.1.12　框选的不同方式

(3) 使用【Shift】键。当在拾取对象时按住【Shift】键，若当前对象已是选中状态，则恢复常态，即从当前选择集中去除；若是正常状态，则不作处理。

(4) 结束对象拾取。在命令执行后提示“选择对象”时，可使用上述选择对象的方法拾取对象。但拾取对象后一定要按【Enter】键或单击鼠标右键来结束对象拾取，以便执行下一步。为了以后叙述方便，此后**结束拾取**就是指拾取对象后按【Enter】键或单击鼠标右键。

需要说明的是，按【Esc】键(多次)可取消对象的选中状态。

2) 删除

最简单的删除对象的方法是在选定对象后按【Delete】键。不过，AutoCAD 就删除还提供了 ERASE 命令，它是一个编辑命令(操作)。在 AutoCAD 中，编辑命令既可以在启动前选择对象，命令启动后直接执行；也可以在命令启动后再进行对象选择，对象**结束拾取**后，进入下一步操作。

ERASE 命令除可以在命令行输入“ERASE”或“E”外，还可以通过菜单“编辑”→“删除”或“编辑”工具栏→“ ”进行。

首先练习单选、正选和反选，其次将已绘制的部分图元对象删除，再次撤销删除，最后将全部图元对象删除。

3) 平移和缩放

在 AutoCAD 中，绘图区又称为视图窗口，或称为视口。显示控制又称为视图控制，其常见的操作有两个，即平移和缩放。要注意的是，平移和缩放只是将显示的视图移动和缩放，而图形自身的实际尺寸不会变化。

(1) 鼠标操作。鼠标操作最为简单实用。平移时，只要按下鼠标中间的滚轮(鼠标中键)不放，然后移动光标来平移视图区域，至满意位置松开即可。而缩放时，将光标移至绘图区，将鼠标滚轮向前滚动，此时视图(图形)将放大；将鼠标滚轮向后滚动，此时视图(图形)将缩小。要注意的是，每次滚轮缩放都是以当前鼠标位置点为缩放中心的。因此，正确的做法是将光标移到要查看的图形区域的大致中心位置，然后再滚动鼠标滚轮。

(2) 滚动平移。在“AutoCAD 经典”工作空间下，直接拖动绘图区右边和下边的滚动条可上下左右平移图形，也可通过打开“视图”→“平移”菜单下的子菜单命令“左”、“右”、“上”和“下”进行，每执行一次，则滚动条向对应方向移动屏幕范围的 1/10。

(3) 实时平移。除可以在命令行输入“PAN”外，还可通过菜单“视图”→“平移”→“实时”或“标准”工具栏→“ ”进行。实时平移命令启动后，光标变成一个手形，按下鼠标左键不放，然后移动光标来平移视图区域，至满意位置松开即可。最后，按【Esc】键或【Enter】键退出实时平移。

(4) 缩放操作。除可以在命令行输入“ZOOM”外，还可通过菜单“视图”→“缩放”下的子菜单项，或在“标准”工具栏上，将鼠标移至“窗口缩放”图标按钮并按住鼠标左键不放开，此时将弹出相应的下拉图标选项，移至要选择的图标选项，释放鼠标执行该缩放方式，如图 5.1.13 所示。当然，也可通过显示“缩放”工具栏( )来进行相应的视图缩放操作(默认时该工具没有显示)。

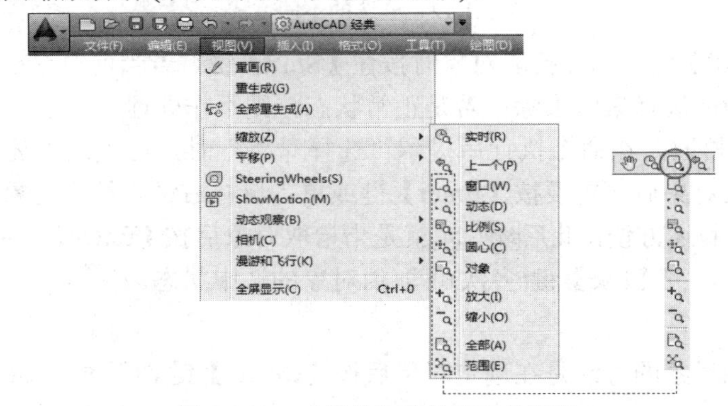

图 5.1.13　“缩放”菜单和工具图标

在图 5.1.13 的缩放方式中，由于有滚轮缩放操作的存在，因而往往只使用常见的几种，即“上一个”、“对象”、“窗口”、“全部”或“范围”，下面进行说明。

① 上一个。恢复上一次视口，最多可以恢复以前的 10 个视口。

② 对象。将选定的一个或多个对象缩放显满在整个绘图区窗口中。

③ 窗口。通过指定两个角点确定一个矩形区域，并将该矩形区域内容放大显满在整个绘图区窗口中。

④ 全部。在当前绘图区中将所有对象全部显示，显示范围取决于对象的最大范围和设定的绘图界限中较大的一个。

⑤ 范围。在当前绘图区中将所有对象全部显示。若设定的绘图界限范围小于对象的最大范围，则缩放结果与“全部”方式的相同；若设定的绘图界限范围大于对象的最大范围，则此方式能显满全部对象，而“全部”方式却不一定。

撤销已删除的对象或绘制几个图元，对上述介绍的平移和缩放操作进行练习，多练几次，直至较为熟练为止。

4．坐标及其输入

绘图时，往往要精确控制图形元素的位置，这就涉及坐标和参数的输入。

1) 坐标系

为了定位的需要，在绘图过程中常常需要使用某个坐标系作为参照。在 AutoCAD 中，坐标系分为世界坐标系(WCS)和用户坐标系(UCS)。所谓世界坐标系，就是在开始绘制新图形时默认的当前坐标系，在绘制和编辑二维图形过程中，它的坐标原点固定在绘图区的左下角的两轴交汇处(交汇处还有一个“口”形方框标记)，*X* 轴正方向水平向右，*Y* 轴正方向垂直向上；而用户坐标系是可以根据图形绘制需要来定义的坐标系(以后再讨论)。默认情况下，用户坐标系和世界坐标系是重合的；用户坐标系也有坐标系图标，但没有“口”形方框标记。

2) 相对坐标和绝对坐标

在 AutoCAD 中，坐标分为直角坐标(或称笛卡尔坐标)和极坐标两种。同时，它们还有绝对与相对之分。所谓绝对坐标是相对于坐标系原点的坐标，输入时直接按坐标组成即可；而相对坐标是相对于当前定点的坐标，输入时要先输入“@”符号。

如图 5.1.14 所示，当输入“50,60”时，则表示绝对直角坐标；若当前定点为 *A*，当输入“@36,44”时，则表示相对直角坐标，新的坐标位置是沿 *A* 的 *x* 方向移动了 36，沿 *A* 的 *y* 方向移动了 44。可见，输入直角坐标时，应将 *x*、*y*、*z* 坐标值用逗号隔开(注意这个逗号一定是半角英文字符，否则输入无效)；若是二维坐标，则仅输入“*x*,*y*”即可。

输入极坐标时，应将极轴长度和角度数(以度(°)为单位)用“<”(小于)隔开。其中，逆时针度数为正，且规定 *x* 轴正向(向右)为 0°，*y* 轴正向(向上)为 90°。例如(参照图 5.1.14)，当输入“70<50”时，则它是绝对极坐标，表示该点距原点 70 长，与原点所成直线的方向与水平 *x* 轴成 50°；若输入“@40<45”，则它是相对极坐标，若当前定点为 *A*，则表示输入的点距 *A* 的距离长为 40，且和 *A* 的连线与水平 *x* 轴成 45° 角。

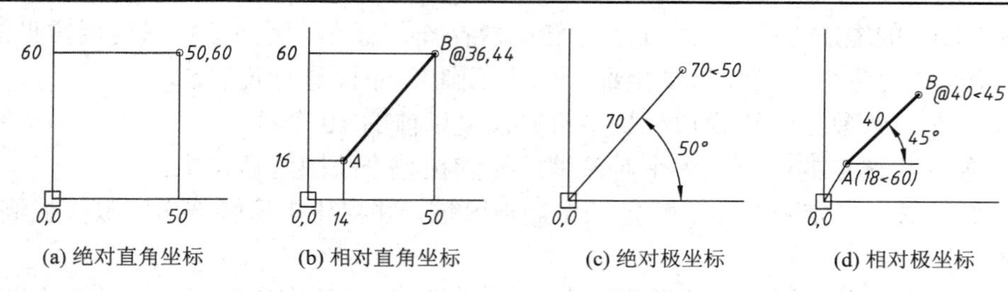

(a) 绝对直角坐标　(b) 相对直角坐标　(c) 绝对极坐标　(d) 相对极坐标

图 5.1.14　四种坐标图例

下面来看一个绘制 100 × 50 的矩形的实例。

【实训 5.3】使用直线(LINE)命令绘制 100 × 50 的矩形。

(1) 使用相对直角坐标。

① 启动直线(LINE)命令，移动光标，若有动态输入出现，则按【F12】键关闭它。

② 在绘图区靠左偏下位置处单击鼠标确定直线的第一点，然后根据命令行提示进行如下几步(↵表示按【Enter】键)，则矩形绘出。

LINE 指定下一点或 [放弃(U)]: @100,0↵

LINE 指定下一点或 [放弃(U)]: @0,50↵

LINE 指定下一点或 [闭合(C) 放弃(U)]: @-100,0↵

LINE 指定下一点或 [闭合(C) 放弃(U)]: C↵

(2) 使用相对极坐标。

① 启动直线(LINE)命令或直接按【Enter】键重复直线(LINE)命令。

② 在绘图区靠左偏下位置处单击鼠标左键确定直线的第一点，然后根据命令行提示进行如下几步(↵表示按【Enter】键)，则矩形绘出。

LINE 指定下一点或 [放弃(U)]: @100<0↵

LINE 指定下一点或 [放弃(U)]: @50<90↵

LINE 指定下一点或 [闭合(C) 放弃(U)]: @100<180↵或@-100<0↵

LINE 指定下一点或 [闭合(C) 放弃(U)]: C↵

启动直线(LINE)命令，按下列坐标输入：

(1) 指定第一点：40,130↵

(2) 指定下一点：@66,30↵

(3) 指定下一点：@120,0↵

(4) 指定下一点：@75,84↵

(5) 指定下一点：@27,0↵

(6) 指定下一点：@-50,-84↵

(7) 指定下一点：@74,0↵

(8) 指定下一点：@20,35↵

(9) 指定下一点：@25,0↵

(10) 指定下一点：@-25,-65↵

(11) 指定下一点：@-332,0↵

5. 角度和坐标辅助

在绘制和编辑图形时，AutoCAD 常常将当前定点和当前光标位置(当前动点)的动态连线作为其参考基准线。这样一来，由于当前定点就是参考基准线的位置，因而其大小就只有长度和角度，通过前面所讲的相对坐标的输入可以得到其参数值。但若“角度”已限制，则只需直接输入长度即可，这种方法称为直接距离输入法。在 AutoCAD 中，正交模式或极轴追踪就是这种用来限制参考基准线角度方向的定向工具；而另一种则是通过位置(坐标)捕捉来限制当前动点的位置，称为坐标辅助。

1) 正交模式

所谓正交模式，就是将动态连线(参考基准连线)的角度限制为水平和垂直方式的辅助模式。在 AutoCAD 中，正交模式的开关切换方法有两种，一种是按【F8】键，另一种是单击状态栏区靠左边位置的“正交模式”开关图标。当“正交模式”由“关”→“开”时，该图标背景是浅蓝色的，同时在命令行提示中出现**<正交 开>**；而当“正交模式”由“开”→“关”时，图标背景与状态栏的背景色相同，同时在命令行提示中出现**<正交 关>**。

下面来看看用“正交模式”绘制 100 × 50 的矩形的实例。

【实训 5.4】“正交模式”下使用直线(LINE)命令绘制 100 × 50 的矩形。

① 启动直线(LINE)命令，移动光标，若有动态输入出现，则按【F12】键关闭它。

② 在绘图区空白位置处单击鼠标左键确定直线的第一点，若此时移动光标，则有一个跟随的灰色直线出现，这就是 AutoCAD 的动态连线。若动态连线是一条斜线，则“正交模式”没有打开，需按快捷键【F8】开启它，此时动态连线要么是水平要么是垂直，它取决于鼠标的当前位置，如图ⓐ所示。

③“正交模式”开启后，向右移动光标，此时动态连线变成水平线，并在光标的右下位置处出现提示**“正交：…<0°”**，输入“100”并按【Enter】键，结果一条长为 100 的水平线绘出。

④ 向上移动光标使动态连线变成向上的垂直线，当在光标的右下位置处出现提示**“正交：…<90°”**时，如图ⓑ所示，输入“50”并按【Enter】键，结果一条长为 50 的向上垂直线绘出。

⑤ 向左移动光标使动态连线变成向左的水平线，当在光标的右下位置处出现提示**“正交：…<180°”**时，输入“100”并按【Enter】键，结果一条长为 100 的向左水平线绘出。

⑥ 输入“C”并按【Enter】键，100 × 50 的矩形绘出，直线(LINE)命令结束。

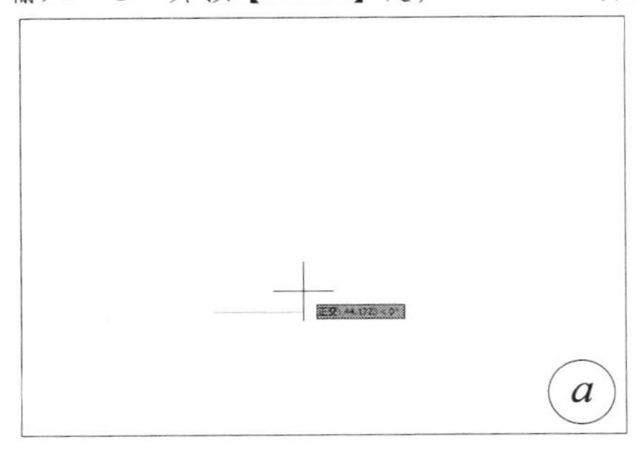

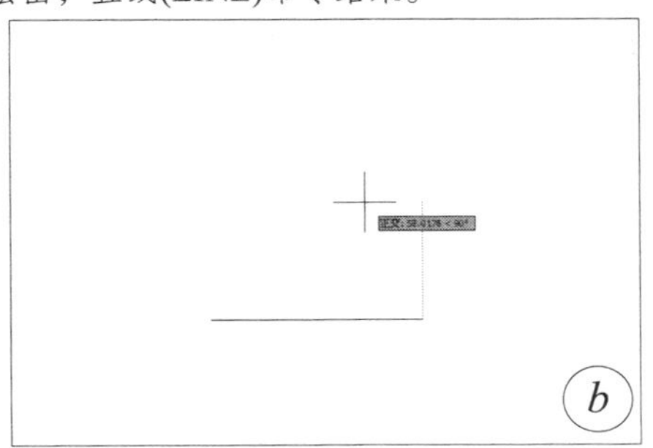

需要说明的是，为以后叙述方便，将正交模式下的长度输入记为(标记中，第 1 个“…”表示当前显示的长度值，可忽略)：**正交：…<…°…↵**

2) 极轴追踪

所谓极轴追踪，就是当动态连线(参考基准连线)的角度接近于预定义的极轴角度及其整数倍时，则动态连线被自动限制为当前预定义角度的直线，相应的当前光标位置被自动“吸附”过去且显示“极轴”及其当前方位。极轴追踪的开关切换方法有两种，一种是按【F10】键，另一种是单击状态栏上的“极轴”开关图标。

默认时，极轴追踪是正交方向，即 0°、90°、180°、270° 方向。若要设定极轴追踪的角度，可直接在“极轴”开关图标上单击鼠标右键，从弹出的快捷菜单中选择要使用的极轴增量角(即该角度及其整数倍角度均可被追踪到)即可，如图 5.1.15 所示。

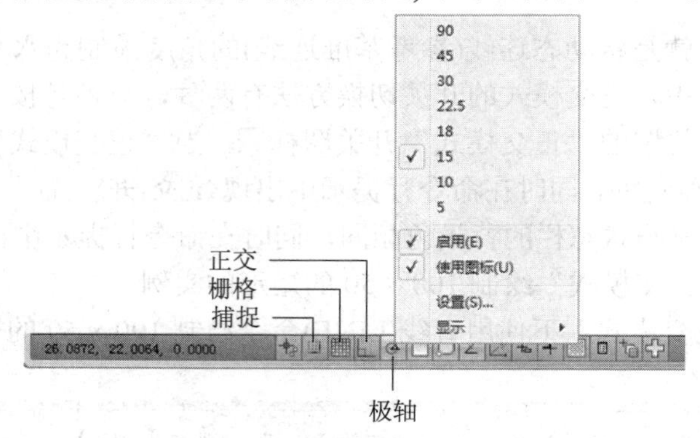

图 5.1.15　开关图标及极轴快捷菜单

当然，也可从弹出的快捷菜中选择“设置”或选择菜单“工具”→“绘图设置”，打开“草图设置”对话框进行，如图 5.1.16(a)所示。在“极轴追踪”页面中，除“启用极轴追踪”复选框外，还包括“极轴角设置”、“对象捕捉追踪设置”和“极轴角测量”三个区域，这里仅对“极轴角设置”进行说明。

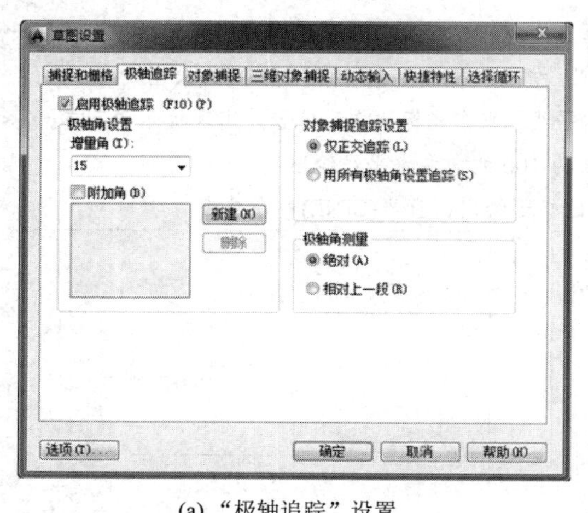

(a)“极轴追踪”设置

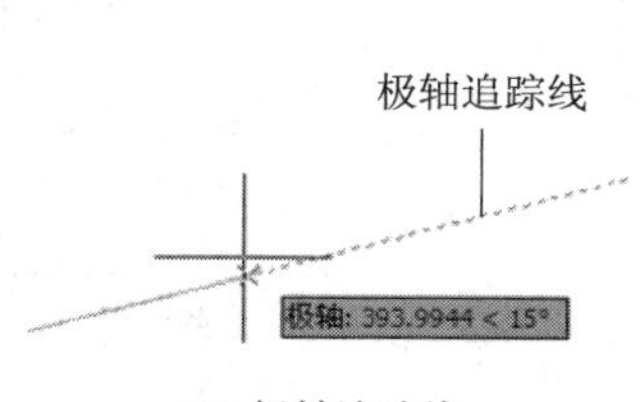

(b) 极轴追踪线

图 5.1.16　“极轴追踪”设置和极轴追踪线

(1) 增量角：设置极轴追踪对齐路径的极轴角增量。可以输入任意角度，也可以从列表中选择 90、45、30、22.5、18、15、10 或 5 这些常用角度。

(2) 附加角：该复选框用来设置附加角。附加角和增量角不同，若设定增量角为 45，则自动捕捉的角度可以有 0°、45°、90°、135°、180°、225°、270°、315°。若还指定附加角为 30，则只会捕捉 30°，而不会捕捉 60°、120° 等角度。

(3) 角度列表、新建(N)、删除：若选中“附加角”复选框，则角度列表将列出所有可用的附加角度。单击新建(N)按钮可新增一个附加角，最多可以添加 10 个附加角。单击删除按钮，将删除选定的角度。

启动并设定极轴增量角为 15°，启动直线(LINE)命令，指定第一点后，慢慢上下移动光标，看看光标右下位置处是否出现“极轴：…”提示字样，如图 5.1.6(b)所示。

下面来看看用“极轴追踪”绘制 100 × 50 的矩形的实例。

【实训 5.5】通过“极轴追踪”并用直线(LINE)命令绘制 100 × 50 的矩形。

① 启动并设定极轴增量角为 15°。

② 启动直线(LINE)命令，移动光标，若有动态输入出现，则按【F12】键关闭它。在绘图区空白位置处单击鼠标左键确定直线的第一点。

③ 向右移动光标，当出现水平追踪线时(此时在光标的右下位置处出现提示“极轴：…<0°”)，输入“100”并按【Enter】键，结果一条长为 100 的水平线绘出。

④ 向上移动光标，当出现向上垂直追踪线时(此时在光标的右下位置处出现提示“极轴：…<90°”)，输入“50”并按【Enter】键，结果一条长为 50 的向上垂直线绘出。

⑤ 向左移动光标，当出现向左水平追踪线时(此时在光标的右下位置处出现提示“极轴：…<180°”)，输入“100”并按【Enter】键，结果一条长为 100 的向左水平线绘出。

⑥ 输入“C”并按【Enter】键，100 × 50 的矩形绘出，直线(LINE)命令结束。

需要说明的是，为以后叙述方便，将极轴模式下的长度输入记为(标记中，第 1 个“…”表示当前显示的长度值，可忽略)：**极轴：…<…°**…↵

需要强调的是：

(1) 由于正交和极轴追踪都是用来限定角度的，所以它们是互斥的。这就是说，启动正交模式将自动关闭极轴追踪；同样，启动极轴追踪将自动关闭正交模式。

(2) 在绘图过程中，也可以通过临时输入“<…”来设定角度。例如，在指定直线的第一点后，输入“<30”并按【Enter】键后，命令行提示显示为“角度替代：30”，此时动态连线被限制在 30° 和 210° 方向上，直接输入直线的长度值即可。

3) 捕捉和栅格

捕捉是对绘图区中当前鼠标位置的限定，当捕捉启动后，移动光标时将自动将其位置锁定在特定的位置上。栅格是用来在绘图区中显示出指定间距的点，这些点只是在绘图时提供一种参考，其本身不是图形的组成部分，也不会被输出。

捕捉和栅格的设置可通过打开“草图设置”对话框来进行。将“草图设置”对话框切换到“捕捉和栅格”设置页面，结果如图 5.1.17 所示，可以看到该页面中有许多选项，这里先就图中有圆圈序号标记的内容进行说明(其他的内容以后再讨论)。

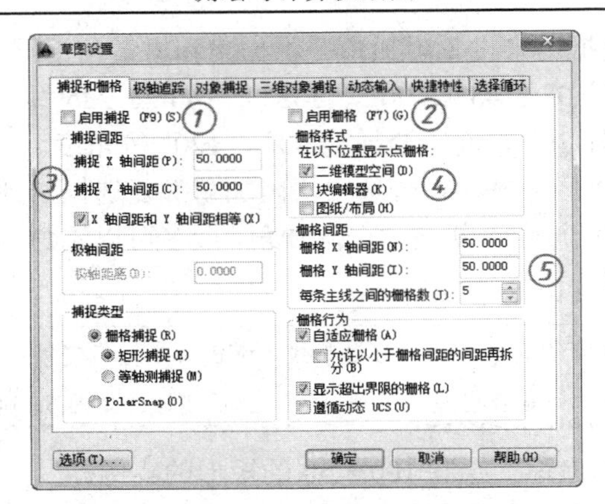

图 5.1.17　“草图设置”对话框中的“捕捉和栅格”页面

(1)“启用捕捉”复选框用来打开或关闭捕捉。相同操作可直接单击状态栏上的“捕捉”图标或使用功能键【F9】。

(2)“启用栅格”复选框用来显示或关闭栅格。相同操作可直接单击状态栏上的“栅格”图标或使用功能键【F7】。

(3)“捕捉间距”区用来设定捕捉点在 x 和 y 方向的间距，默认时，x 和 y 方向的间距相等，即“X 轴间距和 Y 轴间距相等”复选框是选中的(☑)。

(4)“栅格样式”区用来指定哪些界面中允许显示栅格。一般来说，应至少选中“二维模型空间”复选框。

(5)“栅格间距”区用来设定栅格主线在 x 和 y 方向的间距，同时还可设定主线之间的栅格数，默认为 5，即栅格主线之间还有 4 条副线。

需要说明的是，为了能使栅格点也能包含捕捉点位置，通常栅格间距和捕捉间距应一致。下面来看一个示例，它是用栅格和捕捉来绘制 100 × 50 的矩形。

【实训 5.6】通过栅格和捕捉并用直线(LINE)命令来绘制 100 × 50 的矩形。

① 启动“草图设置”对话框并切换到“捕捉和栅格”页面，将“栅格间距”和“捕捉间距”均设定为 50，选中“二维模型空间”复选框，单击 确定 按钮退出对话框。

② 若绘图区无栅格显示，则按【F7】键，此时命令行提示中出现“<栅格 开>”，同时应看到栅格点，将鼠标中间的滚轮向前滚动 3～4 下，这样绘图区会被放大，栅格点会更加清晰。

③ 启动直线(LINE)命令，移动光标，若有动态输入出现，则按【F12】键关闭它。若此时在绘图区移动光标很顺畅，则“捕捉”没有开启，按【F9】键，再次移动光标，光标一顿一顿的。

④ 移至任意一处栅格点时单击鼠标左键确定直线的第一点，此时命令行提示为：

LINE 指定下一点或 [放弃(U)]:

⑤ 向右水平移动 2 个栅格点后，单击鼠标左键，结果一条长为 100 的水平线绘出，此时命令行提示为：

LINE 指定下一点或 [放弃(U)]:

⑥ 向上垂直移动 1 个栅格点后，单击鼠标左键，结果一条长为 50 的向上垂直线绘出，此时命令行提示为：

LINE 指定下一点或 [闭合(C) 放弃(U)]:

⑦ 向左水平移动 2 个栅格点后单击鼠标左键，结果一条长为 100 的向左水平线绘出，此时命令行提示为：

LINE 指定下一点或 [闭合(C) 放弃(U)]:

⑧ 输入“C”并按【Enter】键，100 × 50 的矩形绘出，直线(LINE)命令结束。

6. 建立简单绘制规范

在刚开始学习 AutoCAD 绘制图形时，一般先建立简单的绘制规范，如下面的实训过程。

【实训 5.7】建立简单绘制规范。

(1) 新建文件。AutoCAD 启动后，将自动创建一个新文件。若要再次新建文件开始一幅新图，则需要启动“新建”命令，如下面的过程(先**布局经典界面**)。

① 在命令行输入“NEW”并按【Enter】键或按快捷键【Ctrl+N】，或选择菜单“文件”→“新建”或单击“标准”工具栏→“□”，弹出如图ⓐ所示的“选择样板”对话框。

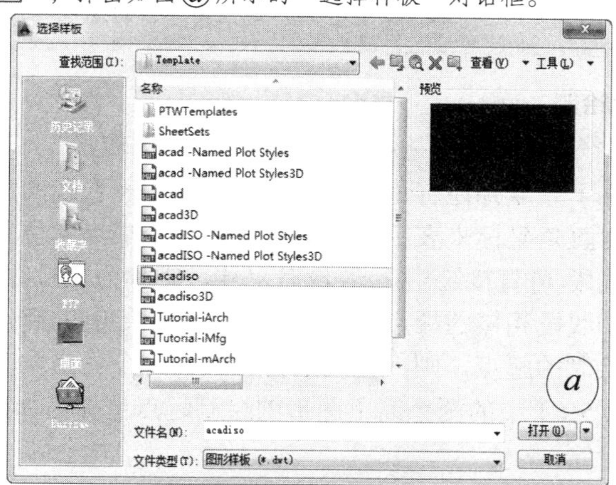

② 默认时，选中的样板是 acadiso.dwt，单击 打开(O) 按钮创建一个新的图形文件。

需要说明是，“打开”按钮右侧还有一个下拉按钮▼，从中可选择“无样板打开-英制”选项(以英寸为单位，创建的图形的默认边界是 12 英寸 × 9 英寸)或“无样板打开-公制”选项(以毫米为单位，创建的图形的默认边界是 420 mm × 297 mm)。

(2) 设置图形界限。图形界限不仅限定了绘图的范围，而且还影响视口缩放的比例程度。设置图形界限的过程如下：

① 在命令行输入“LIMITS”并按【Enter】键或选择菜单“格式”→“图形界限”命令后，命令行提示为：

LIMITS 指定左下角点或 [开(ON) 关(OFF)] <0.0000,0.0000>:

其中，“开”和“关”选项用于设置开启或关闭图形界限检查，一旦开启，将无法输入超出界限范围的点。

② 按【Enter】键保留原来的左下角点坐标，此时命令行提示为：

LIMITS 指定右上角点 <420.0000,297.0000>:

③ 输入“4000,3000”并按【Enter】键，命令退出。

需要说明的是，不建议将图形界限设定为A0或A3，因为许多时候在一个DWG文档中常常绘制多个图样。(DWG是AutoCAD图形文件的扩展名)

(3) 绘制图幅边界框并满显。从外观来看，图形界限设定并没有使AutoCAD的绘制环境发生变化，且无法看到图形界限的边框线。为此，常常根据图幅大小绘制一个图框矩形，并通过缩放满显在绘图区中。

① 在命令行输入“REC”并按【Enter】键或选择菜单“绘图”→“矩形”命令或单击“绘图”工具栏→“”图标，命令行提示如下：

RECTANG 指定第一个角点或 [倒角(C) 标高(E) 圆角(F) 厚度(T) 宽度(W)]:

② 这里先不管其他选项的含义，直接输入“0,0”并按【Enter】键，此时命令行提示为：

RECTANG 指定另一个角点或 [面积(A) 尺寸(D) 旋转(R)]:

③ 输入A4图幅大小“297,210”，并按【Enter】键，命令退出。

④ 在命令行输入“ZOOM”并按【Enter】键，然后选择“e”选项，如下所示。

ZOOM [全部(A) 中心(C) 动态(D) 范围(E) 上一个(P) 比例(S) 窗口(W) 对象(O)] <实时>: e↵

或者将鼠标移至“窗口缩放”图标按钮并按住鼠标左键不放开，在弹出的选项图标中选择“”(范围)，然后松开鼠标。需要说明的是，本书之后出现“**建立简单绘制规范**”，就是指上述过程。

7．简单图形的绘制

图5.1.1中的两个简单图形都是由直线段围成的封闭图形。一个直线段若用相对极坐标来表示，则其参数除了长度外还有角度，由于水平线和竖直线的角度已知，因而不需要角度的标注。若用相对直角坐标来表示，则其参数为两个端点的位置。一个直线段有足够的尺寸，则称为已知线段(可直接绘出)；若没有尺寸，则称为连接线段(不能直接绘出)。

连接线段与已知线段相接的端点通常就是整个图形绘制的起点，若连接线段的两个端点都可以作为图形绘制的起点，则一个是逆时针，另一个就是顺时针。一般来说，图形按逆时针绘制最好。图5.1.1中的两个简单图形的绘制起点选择为如图5.1.18所示的*A*点，并按逆时针方向开始绘制。

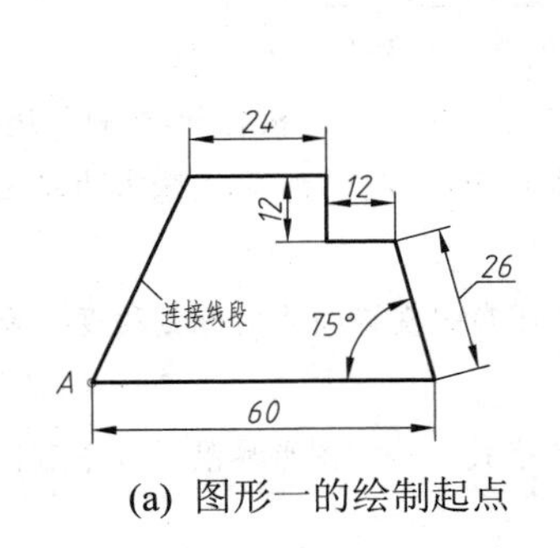

(a) 图形一的绘制起点

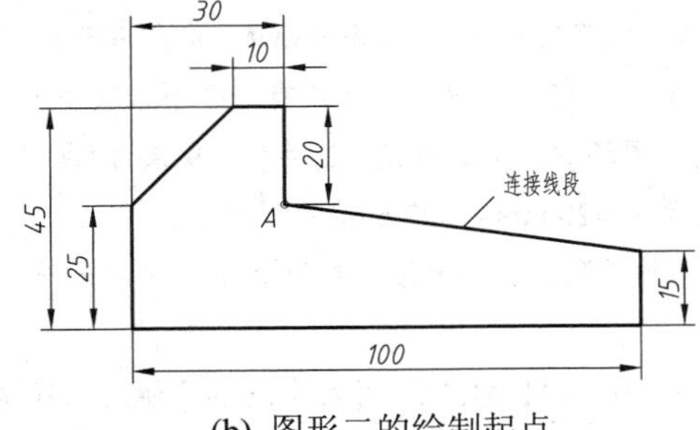

(b) 图形二的绘制起点

图5.1.18　简单图形的绘制起点

【实训5.8】简单图形的绘制。

(1) 绘制图形5.1.18(a)。

① 启动AutoCAD或重新建立一个默认文档，**建立简单绘制规范**，设定极轴增量角为15°。

② 启动直线(LINE)命令，移动鼠标，若有动态输入出现，则按【F12】键关闭它。若移动时一顿一顿

的，则按【F9】键关闭捕捉。按【F10】键，若命令行提示中出现<极轴 关>，则再按一次【F10】键。

③ 在绘图区的矩形框中间大致靠左位置处单击鼠标左键确定直线的第一点，然后按以下数据依次输入。

LINE 指定下一点或 [放弃(U)]: 极轴：...<0° 60↵

LINE 指定下一点或 [放弃(U)]: 极轴：...<105° 26↵

LINE 指定下一点或 [闭合(C) 放弃(U)]: 极轴：...<180° 12↵

LINE 指定下一点或 [闭合(C) 放弃(U)]: 极轴：...<90° 12↵

LINE 指定下一点或 [闭合(C) 放弃(U)]: 极轴：...<180° 24↵

LINE 指定下一点或 [闭合(C) 放弃(U)]: C↵

(2) 绘制图形 5.1.18(b)

启动直线(LINE)命令，在绘图区的矩形框中间大致靠右位置处单击鼠标左键确定直线的第一点，然后按以下数据依次输入。

LINE 指定下一点或 [放弃(U)]: 极轴：...<90° 20↵

LINE 指定下一点或 [放弃(U)]: 极轴：...<180° 10↵

LINE 指定下一点或 [闭合(C) 放弃(U)]: @-20,-20↵

LINE 指定下一点或 [闭合(C) 放弃(U)]: 极轴：...<270° 25↵

LINE 指定下一点或 [闭合(C) 放弃(U)]: 极轴：...<0° 100↵

LINE 指定下一点或 [闭合(C) 放弃(U)]: 极轴：...<90° 15↵

LINE 指定下一点或 [闭合(C) 放弃(U)]: C↵

5.1.3　命令小结

本次任务涉及的 AutoCAD 命令如表 5.1.2 所示。

表 5.1.2　本次任务中的 AutoCAD 命令

类别	命令	命令名	除命令行输入的其他常用方式
绘图	直线	LINE，L	菜单“绘图”→“直线”，“绘图”工具栏→
	矩形	RECTANG，REC	菜单“绘图”→“矩形”，“绘图”工具栏→
视图	平移	PAN，P	鼠标中键，滚动条，菜单“视图”→“平移”→…，“标准”工具栏→
	缩放	ZOOM，Z	菜单“视图”→“缩放”→…，“标准”工具栏→
编辑	删除	ERASE，E	【Delete】键，菜单“编辑”→“删除”，“编辑”工具栏→
文件	新建	NEW	快捷键【Ctrl+N】，菜单“文件”→“新建”，“标准”工具栏→
格式	图形界限	LIMITS	菜单“格式”→“图形界限”
其他	撤销	U 或 UNDO	菜单“编辑”→“放弃 xxx”，快速访问工具栏→，工具栏“标准”→
	重做	REDO	菜单“编辑”→“重做 xxx”，快速访问工具栏→，工具栏“标准”→
状态开关快捷键：动态输入【F12】，正交模式【F8】，极轴追踪【F10】，栅格【F7】，捕捉【F9】			

5.1.4　巩固提高

(1) 在幅面为 A4 的图纸上按 1∶1 比例，绘制图 5.1.9 所示的巩固练习图。

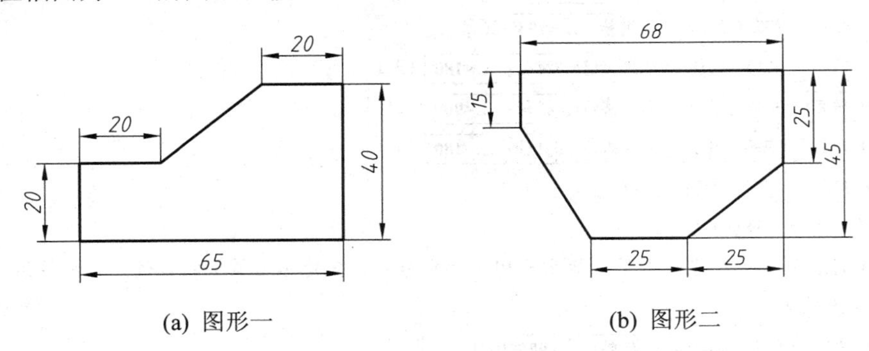

(a) 图形一　　(b) 图形二

图 5.1.9　巩固练习图

(2) 在幅面为 A4 的图纸上按 1∶1 比例，绘制图 5.1.20 所示的提高练习图。

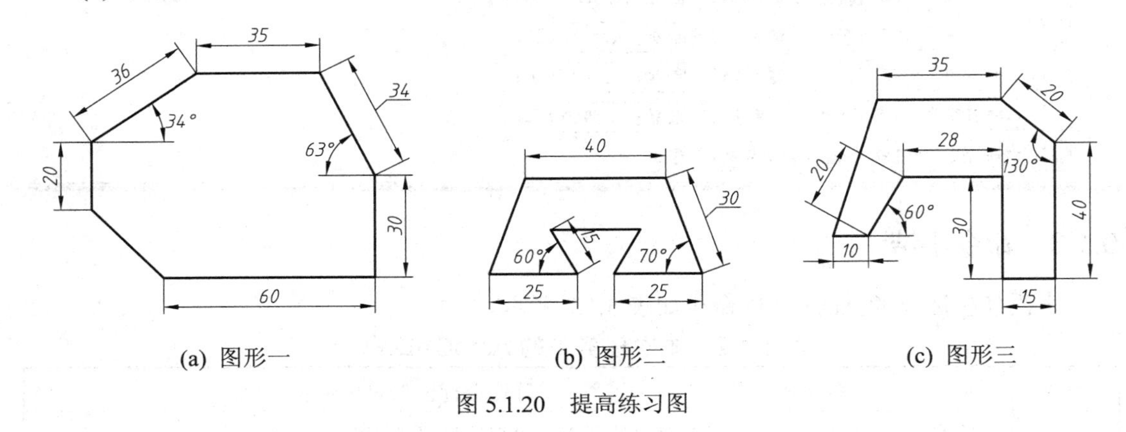

(a) 图形一　　(b) 图形二　　(c) 图形三

图 5.1.20　提高练习图

任务 5.2　使用捕捉工具和图层

除坐标和角度辅助外，AutoCAD 还提供了位置捕捉、对象捕捉等工具来实现图形中线与线之间的平行、垂直、相切或相交的位置关系以及点与点的相互连接关系。当然，形状的建构还需要相应的编辑才能得以实现。实际上，绘出的图形须满足线型要求，为了能方便切换所需的线型、线宽和颜色，大多数 CAD 软件都广泛采用“图层”技术来控制它们，AutoCAD 也不例外。

5.2.1　工作任务

1．任务内容

本任务主要包括：使用相关的绘图命令和对象捕捉绘制两圆的切圆、切线，绘制角平分线、垂直平分线、平行线等，绘制两个有线型要求的图形(可参见后面的图 5.2.8 和图 5.2.12)。

2. 任务分析

具体如表 5.2.1 所示。

表 5.2.1　任务准备与分析

任务准备	网络机房，计算机每人一套，AutoCAD 2014 版软件等		
任务实施	学习情境	实施过程	结果形式
	圆与切圆的绘制	教师讲解、示范 学生听、看、记、模仿并完成“试一试”、“练一练”	
	点捕捉工具及其使用		
	常见特征线的绘制方法		
	图层的建立和使用		
	建立通用的绘制规范样板		
	有线型要求的图形的绘制	学生上机模仿，教师辅导答疑	绘制的指定、自选图形
学习重点	点捕捉工具及其使用，图层的建立和使用，常见特征线的绘制，有线型要求的图形的绘制		
学习难点	点捕捉工具及其使用，图层的建立和使用		
任务总结	学生提出任务实施过程中存在的问题，解决并总结 教师根据任务实施过程中学生存在的共性问题，讲评并解决		
任务考核	根据学生上机模仿、图形绘制的数量、质量以及效率等方面综合打分		

参看表 5.2.1 完成任务，实施步骤如下。

5.2.2　任务实施

1. 圆与切圆的绘制

在 AutoCAD 中，圆命令的启动方式除可以在命令行输入“C”或“CIRCLE”并按【Enter】键外，还可以选择菜单“绘图”→“圆”或单击“绘图”工具栏→“⊙”来进行。圆命令启动后，命令行提示为：

CIRCLE 指定圆的圆心或 [三点(3P) 两点(2P) 切点、切点、半径(T)]:

当指定圆心位置点后，命令行提示为：

CIRCLE 指定圆的半径或 [直径(D)]:

指定半径大小，或输入“D”并按【Enter】键后再指定直径大小(为叙述方便，以后“指定直径为 ϕ”时，就是这样的操作)。这一过程就是圆的“圆心、半径”(默认方式)和“圆心、直径”方式。除这两种方式外，圆命令还有其他四种方式，即“两点”(即指明直径的两个端点)、“三点”、“相切、相切、半径”、“相切、相切、相切”。当然，圆命令这六种方式还可以通过选择菜单“绘图”→“圆”下的子菜单项来启动。

【实训 5.9】“切点、切点、半径”圆。

(1) 准备。

① 启动 AutoCAD 或重新建立一个默认文档，**建立简单绘制规范。**

② 启动直线(LINE)命令，按图ⓐ所示绘制两条直线。

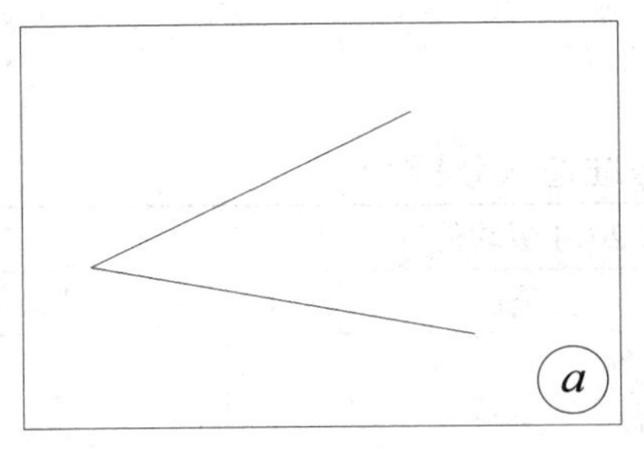

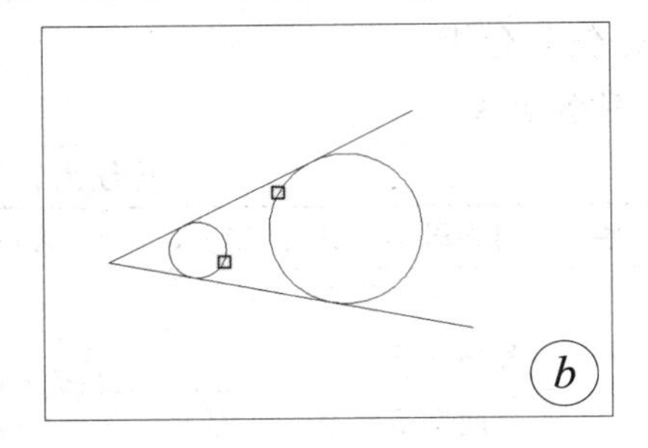

(2) 绘制两直线的切圆。

① 在命令行中输入“C”并按【Enter】键，按以下命令行提示操作。

CIRCLE 指定圆的圆心或 [三点(3P) 两点(2P) 切点、切点、半径(T)]: t↵

CIRCLE 指定对象与圆的第一个切点: 拾取任一直线，当出现“相切”图符…时单击鼠标左键

CIRCLE 指定对象与圆的第二个切点: 拾取另一直线，当出现“相切”图符…时单击鼠标左键

CIRCLE 指定圆的半径 <414.7303>: 15↵

此时，一个与两线相切的半径为15的圆绘出。

② 重复画圆命令，再画一个半径为40的圆与两线相切，如图ⓑ所示。

(3)绘制两圆的公切圆。

① 重复画圆命令，按以下命令行提示操作将绘出如图ⓒ所示的公切圆。

CIRCLE 指定圆的圆心或 [三点(3P) 两点(2P) 切点、切点、半径(T)]: t↵

CIRCLE 指定对象与圆的第一个切点: 移至图ⓑ小圆方框标记处，当出现“相切”图符…时单击鼠标左键

CIRCLE 指定对象与圆的第二个切点: 移至图ⓑ大圆方框标记处，当出现“相切”图符…时单击鼠标左键

CIRCLE 指定圆的半径 <40.0000>: 80↵

② 重复画圆命令，按以下命令行提示操作将绘出如图ⓓ所示的公切圆。

CIRCLE 指定圆的圆心或 [三点(3P) 两点(2P) 切点、切点、半径(T)]: t↵

CIRCLE 指定对象与圆的第一个切点: 移至图ⓒ大圆方框标记处，当出现“相切”图符…时单击鼠标左键

CIRCLE 指定对象与圆的第二个切点: 移至图ⓒ小圆方框标记处，当出现“相切”图符…时单击鼠标左键

CIRCLE 指定圆的半径 <80.0000>: ↵

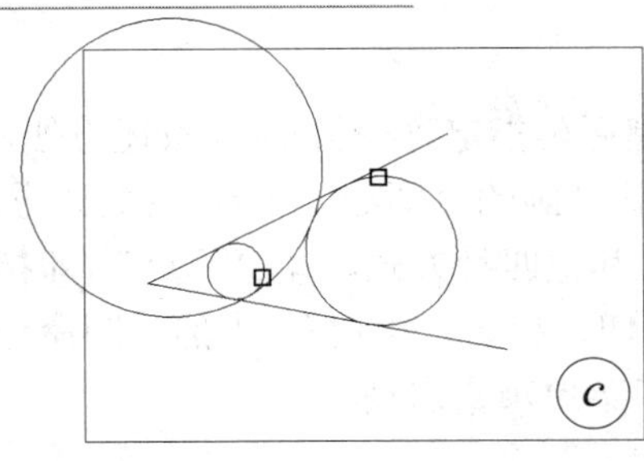

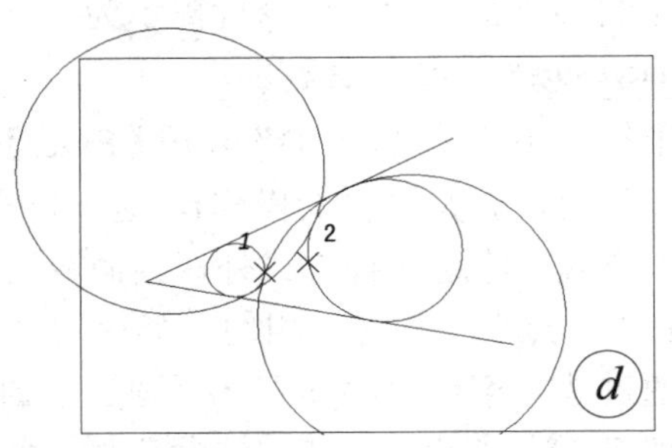

需要说明的是，从该例中可以看出，“切点、切点、半径”圆的绘制是按指定的切点次序的逆时针进行的，且指定的圆半径一定要大于两个被切图元的最短距离，即大于图ⓓ中的1点和2点之间的距离，否则无法画出。

【实训5.9】中，两圆之间还有多条其他公切圆，尝试绘出。

2．点捕捉工具及其使用

点捕捉工具是一种经常使用的简便有效的辅助手段。在捕捉模式下，AutoCAD 能根据光标所在的位置自动识别图元对象的一些特征点并显示其图符标记，此时若单击鼠标左键则当前指定的点就是这个特征点。捕捉有两种方式，一种是“指定”点捕捉，另一种是“自动”点捕捉。

1) “指定”点捕捉

所谓“指定”点捕捉，就是在捕捉前必须指定一种点的捕捉类型之后才能进行后续操作。在绘图时，当提示指定“点”(圆心、角点、第一点、下一点等)时，可用下列方式来指定要捕捉的点的类型(或称为捕捉模式，如图 5.2.1 所示)：

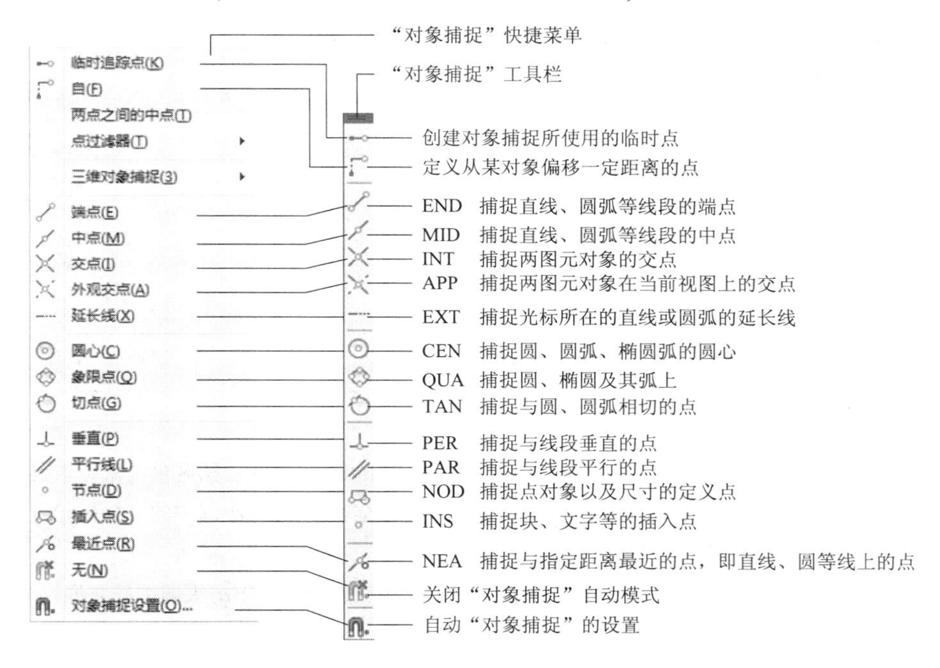

图 5.2.1　对象捕捉模式

(1) 按住【Shift】键不放，在绘图区中单击鼠标右键，或直接右击状态栏区左边位置的“对象捕捉”图标□，从弹出的快捷菜单中选择要捕捉的点的类型。

(2) 在显示的“对象捕捉”工具栏上，单击要捕捉的点的类型的图标按钮。

(3) 在命令行中输入要捕捉的点的类型名称(由三个字符组成)，并按【Enter】键。

2) “自动”点捕捉

AutoCAD 的“自动”点捕捉包括两项内容，一是对象捕捉，二是对象捕捉追踪(以后再讨论)。“对象捕捉”就是根据已设定好捕捉的点的类型自动来捕捉对象的特征点，使用时需要设置并启用对象捕捉。

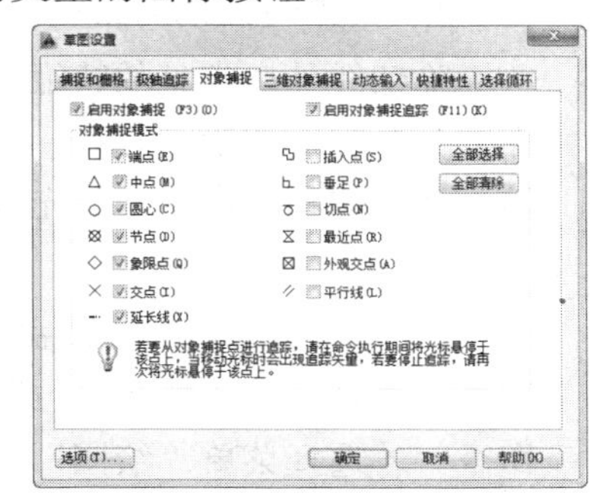

图 5.2.2　对象捕捉设置

(1) 设置对象捕捉。打开“草图设置”对话框，切换到“对象捕捉”设置页面，按图 5.2.2 所示来设置，即将“对象捕捉模式”左侧选项全部选中，而将右侧选项全部清空。单击确定按钮，完成对象捕捉设置。(以后提及“**草图设置对象捕捉左侧选项**”就是指这一操作)

(2) 开启对象捕捉。开启或关闭对象捕捉有两种切换方法：一是按快捷键【F3】，二是单击状态栏区左边位置的“对象捕捉”图标。

需要说明的是，当“指定”点捕捉打开后，“自动”点捕捉将临时关闭；“指定”点捕捉结束后，“自动”点捕捉恢复到原来的状态。

【实训 5.10】绘制两圆的公切线。

(1) 准备。

① 启动 AutoCAD 或重新建立一个默认文档，**建立简单绘制规范**，按【F3】键关闭对象捕捉。

② 在矩形框内，任意绘制两个圆(不相交)，一小一大，如图ⓐ所示。

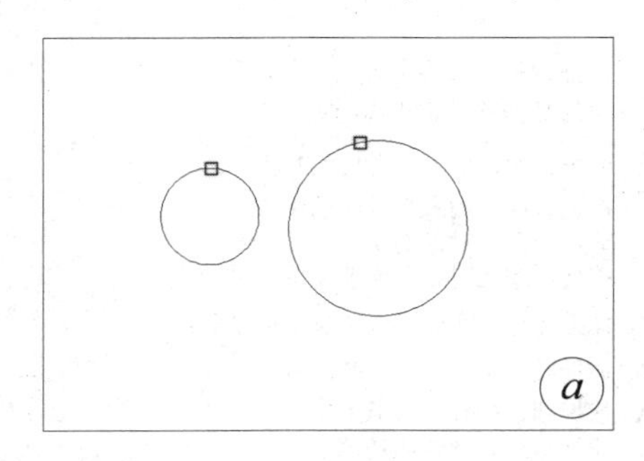

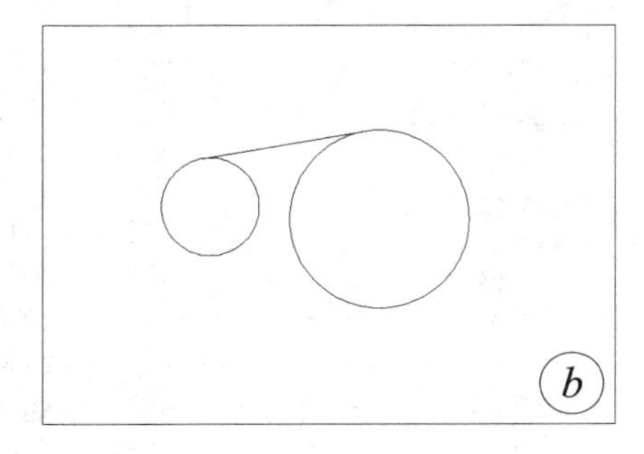

(2) 绘制两圆的切线。

① 启动直线(LINE)命令，在提示指定第一点时，按下【Shift】键并在绘图区单击鼠标右键，弹出快捷菜单，松开【Shift】键，从快捷菜单中选择“切点”，将鼠标移至图ⓐ小圆中的方框标记位置处，当出现“相切”图符...时单击鼠标左键，则指定了第一点。

② 命令行提示为下一点，输入“tan”并按【Enter】键，将鼠标移至图ⓐ大圆中的方框标记位置处，当出现“相切”图符...时单击鼠标左键，则切线绘出。按【Enter】键结束，结果如图ⓑ所示。

【实训 5.10】中，两圆之间还有多条其他切线，尝试绘出。

3. 常见特征线的绘制方法

除切线外，常见的特征线还有角的平分线、角的多分线、垂直平分线、平行线等，下面来分析它们的绘制方法。由于这些绘制方法还涉及“点”、“构造线”、“移动”(复制)、“旋转”和“偏移”命令，故先来介绍这些命令。

1) 相关命令

(1) 点(POINT)及其样式。AutoCAD 的点(POINT 命令)有单点和多点之分。选择菜单“绘图”→“点”→“单点”，或在命令行直接输入“PO”并按【Enter】键，则执行的是单点命令。若选择菜单“绘图”→“点”→“多点”或单击工具栏功能区上的图标按钮，则执行的是多点命令。与单点命令不同的是，多点命令后将自动重复进入命令循环，可继续指定点，直到按【Esc】键、【Enter】键或【Space】键退出。

默认时，屏幕上绘制的点是一个小黑点，不便于观察。因此在绘制点之前通常要进行点样式的设置。选择菜单“格式”→“点样式”，或在命令行直接输入“DDPTYPE”并按【Enter】键，则弹出“点样式”对话框，如图 5.2.3 所示。在对话框中，可以单击要指定的点样式，并可指定样式的大小，即要么是相对于屏幕的百分比，要么是按绝对单位指定大小。单击 确定 按钮，系统会自动按新的设定重新生成“点”。

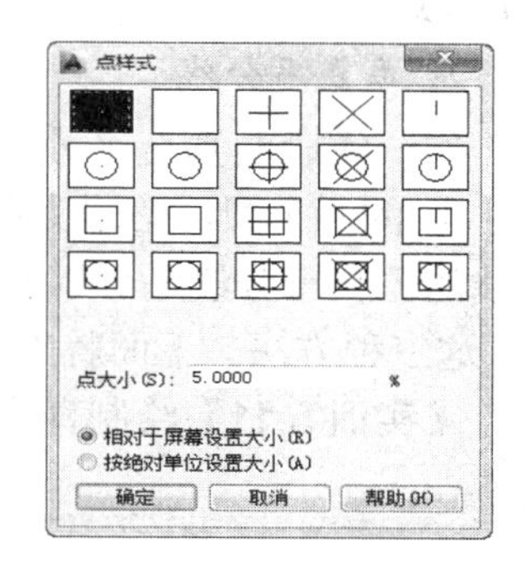

图 5.2.3　“点样式”对话框

(2) 点的定数等分(DIVIDE)。选择菜单“绘图”→“点”→“定数等分”，或在命令行直接输入“DIV”并按【Enter】键，则执行点的定数等分，即首先提示选择要定数等分的对象，然后提示要输入的等分数目，输入数目并按【Enter】键即可。

与点的定数等分相似的还有“点的定距等分(MEASURE，ME)”，选择对象后，提示要输入等分的线段长度，输入相应数值并按【Enter】键即可。

(3) 构造线(XLINE)。构造线命令用来向两个方向创建一条无限延伸的参照直线，选择菜单“绘图”→“构造线”或单击“绘图”工具栏→“ ”或在命令行直接输入“XL”并按【Enter】键，则命令行提示如下：

XLINE 指定点或 [水平(H) 垂直(V) 角度(A) 二等分(B) 偏移(O)]:

其中，“水平”、“垂直”用来指定水平、垂直参照线，随后提示指定通过点；“角度”可指定与 x 轴正向所成的角度数或是与指定的参考直线所成的角度数，随后提示指定通过点；“二等分”绘出由指定“角的顶点”、“起点”和“端点”构造的角的平分线；“偏移”指定偏移距离或指定两个点来确定偏移距离，随后指定要平行(偏移)的直线对象，以及指定在哪一侧偏移。

(4) 移动(MOVE)。用来将选定的对象从一个位置平移到另一个位置。选择菜单“修改”→“移动”或单击“修改”工具栏→“ ”或在命令行直接输入“M”并按【Enter】键，命令行首先提示拾取对象，然后提示指定基点，最后提示要移至的位置点。

(5) 复制(COPY)。用来将选定的对象从一个位置复制到其他位置。选择菜单“修改”→“复制”或单击“修改”工具栏→“ ”或在命令行直接输入“CO”并按【Enter】键，命令行首先提示拾取对象，然后提示指定基点，最后提示要复制的位置点并一直进行下去直到按【Esc】键、【Enter】键或【Space】键退出。

(6) 旋转(ROTATE)。旋转用来将选定的对象围绕基点旋转一定的角度，若指定“复制”选项，则在旋转之后还保留原来的副本，称为“旋转复制”。选择菜单“修改”→“旋转”或单击“修改”工具栏→“ ”或在命令行直接输入“RO”并按【Enter】键，命令行首先提示拾取对象，然后提示指定基点，最后提示输入旋转角度或选择“复制”或“参照”。若指定了“参照”选项，则将在指定一个参照角度的基础上再旋转新的角度。

(7) 偏移(OFFSET)。偏移是对形状上的复制，可用来创建同心圆、平行线以及等距线等。选择菜单“修改”→“偏移”或单击“修改”工具栏→“ ”或在命令行直接输入“O”并按【Enter】键，命令行首先提示输入偏移距离，然后提示选择要偏移的对象，最后提示指定在哪一侧偏移。默认时，该命令一直从“选择对象”步骤开始循环直到按【Esc】键、

【Enter】键或【Space】键退出。

2) 垂直平分线

作一线段的垂直平分线的传统方法是以线段两端为圆心分别作出同半径(要大于线段的一半)的两个圆，两圆交点的连线即为该线段的垂直平分线。在 AutoCAD 中，绘制一条直线的垂直平分线还可以利用构造线生成、利用捕捉垂足并移动到中点、以中点复制旋转 90° 这三种方法。下面就来看看这三种方法的绘制过程。

【实训 5.11】绘制直线段的垂直平分线。

(1) 准备。

① 启动 AutoCAD 或重新建立一个默认文档，**建立简单绘制规范**。

② 在矩形框内，启动直线(LINE)命令，任作一条直线。如图ⓐ所示，其中 *A*、*B* 是直线的端点，*M* 是直线的中点(图中直线 *AB* 已设置了线宽，后面会讨论)。

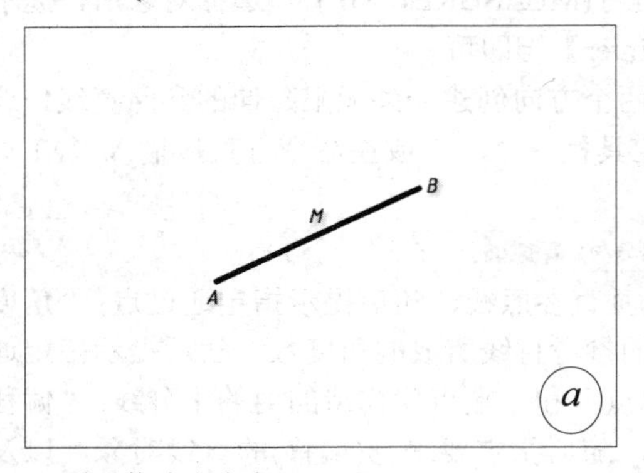

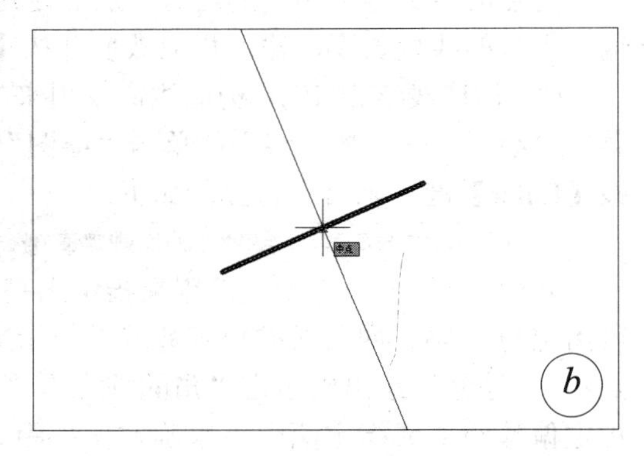

(2) 利用构造线生成。

① 在命令行输入“XL”并按【Enter】键，按以下命令提示操作。

XLINE 指定点或 [水平(H) 垂直(V) 角度(A) 二等分(B) 偏移(O)]: a↵

XLINE 输入构造线的角度 (0) 或 [参照(R)]: r↵

XLINE 选择直线对象: 拾取直线 *AB*

XLINE 输入构造线的角度 <0>: 90↵

XLINE 指定通过点: 移至直线“中点”*M*，当出现“中点”图标△时，如图ⓑ所示，单击鼠标左键

② 按【Esc】键退出，垂直平分线绘出。

(3) 利用捕捉垂足并移动到中点。

① 撤销前面的操作，恢复到图ⓐ的状态。

② 启动直线(LINE)命令，在线外任意一点单击鼠标左键指定第一点，在命令行输入“PER”(垂直捕捉)并按【Enter】键，将光标移至直线靠垂直的地方，当出现“垂足”图标⊾时，单击鼠标左键，垂线绘出，按【Esc】键退出直线命令，结果如图ⓒ所示。

③ 在命令行输入“MOVE”并按【Enter】键，启动移动命令。

④ 拾取刚绘制的垂线并**结束拾取**，指定刚才的垂足为基点，然后移至直线中点，如图ⓓ所示，当出现“中点”图标△时，单击鼠标左键，垂直平分线绘出。

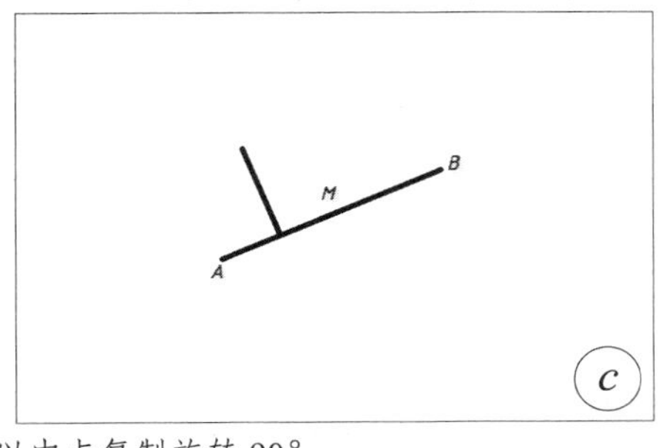

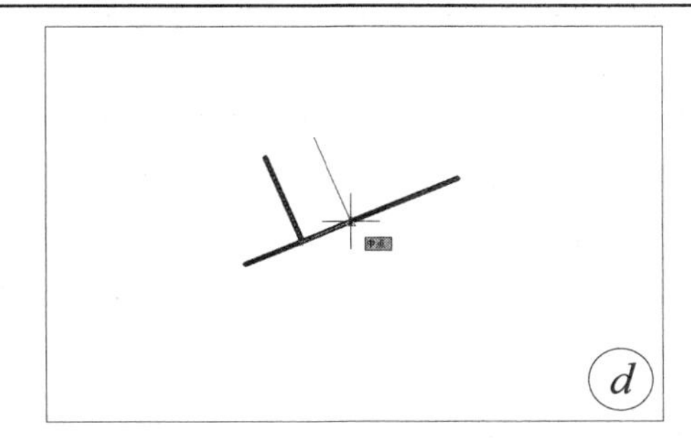

(4) 以中点复制旋转 90°。

① 撤销前面的操作，恢复到图ⓐ的状态。

② 在命令行输入“RO”并按【Enter】键，启动旋转命令，按以下命令提示操作。

ROTATE 选择对象：拾取直线 *AB* 并**结束拾取**

ROTATE 指定基点：移至直线 *AB* 中点，当出现“中点”图标△时，单击鼠标左键

ROTATE 指定旋转角度，或 [复制(C) 参照(R)] <90>: c↵

ROTATE 指定旋转角度，或 [复制(C) 参照(R)] <90>: 90↵

3) 角的平分线与多分线

绘制角的平分线有以下几种方法：

(1) 设角的顶点为 *A*，以 *A* 为圆心画圆交两边于 *B*、*C*，作直线 *BC*，连接顶点 *A* 和 *BC* 的中点即可。若将直线 *BC* 等分，连接顶点 *A* 和到各等分点，则可得角的多分线。

(2) 利用构造线的“二等分”选项可得到角的平分线。

4) 绘制直线的平行线

绘制平行线有以下几种方法：

(1) 通过线段 *AB* 外的点作线捕捉到 *AB* 的“平行线”而得到。需要说明的是，指定“平行线”捕捉类型后，将鼠标移至线段 *AB* 上稍等片刻直到出现“平行”图标∥，然后移至与线段 *AB* 大致平行，当出现“平行…<…”字样时，单击鼠标左键即可。

(2) 利用构造线的“偏移”选项可得到平行线。

(3) 利用“偏移(OFFSET)”命令，可得到指定偏移距离的等长平行线。

尝试用上述方法绘制角的平分线与多分线、平行线。

4．图层的建立和使用

图层是一种分层技术，每一个图层相当于一张没有厚度的透明薄片，同一层中具有相同的线型、线宽和颜色。这样一来，通过层与层的叠加就组合成一幅完整的图样。

1) 图线属性及画法标准

在 CAD 图形中，每个图元对象都含有最基本的线型、线宽和颜色这三种属性。

(1) 线型，即图线样式。常见的有用于可见轮廓线的“粗实线”、用于不可见轮廓线的“虚线”、用于尺寸标注和剖面的“细实线”、用于轴线和中心对称的“细点画线”，以及用于辅助零件轮廓线的“细双点画线”等。

(2) 线宽，即图线宽度。通常在 0.18、0.25、0.35、0.5、0.7、1.0、1.4、2.0(单位为毫

米，mm)这组序列中进行选择。线宽有粗、细之分，通常细线是粗线宽度的 1/3 或 1/2 左右。虽然 GB/T 14665—2012 规定细线是粗线宽度的 1/2 左右，但从视觉效果来看，建议使用 1/3 左右的比例，并推荐使用“0.7/0.25”组(即粗线线宽为 0.7 mm，而细线线宽为 0.25 mm)或者使用“1.0/0.35”组。

(3) 颜色，即图线颜色。GB/T 14665—2012 规定了屏幕上的图线一般按表 5.2.2 中提供的颜色显示，相同类型的图线应采用同样的颜色。

表 5.2.2　图线颜色

图线类型		屏幕上的颜色	
		GB/T 14665—2012	GB/T 14665—1998
粗实线		白色	绿色
细实线		绿色	白色
波浪线			
双折线			
虚线		黄色	
细点画线		红色	
粗点画线		棕色	
双点画线		粉红色	

2) 创建和设置图层

AutoCAD 默认创建了“0”层(不能删除也无法重命名)，但从一般图形绘制来说，往往还需要创建五个图层，即粗实线、细实线、虚线、点画线和双点画线。为此，先要启动“图层(LAYER)”命令。选择菜单“格式”→“图层”或单击“图层”工具栏→“ ”或在命令行直接输入“LA”并按【Enter】键，将弹出如图 5.2.4 所示的“图层特性管理器”窗口，在这里可以创建和设置图层。

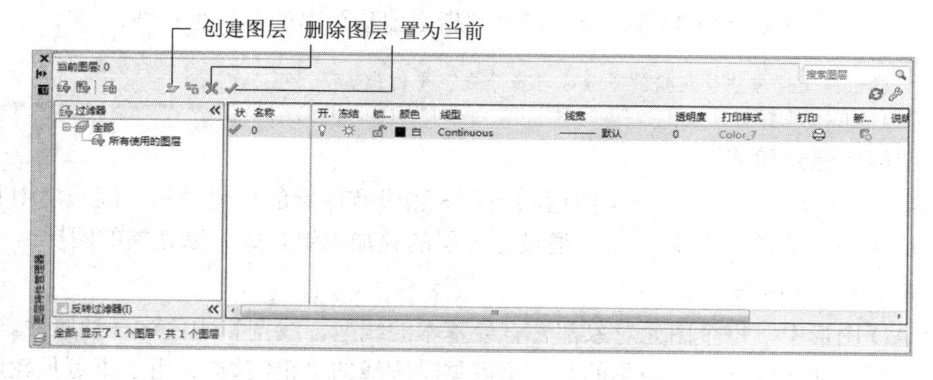

图 5.2.4　“图层特性管理器”窗口

(1) 创建图层。在“图层特性管理器” 窗口中，单击创建按钮 ，则窗口的图层列表新建一行，在“名称”框中输入要创建的图层名。

(2) 指定颜色。单击有颜色实心小方框的“颜色”项，弹出如图 5.2.5(a)所示的“选择颜色”对话框，在中间虚线圈定的调色板中选择指定的颜色，然后单击确定按钮。

(3) 指定线宽。单击有线条粗细的“线宽”项，弹出如图 5.2.5(b)所示的“线宽”对话框，从“线宽”列表中选择要指定的线宽，然后单击确定按钮。一般来说，粗线线宽指定为 0.7 mm，而细线线宽指定为 0.25 mm；但若只用于屏幕作图时粗细区分，则粗线线宽指定为 0.35 mm，而细线线宽指定为 0.18 mm。

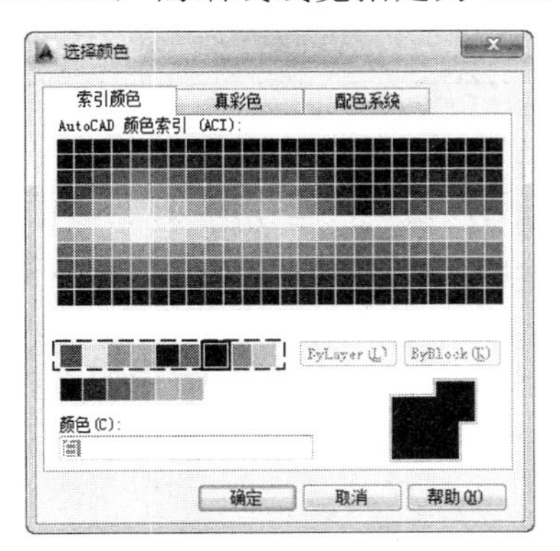

(a) 选择颜色

(b) 选择线宽

图 5.2.5　选择颜色和线宽对话框

(4) 指定线型。单击有“Continuous”等线型名的“线型”项，弹出如图 5.2.6(a)所示的“选择线型”对话框。默认时，线型列表中只有一个“Continuous”实线线型。对于虚线、点画线和双点画线等线型来说，需要单击加载(L)...按钮，从弹出的“加载或重载线型”对话框中加载要指定的线型，如图 5.2.6(b)所示，然后单击确定按钮回到图 5.2.6(a)所示的对话框，再为该图层指定所要的线型，再单击确定按钮。

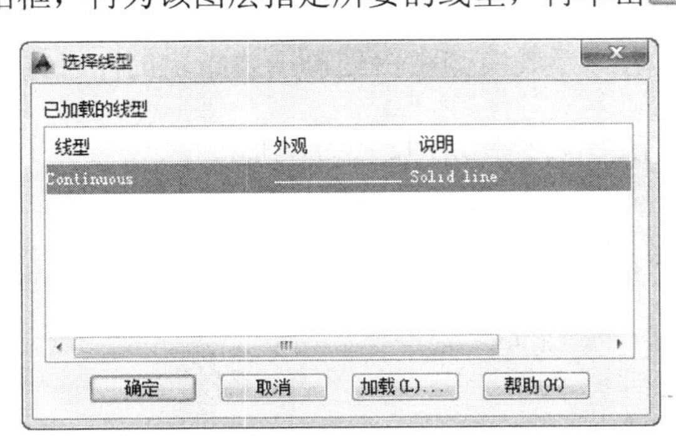

(a) 选择线型

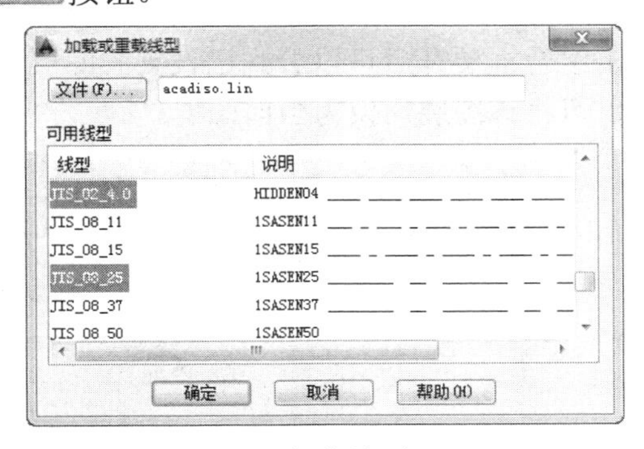

(b) 加载线型

图 5.2.6　选择和加载线型对话框

需要说明的是，若线型列表中已有所要的线型，则选定后直接单击确定按钮。特别地，在 AutoCAD 提供的线型中，JIS 标准的线型更接近于我国的线型标准，因此虚线、点画线和双点画线的线型分别选择为 JIS_02_4.0、JIS_08_25(或 JIS_08_15)以及 JIS_09_29。

根据上述操作方法，要创建的图层的颜色、线型和线宽如表 5.2.3 所示。

表 5.2.3　要创建的图层及其特性

图层名	颜色	线型	显示线宽/mm	标准线宽/mm
粗实线	绿色	Continuous	0.35	0.70
细实线	白色	Continuous	0.18	0.25
细点画线	红色	JIS_08_25	0.18	0.25
虚线	黄色	JIS_02_4.0	0.18	0.25
双点画线	洋红色	JIS_09_29	0.18	0.25

3) 删除和修改图层

在“图层特性管理器” 窗口中，若单击删除图层按钮，或在图层列表框区中单击鼠标右键，从弹出的快捷菜单中选择“删除图层”命令，则当前被选中的图层被删除。需要说明的是，AutoCAD 规定 0 层、当前层和用于标注的 Defpoints 图层等不能删除。

若要修改图层的名称、颜色、线型和线宽等属性，则可在图层列表中先选中它，然后单击要修改的属性栏即可。例如，单击图层的名称，则名称框进入编辑状态，从而可修改其图层名。

修改图层名称时，还可通过在图层列表框区中单击鼠标右键，从弹出的快捷菜单中选择“重命名图层”命令，则当前被选中的图层名称可重新命名。或者，直接按【F2】键，也可对当前选中的图层名进行重新命名。

4) 当前图层及其切换

在“图层特性管理器”窗口中，若单击“置为当前”按钮，则在图层列表框中选中的图层被置为当前。这样一来，在“图层特性管理器”对话框关闭后，可在指定的当前层中绘制和操作图形对象。

当然，当前图层还可以在“图层”工具栏中的图层组合框中直接选定，如图 5.2.7 所示。单击组合框展开后可以看到已设置的图层，在名称及其右侧空白处单击要指定的图层列表项，可将该图层切换为当前图层。

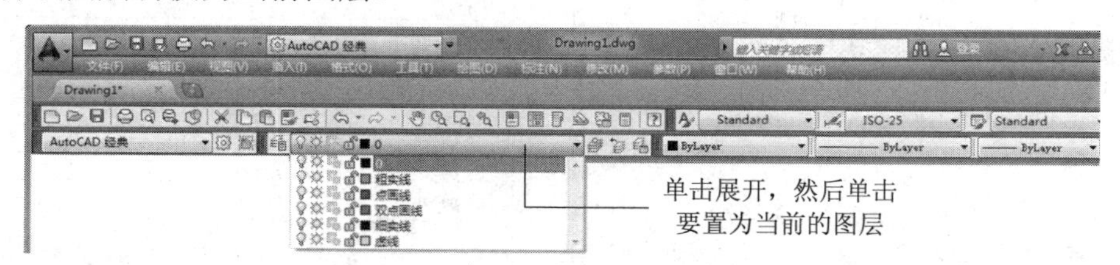

图 5.2.7　当前图层的切换

5) 关闭、冻结和锁定

在设置图层列表中或是在切换当前图层组合框中，每个图层列表项前面都有三个小图标，分别表示“打开和关闭”( )、“冻结和解冻”( )以及“锁定和解锁”( )。

(1) 打开和关闭( )。当指定的图层打开时，它是可见的并且可以打印输出；而当指定的图层关闭时，它是不可见的并且不能打印，但系统后台还会重新生成它。

(2) 冻结和解冻( )。当指定的图层被冻结后，它是不可见的、不能打印且不会重生成。这样一来，ZOOM、PAN 等操作的运行速度将会有所提高。

(3) 锁定和解锁(🔓)。当指定的图层被锁定后，它虽然可见，但却不能编辑修改。

需要说明的是，要切换指定图层的这些状态，只要单击该图层列表项前面的小图标即可。

6) 线宽显示

使用图层绘制图形时，由于各种线型都有相应的颜色来标识，所以多数情况下是无需显示图线的线宽的。不过，若要进行“线宽”显示的切换，只要单击状态栏区左边位置的“线宽”图标 ➕ 即可。

下面通过图层来绘制一个有线型要求的图形，如图 5.2.8 所示。

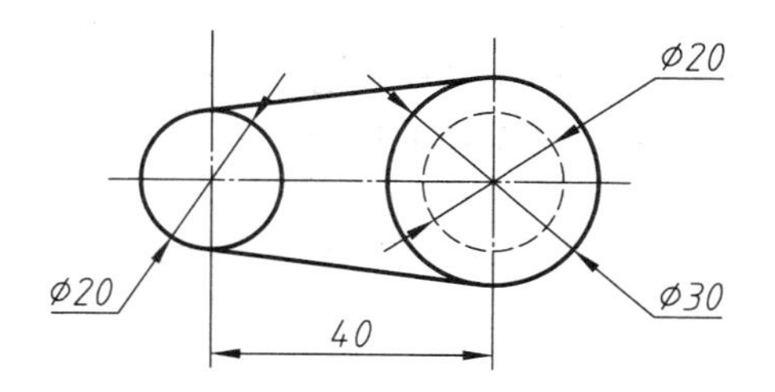

图 5.2.8　有线型要求的图形一

【实训 5.12】绘制图 5.2.8 所示的图形。

(1) 准备。启动 AutoCAD 或重新建立一个默认文档，**建立简单绘制规范**。

(2) 绘制点画线。

① 将当前图层切换到“点画线”层。

② 启动直线(LINE)命令，在图框中间绘制长约 80 的水平直线。

③ 重复直线(LINE)命令，在左侧绘制长约 40 的竖直线，如图ⓐ所示。

④ 启动偏移(OFFSET)命令，按以下命令行提示操作，将偏移左侧点画线 40 的右侧点画线绘出，如图 b 所示：

OFFSET 指定偏移距离或 [通过(T) 删除(E) 图层(L)] <通过>:　40↵

OFFSET 选择要偏移的对象，或 [退出(E) 放弃(U)] <退出>:　拾取刚绘制的竖直点画线(图ⓐ中有方框标记)

OFFSET 指定要偏移的那一侧上的点，或 [退出(E) 多个(M) 放弃(U)] <退出>:　在竖直点画线右侧位置处单击鼠标左键

OFFSET 选择要偏移的对象，或 [退出(E) 放弃(U)] <退出>:　↵

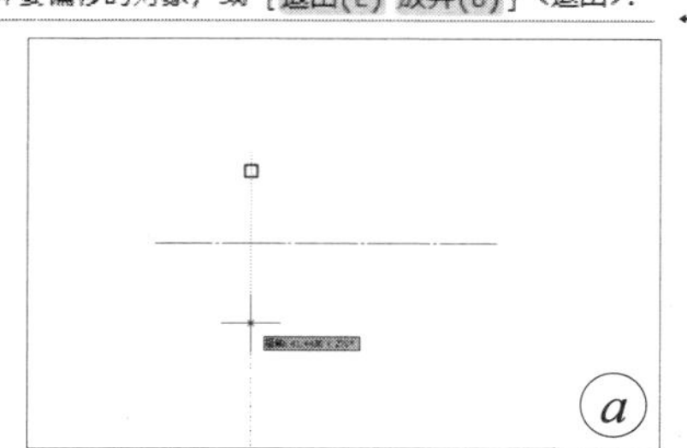

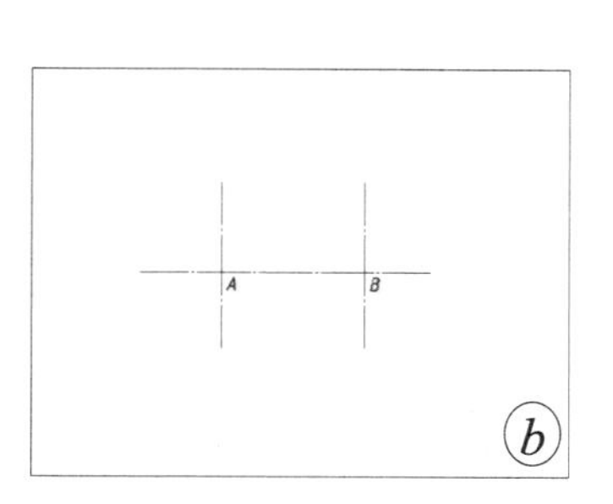

(3) 绘制轮廓线。

① 将当前图层切换到“粗实线”层。

② 启动圆命令，指定交点 A 为圆心，输入“d”并按【Enter】键，然后输入直径“20”。

③ 重复圆命令，指定另一个交点 B 为圆心，绘出 $\phi30$ 的圆，结果如图ⓒ所示。

④ 启用直线(LINE)命令，绘制两个圆的两条切线。

⑤ 将当前图层切换到“虚线”层，将右侧 $\phi20$ 的虚线圆画出，结果如图ⓓ所示。

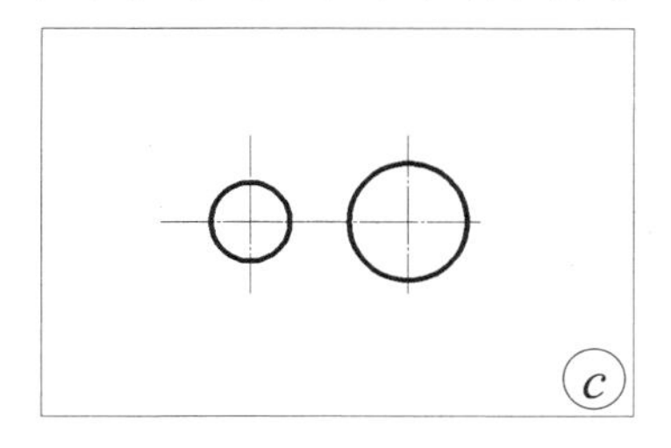

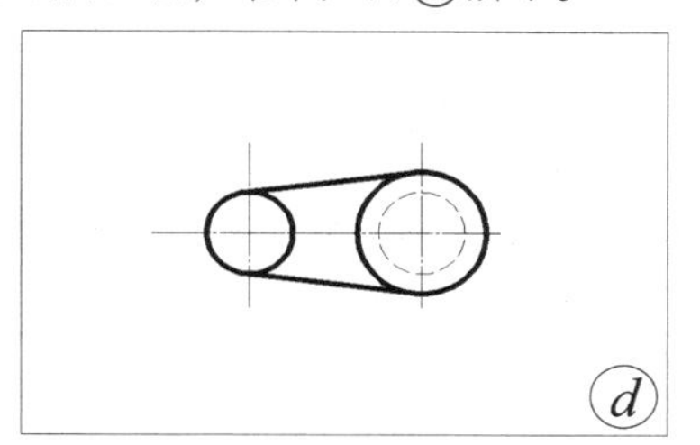

5. 建立通用的绘制规范样板

一般情况下，每次使用 AutoCAD 时都要重新设置图层以及以后要讨论的文字样式、尺寸样式等相应参数。为了避免重设，往往建立一个满足规范参数的样板文件，这样一来，每次创建时只要基于这个样板就可以了。

【实训 5.13】建立样板。

(1) 启动 AutoCAD 或重新建立一个默认文档，**建立简单的绘制规范**。

(2) 创建图层。

① 在命令行输入“LA”并按【Enter】键，弹出“图层特性管理器”窗口，按前面的内容和方法设置好“粗实线”、“细实线”、“虚线”、“点画线”和“双点画线”这五个图层，最好再建立一个“文字尺寸”层(白色、连续实线、线宽为 0.25 mm)。最后的结果如图ⓐ所示。

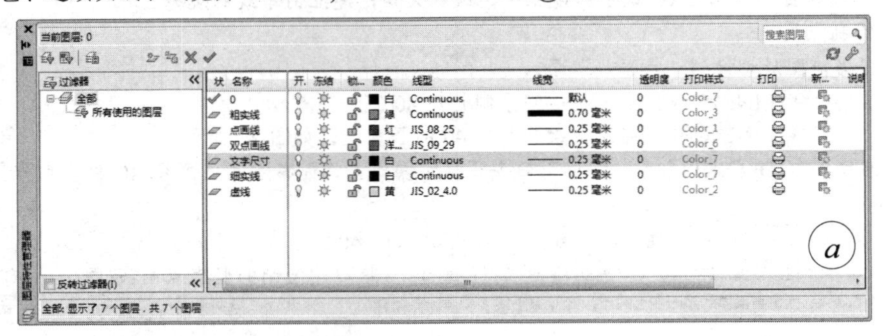

② 单击左上角✖按钮，关闭“图层特性管理器”窗口。

(3) 保存为样板文件。

① 单击快速访问工具栏中的“另存为”图标，弹出“图形另存为”对话框，将“文件类型”选为“AutoCAD 图形样板(*.dwt)”，输入“文件名”为“AutoCAD 2014 实训”，如图ⓑ所示。

② 单击 保存(S) 按钮，弹出“样板选项”对话框，暂不管它，单击 确定 按钮。

③ 关闭“AutoCAD2014 实训.dwt”文档窗口。

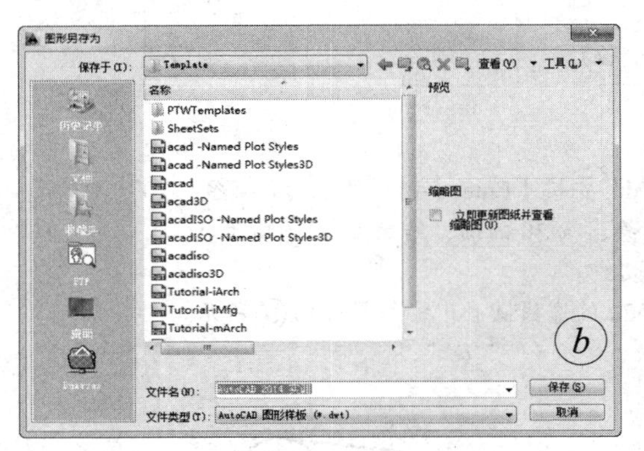

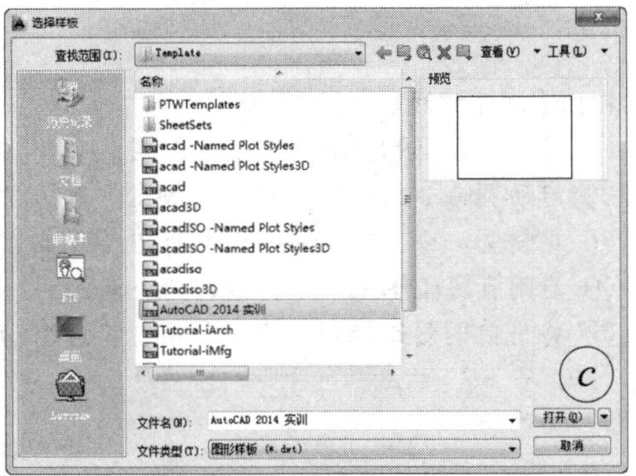

(4) 使用样板文件。单击快速访问工具栏的新建图标，弹出“选择样板”对话框，在样板列表框中找到并选中“AutoCAD 2014 实训”，如图ⓒ所示，单击 打开(O) 按钮，新的基于“AutoCAD 2014 实训”样板的文件就创建好了。

6. 有线型要求的图形的绘制

由于绘制时要用到圆、直线、修剪、倒角和圆角等命令，圆、直线命令前面已讨论过，故这里先来说明修剪、倒角和圆角命令的使用。

1) 修剪命令

修剪(TRIM)是绘图中经常要使用的命令。选择菜单“修改”→“修剪”或单击“修改”工具栏→“-/--”或在命令行直接输入“TR”并按【Enter】键，命令行首先提示拾取剪切边对象，然后提示选择要修剪的部分。

例如，先任意画两条直线和一个圆相交，交点为 A、B 和 C、D，如图 5.2.9(a)所示。

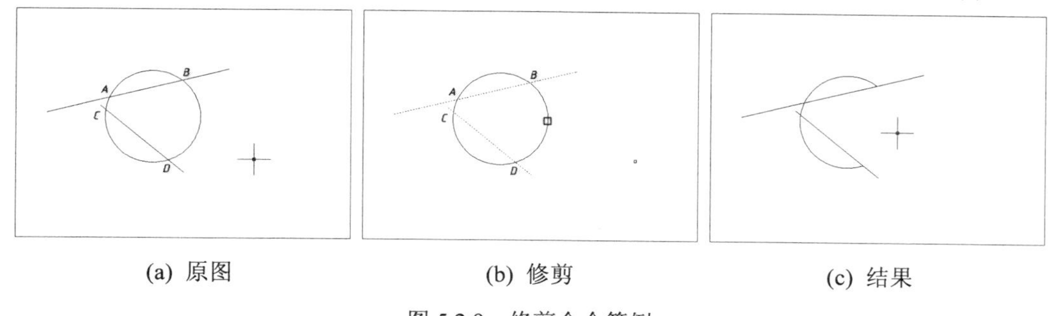

(a) 原图　　(b) 修剪　　(c) 结果

图 5.2.9　修剪命令简例

启动修剪命令，按以下命令行提示操作：

当前设置:投影=UCS, 边=无
选择剪切边...
-/-- ▾ TRIM 选择对象或 <全部选择>:　拾取图 5.2.9(a)中一条直线

-/-- ▾ TRIM 选择对象:　拾取图 5.2.9(a)中另一条直线

-/-- ▾ TRIM 选择对象:　↵

选择要修剪的对象，或按住 Shift 键选择要延伸的对象，或
-/-- ▾ TRIM [栏选(F) 窗交(C) 投影(P) 边(E) 删除(R) 放弃(U)]:　在图 5.2.9(b)的小方框位置处拾取圆，结果如图 5.2.9(c)所示

选择要修剪的对象，或按住 Shift 键选择要延伸的对象，或
-/-- ▾ TRIM [栏选(F) 窗交(C) 投影(P) 边(E) 删除(R) 放弃(U)]:　↵

从该例中可以看出，当指定图 5.2.9(a)中的两直线为剪切边对象后，圆被两直线分割成许多段，当在图 5.2.9(b)中的小方框位置处拾取圆时，指定的是 BD 段，故结果如图 5.2.9(c)所示。若拾取圆的 AC 段，则 AC 段圆弧被修剪掉。

需要说明的是，与修剪命令过程几乎一样的命令是“延伸”(EXTEND)，它用来将选定的对象与某个对象相接。在这两个命令的过程中有【Shift】键的操作互换，即在修剪命令过程中按【Shift】键选择对象“延伸”，而在延伸命令过程中按【Shift】键选择对象“修剪”。不过，要注意延伸对象的拾取位置，它决定延伸的方向。对于直线来说，以中点为界，拾取左侧则向左延伸，拾取右侧则向右延伸。若有可延伸的边界，则延伸，否则不作处理。

2) 圆角命令

圆角(FILLET)是用指定半径的圆弧来连接两个对象，且圆弧与对象相切。选择菜单“修改”→“圆角”或单击“修改”工具栏→“⌒”或在命令行直接输入“F”并按【Enter】键可启动该命令。

例如，先画一些直线和圆弧，如图 5.2.10(a)所示，然后启动圆角(FILLET)命令，按照以下提示进行操作：

当前设置：模式 = 修剪，半径 = 0.0000
FILLET 选择第一个对象或 [放弃(U) 多段线(P) 半径(R) 修剪(T) 多个(M)]: r↵
FILLET 指定圆角半径 <0.0000>: 10↵
FILLET 选择第一个对象或 [放弃(U) 多段线(P) 半径(R) 修剪(T) 多个(M)]: 按图 5.2.10(a)中的小方框标记位置处拾取下方直线，将光标移至上方直线，结果如图 5.2.10(b)所示)
FILLET 选择第二个对象，或按住 Shift 键选择对象以应用角点或 [半径(R)]: (按图 5.2.10(a)中的小方框标记位置处拾取另一直线，结果如图 5.2.10(c)所示

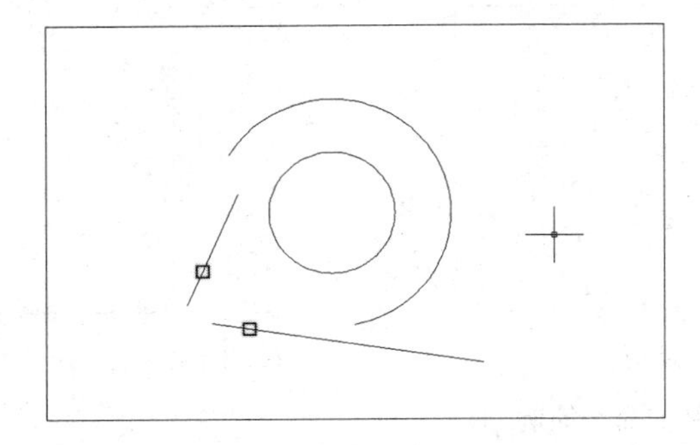

(a) 原图

(b) 两直线的圆角

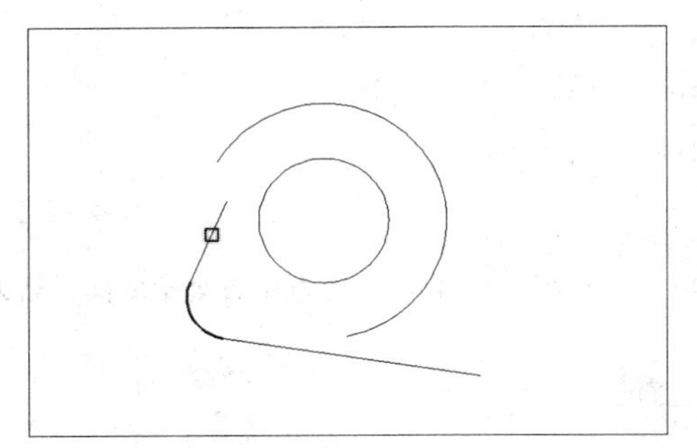

(c) 直线和圆的圆角

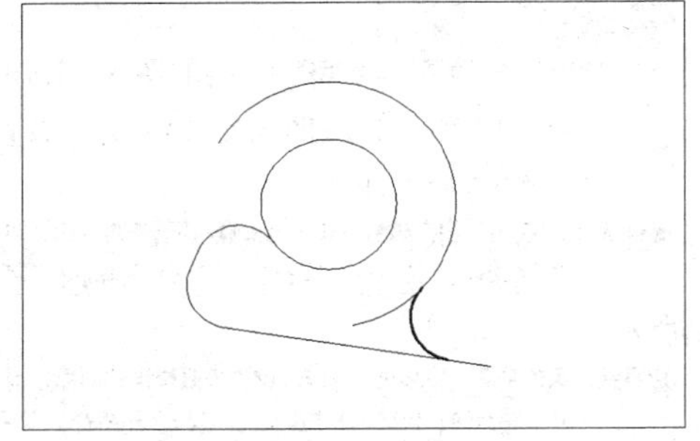

(d) 不修剪模式下的直线和圆弧的圆角

图 5.2.10　圆角命令简例

从该例中可以看出，圆角命令分两步，一是指定圆角半径，二是拾取被圆角的两个对象。圆角绘出时，被圆角的两个对象的多余部分被修剪，但对整圆不修剪。当然，也可指定“不修剪”，此时只画出两个对象之间的连接圆弧，如图 5.2.10(d)所示。

3) 倒角命令

倒角(CHAMFER)是使用指定角度的直线来连接两个对象。默认时，这个角度是 45°。选择菜单“修改”→“倒角”或单击“修改”工具栏→“◸”或在命令行直接输入“CHA”并按【Enter】键，可启动该命令。

例如，先画一些直线，如图 5.2.11(a)所示，然后启动倒角(CHAMFER)命令，按照以下提示进行操作：

("修剪"模式) 当前倒角距离 1 = 0.0000, 距离 2 = 0.0000

CHAMFER 选择第一条直线或 [放弃(U) 多段线(P) 距离(D) 角度(A) 修剪(T) 方式(E) 多个(M)]: d↵

CHAMFER 指定 第一个 倒角距离 <0.0000>: 10↵

CHAMFER 指定 第二个 倒角距离 <10.0000>: 15↵

CHAMFER 选择第一条直线或 [放弃(U) 多段线(P) 距离(D) 角度(A) 修剪(T) 方式(E) 多个(M)]: 按图 5.2.11(a)中的小方框标记位置处拾取直线 1

CHAMFER 选择第二条直线，或按住 Shift 键选择直线以应用角点或 [距离(D) 角度(A) 方法(M)]: 按图 5.2.11(a)中的小方框标记位置处拾取直线 2

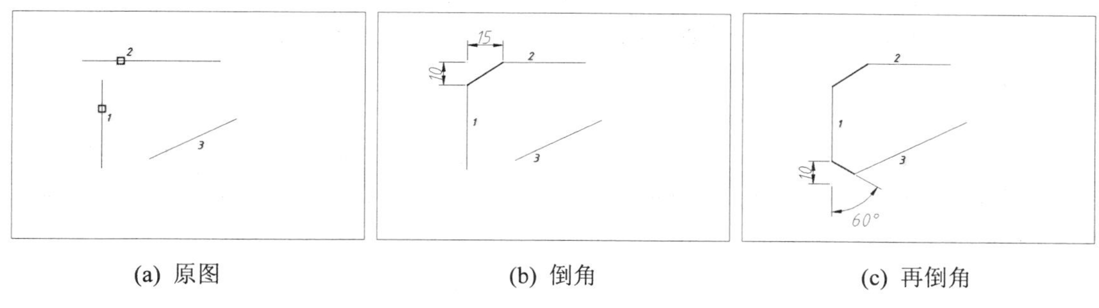

(a) 原图　　(b) 倒角　　(c) 再倒角

图 5.2.11　倒角命令简例

退出命令，结果如图 5.2.11(b)所示。可见，第一个倒角距离是指从两直线的交点处开始在第一次拾取的直线上的距离，而第二个倒角距离是指从交点处开始在第二次拾取的直线上的距离。当然，也可以选择"距离(D)"参数选项，通过指定距离和角度来进行倒角过渡，如图 5.2.11(c)所示。

从该例中可看出，使用倒角命令分两步，一是设置倒角参数，二是拾取被倒角的两个对象。

4) 绘制图形

绘制另一个有线型要求的图形，如图 5.2.12 所示。

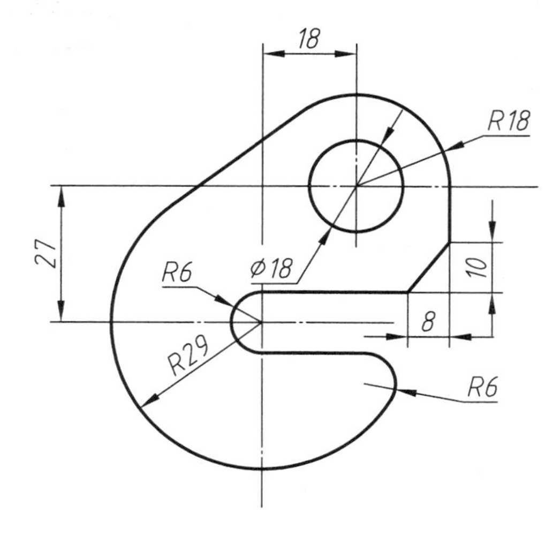

图 5.2.12　有线型要求的图形二

【**实训 5.14**】绘制图 5.2.12 所示的图形。

(1) 准备。

① 启动 AutoCAD 或重新建立一个默认文档，**建立简单绘制规范**。

② **草图设置对象捕捉左侧选项**，按标准要求建立“点画线”和“粗实线”图层。

(2)绘制点画线。

① 将当前图层切换到“点画线”层。

② 启动直线(LINE)命令，在图框左下角绘制长约 45 的**十字线**，如图ⓐ所示。

③ 启动复制(COPY)命令，将**十字线**从 *A* 复制到 *B*，其相对位移为“@18,27”，结果如图ⓑ所示。

(3) 绘制圆。

① 打开“线宽”显示，将当前图层切换到“粗实线”层。

② 启动圆(CIRCLE)命令，指定图ⓑ中小圆标记的交点 *A* 为圆心，绘制半径为 *R*6、*R*29 的圆。

③ 重复圆(CIRCLE)命令，指定图ⓑ中小圆标记的交点 *B* 为圆心，绘制直径为 ϕ18、半径为 *R*18 的圆，结果如图ⓒ所示。

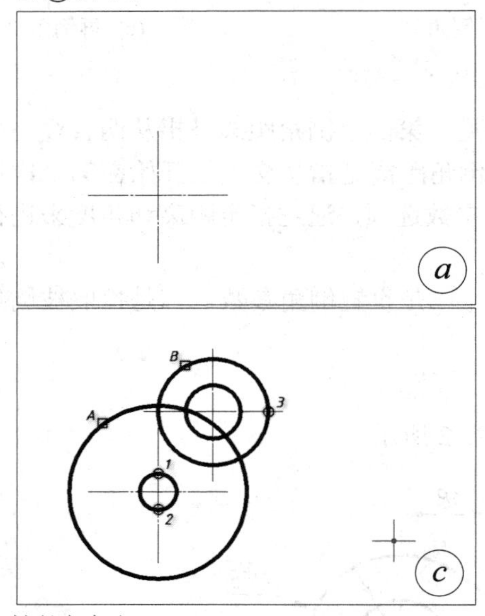

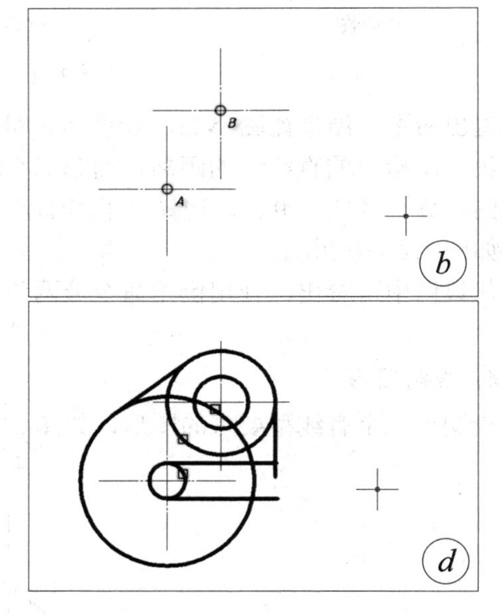

(4) 绘制所有直线。

① 启动直线(LINE)命令，绘出 *AB* 切线。

② 重复直线(LINE)命令，绘出分别从图ⓒ中小方框 1、2 位置处的圆的象限点开始的向右水平线，均超过半径为 *R*29 圆的右侧。

③ 再重复直线(LINE)命令，绘出从图ⓒ中小方框 3 位置处的圆的象限点开始的向下竖直线，结果如图ⓓ所示。

(5) 修剪、圆角和倒角。

① 启动修剪(TRIM)命令，拾取所有粗实线为剪切边对象并**结束拾取**，按图ⓓ中小方框位置处拾取圆要修剪的部分，结果如图ⓔ所示。

② 启动圆角(FILLET)命令，指定“修剪”模式，指定圆角半径为 6，按图ⓔ中小方框位置处拾取直线 *A* 和 *B*。

③ 启动倒角(CHAMFER)命令，指定“修剪”模式，指定第一个倒角距离为 8、第二个倒角距离为 10，按图ⓔ中小方框位置处拾取直线 1 和 2，结果如图ⓕ所示。至此，图形绘出。

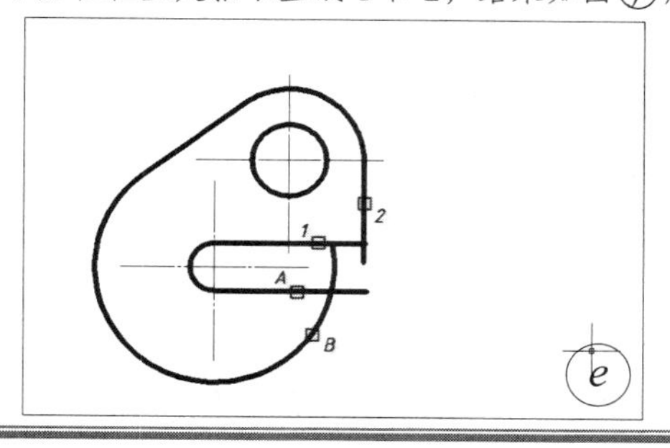

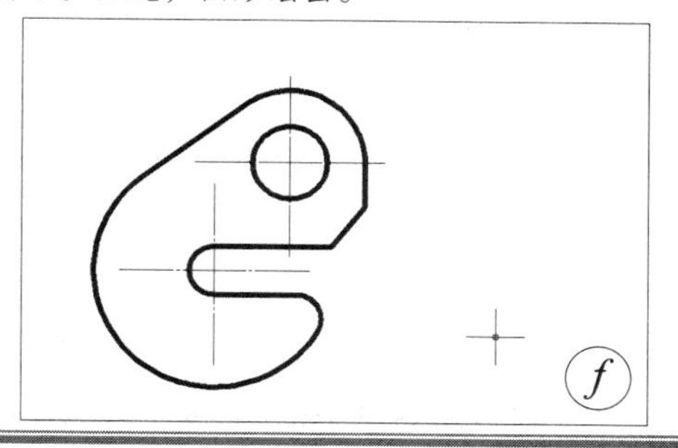

5.2.3　命令小结

本次任务涉及的 AutoCAD 命令如表 5.2.4 所示。

表 5.2.4　本次任务中的 AutoCAD 命令

类别	命令	命令名	除命令行输入的其他常用方式
绘图	圆	CIRCLE，C	菜单“绘图”→“圆”，“绘图”工具栏→
	点	POINT，PO	菜单“绘图”→“点”→…，“绘图”工具栏→
	定数等分	DIVIDE，DIV	菜单“绘图”→“点”→“定数等分”
	定距等分	MEASURE，ME	菜单“绘图”→“点”→“定距等分”
	构造线	XLINE，XL	菜单“绘图”→“构造线”，“绘图”工具栏→
修改	移动	MOVE，M	菜单“修改”→“移动”，“修改”工具栏→
	复制	COPY，CO	菜单“修改”→“复制”，“修改”工具栏→
	旋转	ROTATE，RO	菜单“修改”→“旋转”，“修改”工具栏→
	偏移	OFFSET，O	菜单“修改”→“偏移”，“修改”工具栏→
	修剪	TRIM，TR	菜单“修改”→“修剪”，“修改”工具栏→
	延伸	EXTEND，EX	菜单“修改”→“延伸”，“修改”工具栏→
	圆角	FILLET，F	菜单“修改”→“圆角”，“修改”工具栏→
	倒角	CHAMFER，CHA	菜单“修改”→“倒角”，“修改”工具栏→
文件	另存为	SAVEAS	快捷键【Ctrl+Shift+S】，菜单“文件”→“另存为”，快速访问工具栏→
格式	点样式	DDPTYPE	菜单“格式”→“点样式”
	图层	LAYER，LA	菜单“格式”→“图层”，“图层”工具栏→
状态开关快捷键：对象捕捉【F3】			

5.2.4　巩固提高

(1) 根据图 5.2.13 中标明的坐标和关系，在幅面为 A4 的图纸上按 1:1 比例绘出图形。

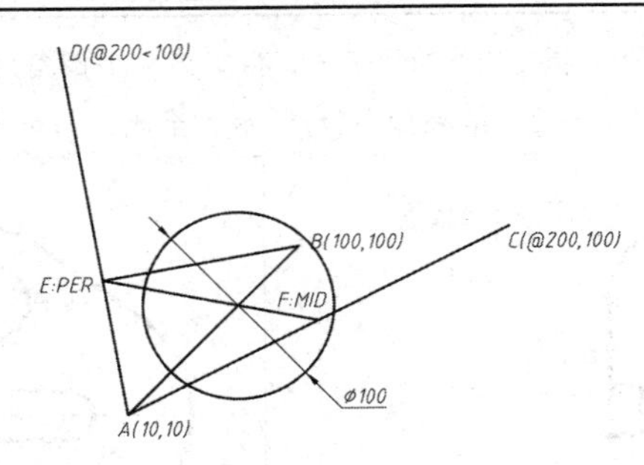

图 5.2.13　坐标和连接关系图

(2) 在幅面为 A4 的图纸上按 1∶1 比例，绘制图 5.2.14 所示的巩固练习图。

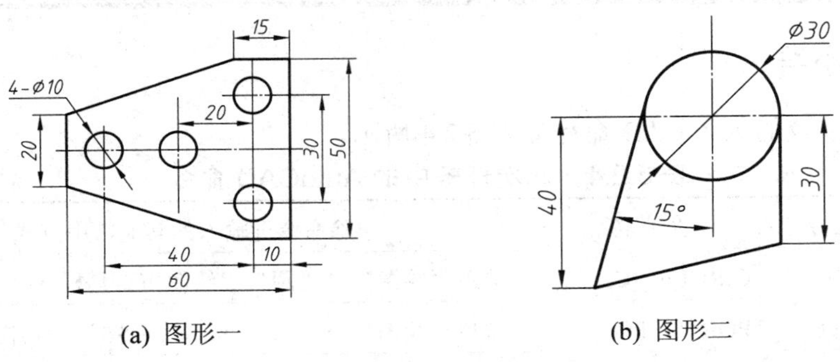

(a) 图形一　　(b) 图形二

图 5.2.14　巩固练习图

(3) 在幅面为 A4 的图纸上按 1∶1 比例，绘制图 5.2.15 所示的提高练习图。

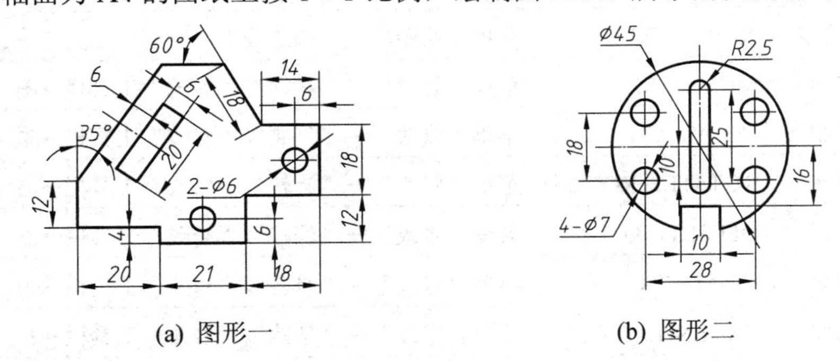

(a) 图形一　　(b) 图形二

图 5.2.15　提高练习图

(4) 在幅面为 A4 的图纸上按 1:1 比例，绘制图 5.2.16 所示的拓展练习图。

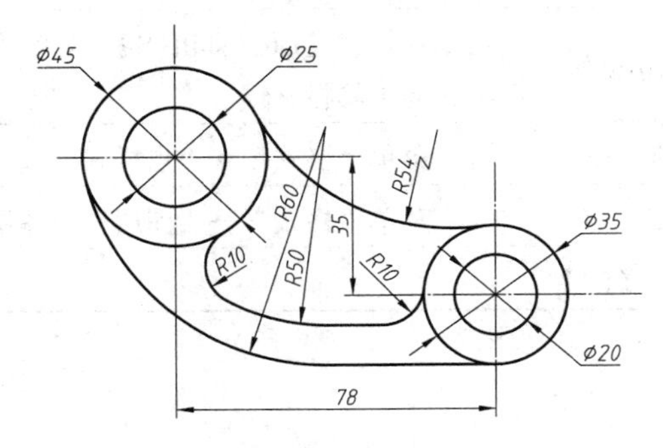

图 5.2.16　拓展练习图

任务 5.3　绘制平面图形

平面图形常常由直线、矩形、圆、圆弧等图元组成，形状可简单也可复杂。对于简单图形来说，往往只需几个图形命令就可以搞定；但对于复杂平面图来说，还必须学会对其线段和尺寸进行分析，才能把握其绘制步骤。

5.3.1　工作任务

1. 任务内容

本任务主要包括一般平面图形及典型平面图形的绘制。

2. 任务分析

具体如表 5.3.1 所示。

表 5.3.1　任务准备与分析

任务准备	网络机房，计算机每人一套，AutoCAD 2014 版软件等		
任务实施	学习情境	实施过程	结果形式
	一般平面图形的分析及其绘制	教师讲解、示范、辅导答疑 学生听、看、记并模仿	绘制的指定、自选图形
	对称平面图形的绘制		
	阵列平面图形的绘制		
	环槽类平面图形的绘制		
学习重点	对称型平面图形的绘制，阵列型平面图形的绘制		
学习难点	环槽类平面图形的绘制		
任务总结	学生提出任务实施过程中存在的问题，解决并总结 教师根据任务实施过程中学生存在的共性问题，讲评并解决		
任务考核	根据学生上机模仿、图形绘制的数量、质量以及效率等方面综合打分		

参看表 5.3.1 完成任务，实施步骤如下。

5.3.2　任务实施

1. 一般平面图形的分析及其绘制

1) 平面图形的分析

绘制平面图形时，须根据给定的尺寸逐个画出它的各个部分，因此平面图形的画法与其尺寸是密切相关的。根据相应的尺寸，图形的线段(直线段、圆和弧的泛指)也各有不同。

凡是定形尺寸和定位尺寸齐全的线段称为“已知线段”，画图时应先画出这些已知线段。在平面图形中，由于反映相对位置的有 x 和 y 两个方向，因而常把有两个方向都有的定位尺寸叫定位尺寸齐全。有些线段只有定形尺寸而无定位尺寸，一般将要根据与其相邻的两个线段的连接关系才能画出的线段，称之为“连接线段”。对有些图形，往往还具有介于上述两者之间的线段，称为“中间线段”。这种线段往往具有定形尺寸，但定位尺寸不全(只有一个方向的定位尺寸)，画图时应根据与其相邻的一个线段的连接关系画出。

这样，绘制平面图形时应先定出图形的“基准线”、绘制“已知线段”，然后绘制“中间线段”，最后绘制“连接线段”。

2) 分析并绘制手柄

如图 5.3.1 所示手柄，现来分析其尺寸和线段。

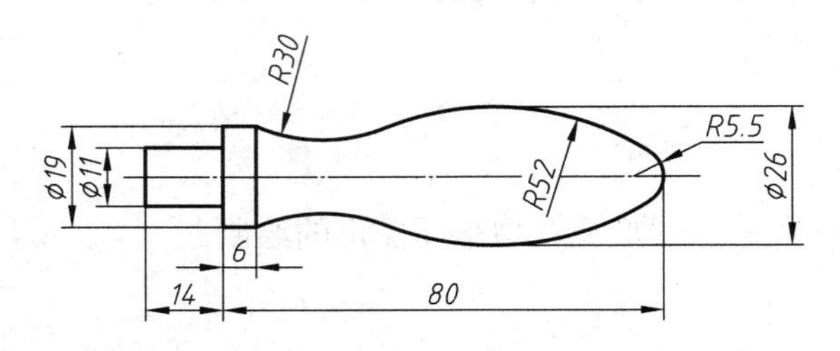

图 5.3.1　手柄

从图中尺寸可以看出：

(1) 根据定形尺寸 ϕ19、ϕ11、14 和 6 可画出其左侧的两个矩形，根据尺寸 80 和 *R*5.5 可画出右边的小圆弧 *R*5.5，它们都是已知线段。

(2) 大圆弧 *R*52 的圆心位置尺寸只有垂直方向，可根据尺寸 ϕ26 确定，而水平方向无定位尺寸，须根据此圆弧与已知 *R*5.5 圆弧相内切的条件作出，因此它是中间线段(中间圆弧)。

(3) *R*30 的圆弧只给出半径，但它却通过 ϕ19、6 确定的矩形右端角点，且与 *R*52 大圆弧相外切，根据这两个条件可作出 *R*30 的圆弧，因此它是连接线段(连接圆弧)。

这样一来，可得出手柄的具体作图步骤如下。

(1) 定出图形的基准线，画已知线段。

(2) 画中间线段 *R*52。

(3) 画连接线段 *R*30。

(4) 修补、调整，完成全图。

3) 镜像和分解命令

由于手柄上下对称，因此可用 AutoCAD 的镜像命令来绘制。镜像(MIRROR)就是将所拾取的图元对象以指定的一条直线为对称轴(镜像线)进行对称复制。选择菜单“修改”→“镜像”或单击“修改”工具栏→“”或在命令行直接输入“MI”并按【Enter】键可启动该命令。

例如，先任意画一条直线和一个圆，如图 5.3.2(a)所示，然后在命令行输入“MI”并按【Enter】键，按照以下命令行提示进行操作：

MIRROR 选择对象：　拾取圆

MIRROR 选择对象：　↵

MIRROR 指定镜像线的第一点：拾取直线的一个端点；指定镜像线的第二点：　将光标移至直线的另一个端点，如图 5.3.2(b)所示，当出现“端点”捕捉图符时单击鼠标左键

MIRROR 要删除源对象吗？[是(Y) 否(N)] <N>:　↵

镜像结束，结果如图 5.3.2(c)所示。

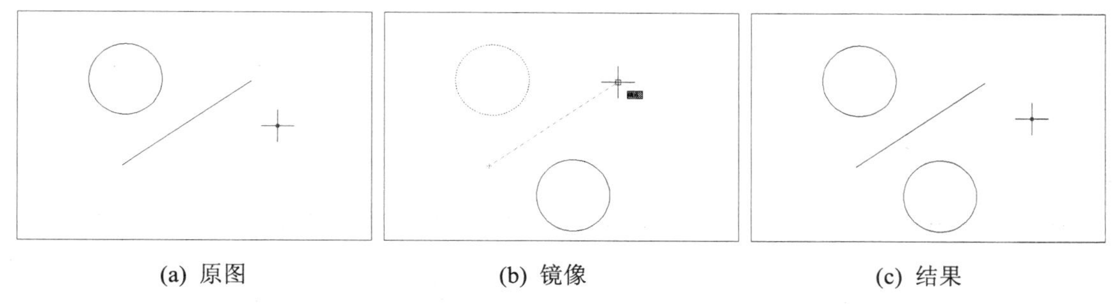

(a) 原图　　(b) 镜像　　(c) 结果

图 5.3.2　镜像命令简例

事实上，为了更好地对图形进行“修剪”等操作，往往还要先将矩形等图形进行分解(“打散”)。AutoCAD 中的分解(EXPLODE)命令就起这样的作用。选择菜单“修改”→“分解”或单击“修改”工具栏→“ ”或在命令行直接输入“EXPLODE”并按【Enter】键，可启动该命令。命令执行后提示拾取要分解的对象并**结束拾取**后，所选定的对象被分解。

【实训 5.15】绘制图 5.3.1 所示的手柄。

(1) 准备。

① 启动 AutoCAD 或重新建立一个默认文档，**建立简单绘制规范**。

② **草图设置对象捕捉左侧选项**，按标准要求建立“点画线”和“粗实线”图层。

(2)绘制基准及相关点画线。

① 将当前图层切换到“点画线”层。

② 启动直线(LINE)命令，在图框中间位置绘出长约 100 的水平直线。

③ 启动矩形(RECTANG)命令，任意指定第一个角点，输入“@80,26”并按【Enter】键指定第二个角点。

④ 启动移动(MOVE)命令，拾取矩形对象并**结束拾取**，指定矩形右侧边的中点为基点，将其移至水平点画线上，且使矩形尽可能靠右端，如图ⓐ所示。

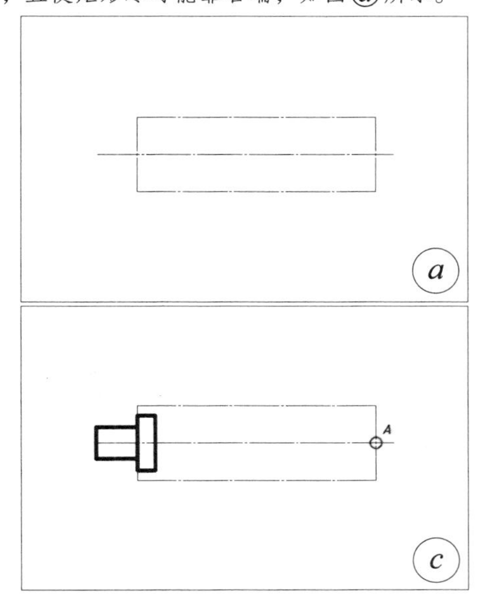

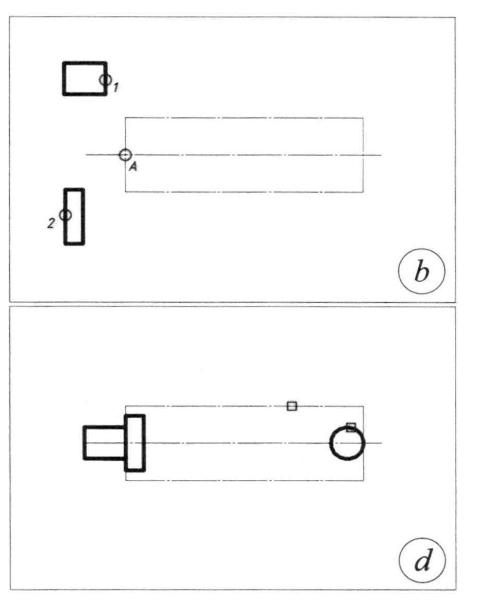

(3) 绘制矩形轮廓(已知线段)。

① 打开“线宽”显示，将当前图层切换到“粗实线”层。

② 启动矩形(RECTANG)命令，任指定第一个角点，输入“@14,11”并按【Enter】键指定第二个角点，14×11 的矩形绘出。

③ 重复矩形(RECTANG)命令，任指定第一个角点，输入“@6,19”并按【Enter】键指定第二个角点，6 × 19 的矩形绘出。结果如图ⓑ所示。

④ 启动移动(MOVE)命令，拾取 14 × 11 的矩形对象并**结束拾取**，指定图ⓑ中小圆标记的矩形右侧边的中点 1 为基点，将其移至图ⓑ中小圆标记的交点 *A*。

⑤ 重复移动(MOVE)命令，拾取 6×19 的矩形对象并**结束拾取**，指定图ⓑ中小圆标记的矩形左侧边的中点 2 为基点，将其移至图ⓑ中小圆标记的交点 *A*。结果如图ⓒ所示。

(4) 绘制最右侧圆(已知线段)。

① 启动圆(CIRCLE)命令，在任意位置处绘制半径为 *R*5.5 的圆。

② 启动移动(MOVE)命令，拾取 *R*5.5 圆对象并**结束拾取**，指定圆右侧象限点为基点，将其移至图ⓒ中小圆标记的交点 *A*，结果如图ⓓ所示。

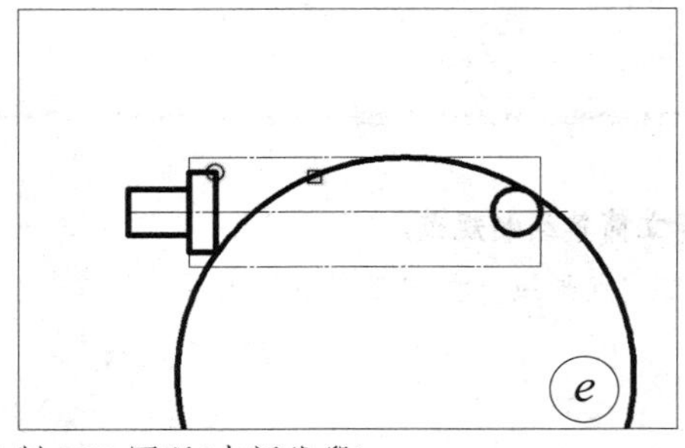

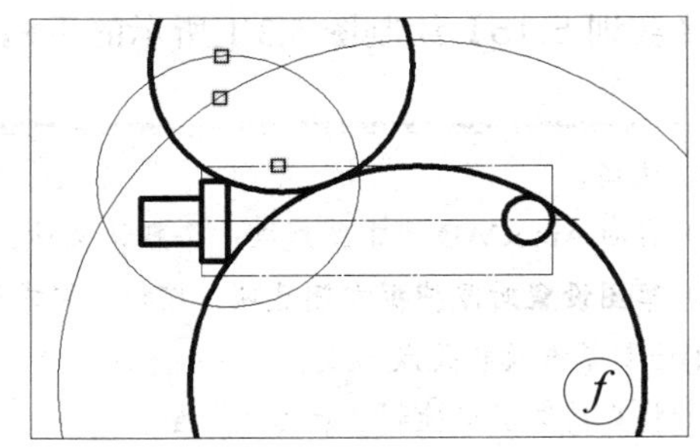

(5) 绘制 *R*52 圆弧(中间线段)。

启动圆(CIRCLE)命令，输入“T”并按【Enter】键指定“切点、切点、半径”方式，按图ⓓ中小方框标记位置分别拾取圆和点画线矩形的上边，输入半径“52”并按【Enter】键，结果如图ⓔ所示。

(6) 绘制 *R*30 连接弧。

*R*52 圆弧似乎很好绘出，然而 *R*30 圆弧却无法使用圆和圆弧，必须先求出其圆心。

① 将当前图层切换到默认的“0”层。

② 启动圆(CIRCLE)命令，以如图ⓔ中小圆标记的角点为圆心，指定半径为“30”。

③ 以如图ⓔ中小方框标记的圆弧的圆心为圆心，指定半径为“82”(52 + 30 = 82)。

④ 将当前图层切换到“粗实线”层。

⑤ 启动圆(CIRCLE)命令，以刚绘出的两圆的上方交点为圆心，指定半径为“30”，结果如图ⓕ所示。

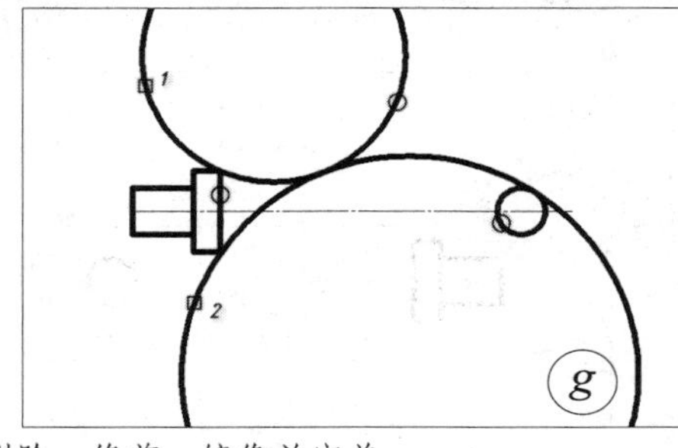

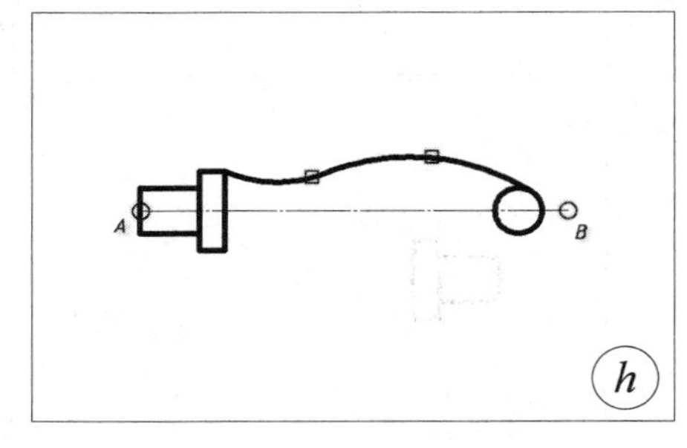

(7) 删除、修剪、镜像并完善。

① 按图ⓕ中小方框标记位置拾取辅助线(共三个对象)，按【Delete】键删除，结果如图ⓖ所示。

② 启动分解(EXPLODE)命令，“打散”图ⓖ中小圆标记的矩形。

③ 启动修剪(TRIM)命令，拾取图ⓖ中小圆标记的直线、*R*30 和 *R*5.5 圆为剪切边对象并**结束拾取**，在图ⓖ中小方框位置处 1 和 2 拾取圆要修剪的部分，**退出**修剪命令，结果如图ⓗ所示。

④ 启动镜像(MIRROR)命令，拾取图ⓗ中小方框标记的圆弧对象并**结束拾取**，指定端点 *A* 到端点 *B* 的点画线为镜像线，按【Enter】键后结果如图ⓘ所示。

⑤ 启动修剪(TRIM)命令，拾取图ⓘ中小圆标记的两个圆弧为剪切边对象并**结束拾取**，在图ⓘ小方框位置处拾取圆要修剪的部分，**退出**修剪命令，图形绘出，结果如图ⓙ所示。

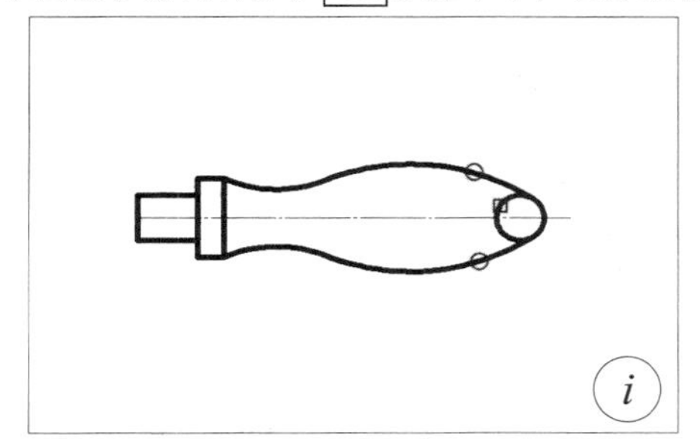

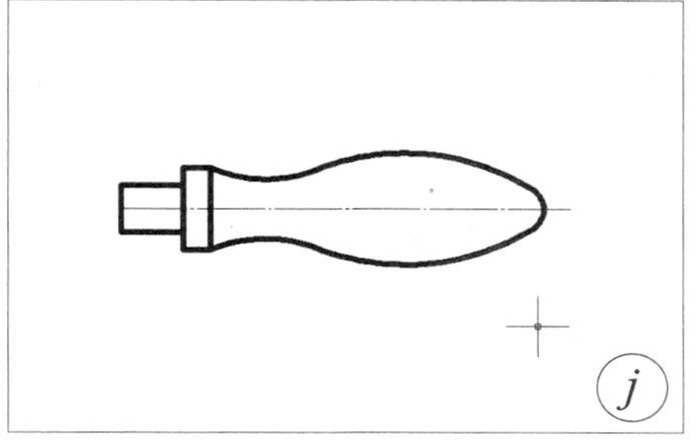

⑥ 使用移动(MOVE)命令将中间的水平点画线向左稍移一点，或通过水平点画线左侧夹点向左侧拉伸一点。

2. 对称平面图形的绘制

平面图形可以分为规则类与非规则类(后面再讨论)两类，规则类像环形阵列、矩形阵列、对称等图形，一般较易绘制。不过，在绘制时一般还需要通过夹点操作进行快速调整。

1) 使用夹点

夹点是图元对象的一种独特设计的操作模式，通过夹点可以对图元对象进行移动、拉伸、旋转、缩放等编辑操作。在空命令状态下，直接单击图元拾取后，图元呈虚线状态，表示进入夹点模式。同时还在相应的端点、中点等处显示相应的正方形、长方形或三角形的蓝色实心小方框，它们都是该图元的“夹点”。单击这些夹点，夹点颜色由蓝色变成红色，夹点被激活，从而可进行下一步操作。这里仅说明直线、圆和矩形的夹点的默认功能。

(1) 直线的夹点。默认时，直线的中夹点用来平移直线，好比是以中点为基点的移动(MOVE)操作；而直线的端夹点用来拉伸直线。

(2) 圆的夹点。默认时，圆心夹点用来平移，而圆的象限夹点用来改变圆的半径大小。

(3) 矩形的夹点。默认时，矩形的角点夹点具有“拉伸”、“添加顶点”和“删除顶点”等操作，而矩形的边的中点夹点具有“拉伸”、“添加顶点”和“转换为圆弧”等操作。

2) 绘制图形

图 5.3.3 所示是一个左右对称的图形，可用镜像来完成，但难点在于左上和右上部分的直角上。要绘出这样的直角可先绘出 60° 角的斜线，在斜线找出距圆心垂直距离为 56 的定位点，然后以此定位点为第一角点，绘出宽(长)为 20 的矩形(高度不限)，然后旋转即可。

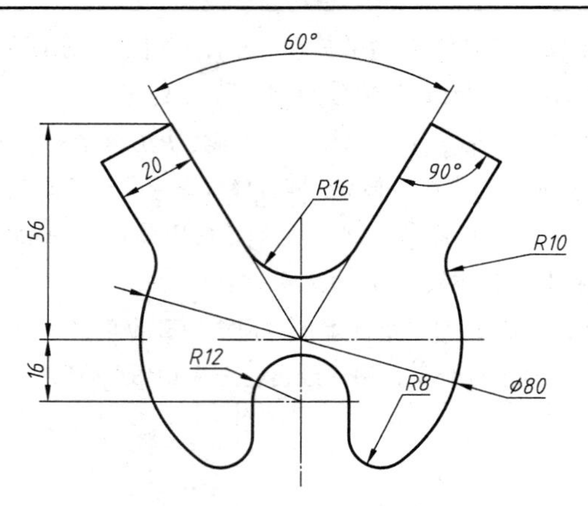

图 5.3.3　对称平面图形

【实训 5.16】绘制图 5.3.3 所示的对称平面图形。

(1) 准备。

① 启动 AutoCAD 或重新建立一个默认文档，**建立简单绘制规范**。

② **草图设置对象捕捉左侧选项**，按标准要求建立“点画线”和“粗实线”图层。

(2) 绘制基准及相关点画线。

① 将当前图层切换到“点画线”层。

② 启动直线(LINE)命令，在图框中间偏下位置绘出两条相互垂直的直线，水平直线长约 90，竖直直线长约 70。注意水平点画线距图框最下面的边不要超出 40，如图ⓐ所示。

③ 启动偏移(OFFSET)命令，指定偏移距离为 56，拾取图ⓐ中有小方框标记的水平点画线，然后在该线上方单击鼠标左键，按【Enter】键退出。

④ 重复偏移(OFFSET)命令，指定偏移距离为 16，拾取图ⓐ中有小方框标记的水平点画线，然后在该线下方单击鼠标左键，按【Enter】键退出。结果如图ⓑ所示。

⑤ 启动直线(LINE)命令，拾取图ⓑ交点 *A* 为第一点，打开极轴追踪，沿**极轴...<60°**追踪线方向移至最上面的水平点画线，当出现“交点”捕捉图符时，如图ⓒ所示，单击鼠标左键。**退出**直线命令。

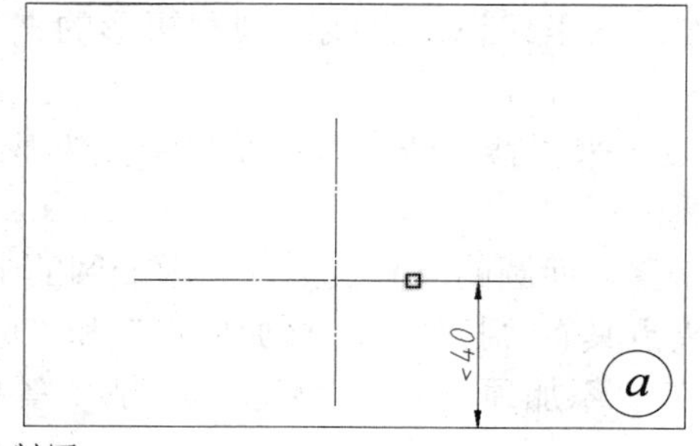

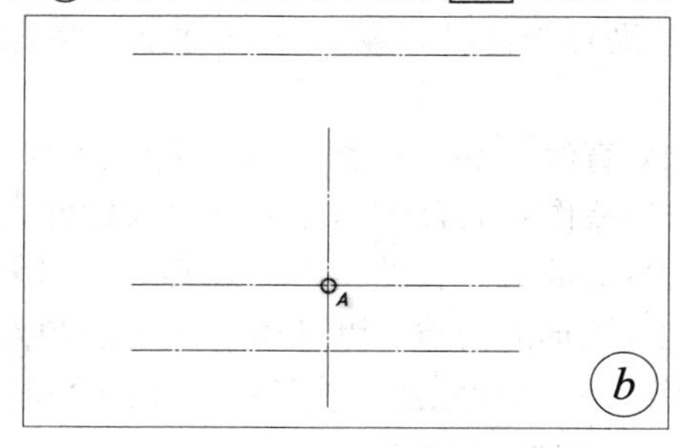

(3) 绘制圆。

① 打开“线宽”显示，将当前图层切换到“粗实线”层。

② 启动圆(CIRCLE)命令，指定图ⓒ中小圆标记的交点 *A* 为圆心，绘制直径为 ϕ80 的圆。

③ 重复启动圆(CIRCLE)命令，指定图ⓒ中小圆标记的交点 *B* 为圆心，绘制半径为 *R*12 的圆。结果如图ⓓ所示。

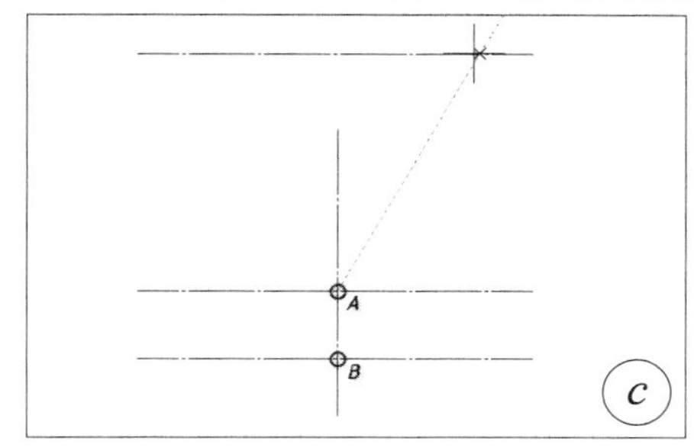

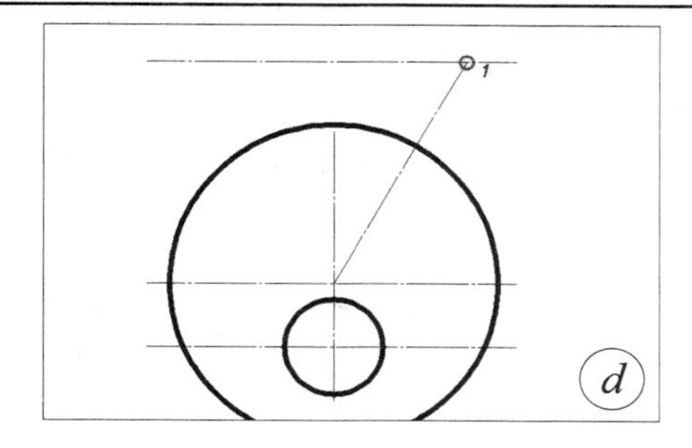

(4) 绘制矩形并旋转。

① 启动矩形(RECTANG)命令，指定图ⓓ中小圆标记的交点 1 为第一角点，输入“@20,-40”并按【Enter】键，矩形绘出，结果如图ⓔ所示。

② 启动旋转(ROTATE)命令，按以下提示进行操作，结果如图ⓕ所示：

ROTATE 选择对象：拾取图ⓔ的矩形并**结束拾取**

ROTATE 指定基点：将光标移至图ⓔ中小圆标记的交点 1，当出现点捕捉图符时单击鼠标左键

ROTATE 指定旋转角度，或 [复制(C) 参照(R)] <90>: r↵

ROTATE 指定参照角 <0>：指定图 *e* 的交点 1 为第一点；指定第二点：指定图ⓔ的角点 2 为第二点

ROTATE 指定新角度或 [点(P)] <0>：将光标移至图ⓔ中交点 3 位置，当出现点捕捉图符时单击鼠标左键

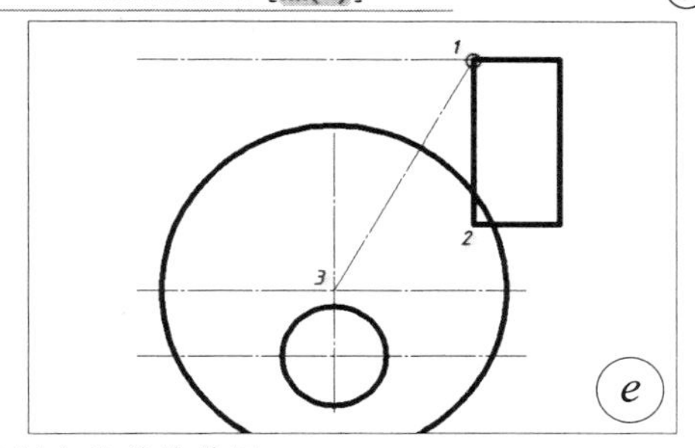

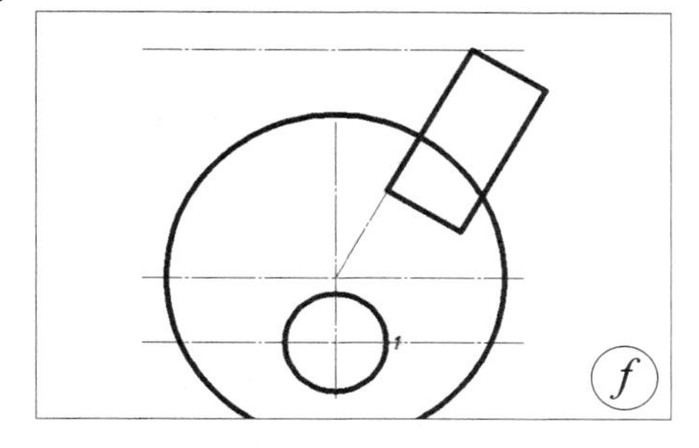

(5) 绘制直线并修剪圆。

① 启动直线(LINE)命令，从图ⓕ中象限点 1 位置处开始向下绘出一竖直线，如图ⓖ所示。

② 启动分解(EXPLODE)命令将矩形“打散”。

③ 启动修剪(TRIM)命令，拾取图框和矩形右侧边为剪切边对象并**结束拾取**，在图ⓖ小方框位置处拾取大圆要修剪的部分，然后再拾取图框下方外面的大圆要修剪的部分，按【Enter】键退出修剪命令，结果如图ⓗ所示。

(6) 删除多余直线、圆角过渡。

① 按图ⓗ小方框标记的位置拾取直线，按【Delete】键删除，结果如图ⓘ所示。

② 启动圆角(FILLET)命令，指定圆角半径为“10”，按图ⓘ小方框 1 和 2 标记的位置处拾取直线和圆弧对象，圆角绘出。

③ 重复圆角(FILLET)命令，指定圆角半径为“8”，按图ⓘ小方框 3 和 4 标记的位置处拾取直线和圆弧对象。结果如图ⓙ所示。

(7)镜像并作 *R*16 连接弧，图形绘出。

① 启动镜像(MIRROR)命令，拾取所有除整圆外的粗实线对象并**结束拾取**，指定图ⓙ中端点 1 到端点 2 的直线为镜像线，按【Enter】键后结果如图ⓚ所示。

② 启动圆角(FILLET)命令，指定圆角半径为“16”，按图ⓚ小方框标记的位置处拾取两直线，结果

如图ⓛ所示。

③ 启动修剪(TRIM)命令，拾取图ⓛ中小圆标记的水平点画线为剪切边对象，在图ⓛ小方框位置处拾取圆要修剪的部分，按【Enter】键退出修剪命令，图形绘出。

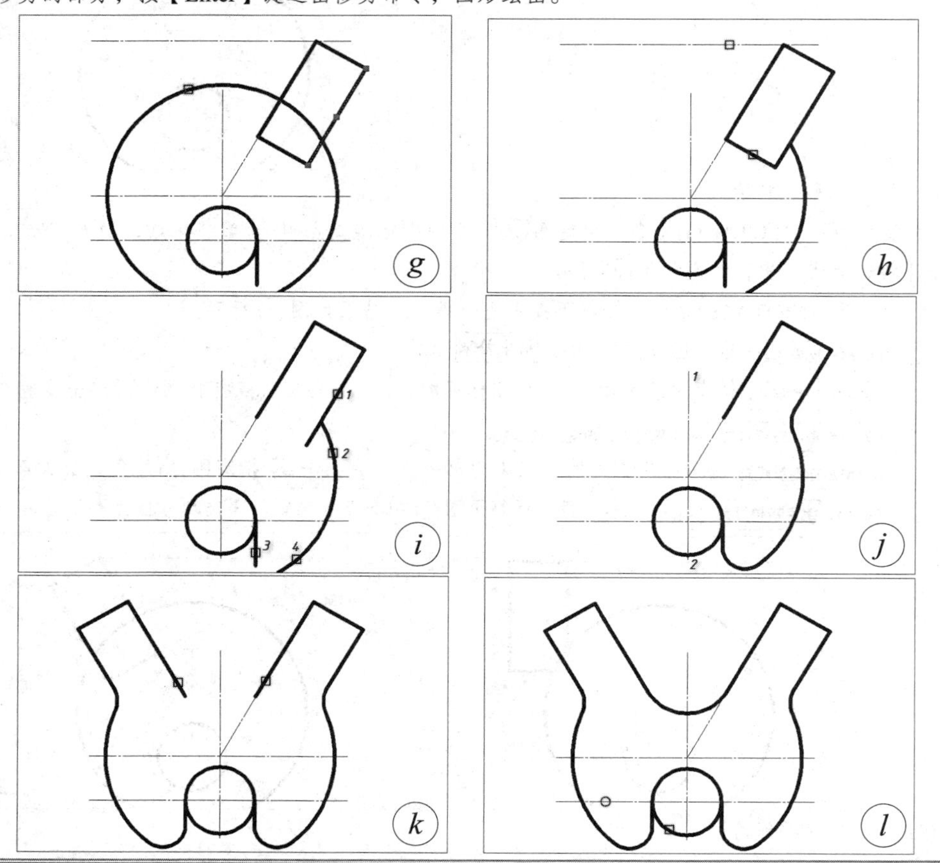

3．阵列平面图形的绘制

在图样绘制中，阵列是一种非常高效的复制手段，通过一次操作可同时生成若干个相同的图形，以提高作图效率。在 AutoCAD 中，最常用的阵列有矩形阵列和环形阵列两种。这里在讨论阵列命令之前，先来介绍多边形命令。

1) 多边形

各边相等，各角也相等的多边形叫**正多边形**。AutoCAD 中的多边形(POLYGON)命令就是用来绘制“正多边形”的。选择菜单“绘图”→“多边形”或单击“绘图”工具栏→“⬠”或在命令行直接输入“POL”并按【Enter】键，可启动该命令。

例如，先画一个任意大小的圆，如图 5.3.4(a)所示，然后启动 POLYGON 命令：

```
POLYGON _polygon 输入侧面数 <4>:  7↵
POLYGON 指定正多边形的中心点或 [边(E)]: 指定圆的圆心
POLYGON 输入选项 [内接于圆(I) 外切于圆(C)] <I>:  ↵
POLYGON 指定圆的半径: 移动光标至圆右侧象限点，如图 5.3.4(b)所示，单击鼠标左键，多边形绘出
```

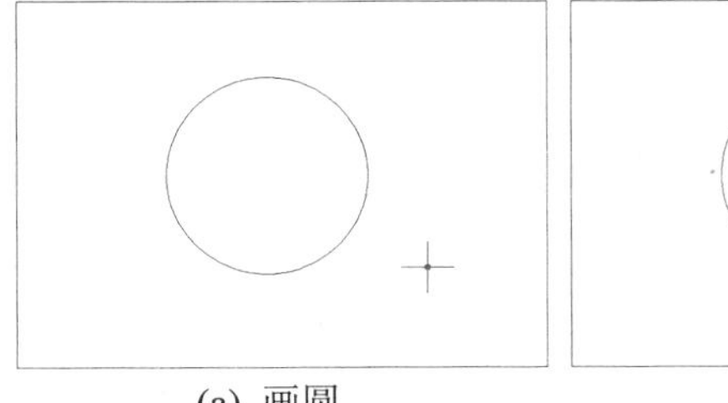
(a) 画圆

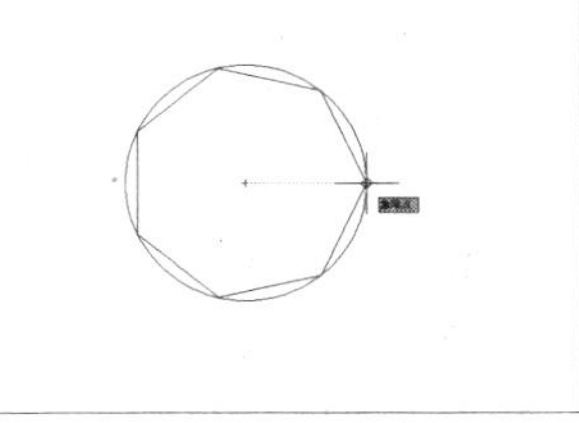
(b) 作正多边形

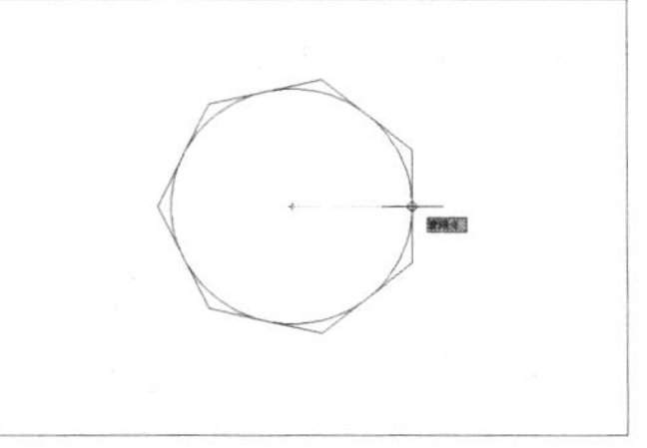
(c) 作出外切正多边形

图 5.3.4　正多边形命令简例

撤销刚才的正七边形，再次启动 POLYGON 命令：

POLYGON _polygon 输入侧面数 <4>:　7↵

POLYGON 指定正多边形的中心点或 [边(E)]:　指定圆的圆心

POLYGON 输入选项 [内接于圆(I) 外切于圆(C)] <I>:　c↵

POLYGON 指定圆的半径:　移动光标至圆右侧象限点，如图 5.3.4(c)所示，单击鼠标左键，多边形绘出

事实上，多边形(POLYGON)命令还有“边”选项，它是通过两个点来“边”的大小和方向。

2) 阵列命令

在命令行输入“ARRAY”或“AR”并按【Enter】键，命令提示选择对象，然后提示选择矩形、路径和极轴(即环形)等阵列类型，或者选择菜单“修改”→“阵列”下的阵列类型子菜单，或者单击“修改”工具栏→“器”图标不放，在弹出的快捷阵列类型图标中选择要执行的阵列。

3) 矩形阵列

矩形阵列(ARRAYRECT)相当于 ARRAY 命令中的“矩形”选项，用来创建行、列阵列。例如，若将选定的对象进行三行(行距为 30)四列(列距为 40)的矩形阵列，则启动矩形阵列(ARRAYRECT)命令后，可按提示进行如下操作：

ARRAYRECT 选择对象:　用窗口选择来框选对象，按图 5.3.5(a)所示的框指定左上角为第一角点；

指定对角点:　按图 5.3.5(a)所示的框指定左上角为对角点并**结束拾取**，默认预绘出三行四列的阵列图形)

类型 = 矩形　关联 = 是

ARRAYRECT 选择夹点以编辑阵列或 [关联(AS) 基点(B) 计数(COU) 间距(S) 列数(COL) 行数(R) 层数(L) 退出(X)] <退出>:　s↵

ARRAYRECT 指定列之间的距离或 [单位单元(U)] <77.4205>:　40↵

ARRAYRECT 指定行之间的距离 <77.4205>:　30↵

ARRAYRECT 选择夹点以编辑阵列或 [关联(AS) 基点(B) 计数(COU) 间距(S) 列数(COL) 行数(R) 层数(L) 退出(X)] <退出>:　↵

图 5.3.5(b)是“退出”确定前的阵列，当按【Enter】键后，指定的三行(行距为 30)四列(列距为 40)的矩形阵列绘出，同时阵列后的对象全都变成一个整体。

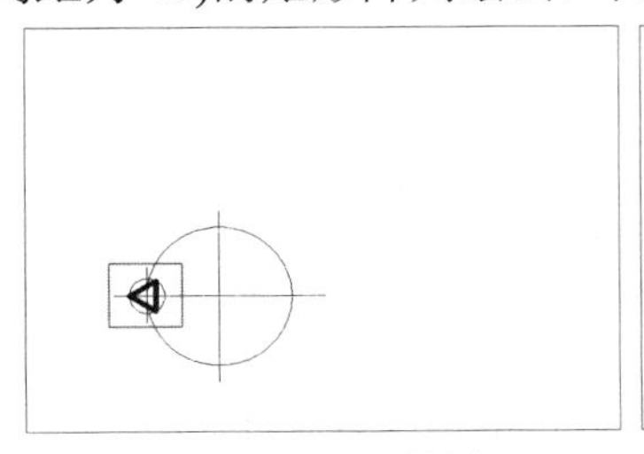
(a) 要阵列的图形

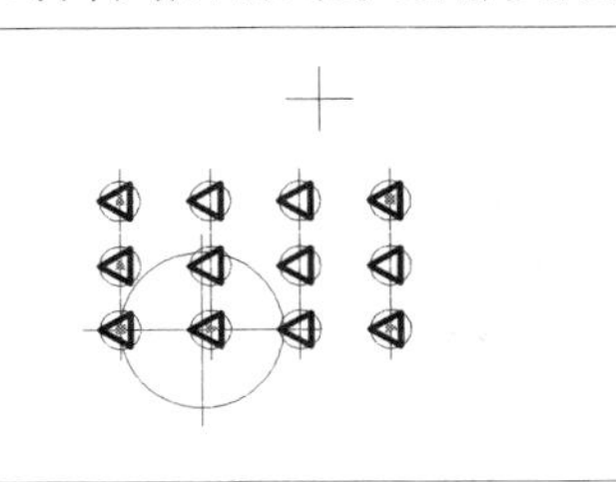
(b) 矩形阵列

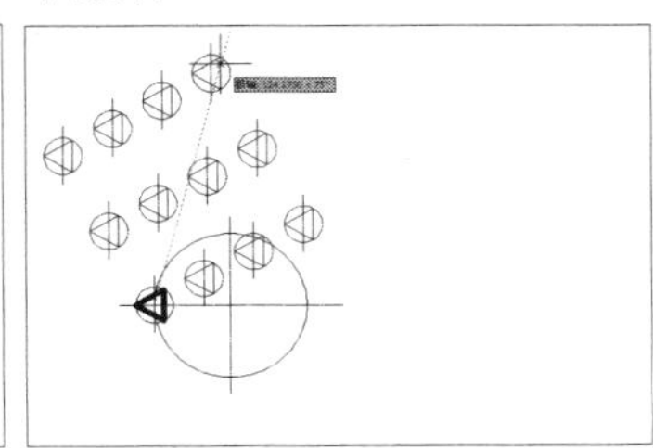
(c) 指定“角度”选项

图 5.3.5　矩形阵列图例

矩形阵列(ARRAYRECT)还有一些选项，其含义如下：

(1) 基点。重新指定阵列的参照基准点。

(2) 角度。行方向与列方向总是垂直的，此选项用来指定行方向与水平方向的夹角，如图 5.3.5(c)所示，是指定角度为 30° 后的情形。

(3) 计数。用来直接指定行和列的数目。

(4) 关联。关联后，阵列后的对象保留形成的关系。若关闭“关联”，则阵列后的对象为独立的对象。

(5) 行数、列数、层数。用来指定行数、列数和层数(三维场合)。

4) 环形阵列

环形阵列(ARRAYPOLAR)相当于 ARRAY 中的“极轴”(环形)选项，用来围绕中心点或旋转轴在环形中均匀分布对象。

撤销到图 5.3.5(b)所示情形，若将选定的对象环形阵列成填充角度为 300°、5 个项目，则启动环形阵列(ARRAYPOLAR)命令后，可按提示进行如下操作：

ARRAYPOLAR 选择对象：用窗口选择来框选对象，按图 5.3.6(a)所示的框指定左上角为第一角点；指定对角点：按图 5.3.6(a)所示的框指定左上角为对角点并**结束拾取**

类型 = 极轴　关联 = 是
ARRAYPOLAR 指定阵列的中心点或 [基点(B) 旋转轴(A)]：将光标移至大圆圆心，当出现“圆心”图形符号时，单击鼠标左键，默认预绘出填充角度为 360°、五个项目的阵列图形

ARRAYPOLAR 选择夹点以编辑阵列或 [关联(AS) 基点(B) 项目(I) 项目间角度(A) 填充角度(F) 行(ROW) 层(L) 旋转项目(ROT) 退出(X)] <退出>：f↵

ARRAYPOLAR 指定填充角度(+=逆时针、-=顺时针)或 [表达式(EX)] <360>：300↵

ARRAYPOLAR 选择夹点以编辑阵列或 [关联(AS) 基点(B) 项目(I) 项目间角度(A) 填充角度(F) 行(ROW) 层(L) 旋转项目(ROT) 退出(X)] <退出>：↵

环形阵列绘出，如图 5.3.6(b)所示。需要强调的是，若在“退出”确定前指定“旋转项目”选项，则有以下提示：

ARRAYPOLAR 选择夹点以编辑阵列或 [关联(AS) 基点(B) 项目(I) 项目间角度(A) 填充角度(F) 行(ROW) 层(L) 旋转项目(ROT) 退出(X)] <退出>：rot↵

ARRAYPOLAR 是否旋转阵列项目？[是(Y) 否(N)] <是>：n↵

ARRAYPOLAR 选择夹点以编辑阵列或 [关联(AS) 基点(B) 项目(I) 项目间角度(A) 填充角度(F) 行(ROW) 层(L) 旋转项目(ROT) 退出(X)] <退出>：↵

当指定“旋转项目”选项为“否”时，则结果如图 5.3.6(c)所示，注意与 5.3.6(b)的区别。

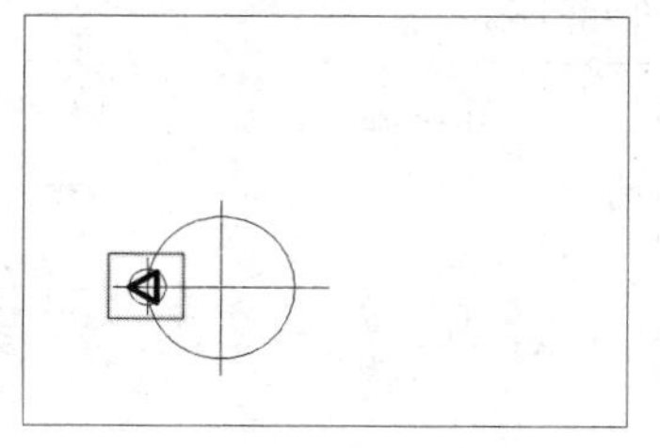

(a) 要阵列的图形

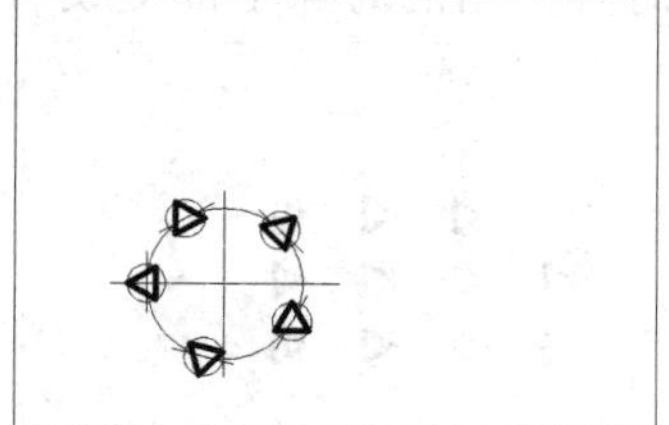

(b) 环形阵列

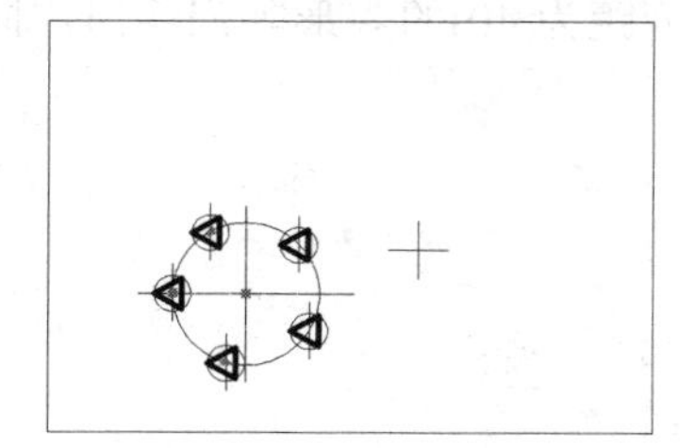

(c) 指定“旋转项目”选项为“否”后的环形阵列

图 5.3.6　环形阵列图例

5) 绘制图形

如图 5.3.7 所示是一个典型的旋转阵列型平面图形，仅用圆、直线、修剪和阵列等命令就能绘出，绘制时只要绘出要旋转阵列的那部分图形再阵列即可。

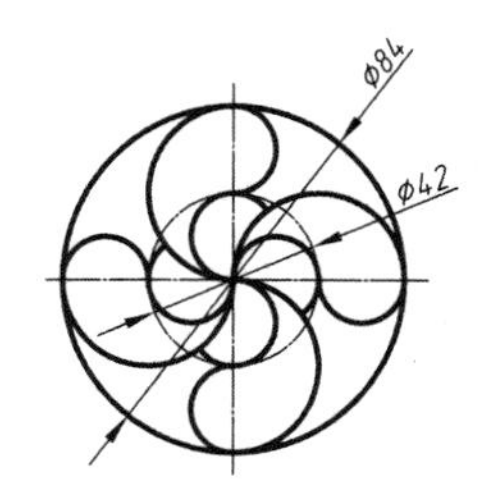

图 5.3.7　阵列平面图形

【实训 5.17】绘制图 5.3.7 所示的旋转阵列型平面图形。

(1) 准备。

① 启动 AutoCAD 或重新建立一个默认文档，**建立简单绘制规范**。

② **草图设置对象捕捉左侧选项**，按标准要求建立“点画线”和“粗实线”图层。

(2) 绘制点画线。

① 将当前图层切换到“点画线”层。

② 启动直线(LINE)命令，在图框中间绘制长约 95 的相互垂直的两条直线，如图ⓐ所示。

③ 启动圆(CIRCLE)命令，指定图ⓐ小圆标记的交点为圆心，绘制直径为 φ42 的圆，如图ⓑ所示。

(3) 绘制圆和阵列源。

① 打开“线宽”显示，将当前图层切换为“粗实线”层。

② 启动圆(CIRCLE)命令，指定图ⓑ小圆标记的交点 *A* 为圆心，绘制直径为 φ84 的圆，结果如图ⓒ所示。

③ 重复圆(CIRCLE)命令，输入“2p”并按【Enter】键，指定图ⓒ小圆标记的交点 *A* 与 *B* 为直径的两端点，圆绘出。

④ 重复圆(CIRCLE)命令，输入“2p”并按【Enter】键，指定图ⓒ小圆标记的交点 *A* 与 *C* 为直径的两端点，圆绘出。结果如图ⓓ所示。

⑤ 重复圆(CIRCLE)命令，输入“2p”并按【Enter】键，指定图ⓓ小圆标记的交点 *A* 与圆心 *D* 为直径的两端点，圆绘出。

⑥ 重复圆(CIRCLE)命令，输入“2p”并按【Enter】键，指定图ⓓ小圆标记的交点 *B* 与圆心 *D* 为直径的两端点，圆绘出。结果如图ⓔ所示。

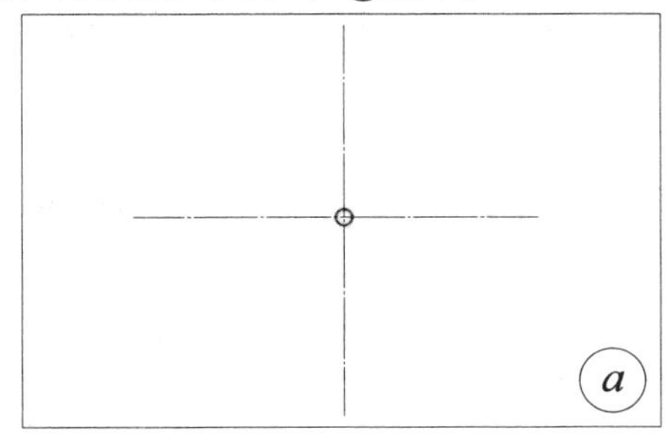

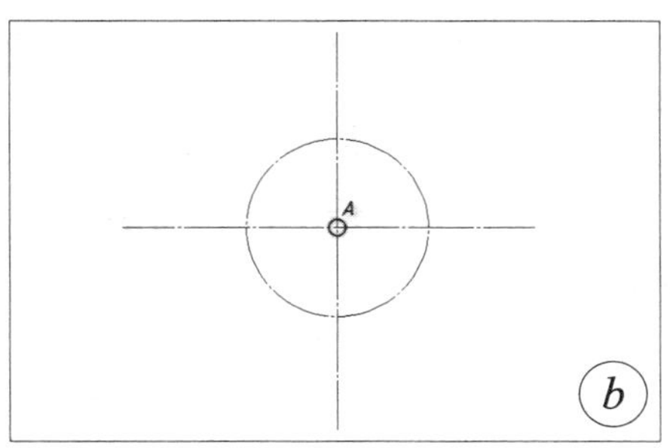

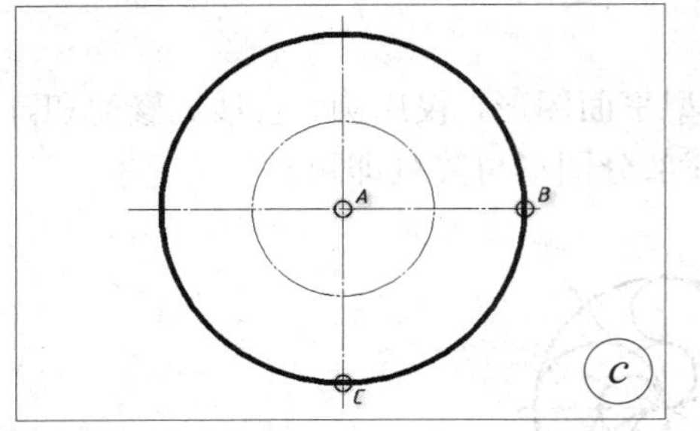

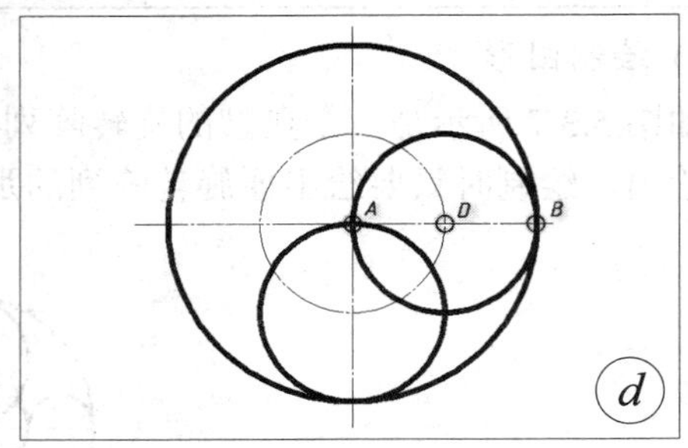

(4) 修剪阵列，图形绘出。

① 启动修剪(TRIM)命令，拾取水平点画线为剪切边对象，然后按图ⓔ小方框位置处拾取圆要修剪的部分，结果如图ⓕ所示，**退出**修剪命令。

② 重复修剪(TRIM)命令，拾取图ⓕ中有小圆标记的圆为剪切边对象，然后按图ⓕ小方框位置处拾取圆要修剪的部分，结果如图ⓖ所示，**退出**修剪命令。

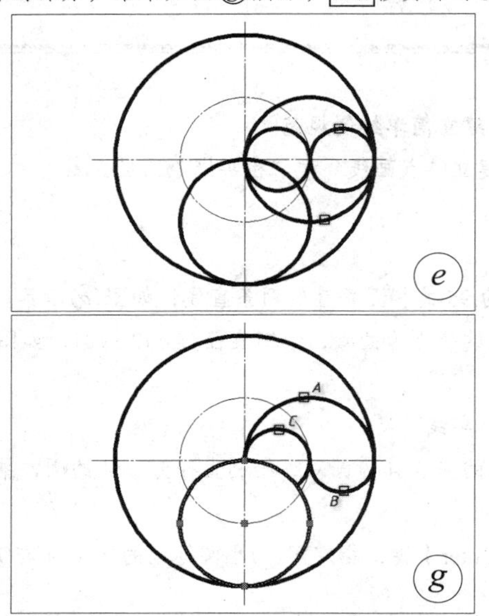

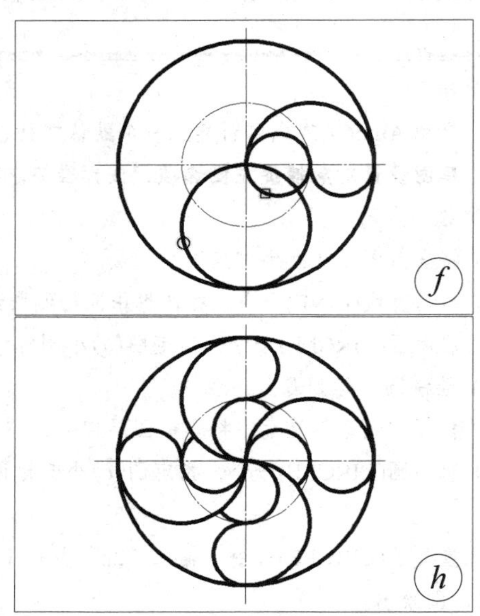

③ 选中图ⓖ中有选中标记的圆，按【Delete】键删除。在命令行输入“AR”并按【Enter】键，按以下提示进行操作，结果如图ⓗ所示。

ARRAY 选择对象：拾取图ⓖ有小方框标记的圆 *A*、*B* 和 *C* 并**结束拾取**

ARRAY 输入阵列类型 [矩形(R) 路径(PA) 极轴(PO)] <极轴>:　po↵

类型 = 极轴　关联 = 是

ARRAY 指定阵列的中心点或 [基点(B) 旋转轴(A)]: 指定两点画线的交点为阵列中心点

ARRAY 选择夹点以编辑阵列或 [关联(AS) 基点(B) 项目(I) 项目间角度(A) 填充角度(F) 行(ROW) 层(L) 旋转项目(ROT) 退出(X)] <退出>:　i↵

ARRAY 输入阵列中的项目数或 [表达式(E)] <6>:　4↵

ARRAY 选择夹点以编辑阵列或 [关联(AS) 基点(B) 项目(I) 项目间角度(A) 填充角度(F) 行(ROW) 层(L) 旋转项目(ROT) 退出(X)] <退出>:　↵

需要说明的是，若要通过“阵列”对话框来指定参数，则可使用 ARRAYCLASSIC 命令。

4．环槽类平面图形的绘制

非规则类平面图形按其结构来分，可分为手柄类、吊钩(衣钩)类、环槽类、凸耳类以及其他杂类等。前面【实训 5.15】已介绍过简单手柄类，这里仅介绍环槽类平面图形的绘制，对于其他类型可参见后面的练习图。由于环槽一般需要通过圆弧来绘制，并且有些修剪还可以直接用打断进行，故这里先来介绍这两个命令的使用。

1) 圆弧命令

圆弧(ARC)命令是经常使用的命令之一。选择菜单“绘图”→“圆弧”下的子菜单项(共有 11 项)，或单击“绘图”工具栏→“⌒”，或在命令行直接输入“A”并按【Enter】键，可启动该命令。

例如，先任意画一条直线，如图 5.3.8(a)所示，然后启动圆弧(ARC)命令，按命令行提示操作：

圆弧创建方向：逆时针(按住 Ctrl 键可切换方向)。
ARC 指定圆弧的起点或 [圆心(C)]：指定图 5.3.8(a)中直线的端点 A
ARC 指定圆弧的第二个点或 [圆心(C) 端点(E)]：指定图 5.3.8(a)中直线的端点 B，此时移动鼠标，结果如图 5.3.8(b)所示
ARC 指定圆弧的端点：任意指定一点后，圆弧绘出，命令退出

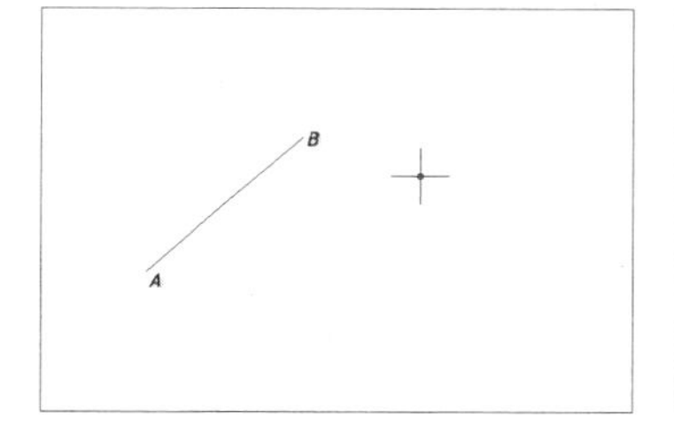

(a) 画直线

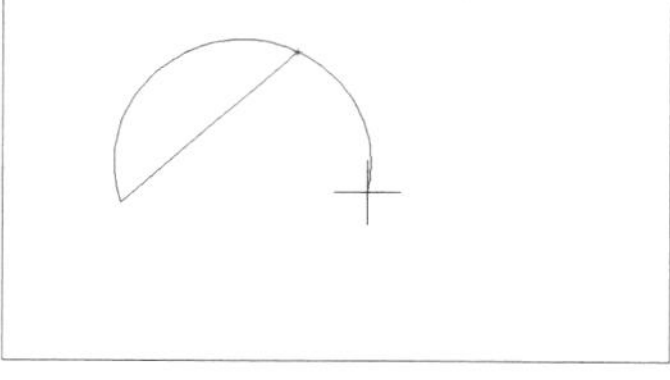

(b) 指定直线的两个端点

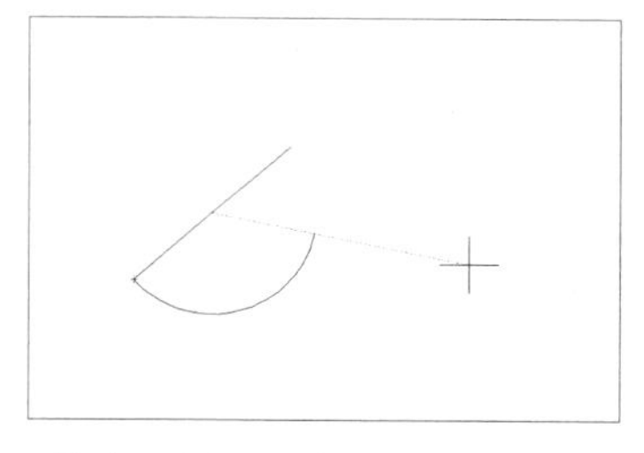

(c) 指定“圆心、起点、端点”方式

图 5.3.8　圆弧命令简例

这是默认的圆弧“三点”方式。撤销刚才绘制的圆弧，重启圆弧(ARC)命令：

圆弧创建方向：逆时针(按住 Ctrl 键可切换方向)。
ARC 指定圆弧的起点或 [圆心(C)]：c↵
ARC 指定圆弧的圆心：指定图 5.3.8(a)中直线的中点
ARC 指定圆弧的起点：指定图 5.3.8(a)中直线的端点 A，此时移动鼠标，结果如图 5.3.8(c)所示
ARC 指定圆弧的端点或 [角度(A) 弦长(L)]：任意指定一点后，圆弧绘出，命令退出

这就是圆弧的“圆心、起点、端点”方式，其他的方式这里不再介绍。需要说明的是：

(1) 当使用圆弧的“继续”方式时，或在显示提示 ARC 指定圆弧的起点或 [圆心(C)]：时直接按【Enter】键，则圆弧将从上一条直线、圆弧或多段线的端点开始，且新绘制的圆弧与它们相切。

(2) 当指定“角度”时，该角度是指圆弧所对应的圆心角的度数。若角度为正时，则逆时针绘制圆弧；若角度为负时，则顺时针绘制圆弧。当用鼠标操作时，则当前动态连线与水平 x 轴的夹角就是要指定的角度。

(3) 当指定“弦长”时，该弦长是圆弧两个端点连线的长度。若弦长为正时，则逆时针绘制劣弧(圆心角小于 180° 的圆弧)；若弦长为负时，则逆时针绘制优弧(圆心角大于或等

于 180° 的圆弧)。

(4) 当指定“方向”时，该方向是由起点到当前鼠标位置的动态连线的方向，所绘制的圆弧与动态连线在起点处相切。

2) 打断命令

打断(BREAK)命令用于将对象一分为二或去掉其中的一部分。选择菜单“修改”→“打断”，或在命令行直接输入“BR”并按【Enter】键可启动该命令。在“修改”工具栏中，打断的子命令方式有两种，一种是“打断于点”( )，即用一个点来打断对象；一种是指定两点打断对象( )。

例如，先任意画一条直线和一个圆相交，交点为 A 和 B，如图 5.3.9(a)所示，然后在命令行输入“BR”并按【Enter】键，按命令行提示操作：

BREAK 选择对象: 拾取圆

BREAK 指定第二个打断点 或 [第一点(F)]:　f↵

BREAK 指定第一个打断点:　指定图 5.3.9(a)中直线和圆的交点 B

BREAK 指定第二个打断点:　指定交点 A

打断结束，圆变成如图 5.3.9(b)所示的圆弧。可见，被打断掉的圆弧是由第一点到第二点的逆时针部分。默认时，选择对象时的拾取位置就是打断的第一点。

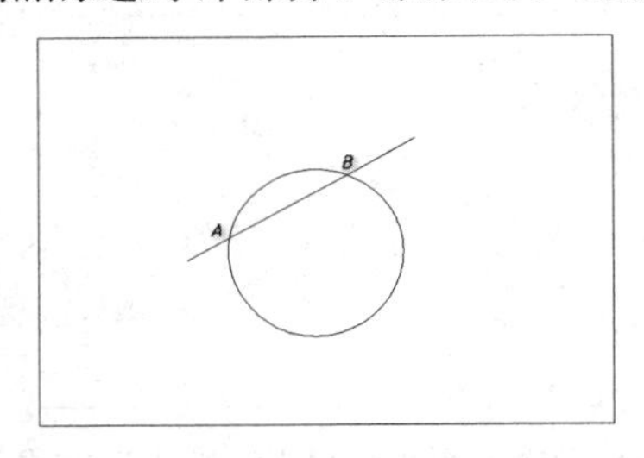

(a) 直线和圆

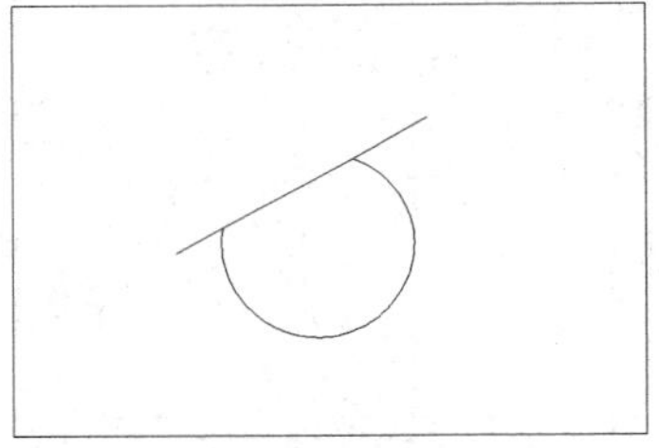
(b) 两点打断

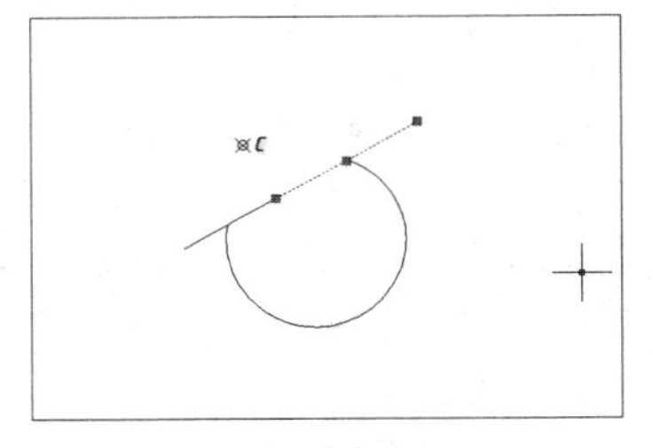

(c) 打断子点

图 5.3.9　打断命令简例

选择“修改”工具栏→“ ”，启动 BREAK 的“打断于点”命令，按以下命令行提示操作：

BREAK 选择对象:　拾取 5.3.9(b)直线

指定第二个打断点 或 [第一点(F)]: _f

BREAK 指定第一个打断点:　在直线外的图 5.3.9(c)点标记位置 C 处指定一点

BREAK 指定第二个打断点:　指定交点 A

打断结束，单击直线时，可发现直线被打断两段，分段点是 C 到直线的垂足，如图 5.3.9(c)所示。

3) 绘制图形

如图 5.3.10 所示是一个典型的环槽类平面图形，在靠下位置有一个像月牙的环形槽。从图中尺寸可以看出：

(1) 上下方向的基准线是中间最长的水平点画线，而左右方向的基准线是最上面同心圆 $\phi40$ 的竖直点画线。

(2) 按从左到右的次序，四个 $\phi24$ 圆、同心圆 $\phi40$、$R26$ 圆弧、下方的环形槽和大圆

弧 *R*144 都是已知线段。

(3) 左边 *R*24 圆弧、右侧 *R*32 圆弧、45° 斜线和 75° 斜线都是中间线段，其余是连接线段。

具体绘制过程见下。

【实训 5.18】 绘制图 5.3.10 所示的环槽类平面图形。

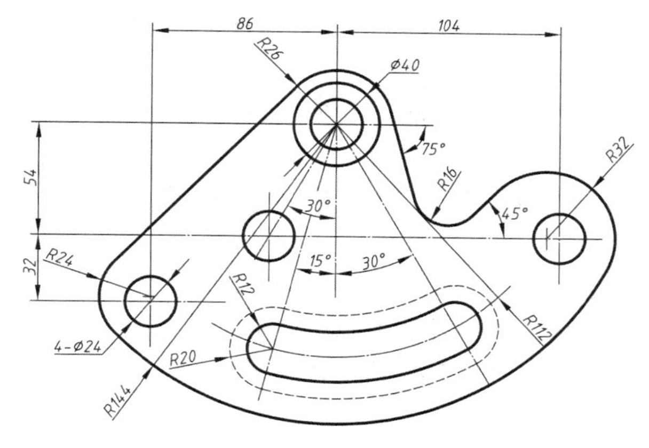

图 5.3.10　环槽类平面图形

(1) 准备。

① 启动 AutoCAD 或重新建立一个默认文档，**建立简单绘制规范**。

② **草图设置对象捕捉左侧选项**，按标准要求建立“虚线”、“点画线”和“粗实线”图层。

(2) 绘制基准。

① 将当前图层切换到“点画线”层。

② 启动直线(LINE)命令，在图框中偏上位置绘出长约 260 的水平线。

(3) 绘制四个 ϕ24 的圆。

① 打开“线宽”显示，将当前图层切换到“粗实线”层。

② 启动圆(CIRCLE)命令，以点划水平线的中点为圆心，指定直径为 ϕ24，圆绘出，如图ⓐ所示。

③ 启动复制(COPY)命令，拾取图ⓐ中有小方框标记的圆并**结束拾取**，指定其圆心为基点，向右移动光标，当出现**极轴…<0°**追踪线时输入“104”并按【Enter】键；向上移动光标，当出现**极轴…<90°**追踪线时输入“54”并按【Enter】键；输入“@-86,-32”并按【Enter】键，**退出**复制命令。如图ⓑ所示。

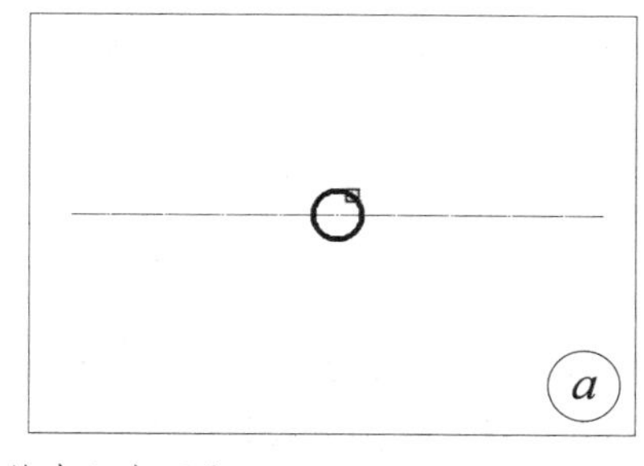

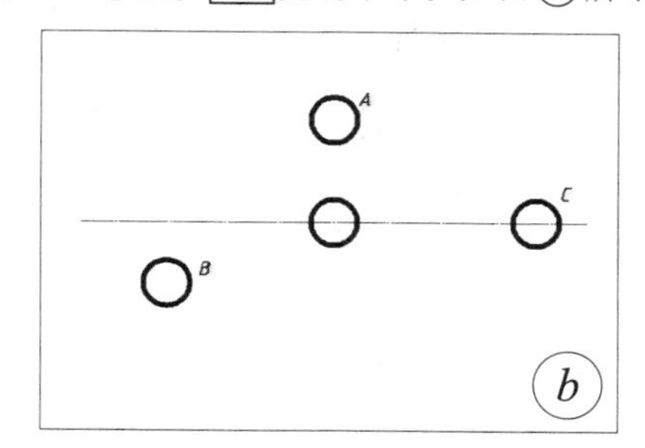

(4) 补绘圆的中心点画线。

① 将当前图层切换到“点画线”层。

② 启动直线(LINE)命令，在任意位置绘出长约 40 的十字线。

③ 启动复制(COPY)命令，拾取刚绘制的十字线并结束拾取，指定其交点为基点，分别复制到图ⓑ中圆 *A*、*B*、*C* 的圆心。

④ 退出复制命令后，删除刚绘制的十字线，结果如图ⓒ所示。

(5) 绘制其他定位线。

① 启动直线(LINE)命令，从圆 *A* 的圆心开始沿极轴…<240°追踪线方向画线至接近图ⓒ小圆标记 1 的位置，退出直线命令。

② 重复直线(LINE)命令，从圆 *A* 的圆心开始沿极轴…<255°追踪线方向画线至图ⓒ小圆标记 1 的位置，退出直线命令。

③ 重复直线(LINE)命令，从圆 *A* 的圆心开始沿极轴…<300°追踪线方向画线至图ⓒ小圆标记 2 的位置，退出直线命令。结果如图ⓓ所示。

④ 启动圆弧(ARC)命令，输入“C”并按【Enter】键，指定图ⓓ中圆 *A* 的圆心为圆心，沿小圆标记 1 位置方向移动鼠标，当出现极轴…<240°追踪线时，输入“112”并按【Enter】键，从而指定了圆弧的起点，在小圆标记 2 位置处指定圆弧的端点，结果如图ⓔ所示。

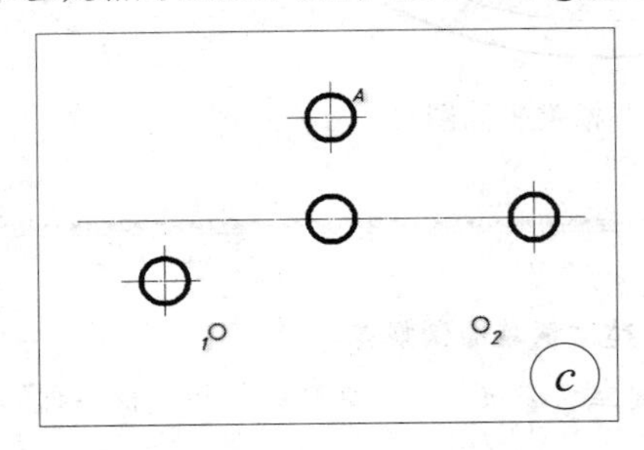

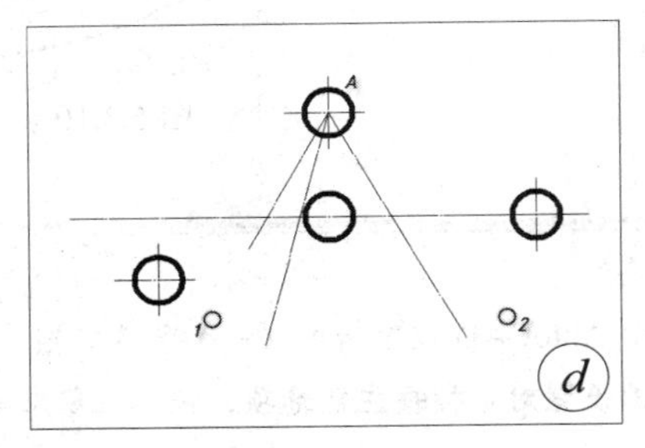

(6) 绘制下方的圆弧。

① 将当前图层切换到“粗实线”层。

② 启动圆弧(ARC)命令，输入“C”并按【Enter】键，指定图ⓓ中圆 *A* 的圆心为圆心，沿小圆标记 1 位置方向移动鼠标，当出现极轴…<240°追踪线时，输入“144”并按【Enter】键，从而指定了圆弧的起点，在小圆标记 2 位置处指定圆弧的端点，结果如图ⓔ所示。

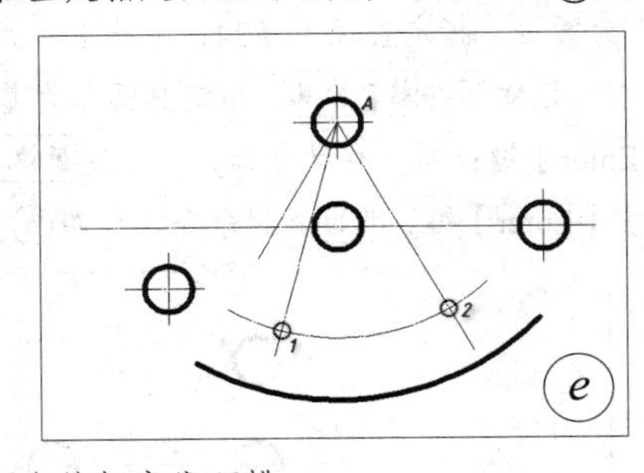

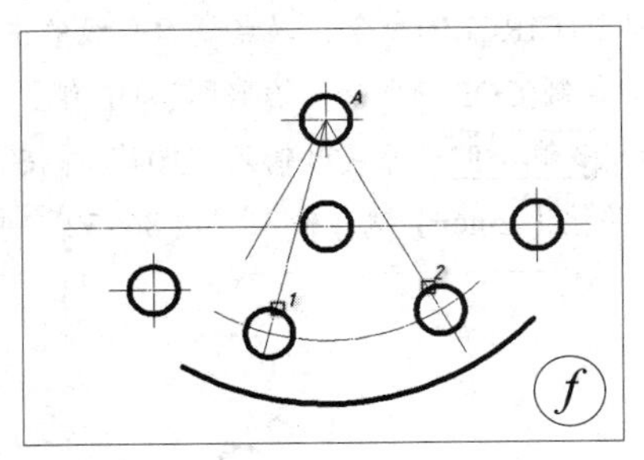

(7) 绘制下方的粗实线环槽。

① 启动圆(CIRCLE)命令，以图ⓔ点画线交点 1 为圆心，指定半径为“12”，圆绘出。

② 重复圆(CIRCLE)命令，以图ⓔ点画线交点 2 为圆心，指定半径为“12”，圆绘出，结果如图ⓕ所示。

③ 启动圆弧(ARC)命令，输入“C”并按【Enter】键，指定图ⓕ圆 A 的圆心为圆心，指定图ⓕ小方框标记 1 位置的交点为圆弧的起点，指定小方框标记 2 位置的交点为圆弧的终点，圆弧给出。

④ 启动偏移(OFFSET)命令，指定偏移距离为“24”，拾取刚绘出的圆弧，指定圆弧外侧一点，结果

如图ⓖ所示，**退出**偏移命令。

⑤ 启动修剪(TRIM)命令，拾取图ⓖ中有小圆标记的对象为剪切边对象并**结束拾取**，按图ⓖ中小方框位置拾取圆要修剪的部分，**退出**修剪命令，结果如图ⓗ所示。

(8) 将中间小圆移到位并绘出虚线环槽。

① 启动移动(MOVE)命令，拾取图ⓗ中的圆 *D* 并**结束拾取**，指定其圆心为基点，移至图ⓗ中小圆标记的交点处。

② 启动偏移(OFFSET)命令，指定偏移距离为“8”(*R*20−*R*12=8)，拾取图 *h* 中有小方框标记的圆弧，在“环”外侧单击鼠标，“外环”圆弧绘出，**退出**偏移命令。

③ 拾取“外环”圆弧，将其图层改为“虚线”，按【Esc】键，结果如图ⓘ所示。

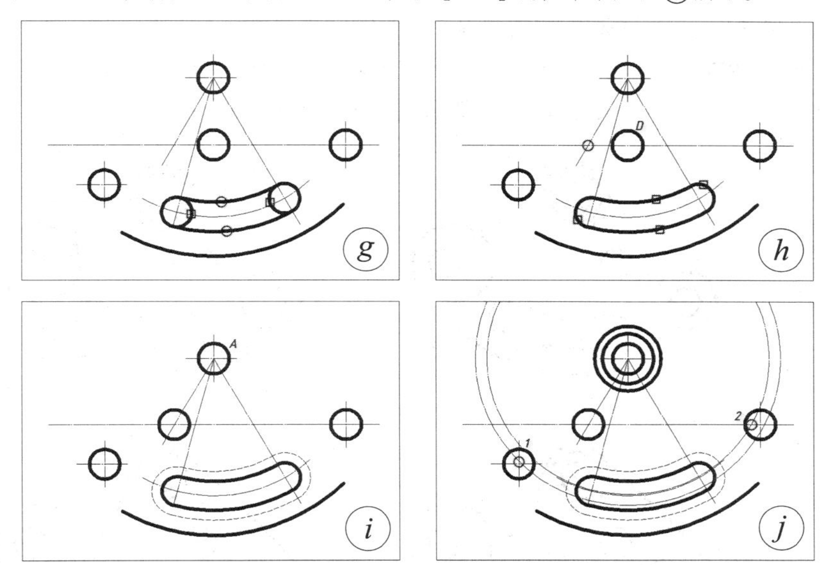

(9) 绘制 ϕ40 圆和 *R*26 圆。

① 启动圆(CIRCLE)命令，以图ⓘ圆 *A* 的圆心为圆心，指定直径为 ϕ40，圆绘出。

② 重复圆(CIRCLE)命令，以图ⓘ圆 *A* 的圆心为圆心，指定半径为 *R*26，圆绘出。

(10) 找出两侧已知圆弧的圆心位置并绘制两侧圆弧。

① 将当前图层切换到“点画线”层。

② 启动圆(CIRCLE)命令，以图ⓘ圆 *A* 的圆心为圆心，指定半径为 *R*112(*R*144−*R*32)，圆绘出。

③ 重复圆(CIRCLE)命令，以图ⓘ圆 *A* 的圆心为圆心，指定半径为 *R*120(*R*144−*R*24)，圆绘出。结果如图ⓙ所示。

④ 将当前图层切换到“粗实线”层。

⑤ 启动圆(CIRCLE)命令，以图ⓙ中小圆标记的点画线圆与竖直线的交点为圆心，指定半径为 *R*24，圆绘出。

⑥ 重复圆(CIRCLE)命令，以图ⓙ中小圆标记的点画线圆与水平线的交点为圆心，指定半径为 *R*32，圆绘出。结果如图ⓚ所示。

⑦ 删除点画线圆 *R*111、*R*120。

(11) 绘制连接线段。

① 启动直线(LINE)命令，指定“相切”点捕捉，按图ⓚ中小方框位置 1 拾取圆对象，确定第一点，

输入“@50<-75”并按【Enter】键，直线绘出，**退出**直线命令。

② 重复直线(LINE)命令，指定“相切”点捕捉，按图ⓚ中小方框位置2拾取圆对象，确定第一点，输入“@40<225”并按【Enter】键，直线绘出，**退出**直线命令。结果如图ⓛ所示。

③ 重复直线(LINE)命令，指定“相切”点捕捉，按图ⓛ中小方框位置1拾取圆对象，确定第一点，指定“相切”点捕捉，按图ⓛ中小方框位置2拾取圆对象，左侧切线绘出，**退出**直线命令。

(12) 圆角、修剪并完善。

① 启动圆角(FILLET)命令，指定圆角半径为16，按图ⓛ小方框标记3、4的位置处拾取两直线，圆角绘出。

② 启动延伸(EXTEND)命令，拾取图ⓛ方框标记5、8对象为边对象并**结束拾取**，按图ⓛ中小方框6、7位置拾取圆要延伸的部分，**退出**延伸命令，结果如图ⓜ所示。

③ 启动修剪(TRIM)命令，拾取图ⓜ有小圆标记的对象为剪切边对象并**结束拾取**，按图ⓜ中小方框位置拾取圆要修剪的部分，**退出**修剪命令，结果如图ⓝ所示，图形绘出。

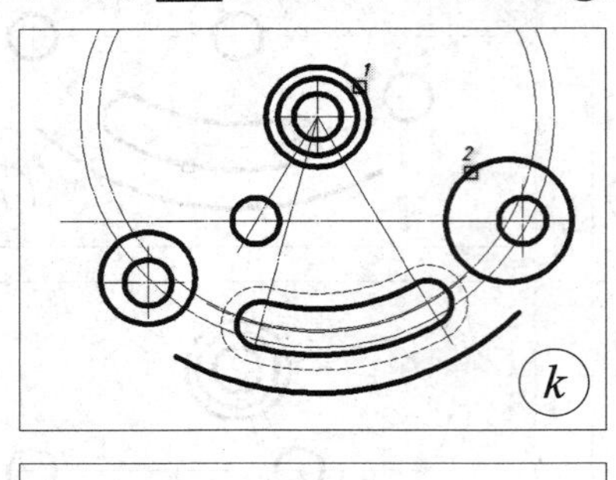

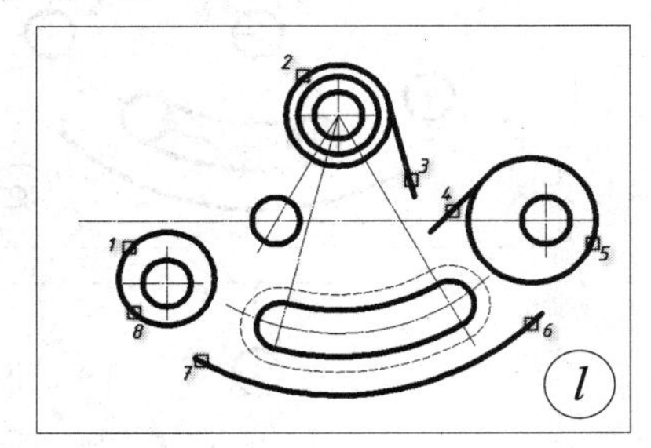

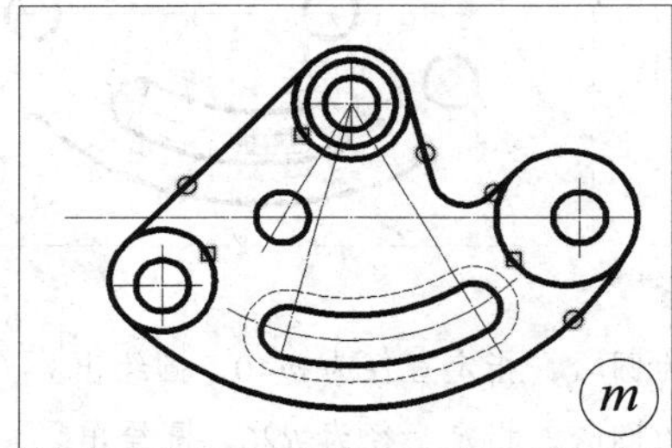

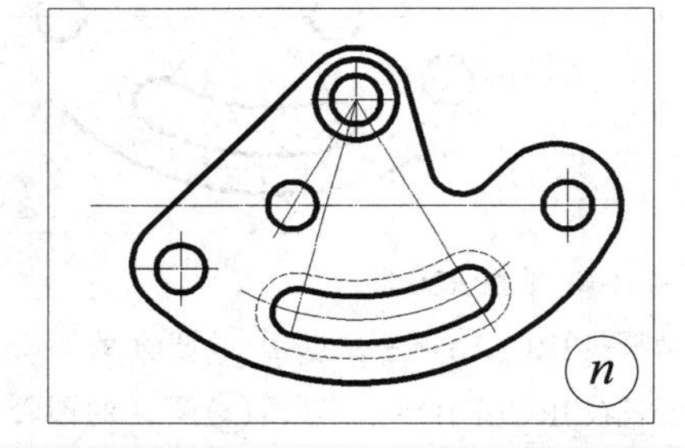

5.3.3　命令小结

本次任务涉及的AutoCAD命令如表5.3.2所示。

表5.3.2　本次任务中的AutoCAD命令

类别	命令	命令名	除命令行输入的其他常用方式
绘图	圆弧	ARC，A	菜单“绘图”→“圆弧”→…，“绘图”工具栏→
修改	镜像	MIRROR，MI	菜单“修改”→“镜像”，“修改”工具栏→
	分解	EXPLODE	菜单“修改”→“分解”，“修改”工具栏→
	阵列	ARRAY，AR	菜单“修改”→“阵列”→…，“修改”工具栏→…
	打断	BREAK，BR	菜单“修改”→“打断”，“修改”工具栏→、

5.3.4 巩固提高

(1) 在幅面为 A4 的图纸上按 1:1 比例，绘制图 5.3.11 所示的简单对称和阵列图形。

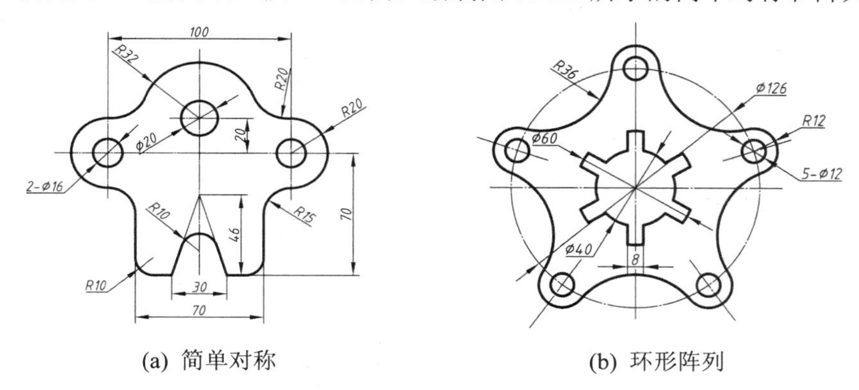

(a) 简单对称　　(b) 环形阵列

图 5.3.11　简单对称和阵列图形

(2) 在幅面为 A4 的图纸上按 1:1 比例，绘制图 5.3.12 所示的简单钩类图形。

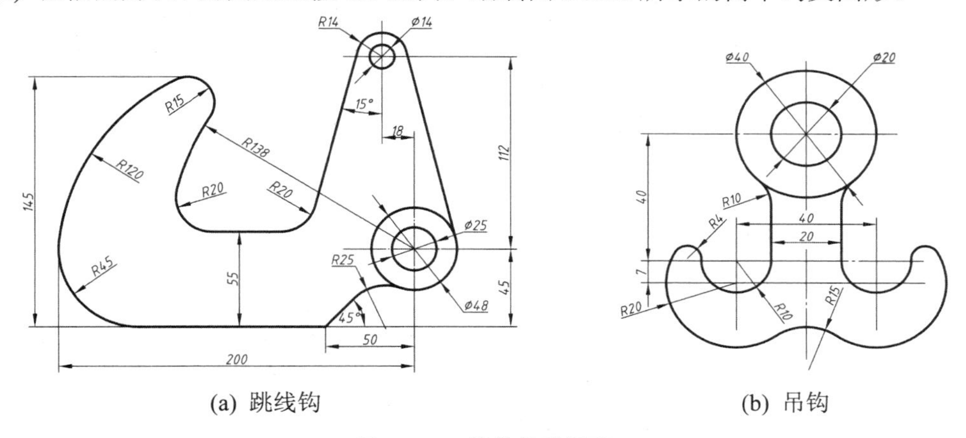

(a) 跳线钩　　(b) 吊钩

图 5.3.12　简单钩类图形

(3) 在幅面为 A4 的图纸上按 1∶1 比例，绘制图 5.3.13 所示的简单槽类图形。

(4) 在幅面为 A4 的图纸上按 1∶1 比例，绘制图 5.3.14 所示的提高练习图，并指出这些平面图形是属于哪一类？

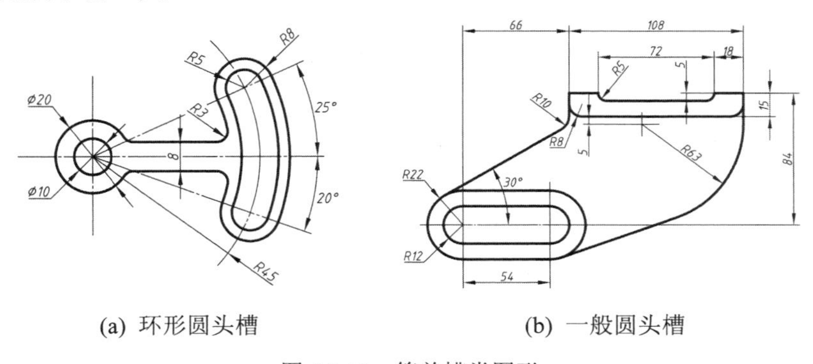

(a) 环形圆头槽　　(b) 一般圆头槽

图 5.3.13　简单槽类图形

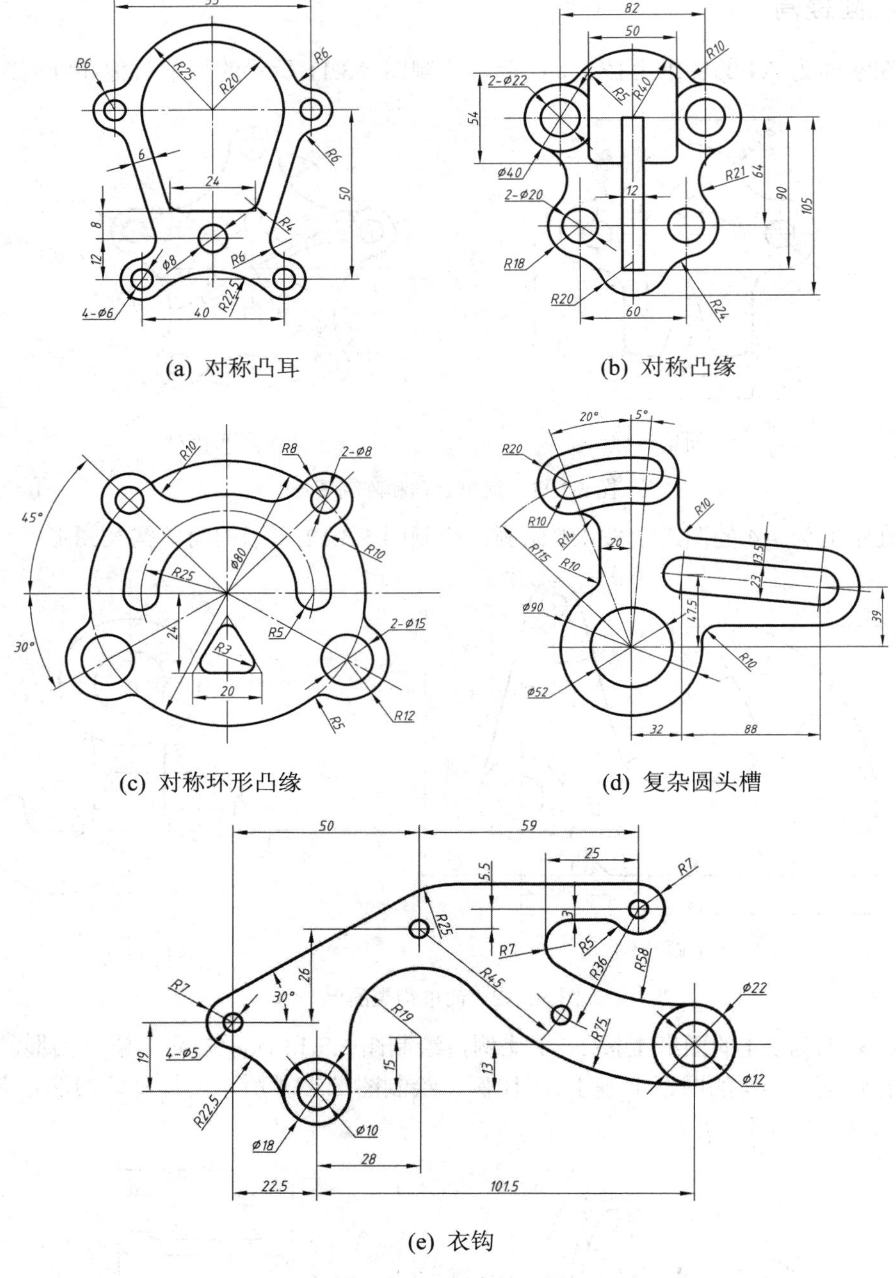

(a) 对称凸耳　　(b) 对称凸缘

(c) 对称环形凸缘　　(d) 复杂圆头槽

(e) 衣钩

图 5.3.14　提高练习图

项目 6　AutoCAD 图样绘制

用来表达零件结构、大小及技术要求的图样，称为零件图。为了满足生产需要，一张完整的零件图应包括一组视图、完整的尺寸、标题栏和技术要求这四个基本内容。而装配图是用来表达机器或部件整体结构关系的图样，它还有零件序号、明细表等内容。特别的，绘制这些图样还要掌握文字注写、尺寸标注、结构要素以及技术要求的标注等。本项目主要完成"学会文字注写和尺寸标注"、"绘制零件图"及"绘制装配图"三个任务。本项目的目标主要包括：

(1) 学会创建并使用文字样式、标注样式以及多重引线样式。

(2) 熟悉单行和多行文字注写，掌握常用尺寸标注，学会平面图形的尺寸标注方法。

(3) 学会使用对象追踪及 UCS 坐标系绘制三视图以及其他视图。

(4) 熟悉图案填充、面域、块等操作，学会绘制剖视、断面和局部放大图。

(5) 学会常用结构与几何公差的标注，掌握零件图的绘制方法。

(6) 学会使用多重引线编排零件序号，熟悉装配图的拼绘方法。

任务 6.1　学会文字注写和尺寸标注

一张完整的图样除了图形外，应有必要的文字信息，如技术要求、装配说明以及材料、施工等方面的文字内容。除此之外，还应有尺寸，因为机件的大小是由标注的尺寸来确定的。

6.1.1　工作任务

1．任务内容

本任务主要包括：创建并使用文字样式，学会注写及编辑单行与多行文字；创建并使用尺寸样式，掌握各种类型尺寸的标注方法；绘制组合体三视图及尺寸标注。

2．任务分析

具体如表 6.1.1 所示。

表 6.1.1　任务准备与分析

任务准备	网络机房，计算机每人一套，AutoCAD 2014 版软件等		
任务实施	学习情境	实施过程	结果形式
	创建并使用文字样式	教师讲解、示范、辅导答疑 学生听、看、记、模仿、练习	绘制的指定、自选图形
	掌握单行文字注写方式		
	熟悉多行文字注写方式		
	创建并使用尺寸样式		
	掌握常用尺寸标注方法		
	平面图形的尺寸标注		
学习重点	熟悉多行文字注写方式，创建并使用尺寸样式，掌握常用尺寸标注方法，掌握组合体三视图的绘制及尺寸标注		
学习难点	创建并使用尺寸样式，掌握常用尺寸标注方法		
任务总结	学生提出任务实施过程中存在的问题，解决并总结 教师根据任务实施过程中学生存在的共性问题，讲评并解决		
任务考核	根据学生上机模仿、图形绘制的数量、质量以及效率等方面综合打分		

参看表 6.1.1 完成任务，实施步骤如下。

6.1.2　任务实施

1. 创建并使用文字样式

在 AutoCAD 中，所有文字都有与之相关联的文字样式。所谓文字样式，是对文字外观的一种定义，是用来描述文字的特性，包括字体、高度、宽度比例、倾斜角度等。工程图样上的文字必须满足 CAD 标准 GB/T 14665—2012，这就要求在标注文字之前必须重新创建文字样式。

1) 文字样式命令

在 AutoCAD 中，创建和设置文字样式是通过文字样式(STYLE)命令来实现的。选择菜单“格式”→“文字样式”或单击“样式”(“文字”)工具栏→“A”或在命令行直接输入“ST”并按【Enter】键，可启动该命令。默认时，“文字”工具栏是不显示的，必要时要将其显示出来，如图 6.1.1 所示。

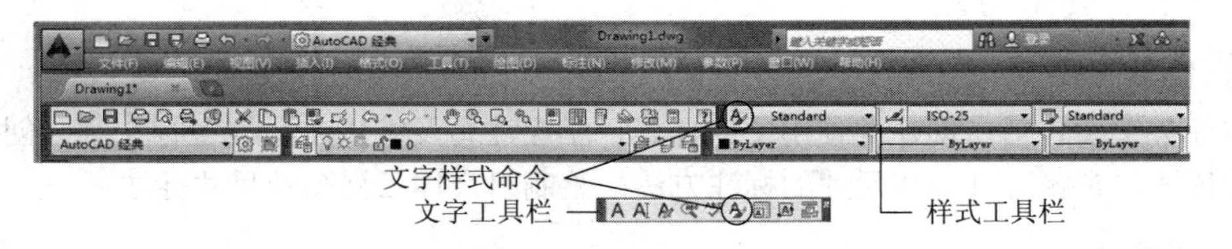

图 6.1.1　在工具栏中启动文字样式命令

2) 创建和设置文字样式

文字样式(STYLE)命令启动后，将弹出如图 6.1.2 所示的“文字样式”对话框，在这里可以创建和设置文字样式。

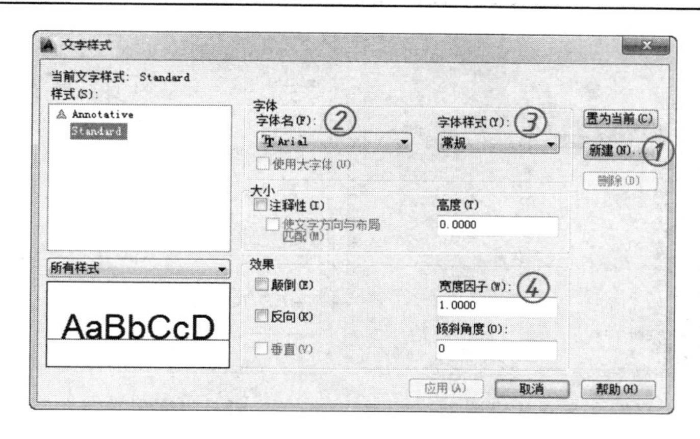

图 6.1.2　“文字样式”对话框

对话框的左侧是“样式”列表，显示当前“所有样式”的文字样式列表项。其中，样式名前有图标表示“注释性”的样式，Annotative 的意思是“注释的”；而 Standard(标准)是系统创建的默认文字样式名，它们不能删除也无法重命名。

对话框的右侧有“字体”、“大小”和“效果”三个区域：

(1) 字体。单击“字体名”的下拉列表框，从中可以选择 Windows 系统中已有的 TrueType 字体和 AutoCAD 专有的“形文件”字体(扩展名为.shx)。在这两个字体文件名前分别用图标和来区别。

(2) 大小。该区用来设定字体的大小。当选定“注释性”复选框时，则指定注释性特性。此时“使文字方向与布局匹配”复选框可用，若选定此选项，则后面指定的高度值将为图纸空间中的文字高度；一般不指定该项，即保留默认“高度”值为 0，这样每次使用该样式时都会提示输入高度。

(3) 效果。“颠倒”是与正常文字作上下镜像的效果；而“反向”是与正常文字作左右镜像的效果；“垂直”使文字垂直书写，对于有些字体此项是不可选的。“宽度因子”用来设定宽度系数；而“倾斜角度”是用来设定文字的倾斜角度数，正值向右，负值向左，取值范围为(−85，85)。这里不做修改，保留默认的值。

创建一个新的文字样式，可按如下步骤(见图 6.1.2 圈定的标记序号)，这里创建两个样式，一个是“汉字注写”，另一个是“字母数字”。

(1) “汉字注写”。在“文字样式”对话框中，单击新建(N)...按钮，弹出“新建文字样式”对话框，输入文字样式名“汉字注写”，单击确定按钮，又回到了“文字样式”对话框中。将“字体名”设为“汉仪长仿宋体”(需下载安装)，如图 6.1.3(a)所示，保留其他参数值。

(2) “字母数字”。创建后，将“字体名”选为 gbeitc.shx(斜体)或 gbenor.shx(正体)，同时选定“使用大字体”复选框。此时，右边原来的“字体样式”变成了“大字体”，从中选定 gbcbig.shx，如图 6.1.3(b)所示。保留其他参数值，单击置为当前(C)按钮，此时的“字母数字”被设定为当前使用的字体样式，单击应用(A)按钮，再单击关闭(C)按钮，“文字样式”对话框退出。

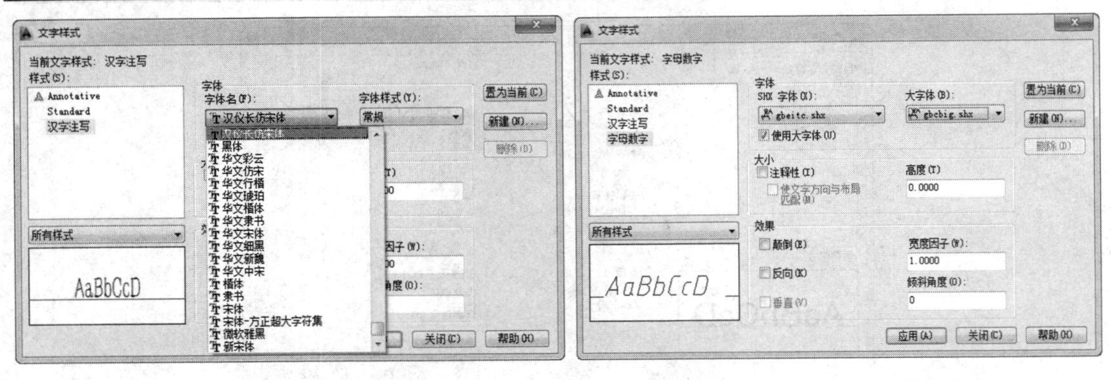

(a) “汉字注写”文字样式设置　　　　(b) “字母数字”文字样式设置

图 6.1.3　创建新的文字样式

3) 修改和切换文字样式

在创建文字样式后，若需对文字样式进行修改，则可重新打开“文字样式”对话框。在对话框的样式列表中选定要修改的文字样式，然后直接更改其参数，单击 应用(A) 按钮，即可使更改有效并应用到图形中。

在“文字样式”对话框中单击 置为当前(C) 按钮，可将样式列表中选定的样式设定为当前使用的样式。当然，当前文字样式还可以通过“样式”工具栏中 A 右侧的文字样式组合框直接选定(参见图 6.1.1)。

2. 掌握单行文字注写方式

文字样式创建后就可以使用它进行文字注写。在 AutoCAD 中，文字注写分为单行、多行以及外部导入等方法。这里先来讨论单行文字注写。

1) TEXT 和 DTEXT

在 AutoCAD 中，TEXT 和 DTEXT 命令的功能是一样的，都可以进行单行文字注写。选择菜单“绘图”→“文字”→“单行文字”或单击“文字”工具栏→“AI”或在命令行直接输入“DT”并按【Enter】键，可启动该命令。

例如，启动 AutoCAD 或重新建立一个默认文档，建立“汉字注写”和“字母数字”两个文字样式，绘制 75 × 50 的矩形框并满显。输入命令名 DT 并按【Enter】键，此时命令行提示为：

```
当前文字样式: "字母数字"  文字高度:  2.5000  注释性:  否  对正:  左
AI- TEXT 指定文字的起点 或 [对正(J) 样式(S)]:
```

在图框内任意单击一点，按提示操作：

```
AI- TEXT 指定高度 <2.5000>:  5↵
AI- TEXT 指定文字的旋转角度 <0>:  ↵
```

至此进入文字输入模式，如图 6.1.4(a)所示(图中小圆标记处的角点为指定的起点)。输入一行后按【Enter】键，则当前行有效，进入下一行输入，此时若按【Esc】键退出，则在这一行输入无效。

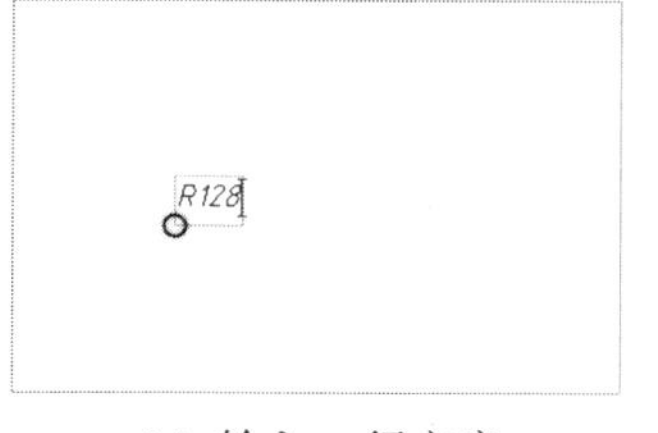

(a) 输入一行文字

(b) 输入多行文字

(c) 指定旋转角度后的效果

图 6.1.4　单行文字注写命令简例

可输入多行，如图 6.1.4(b)所示，也可像“记事本”那样进行简单的编辑。输入完成后，按两次【Enter】键或按【Ctrl + Enter】键结束文字输入并退出单行文字注写命令。需要强调的是：

(1) 在进入文字输入模式后，可在绘图区的其他位置单击鼠标左键指定新的文字输入起点，则当前输入有效并结束，可在新的起点处开始重新输入。(这一点非常有用)

(2) 若指定文字的旋转角度，则就是指定了文字书写方向与水平方向的夹角。例如，当指定旋转角度为 30° 时，则创建的文字效果如图 6.1.4(c)所示。

(3) 用单行文字注写命令创建多行文字后，若拾取它们，则可以发现每一行文字都是独立的对象，可对其进行重定位、调整格式或进行其他修改。

2) “对正”选项

单行文字注写命令在指定起点之前，还可以有“对正”选项。输入“J”并按【Enter】键，则命令行提示为：

```
TEXT 输入选项 [左(L) 居中(C) 右(R) 对齐(A) 中间(M) 布满(F) 左上(TL) 中上(TC) 右上(TR) 左中(ML) 正中(MC) 右中(MR) 左下(BL) 中下(BC) 右下(BR)]:
```

该命令行用来指定文字的对正方式，其部分含义如图 6.1.5 所示。

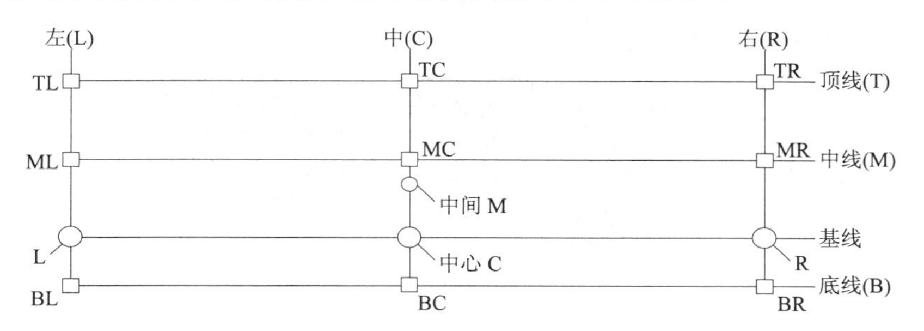

图 6.1.5　单行文字的对齐方式

一般来说，AutoCAD 中一行文字垂直方向的位置线为四条，即顶线、中线、基线和底线。顶线为大写字母的顶部位置线，中线是顶线和基线的中间位置线，基线是大写字母的底部位置线，底线是长尾小写字母的底部位置线。各种对齐方式均以指定的起点为基点，默认时是左(L)对正方式(图 6.1.5 中 L 小圆标记位置)。

特别的，在“对正”方式中还有“对齐”和“布满”选项，它们的区别如图 6.1.6 所示。

可见，“对齐”选项是按指定的第一端点和第二端点自动调整文本的高度，使其布满两点之间，但字体的高度与宽度之比不变。同时，指定的两个点的连线方向就是文本书写的方向，如图 6.1.6(a)、图 6.1.6(b)所示。与“对齐”选项相比，“布满”选项还将提示指定字的高度。这就是说，“布满”选项仅自动调整文本的宽度，使其布满两点之间，而字体的高度不变，如图 6.1.6(c)所示。

(a) 对齐方式效果一

(b) 对齐方式效果二

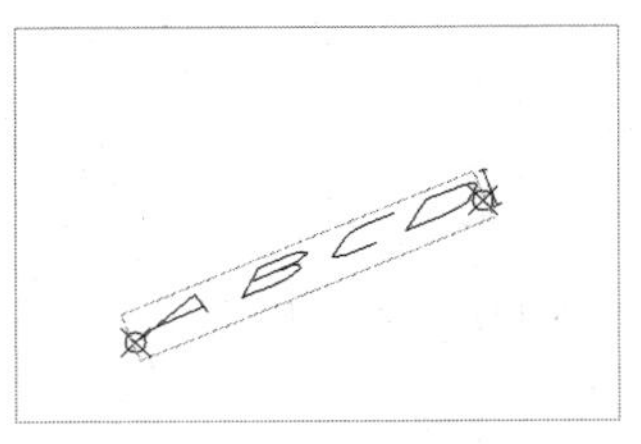

(c) 布满方式

图 6.1.6　“对齐”和“布满”方式

3) “%%”特殊符号输入

在文字输入时既可以插入一个字段，也可以插入由“%%”引导的控制符。例如，当在文字中插入“%%c”则表示直径符号 ϕ，插入“%%p”则表示正负公差符号±，插入“%%d”则表示度(°)等。这些字符通常都是无法直接从键盘输入的。

4) 更改文字内容

若仅更改文字的内容，则可直接双击文字对象进入文字输入模式，从中可以对文本进行修改；或者使用命令行输入“DDEDIT”或“ED”并按【Enter】键；或选择“修改”→“对象”→“文字”→“编辑”，或单击“文字”工具栏→“A”等方式来启动 DDEDIT 命令。

DDEDIT 命令启动后，命令行提示为：

DDEDIT 选择注释对象或 [放弃(U)]:

选择对象后，单击对象则可对文本进行修改，修改后按【Enter】键、【Ctrl+Enter】键或在文字外部单击鼠标左键使其有效，或按【Esc】键放弃修改。此时，命令行仍有上述提示，可按【Esc】键、【Enter】键或【Space】键退出。

3．熟悉多行文字注写方式

与单行文字相比，多行文字是一种段落文本的注写方式。它既可以在段落中为其中的不同文字指定不同的样式，也可以输入特殊字体。但多行文字自身是一个整体对象，不像单行文字那样可以单独对每行进行编辑。

1) MTEXT 命令

多行文字注写是通过 MTEXT 命令进行的。选择菜单“绘图”→“文字”→“多行文字”或单击“文字”工具栏→“A”或“绘图”工具栏→“A”，或在命令行直接输入“MT”并按【Enter】键，可启动该命令。

例如，先建立“汉字注写”和“字母数字”两个文字样式，然后启动矩形(RECTANG)命令，在图框中任意绘制一个矩形，如图 6.1.7(a)所示。

在命令行输入命令名“MT”并按【Enter】键，此时命令行提示为：

当前文字样式：“字母数字” 文字高度：2.5000 注释性：否 对正：左

MTEXT 指定第一角点：

指定图 6.1.7(a)中小圆标记的角点 A 后，命令行提示为：

MTEXT 指定对角点或 [高度(H) 对正(J) 行距(L) 旋转(R) 样式(S) 宽度(W) 栏(C)]:

其中，“高度”、“对正”、“旋转”、“样式”选项的含义与单行文字的相同。“行距”用来指定多行文字行与行之间的距离；“宽度”用来指定文字边框的宽度；“栏”用来创建分栏格式的多行文字，可以指定每一栏的宽度、两栏之间的距离以及每一栏的高度等。事实上，这些选项都可以在随后显示的多行文本编辑器中进行设定。

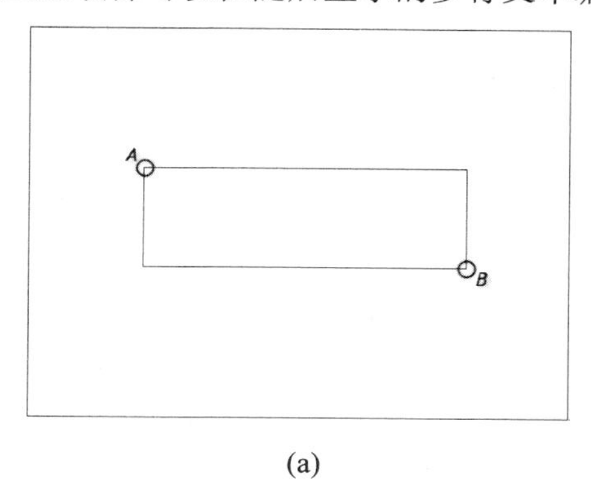

(a)

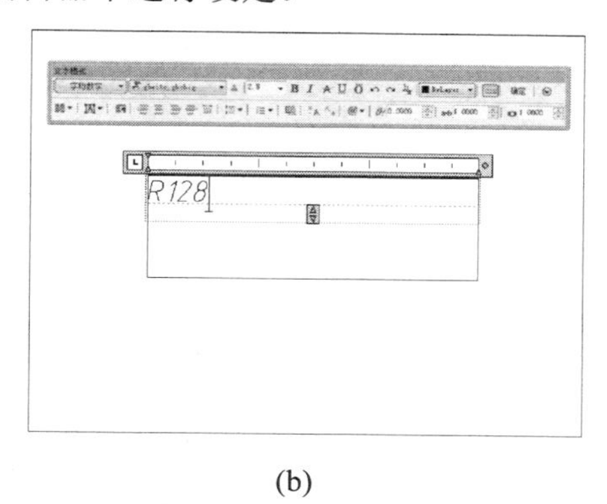

(b)

图 6.1.7　多行文字注写命令简例

指定图 6.1.7(a)中小圆标记的角点 *B* 后，进入文本编辑器，在这里可以输入、编辑文本，如图 6.1.7(b)所示。需要说明的是，指定的第一角点和对角点所构成的矩形区域(文字边框)是多行文本编辑时的参考，其中，矩形区域的宽度限制了该文本段落的宽度。

2) 多行文本编辑器

在“AutoCAD 经典”工作空间中，多行文本编辑器是由下方带有标尺的输入框和上方的“文字格式”工具栏组成的，如图 6.1.7(b)所示。

(1) 输入框。带有标尺的输入框类似于 Microsoft Word 应用程序中的“页面”，水平标尺中有“制表位”、“首行缩进”、“左缩进”、“右缩进”等，而拖放最右侧的◆可调整输入文字边框的宽度，拖放可调整行距。

(2) “文字格式”工具栏。“文字格式”工具栏中的操作主要分为“样式”、“格式”、“段落”、“插入”和“其他”这五个部分。这里先看看前三个部分。

① 样式，如图 6.1.8 所示。“样式”部分分别有字体样式、字体、是否为注释性和字体高度。

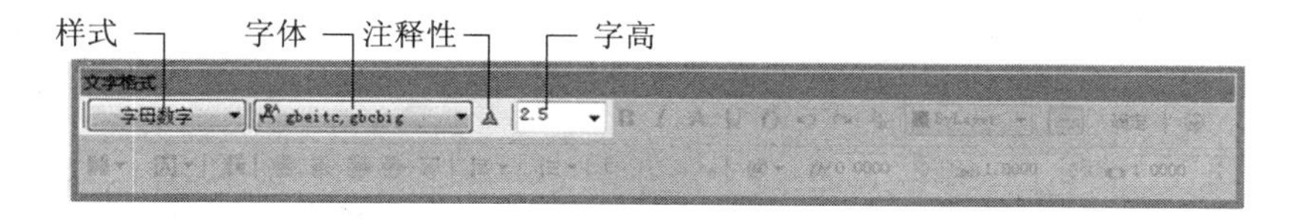

图 6.1.8　工具栏的“样式”部分

② 格式，如图 6.1.9 所示。“格式”部分分别有粗体、斜体、上下划线、删除线、颜色、大小写转换以及倾斜角度、字间距和宽度因子等。

③ 段落，如图 6.1.10 所示。“段落”部分分别有对正、段落、对齐方式、行距和编号。其中，单击“段落”图标，将弹出“段落”对话框，从中可以进行更详细的设置。

需要强调的是，当要退出多行文本编辑器时，应单击“文字格式”工具栏上的“确定”图标按钮。若编辑文本后按【Esc】键退出，则还会弹出“是否保存文字更改”消息对话框。

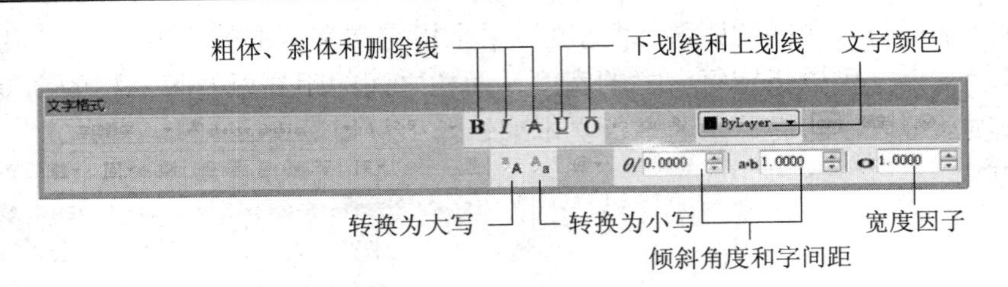

图 6.1.9　工具栏的“格式”部分

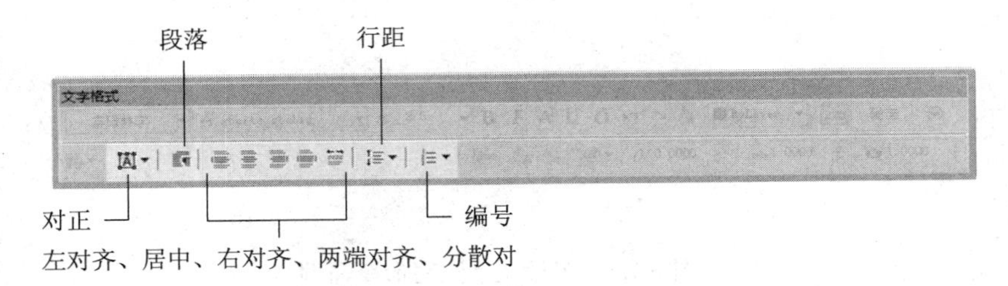

图 6.1.10　工具栏的“段落”部分

3) 文字堆叠

在工程图样中，常常要标注有公差的尺寸，例如$\phi 20^{+0.016}_{0}$。其中，“+0.016”和“0”分两段作上下布局，且与 ϕ20 同处一行上。这种上下布排的文字称为“上下堆叠”，类似的还有中间有横线的“分子式”等。要实现这样的文字标注，只需在文字输入模式中在堆叠的两段文字中插入“堆叠特征符”，然后选中整个堆叠文字，单击“文字格式”工具栏上的即可，如图 6.1.11 所示。

“堆叠特征符”包括“^”、“/”和“#”。其中，“^”用于公差堆叠类型，中间没有任何分隔线；“/”用于上下分子式堆叠类型，中间有一条水平分隔线；“#”用于左右分子式堆叠类型，中间分隔是一条斜线。需要说明的是，堆叠公差时，上下偏差应以 0 开始对齐。当上偏差或下偏差为 0 时，则应在 0 前加补一个空格，然后堆叠。

4) 插入字符和文本

在“AutoCAD 经典”工作空间的“文字格式”工具栏中，用于“插入”操作的有两个图标按钮，一个是在下一行中间位置的“符号”图标@▾，另一个是在上一行的最右位置的“选项”图标，如图 6.1.11 所示。由于它们的操作类似于 Microsoft Word 里的，故这里不再赘述。

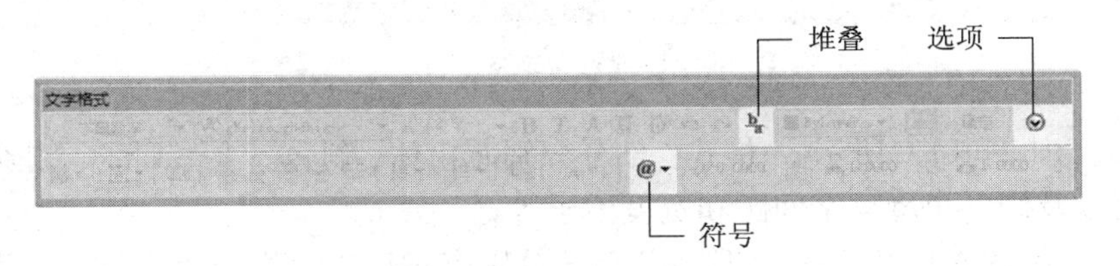

图 6.1.11　堆叠、符号和选项工具图标

若有文字$\phi 3/4'' \pm 0.01''$，则如何用多行文字编辑器输入？

5) 绘制标题栏

每张图样必须绘制标题栏。一般情况下，标题栏中的文字方向为看图方向。国家标准GB/T 10609.1—2008 中对生产用的标题栏的格式作了规定(可参见后面的图 6.2.22)。但在学校的 CAD 制图作业中，建议采用图 6.1.12 的标题栏格式。标题栏的外框用粗实线、内框用细实线绘制。标题栏内除图名和校名用 10 号字、图号用 7 号字外，其余均用 5 号字。

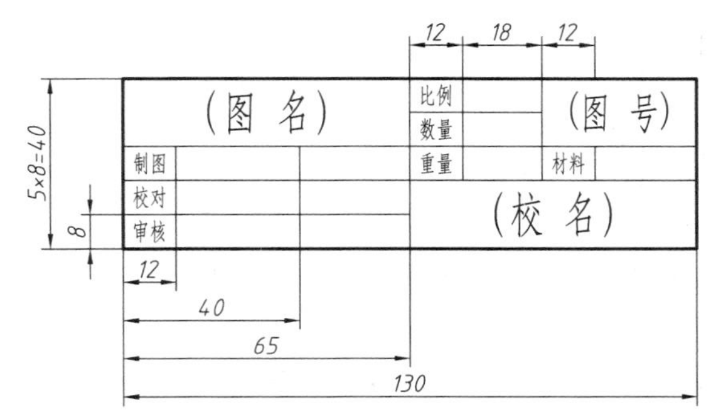

图 6.1.12　简化标题栏

【实训 6.1】绘制标题栏。

步骤

(1) 准备。

① 启动 AutoCAD 或重新建立一个默认文档，**建立简单绘制规范**。

② **草图设置对象捕捉左侧选项**，按标准要求建立“点画线”、“细实线”和“粗实线”图层。

③ 建立“汉字注写”和“字母数字”文字样式。

(2) 绘制标题栏的外框。

① 打开“线宽”显示，将当前图层切换到“粗实线”层。

② 启动矩形(RECTANG)命令，在图框左下位置指定第一个点，输入“@130,40”并按【Enter】键，矩形绘出，结果如图ⓐ所示。

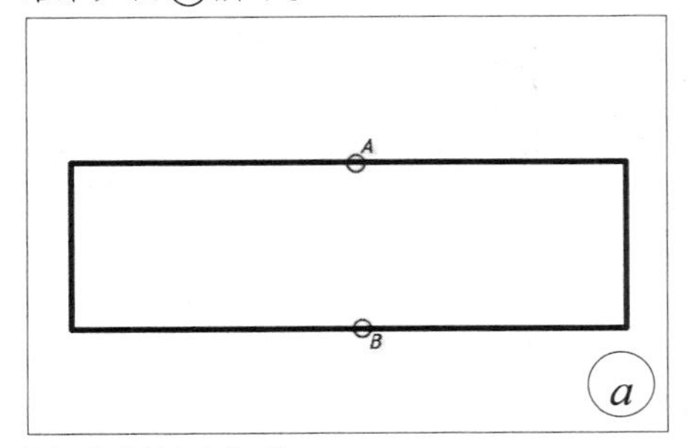

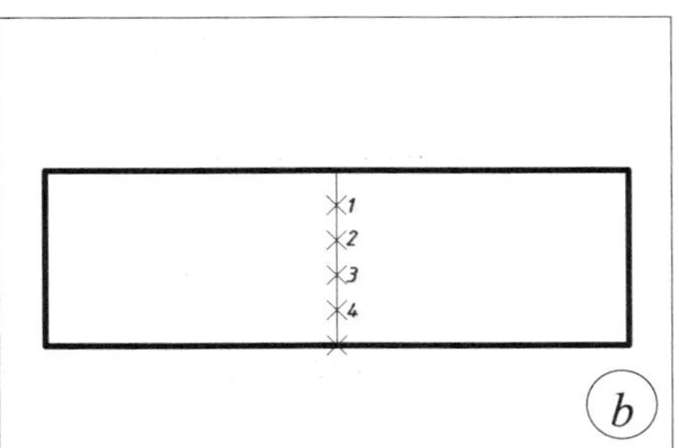

(3) 绘制标题栏的内框线。

① 将当前图层切换到“细实线”层。

② 在命令行直接输入“DDPTYPE”并按【Enter】键，则弹出“点样式”对话框。在对话框中，指定“☒”点样式，并按绝对单位设定其大小为“3”，单击 确定 按钮。

③ 启动直线(LINE)命令，从图ⓐ中有小圆标记的中点 *A* 绘线至中点 *B*，退出直线命令。

④ 启动定距等分(MEASURE)命令，拾取刚绘出的直线 *AB* 为要等分的对象，输入等分距离“8”并按【Enter】键，结果如图ⓑ所示。

⑤ 启动直线(LINE)命令，拾取图ⓑ等分点 2 为第一点，向左水平移至边交点时单击鼠标左键指定第二点，向下移动光标至矩形左下角点时单击鼠标左键，退出直线命令。

⑥ 重复直线(LINE)命令，拾取图ⓑ等分点 3 为第一点，向右水平移动，当出现极轴…<0°追踪线时，输入“30”并按【Enter】键指定第二点，向上竖直移动光标至矩形上边交点时单击鼠标左键，退出直线命令。

⑦ 重复直线(LINE)命令，拾取图ⓑ等分点 4 为第一点，向左水平移至边交点时单击鼠标左键，退出直线命令。

⑧ 重复直线(LINE)命令，拾取图ⓑ等分点 1 为第一点，向右水平移至刚绘的竖直线交点时单击鼠标左键，退出直线命令，结果如图ⓒ所示。

⑨ 拾取等分点对象，按【Delete】键删除。

(4) 使用偏移补全内框线。

① 启动偏移(OFFSET)命令，指定偏移距离为“12”，分别拾取图ⓒ中有小圆标记的细实线，向右侧偏移，退出偏移命令。

② 重复偏移(OFFSET)命令，指定偏移距离为 40，拾取图ⓒ中有小圆标记的最左边的细实线，向右侧偏移，退出偏移命令。

③ 根据图 6.1.12 的表格样式，用夹点方式将内部线条调整到位，结果如图ⓓ所示，再按两次【Esc】键。

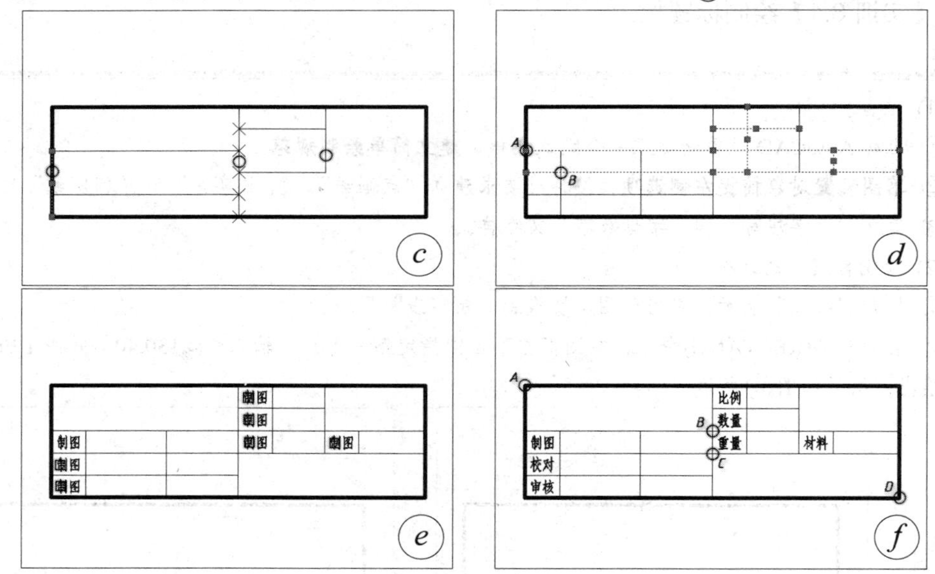

(5) 注写 5 号文字。

① 启动多行文字(MTEXT)命令，指定图ⓓ中有小圆标记的交点 A 为第一角点，指定交点 B 为对角点，进入多行文字输入模式，出现“文字格式”工具栏。

② 在“文字格式”工具栏中将样式选为“汉字注写”，在“字高”组合框中输入“3.85”(AutoCAD 中对汉字字体的高度计算有误差，当需要实际汉字字高为 5 时，应根据汉字的字体指定高度为 3.85～4.20)并按【Enter】键，单击“段落”部分中的“对正”图标按钮，从弹出的下拉选项中选择“正中 MC”选项，输入文字“制图”，单击“确定”图标按钮，退出编辑，文字绘出。

③ 启动复制(COPY)命令，拾取刚注写的文字“制图”并结束拾取，指定第一角点 A 为基点，分别复制至要绘制文字的其他单元格左上角的位置点，并退出复制命令，结果如图ⓔ所示。

④ 分别移至并双击图ⓔ中有小方框标记的文字对象，按图 6.1.12 所示的表格内容进行修改，结果如

图ⓕ所示。

(6) 注写 10 号字。

① 启动多行文字(MTEXT)命令，指定图ⓕ中有小圆标记的交点 *A* 为第一角点，指定交点 *B* 为对角点，进入多行文字输入模式。

② 在“文字格式”工具栏中将样式选为“汉字注写”，在“字高”组合框中输入“7.7”并按【Enter】键，单击“段落”部分中的“对正”图标按钮，从弹出的下拉选项中选择“正中 MC”选项，输入文字“(图名)”，单击“确定”图标按钮，退出编辑，文字绘出。

③ 类似地，用多行文字命令在 *C*、*D* 角点构成的矩形框中注写学校名称。

(7) 注写 7 号字。

① 启动多行文字(MTEXT)命令，指定“(图号)”单元格左上角点和右下角点，进入多行文字输入模式。

② 在“文字格式”工具栏中将样式选为“字母数字”，在“字高”组合框中输入“7”并按【Enter】键，单击“段落”部分中的“对正”图标按钮，从弹出的下拉选项中选择“正中 MC”选项，输入文字“(图号)”，单击“确定”图标按钮，退出编辑，文字绘出。

需要说明的是，表格文字中“(图　名)”、“(校　名)”和“(图　号)”以及未注单元格中的文字都是要根据图样的具体内容来定的。同时，未注单元格中的非汉字文字均为 5 号“字母数字”样式。

4．创建并使用尺寸样式

尺寸标注是绘制图样过程中不可缺少的一个步骤。在使用 AutoCAD 进行尺寸标注之前，还必须创建并使用尺寸样式。

1) 尺寸样式命令

在 AutoCAD 中，创建和设置文字样式是通过标注样式(DIMSTYLE)命令来实现的。选择菜单“格式”→“标注样式”、“标注”→“标注样式”或单击“样式”(“标注”)工具栏→“![icon]”或在命令行直接输入“D”(或“DDIM”)并按【Enter】键，可启动该命令。默认时，“标注”工具栏是不显示的，必要时要将其显示出来，如图 6.1.13 所示。

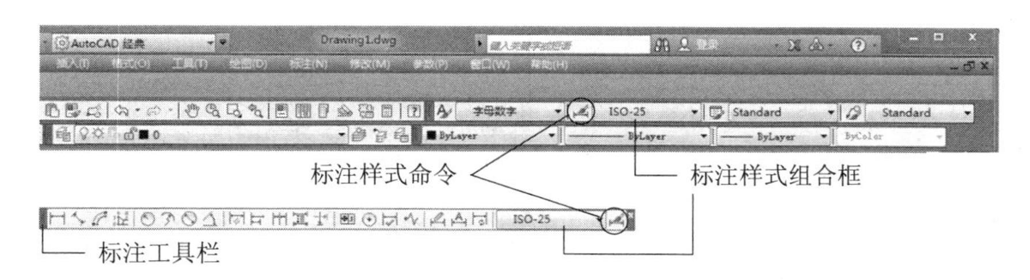

图 6.1.13　在工具栏中启动标注样式命令

标注样式(DIMSTYLE)命令启动后，将弹出如图 6.1.14 所示的“标注样式管理器”对话框，在这里可以创建、修改和设置尺寸样式。

在该对话框中，左侧“样式”列表显示了当前图形中已定义的“所有样式”的标注样式。可以看出，AutoCAD 默认创建了 Standard(英制)和 ISO-25(公制)标注样式，但从一般机械制图来说，创建的标注样式应有两个，一个是 3.5 号字体的 ISO 类型的标注样式，样式名暂定为“ISO35”；另一个是 3.5 号字体的非 ISO 类型的标注样式，样式名暂定为“ISO35 非”。

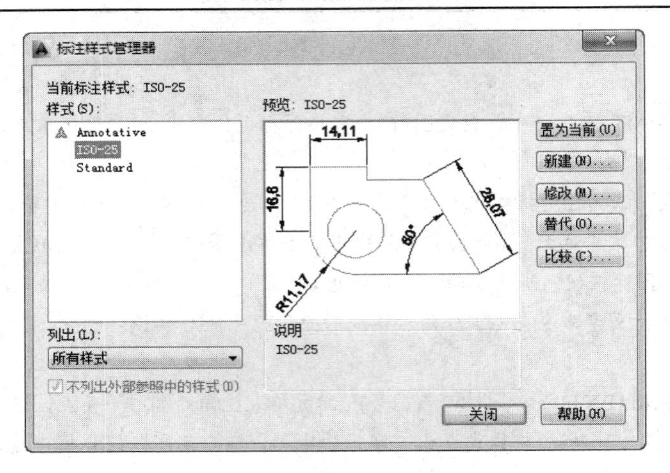

图 6.1.14　“标注样式管理器”对话框

2) 创建“ISO35”标注样式

在“标注样式管理器”对话框中，单击[新建(N)...]按钮，弹出“创建新标注样式”对话框，输入标注样式名“ISO35”，如图 6.1.15(a)所示。其中，在“基础样式”下拉列表框中可指定一种已有的样式作为创建该新样式的基础；而单击“用于”下拉列表框，可从中选择该新样式仅用于某个标注类型还是“所有标注”。

保留默认选项，单击[继续]按钮，弹出“新建标注样式：ISO35”对话框框，如图 6.1.15(b)所示，该对话框共有 7 个选项卡。

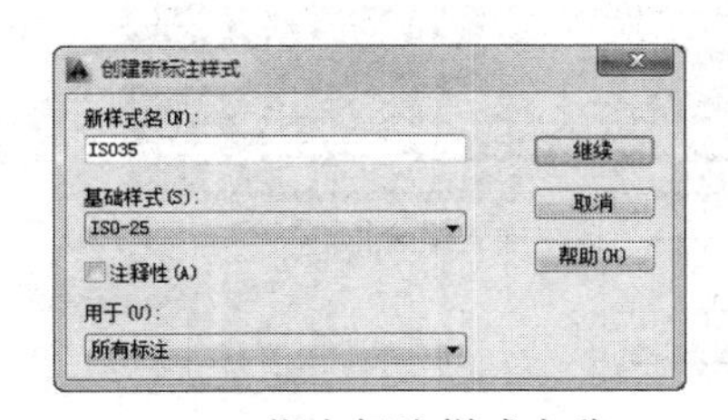

(a) 指定标注样式名称

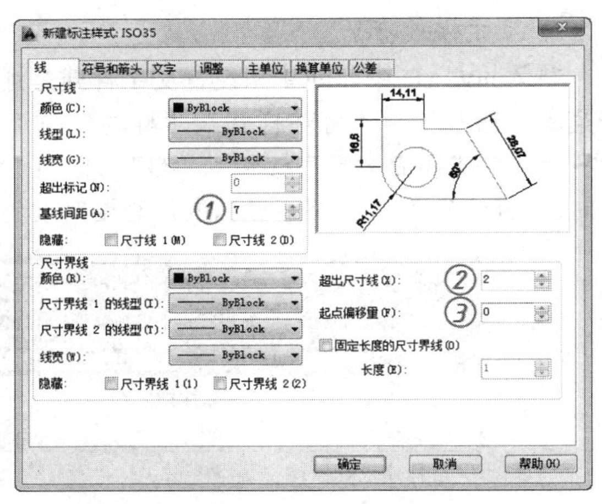

(b) 标注样式设置

图 6.1.15　标注样式创建对话框

(1) “线”页面及其设置。若对话框显示的不是“线”页面，则选择“线”标签页面。参看图 6.1.15(b)，可以看出，“线”页面包含“尺寸线”和“尺寸界线”两个区域，分别用来设置尺寸线和尺寸界线的属性。通常，“颜色”、“线型”、“线宽”、“隐藏”等属性一般无需修改，保留默认值即可。要更改的属性有：

① 基线间距。在采用“基准标注”类型时，尺寸线之间的距离就是使用这里所设定的值。通常，基线间距设定为字号的 1.414 倍或以上，故这里设定为 7。

② 超出尺寸线。通常，尺寸界线要超出尺寸线 2 mm 左右，故这里设定为 **2**。

③ 起点偏移量，即尺寸界线的起点与要标注对象的点有一定的偏移量。由于这个“偏移量”经常会干扰尺寸标注，所以强烈建议将此值设为 **0**。

(2) “符号和箭头”页面及其设置。将对话框切换到“符号和箭头”标签页面，如图 6.1.16(a)所示。可以看出，该页面包含“箭头”、“圆心标记”、“折断标注”、“弧长符号”、“半径折弯标注”和“线性折弯标注”等区域。这里先暂不管其他区域的内容，保留默认值。这里仅作如下两项修改：

① 箭头大小，即尺寸线终端的箭头大小。一般将其设定为 4，但由于 AutoCAD 的箭头形状稍稍“胖”了一些，故强烈建议将此值设为 **3.8**。

② 圆心标记。用来控制直径标注和半径标注的圆心标记和中心线的外观，后面还会讨论。这里暂将其选定为“无”。

(3) “文字”页面及其设置。将对话框切换到“文字”标签页面，如图 6.1.16(b)所示。可以看出，该页面包含“文字外观”、“文字位置”和“文字对齐”等区域。这里要作如下四项修改：

① 文字样式。单击[...]按钮将弹出“文字样式”对话框，从中可新建或修改相应的文字样式。单击文字样式下拉列表框，从中选定已创建好的“字母数字”文字样式。

② 文字高度，即选用的文字字体字号。按规定：A0、A1 图纸的尺寸数字是 5 号字体，而其余图纸的尺寸数字是 3.5 号字体。但由于 AutoCAD 的 gbeitc.shx(或 gbenor.shx)字高是指定字高的 0.8 倍左右，故这里需将此值设为 **4.4**。

③ 从尺寸线偏移，即尺寸数字与尺寸线的最小间距。但国家标准没有规定这个间距，这里暂将此值设为 **1.0**。

④ 文字对齐，用来指定尺寸数字书写的方向。通常，要么指定“与尺寸线对齐”(即书写方向与尺寸线平行)，要么指定“ISO 标准”。这里将其选定为“**ISO 标准**”，这样一来，当文字在尺寸界线外时，文字将成水平放置。

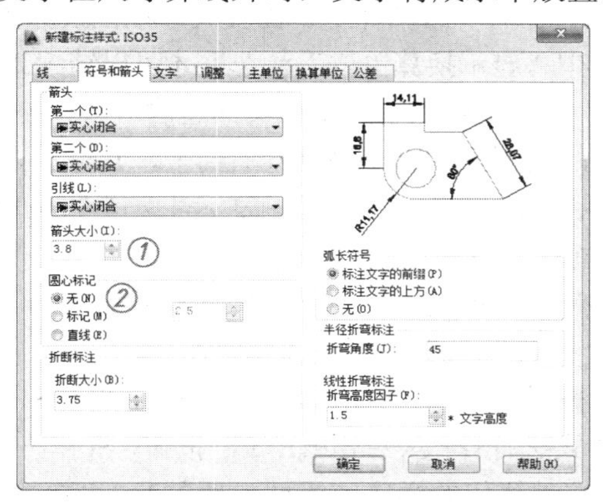

(a) “符号和箭头”页面

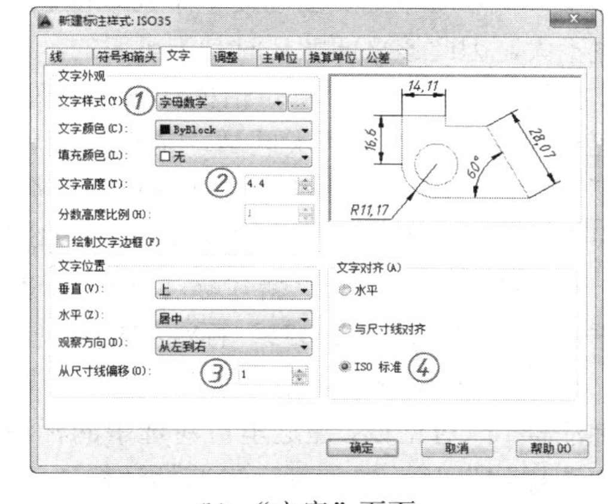

(b) “文字”页面

图 6.1.16　“符号和箭头”与“文字”页面

(4) “调整”页面。将对话框切换到“调整”标签页面。可以看出，该页面包含“调整选项”、“文字位置”、“标注特征比例”和“优化”等区域。保留默认选项，不进行任何修改。

(5) “主单位”页面及其设置。将对话框切换到“主单位”标签页面，如图 6.1.17 所示。可以看出，该页面包含“线性标注”和“角度标注”两个大区域。其中，“精度”和“消零”选项是相对应的，这是因为当指定精度为“0.000”时，若尺寸为“10.000”，则标注的尺寸数字应为“10”，这就将小数点同后面的“零”清掉了。“后续”“消零”就是这个意思。

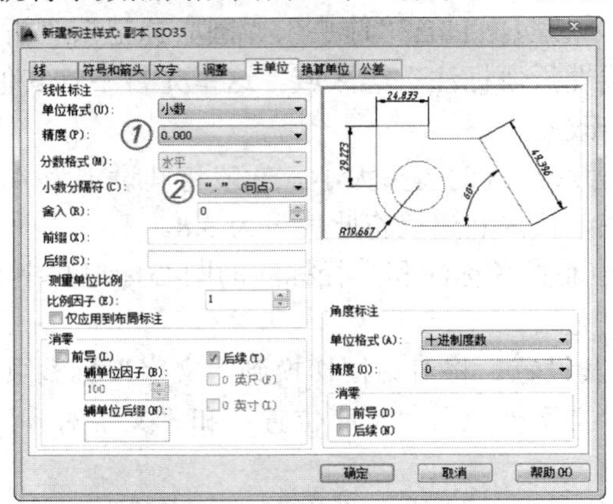

图 6.1.17 “主单位”页面

在“线性标注”区域中，将线性尺寸的“精度”选定为“0.000”；将“小数分隔符”(即小数点符号)选定为“句点”；其余保留默认选项，不进行任何修改。

特别需要强调的是，“测量单位比例”还有一个“比例因子”，它用来控制不同图样比例的测量结果。当“比例因子”为 2 时，测得的结果在原有的基础上乘以 2，即相当于图样采用的是缩小比例 1∶2。当“比例因子”为 0.5 时，则测得的结果在原有的基础上乘以 0.5，即相当于图样采用的是放大比例 2:1。

(6) “换算单位”和“公差”页面。由于有不同的度量单位，如公制和英制等，若在标注尺寸时使用的单位与主单位不一致时，就需要将其进行换算。所以，AutoCAD 在标注样式中提供了“换算单位”页面以便于不同单位的标注。在同一张图样中，需要尺寸单位换算的可能性不大，因此该页面默认时是不可用的，须选中“显示换算单位”复选框才可以继续。

保留默认的选项，将对话框切换到“公差”页面。可以看出，该页面包含“公差格式”和“换算单位公差”两大区域。需要说明的是，在图样(尤其是机械图样)中，尺寸公差是必不可少的。不过，图纸中大部分尺寸往往采用默认公差，因此真正要标注公差的尺寸并不很多，所以“公差”页面中的内容一般均保留默认值。

单击[确定]按钮，“新建标注样式：ISO35”对话框关闭并回到“标注样式管理器”对话框中，刚创建的“ISO35”标注样式出现在“样式”列表中并呈选中状态。

单击[置为当前(U)]按钮，则当前选中的标注样式被置为当前；单击[修改(M)...]按钮，将弹出“修改标注样式”对话框，在这里可对选中的标注样式进行修改；单击[替代(O)...]按钮，将弹出“替代标注样式”对话框，可为当前标注样式设定临时替代的样式。需要说明的是，“新建”、“修改”和“替代”对话框的内容基本相同。

3) 创建“ISO35 非”标注样式

在“标注样式管理器”对话框的“样式”列表框中，选中“ISO35”样式。单击[新建(N)...]按钮，弹出“创建新标注样式”对话框，输入标注样式名“ISO35 非”。注意，基础样式名应为“ISO35”。

单击[继续]按钮，弹出“新建标注样式：ISO35 非”对话框，将其切换到“文字”页面，将“文字对齐”设定为“与尺寸线对齐”；再将其切换到“调整”页面，将“文字位置”选定为“尺寸线旁边”，其他均与“ISO35”样式的相同。

单击[确定]按钮，退出“创建新标注样式”对话框。

4) 切换标注样式

在“标注样式管理器”对话框中单击[置为当前(U)]按钮，可将样式列表中选定的标注样式设定为当前使用的标注样式。当然，当前标注样式还可以通过在“样式”或“标注”工具栏中的标注样式组合框中直接选定(参见图 6.1.13)。

5. 掌握常用尺寸标注方法

标注样式创建后，就可以使用它进行尺寸标注。在 AutoCAD 中，尺寸按其对象的不同可分为长度尺寸、半径、直径、角度、坐标、指引线等；而若按其形式的不同则可分为水平、垂直、对齐、连续和基准等。

1) 直线段尺寸标注

在 AutoCAD 中，直线段尺寸标注有两种命令，一是线性标注(DIMLINEAR)，二是对齐标注(DIMALIGNED)。

(1) 线性标注。线性标注(DIMLINEAR)命令用来标注水平、垂直方向的线性尺寸。选择菜单“标注”→“线性”或单击“标注”工具栏→“⊢⊣”或在命令行直接输入“DLI”(或“DIMLIN”)并按【Enter】键，可启动该命令。

例如，绘制如图 6.1.18(a)所示的图形，先将当前图层切换到“文字尺寸”层，再将当前标注样式切换为“ISO35”。在命令行输入“DLI”并按【Enter】键，命令行提示为：

```
⊢⊣▾ DIMLINEAR 指定第一个尺寸界线原点或 <选择对象>:
```

指定图 6.1.18(a)中的端点 *A*，命令行提示为：

```
⊢⊣▾ DIMLINEAR 指定第二条尺寸界线原点:
```

指定图 6.1.18(a)中的端点 *B*，命令行提示为：

```
指定尺寸线位置或
⊢⊣▾ DIMLINEAR [多行文字(M) 文字(T) 角度(A) 水平(H) 垂直(V) 旋转(R)]:
```

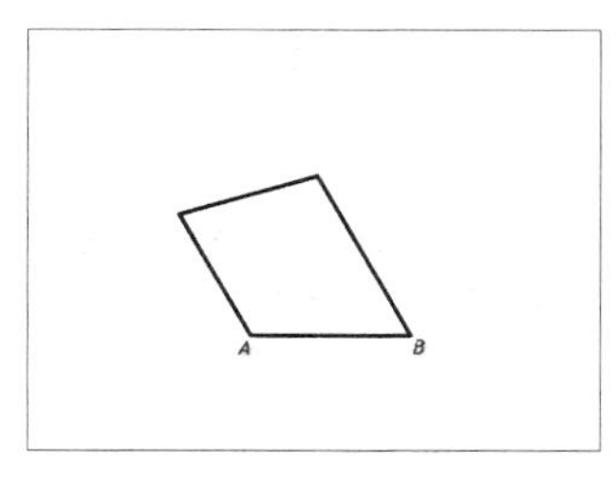

(a) 要标注尺寸的图形

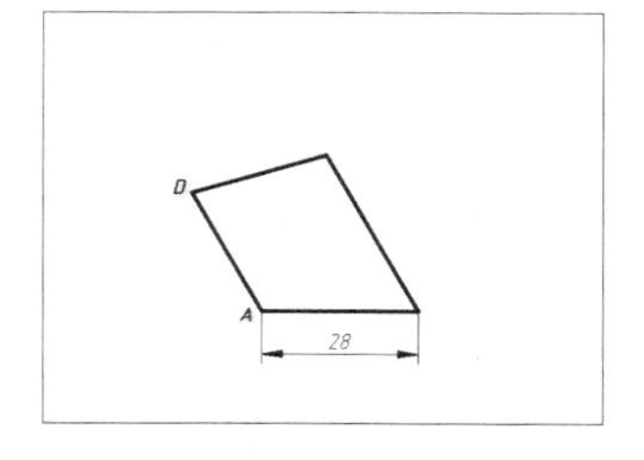

(b) 标注线性尺寸

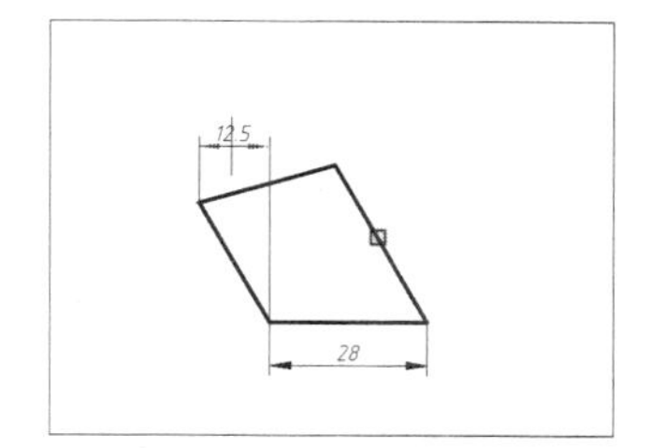

(c) 指定尺寸的水平或垂直方向

图 6.1.18　线性标注命令简例一

此时移动光标，将看到尺寸标注的动态位置，单击鼠标左键，尺寸绘出，如图 6.1.18(b)所示。重复线性标注(DIMLINEAR)命令，指定尺寸界线原点端点 *A* 和 *D*，此时移动光标有两种变化，一是将光标从 *AD* 线段为对角线的矩形范围内向上或向下移出 *AD* 线段范围，则标注的是水平长度尺寸；二是将光标从 *AD* 线段内向左或向右水平移出 *AD* 线段范围，则标注的是垂直高度尺寸，单击鼠标左键，尺寸绘出。

当然，也可以在线性标注(DIMLINEAR)命令启动后直接按【Enter】键，然后指定直线对象，例如拾取图 6.1.18(c)中有小方框标记的直线段，则命令行提示为：

指定尺寸线位置或
DIMLINEAR [多行文字(M) 文字(T) 角度(A) 水平(H) 垂直(V) 旋转(R)]:

此时移动光标也有两种变化。单击鼠标左键，尺寸绘出。可见，只要是斜线段，线性标注均会有两个选择结果，即要么标注长度，要么标注高度。

需要说明的是，线性标注还有一些“选项”，其含义如下：

① 水平、垂直。指定后，强制标注“长度”(水平)、“高度”(垂直)线性尺寸。

② 多行文字、文字。指定后，对于“多行文字”选项来说，将打开多行文字编辑器；而对于“文字”选项来说，则直接在命令行输入。输入文字时，可使用一对尖括号“<>”来表示系统自动测量的数值。例如，若在测量值前面加上 ϕ，则可输入“%%c<>”。

③ 角度。用来设定文字的倾斜角度，默认时为 0°。

④ 旋转。设定一个旋转角度来标注该方向的线性尺寸。例如，在如图 6.1.19(a)所示的图形中，启动线性标注(DIMLINEAR)命令，指定端点 *D* 和 *C* 后，输入“r”并按【Enter】键，命令行提示为：

DIMLINEAR 指定尺寸线的角度 <0>: 指定图 6.1.19(a)中 *B* 点； 指定第二点: 指定图 6.1.19(a)中 *C* 点
指定尺寸线位置或
DIMLINEAR [多行文字(M) 文字(T) 角度(A) 水平(H) 垂直(V) 旋转(R)]:

此时移动光标，则可标注的尺寸如图 6.1.19(b)和图 6.1.19(c)所示。单击鼠标左键，尺寸绘出。

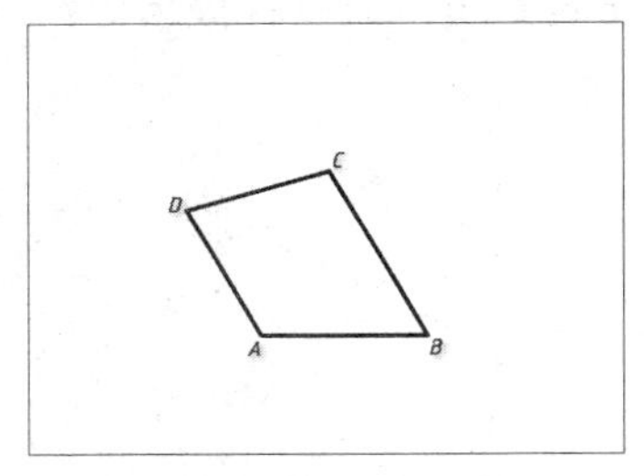

(a) 要标注尺寸的图形

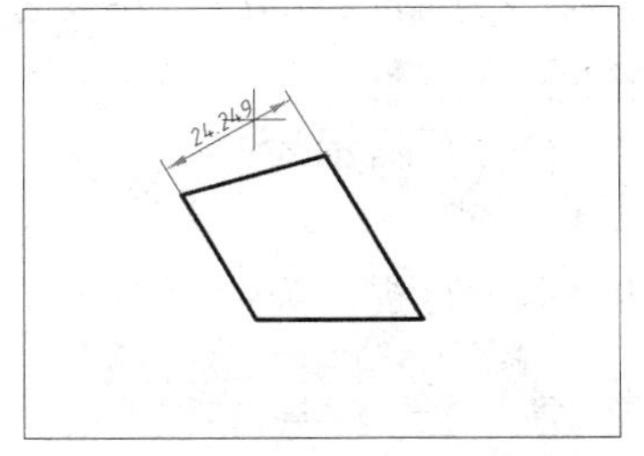

(b) 旋转角度指定后的效果一

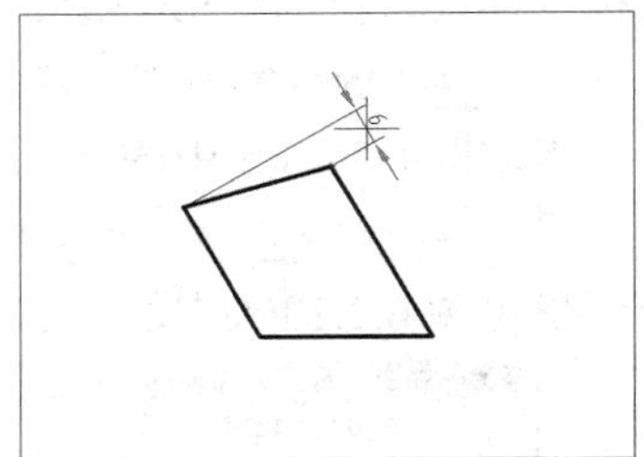

(c) 旋转角度指定后的效果二

图 6.1.19　线性标注命令简例二

(2) 对齐标注。要使尺寸线与被标注斜线对象平行，可使用对齐标注(DIMALIGNED)命令。选择菜单“标注”→“对齐”或单击“标注”工具栏→“![]”或在命令行直接输入“DAL”并按【Enter】键，可启动该命令。

例如，撤销前面的命令，恢复到图 6.1.19(a)的状态。在命令行输入“DAL”并按【Enter】键，命令行提示为：

DIMALIGNED 指定第一个尺寸界线原点或 <选择对象>: 指定图 6.1.20(a)中的 *B* 点
DIMALIGNED 指定第二条尺寸界线原点: 指定图 6.1.20(a)中的 *C* 点
DIMALIGNED [多行文字(M) 文字(T) 角度(A)]:

此时移动光标，可以看到跟随的动态对齐尺寸。单击鼠标左键，尺寸绘出，结果如图

6.1.20(b)所示。

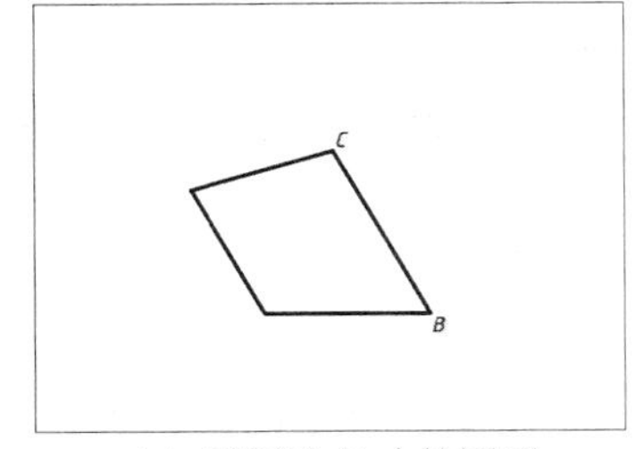

(a) 要标注尺寸的图形

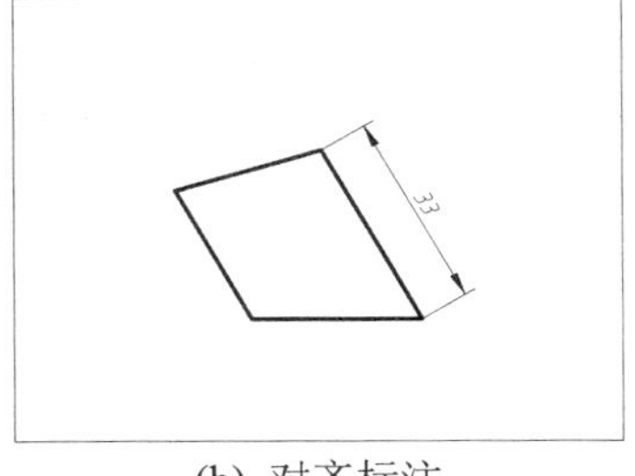

(b) 对齐标注

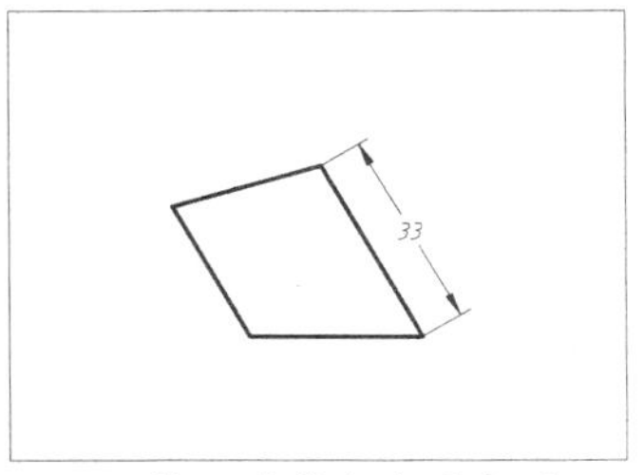

(c) 将尺寸数字变成水平

图 6.1.20　对齐标注命令简例

从上述简例可以看出，对齐标注与线性标注过程极为相似，只是对齐标注有“多行文字”、“文字”和“角度”选项。

但这里有一个问题：若图 6.1.20(b)的线性尺寸的尺寸线处在与竖直方向的 30° 范围内时，则这种情况是要避免的。避免方法除可以采用引出标注形式外，还有一个折中的办法，就是先将尺寸数字变成水平书写方向，即在指定图 6.1.20(a)中的 *B*、*C* 点后，输入“A”并按【Enter】键，指定角度为 0.1、0.01 或 0.001(输入 0 是不起作用的)，移动光标调整尺寸线的位置，单击鼠标左键，尺寸绘出，结果如图 6.1.20(c)所示。

2) 直径标注

在 AutoCAD 中，直径尺寸标注是使用 DIMDIAMETER 命令来进行的。选择菜单“标注”→“直径”或单击“标注”工具栏→“”或在命令行直接输入“DIMDIA”并按【Enter】键，可启动该命令。

例如，先绘制如图 6.1.21(a)所示的图形。将当前图层切换到“文字尺寸”层，将当前标注样式切换为“ISO35”。在命令行输入“DIMDIA”并按【Enter】键，命令行提示为：

```
DIMDIAMETER 选择圆弧或圆:
```

按图 6.1.21(a)中小方框位置拾取圆 *A*，此时命令行提示为：

```
标注文字 = 23.912
DIMDIAMETER 指定尺寸线位置或 [多行文字(M) 文字(T) 角度(A)]:
```

此时移动光标可以发现，圆心和拾取圆的点的连线就是尺寸线的方向。当光标处在圆内，其标注的形式如图 6.1.21(b)所示，箭头指向拾取点；而当光标移至圆外时，则其标注的形式如图 6.1.21(c)所示。单击鼠标左键，尺寸绘出。其中，直径标注(DIMDIAMETER)命令的“多行文字”、“文字”和“角度”选项与前面线性标注(DIMLINEAR)命令的含义相同。

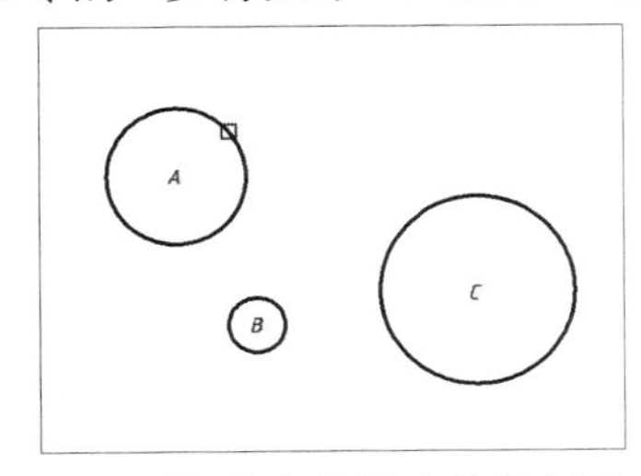

(a) 要标注直径尺寸的多个圆

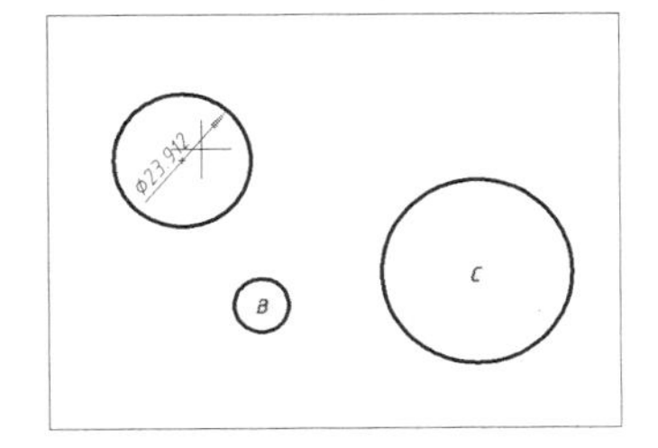

(b) 直径标注

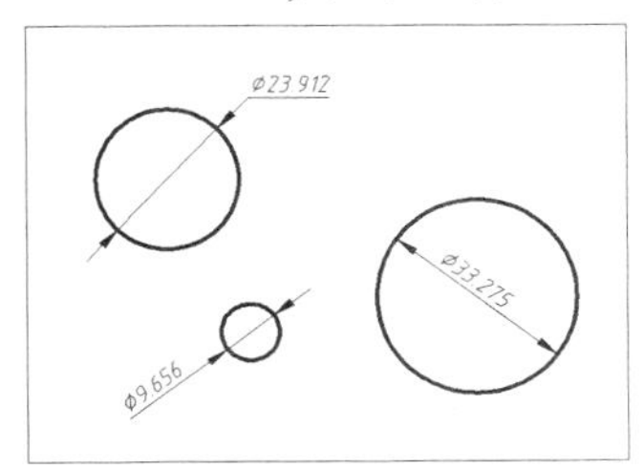

(c) 改变直径尺寸的标注形式

图 6.1.21　直径标注命令简例

将当前标注样式切换为“ISO35 非”，标注直径尺寸，试比较与“ISO35”样式的区别。

事实上，圆的直径尺寸最常用的标注形式应是图 6.1.21(c)所示的圆(ϕ33.275)的尺寸标注。要实现它，可有下列步骤。

① 拾取要修改的直径尺寸，进入夹点模式，将光标移至尺寸数值文字夹点上，稍等片刻，弹出快捷菜单。

② 从快捷菜单中选择“仅移动文字”，此时移动光标则文字跟随，移至满意位置时，单击鼠标左键。

③ 再次将光标移至尺寸数值文字夹点上，稍等片刻后，从弹出的快捷菜单中选择“在尺寸线上方”。之后，按【Esc】键退出夹点模式。

3) 半径标注

在 AutoCAD 中，半径尺寸标注是使用 DIMRADIUS 命令来进行的。选择菜单“标注”→“半径”或单击“标注”工具栏→“⊙”或在命令行直接输入“DRA”并按【Enter】键可启动该命令。此命令与直径尺寸标注(DIMDIAMETER)命令的过程相同，区别在于一个是尺寸数字前面自动加“*R*”，另一个是自动加“ ϕ”。

4) 折弯标注

当圆弧的半径过大或在图纸范围内无法标注其圆心位置时，可采用折线形式，即使用 AutoCAD 的折弯标注命令 DIMJOGGED。选择菜单“标注”→“折弯”或单击“标注”工具栏→“⤾”或在命令行直接输入“DJO”并按【Enter】键，可启动该命令。

例如，先任意绘制一段大圆弧，如图 6.1.22(a)所示。将当前图层切换到“文字尺寸”层。在命令行输入“DJO”并按【Enter】键，命令行提示为：

DIMJOGGED 选择圆弧或圆：　按图 6.1.22(a)中小方框位置拾取圆弧

DIMJOGGED 指定图示中心位置：

此时应尽可能指定靠近真实圆心的中心位置(又称为替代的中心位置)，如图 6.1.22(a)中的小圆标记位置 1。在位置 1 单击鼠标左键，命令行提示为：

标注文字 = 78.848

DIMJOGGED 指定尺寸线位置或 [多行文字(M) 文字(T) 角度(A)]：

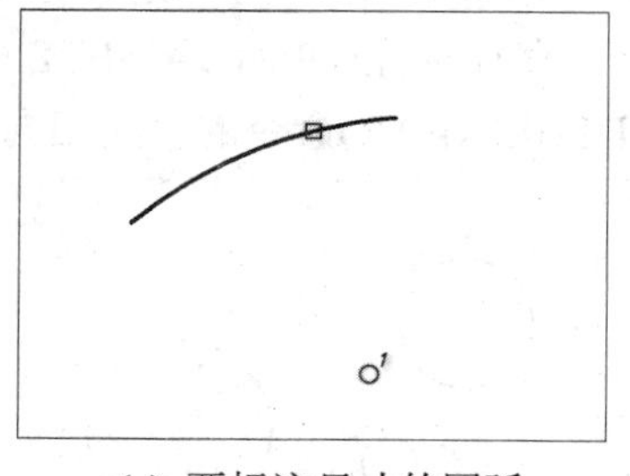

(a) 要标注尺寸的圆弧

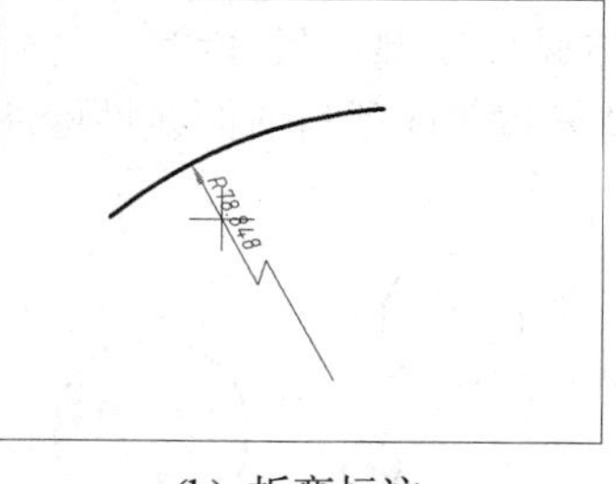

(b) 折弯标注

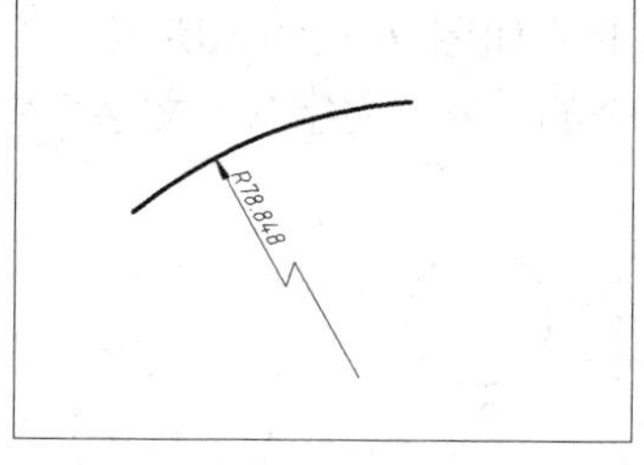

(c) 结果

图 6.1.22　折弯标注命令简例

此时移动光标可以发现文字位置和折弯大小均有不同，如图 6.1.22(b)所示。单击鼠标左键，文字位置确定，此时命令行提示为：

DIMJOGGED 指定折弯位置：

移动光标调整折弯的位置，至满意位置时，单击鼠标左键，尺寸绘出，结果如图 6.1.22(c)所示。

总之，折弯标注命令分为以下三步：

① 指定替代的圆心位置。

② 移动光标调整文字位置和折弯形状。

③ 移动光标调整折弯的位置。

5) 角度标注

角度标注是通过 DIMANGULAR 命令来实现的，但要注意角度尺寸的规定，即角度数字一律水平书写，一般标注在尺寸线的中断处，也可标注在尺寸线的上方或外部。选择菜单“标注”→“角度”或单击“标注”工具栏→“△”或在命令行直接输入“DAN”并按【Enter】键，可启动该命令。

例如，先任意绘制一个角，如图 6.1.23(a)所示。将当前图层切换到“文字尺寸”层。在命令行输入“DAN”并按【Enter】键，命令行提示为：

DIMANGULAR 选择圆弧、圆、直线或 <指定顶点>： 拾取图 6.1.23(a)中的直线 *AC*

DIMANGULAR 选择第二条直线： 拾取图 6.1.23(a)中的直线 *AB*

DIMANGULAR 指定标注弧线位置或 [多行文字(M) 文字(T) 角度(A) 象限点(Q)]： a↵

DIMANGULAR 指定标注文字的角度： 0.01↵

DIMANGULAR 指定标注弧线位置或 [多行文字(M) 文字(T) 角度(A) 象限点(Q)]：

此时移动光标，则有动态的角度尺寸跟随，如图 6.1.23(b)所示。需要说明的是，由两直线所构成的角有四个，当光标移至这些角的范围内时，角度尺寸会随之改变，如图 6.1.23(c)所示。当光标移至满意位置时，单击鼠标左键，尺寸绘出。

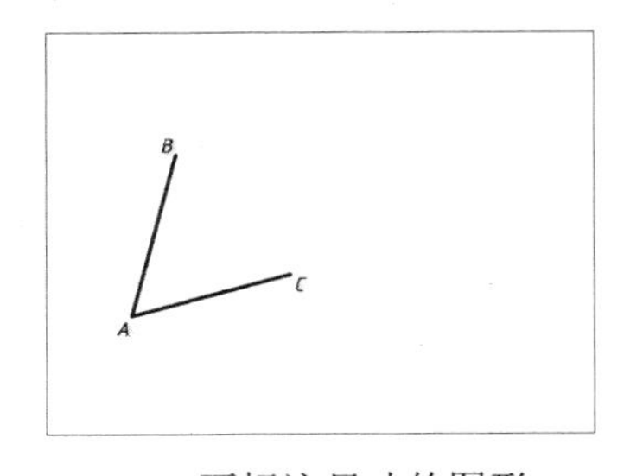

(a) 要标注尺寸的图形

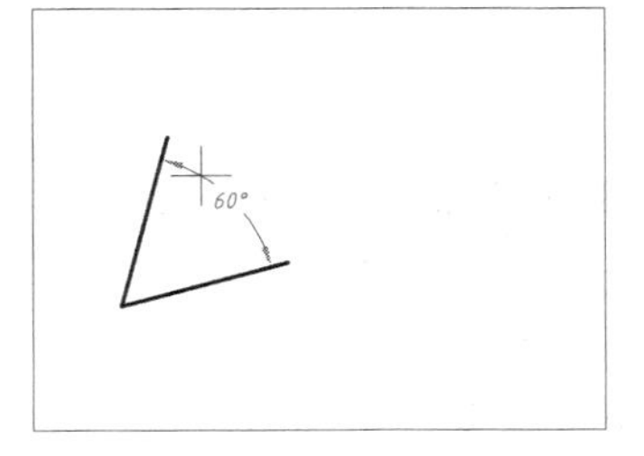

(b) 角度标注一

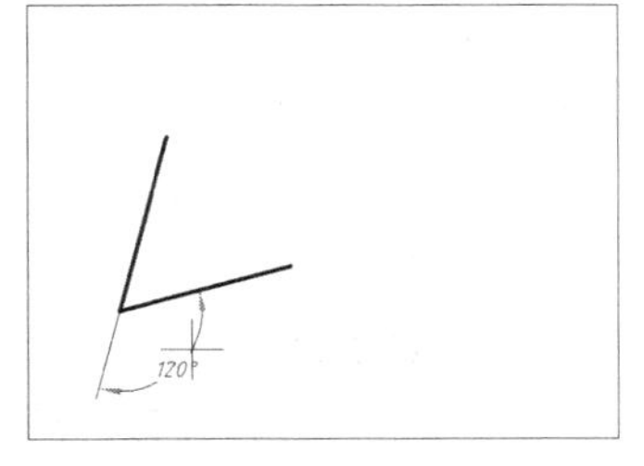

(c) 角度标注二

图 6.1.23 角度标注命令

事实上，角度构成除两直线外，还可以由顶点、两个端点构成，也可以由圆或圆弧构成，此时圆心就是角的顶点。

需要说明的是，对于角度数字水平书写有一种更为简单的方法，即标注角度尺寸时，指定“文字”选项，输入空格并按【Enter】键，移动光标至尺寸线满意位置时单击鼠标左键，尺寸绘出。在任意位置用文字注写命令绘制角度数字(数字后面加上%%d)，然后移至角度尺寸线旁即可。

6) 基线标注

所谓“基线标注”，就是多个尺寸共一个尺寸界线。在 AutoCAD 中，基线标注是通过

DIMBASELINE 命令来实现的。选择菜单“标注”→“基线”或单击“标注”工具栏→“”或在命令行直接输入“DBA”并按【Enter】键，可启动该命令。

例如，任意绘制三段矩形，如图 6.1.24(a)所示。将当前图层切换到“文字尺寸”层。启动线性标注(DIMLINEAR)命令，标注 *AB* 线段尺寸，然后在命令行输入“DBA”并按【Enter】键，命令行提示为：

DIMBASELINE 指定第二条尺寸界线原点或 [放弃(U) 选择(S)] <选择>:

此时移动光标，则自动选择 *AB* 线段尺寸的第一个拾取点 *A* 所在的尺寸界线为基准线开始下一点的线性标注，当指定图 6.1.24(a)中的 *C* 点时，线性尺寸绘出。此时命令行继续按前面相同的内容提示。

移动光标，则继续以 *A* 点所在的尺寸界线为基准线开始下一点的线性标注，如图 6.1.24(b)所示。之后，按【Esc】键退出基线标注。

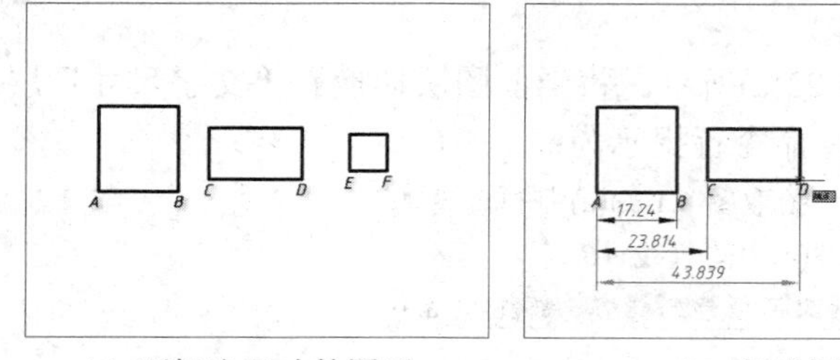

(a) 要标注尺寸的图形　　(b) 基线标注　　(c) 重新选择基准标注

图 6.1.24　基线标注命令简例

当 *AC* 线性尺寸标注后，若要以 *C* 点所在的尺寸界线为基准线进行基线标注，则可在提示时按【Enter】键指定“选择”选项，则命令行提示为“选择基准标注”；拾取 *AC* 线性尺寸的 *C* 点尺寸界线，此时移动光标，则以 *C* 点所在的尺寸界线为基准线开始下一点的线性标注，如图 6.1.24(c)所示。

7) 连续标注

连续标注是通过 DIMCONTINUE 命令来实现的。选择菜单“标注”→“连续”或单击“标注”工具栏→“”或在命令行直接输入“DCO”并按【Enter】键，可启动该命令。

例如，删除图 6.1.24(c)中的其他尺寸，保留 *AB* 线段尺寸，如图 6.1.25(a)所示。在命令行输入“DCO”并按【Enter】键，命令行提示为：

DIMCONTINUE 选择连续标注:

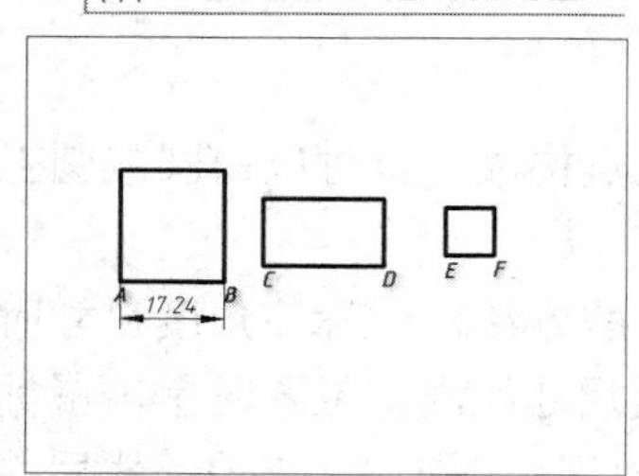

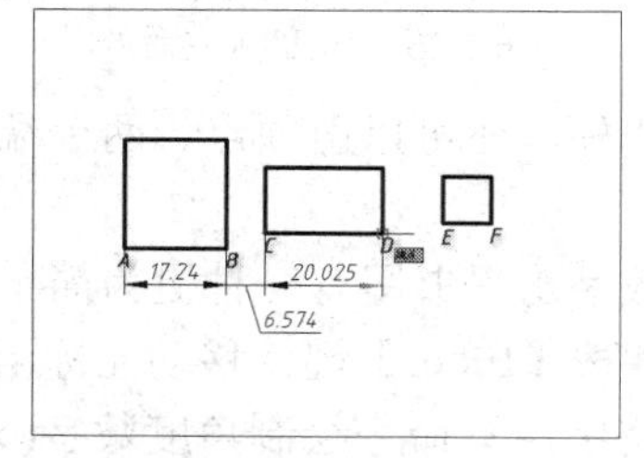

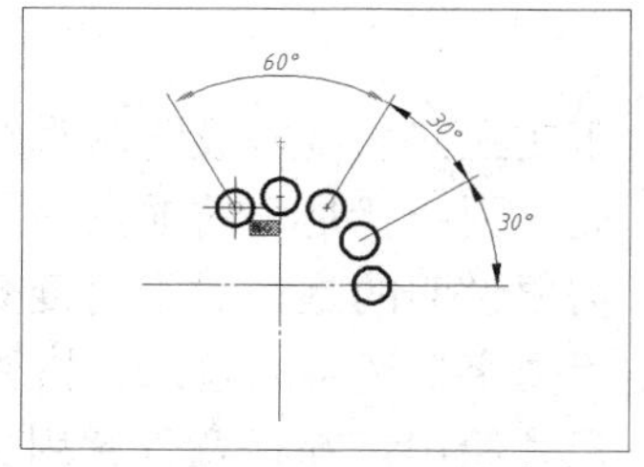

(a) 要标注尺寸的图形　　(b) 连续标注　　(c) 角度尺寸的连续标注

图 6.1.25　连续标注命令简例

拾取 *AB* 线性尺寸的 *B* 点尺寸界线，则命令行提示为：

DIMCONTINUE 指定第二条尺寸界线原点或 [放弃(U) 选择(S)] <选择>:

此时移动光标，则将选择 *AB* 线段尺寸的 *B* 点为下一个线性标注的第一点，当指定图 6.1.25(a)中的 *C* 点时，线性尺寸绘出。此时移动光标，则自动将 *C* 点作为下一个线性标注的第一点，如图 6.1.25(b)所示。之后，按【Esc】键退出。

从以上例子的结果中可以看出：若上一次命令是尺寸标注时，则基线或连续标注将自动选择尺寸界线作为下一个尺寸标注的第一条尺寸界线；但当上一次命令不是尺寸标注时，则基线或连续标注命令启动后还将提示选择“基线”或“连续”标注。

需要说明的是，若上一次标注或选择的标注是角度尺寸时，则基线或连续标注的也是角度尺寸，如图 6.1.25(c)所示。

6．平面图形的尺寸标注

图 6.1.26 所示是一个简单的平面图形，绘制时可先绘出三组同心圆(弧)，再绘出切线和连接弧，最后绘出右下角的缺口即可；而标注尺寸时应先标注定形尺寸(按先大后小、先主后次的原则进行)，再标注定位尺寸，最后检查补漏。

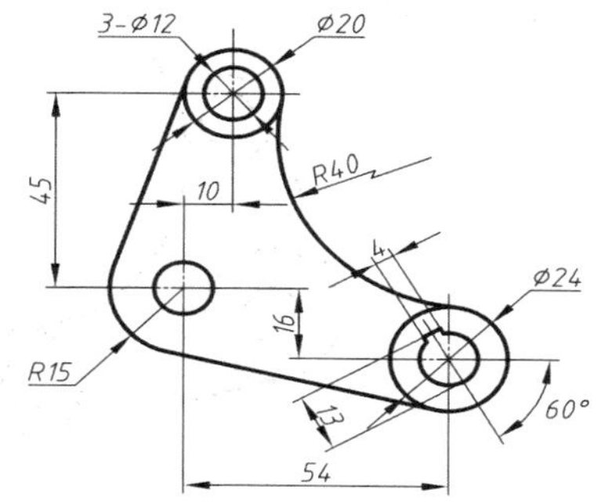

图 6.1.26　平面图形的尺寸标注

【实训 6.2】 绘制图 6.1.26 所示的平面图形并标注尺寸。

步骤

(1) 准备。

① 启动 AutoCAD 或重新建立一个默认文档，**建立简单绘制规范**。

② **草图设置对象捕捉左侧选项**，按标准要求建立“文字尺寸”、“点画线”和“粗实线”图层。

③ 建立“汉字注写”和“字母数字”文字样式，建立“ISO35”标注样式。

(2) 绘制基准及同心圆。

① 将当前图层切换到“点画线”层。

② 启动直线(LINE)命令，在图框中间靠左位置绘制一对相互垂直的中心点画线，长约 30。

③ 打开“线宽”显示，将当前图层切换到“粗实线”层。

④ 启动圆(CIRCLE)命令，指定点画线交点为圆心，绘制 ϕ12 的圆，如图ⓐ所示。

⑤ 启动复制(COPY)命令，拾取圆和所有点画线为源对象并**结束拾取**，指定圆心为基点，输入“@10,45”并按【Enter】键，输入“@54,-16”并按【Enter】键，**退出**复制命令。

⑥ 启动圆(CIRCLE)命令，指定左侧圆的圆心为圆心，绘制 *R*15 的圆。

⑦ 重复圆(CIRCLE)命令，指定上面圆的圆心为圆心，绘制 ϕ20 的圆。

⑧ 重复圆(CIRCLE)命令，指定右侧圆的圆心为圆心，绘制 ϕ24 的圆，如图ⓑ所示。

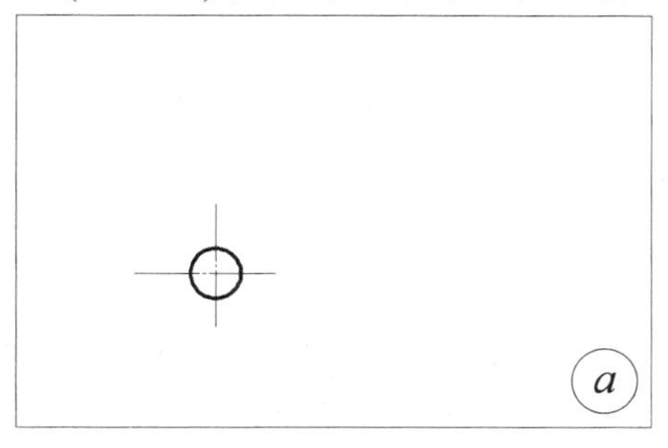

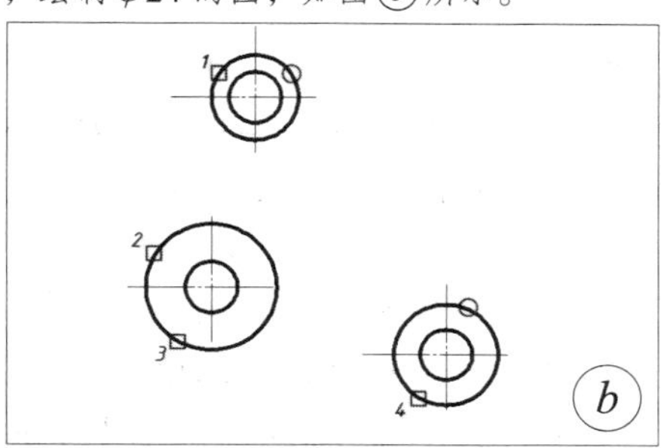

(3) 绘出切线。

① 启动直线(LINE)命令，绘制切线标记 1 至标记 2，**退出**直线(LINE)命令。

② 重复直线(LINE)命令，绘制切线标记 3 至标记 4，**退出**直线(LINE)命令。

(4) 绘制右侧 *R*40 连接弧。

① 启动圆(CIRCLE)命令，输入“T”并按【Enter】键指定“切点、切点、半径”方式，分别在图ⓑ中小圆标记位置处拾取圆对象，输入“40”并按【Enter】键，圆绘出，结果如图ⓒ所示。

② 启动修剪(TRIM)命令，拾取图ⓒ中有小圆标记的对象为剪切边对象(共四个)并**结束拾取**。在图ⓒ中小方框位置处拾取圆要修剪的部分(共两处)，**退出**修剪命令，结果如图ⓓ所示。

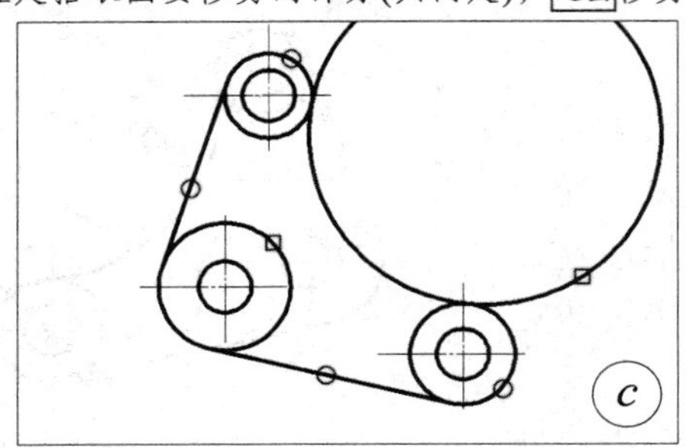

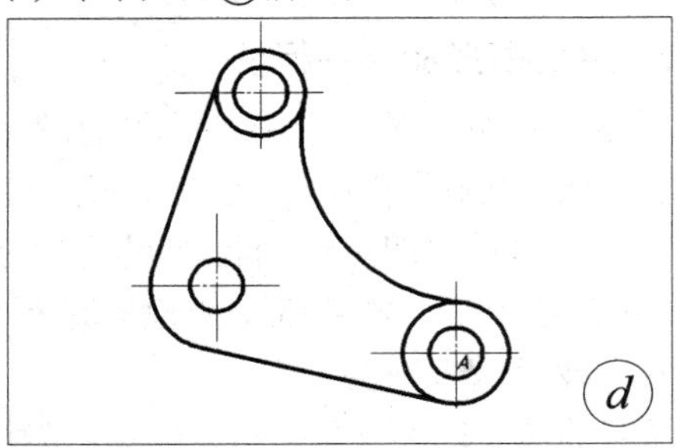

(5) 绘制缺槽。

① 启动矩形(RECTANG)命令，任意指定第一个角点，输入“@4,7”并按【Enter】键，矩形绘出。

② 启动移动(MOVE)命令，拾取矩形并**结束拾取**，指定最下边的中点为基点，移至图ⓓ中 ϕ24 圆的圆心 *A* 处。

③ 启动旋转(ROTATE)，拾取矩形并**结束拾取**，指定圆心 *A* 为基点，输入“30”并按【Enter】键，结果如图ⓔ所示。

④ 启动修剪(TRIM)命令，拾取图ⓔ中有小圆标记的对象为剪切边对象(共四个)并**结束拾取**，参照 6.1.26 中缺槽形状拾取圆修剪的部分，**退出**修剪命令。

⑤ 删除未修剪掉的多余线条，结果如图ⓕ所示。

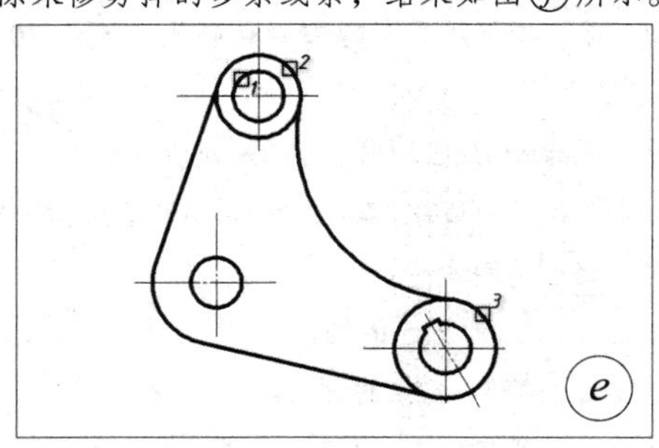

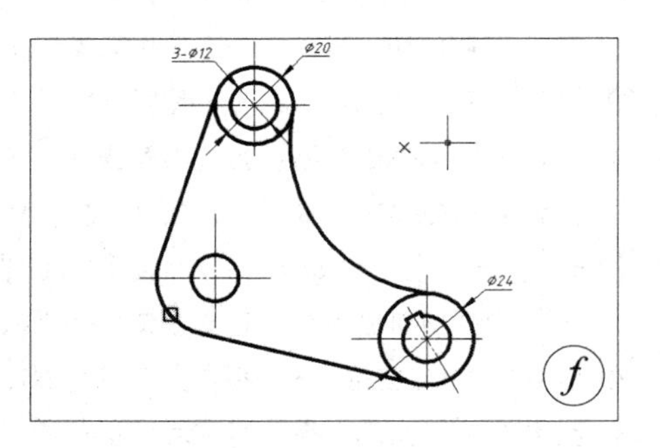

(6) 补绘点画线。

① 将当前图层切换到“点画线”层。

② 启动直线(LINE)命令，绘制从图ⓕ中小圆标记的线段中点至圆心 *A* 的直线。

③ 退出直线(LINE)命令后，选中它并通过端夹点进行拉伸，结果如图ⓖ所示。

(7) 标注所有圆和圆弧的定形尺寸。

① 将当前图层切换到“文字尺寸”层。

② 启动直径标注(DIMDIAMETER)命令，按图ⓖ中小圆标记 1 位置拾取圆，输入“T”并按【Enter】键指定“文字”选项，输入“3-<>”并按【Enter】键，移动光标调整文字位置，单击鼠标左键，尺寸绘出。

③ 重复两次直径标注命令，分别按图ⓖ中小圆标记 2、3 位置拾取圆，移动光标调整文字位置，单击鼠标左键，尺寸绘出，结果如图ⓗ所示。

④ 启动半径标注(DIMRADIUS)命令，按图ⓗ中小方框标记位置拾取圆弧，移动光标调整文字位置，单击鼠标左键，尺寸绘出。

⑤ 启动折弯标注(DIMJOGGED)命令，拾取右上角最大的 *R*40 圆弧，指定图ⓗ中“×”标记位置点为图示中心位置，移动光标，调整折弯形状和文字位置，单击鼠标左键，再移动光标调整折弯位置，单击鼠标左键，尺寸绘出，结果如图ⓘ所示。

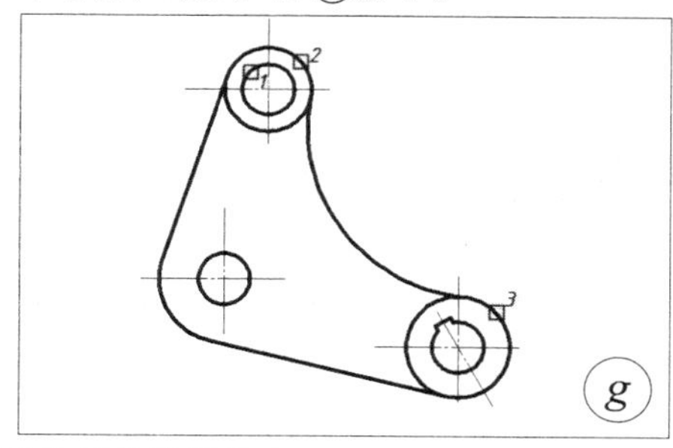

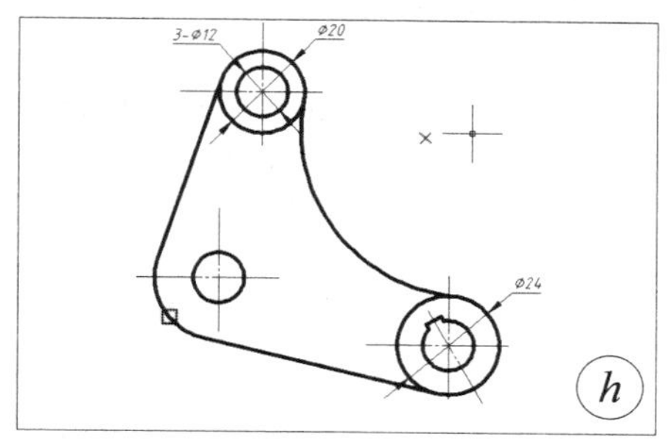

(8) 标注缺槽的定形尺寸。

① 启动对齐标注(DIMALIGNED)命令，指定图ⓘ中端点 *A* 和 *B*，向左上角移动光标拉出尺寸线至满意位置时，单击鼠标左键，尺寸绘出。

② 重复对齐标注(DIMALIGNED)命令，指定图ⓘ中直线 *AB* 的中点和小圆标记处的交点，向左下角移动光标拉出尺寸线至满意位置时，单击鼠标左键，尺寸绘出。

③ 启动角度标注(DIMANGULAR)命令，按图ⓘ中小方框标记位置拾取直线，将光标移动右下角，输入“Q”并按【Enter】键指定“象限点”，在右下角位置处单击鼠标左键，移动光标调整文字位置，至满意位置时单击鼠标左键，角度尺寸绘出，结果如图ⓙ所示。

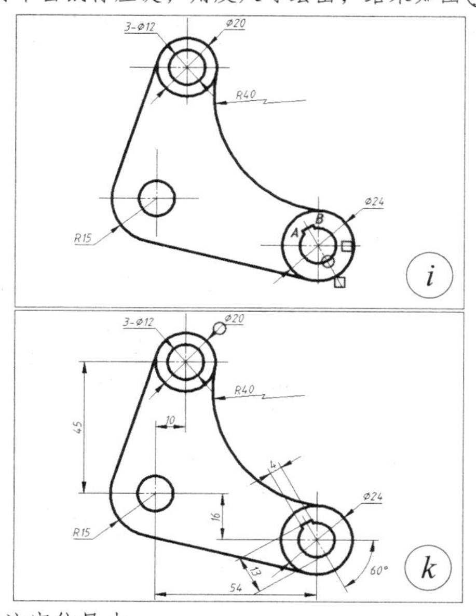

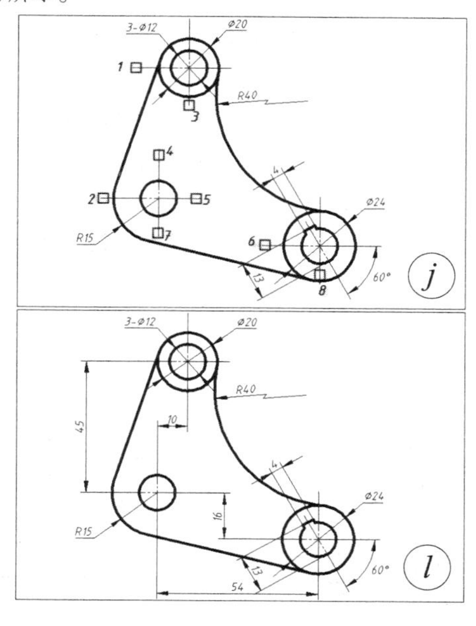

(9) 标注定位尺寸。

① 在命令行输入“MULTIPLE”并按【Enter】键，输入要重复的线性标注命令“DLI”并按【Enter】键。

② 分别拾取图ⓙ中小方框 1、2 位置点，拉出垂直尺寸至满意位置时单击鼠标左键。

③ 分别拾取小方框 3、4 位置点，拉出水平尺寸至满意位置时单击鼠标左键。

④ 分别拾取小方框 5、6 位置点，拉出垂直尺寸至满意位置时单击鼠标左键。

⑤ 分别拾取小方框 7、8 位置点，拉出水平尺寸至满意位置时单击鼠标左键。退出命令，结果如图 *k* 所示。

⑥ 单击图ⓚ中有小圆标记的尺寸对象，操作文字中的夹点，使文字位置与“3- ϕ12”尺寸平齐，按【Esc】键，结果如图ⓛ所示。

6.1.3　命令小结

本次任务涉及的 AutoCAD 命令如表 6.1.2 所示。

表 6.1.2　本次任务中的 AutoCAD 命令

类别	命令	命令名	除命令行输入的其他常用方式
绘图	单行文字	TEXT, DTEXT, DT	“绘图”→“文字”→“单行文字”，“文字”工具栏→AI
	多行文字	MTEXT, MT	“绘图”→“文字”→“多行文字”，“文字”、“绘图”工具栏→A
格式	文字样式	STYLE, ST	菜单“格式”→“文字样式”，“样式”(“文字”)工具栏→A
	标注样式	DIMSTYLE, DDIM, D	菜单“格式”、“标注”→“标注样式”，“样式”(“标注”)工具栏→
标注	各种标注	—	菜单“标注”→…，　“标注”工具栏→…

6.1.4　巩固提高

(1) 如何插入特殊文字？比如希腊字符 α、β、γ 等。

(2) 若有 H_1、H^2 这样有下标或上标的文字，则如何注写？(提示：可用文字堆叠)

(3) 绘制图 6.1.27 的平面图形并标注尺寸(尺寸线终端变成点的方法有：① 设置尺寸特性；② 分解尺寸，使用 DONUT 命令画点)。

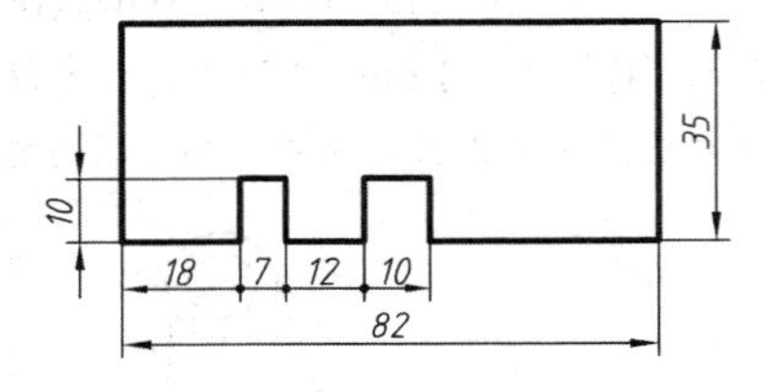

图 6.1.27　标注尺寸

(4) 绘制图 6.1.28(a)～图 6.1.28(c)的平面图形并标注尺寸。

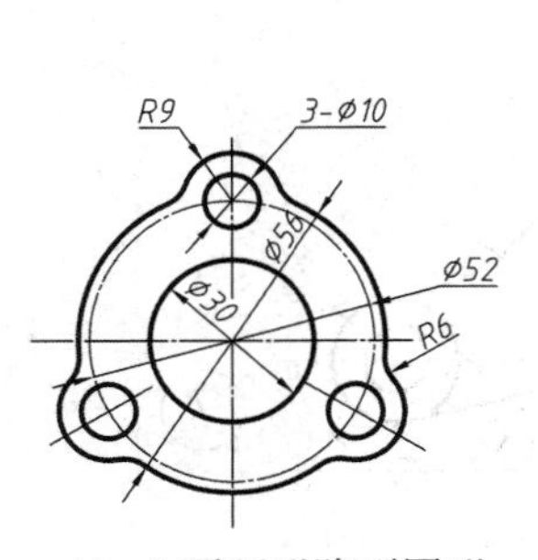

(a) 凸耳环形阵列图形

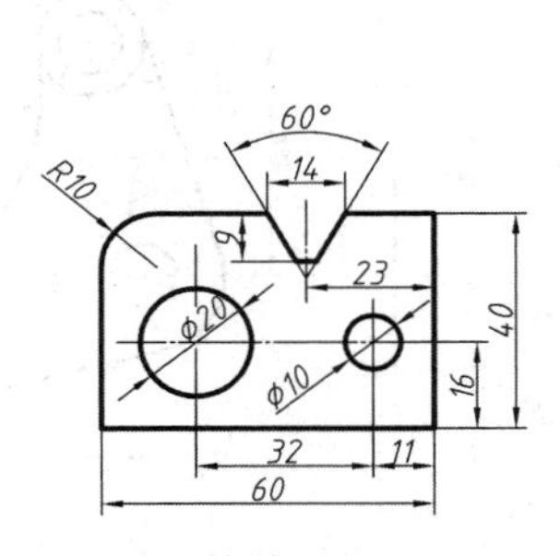

(b) 简单平面图形

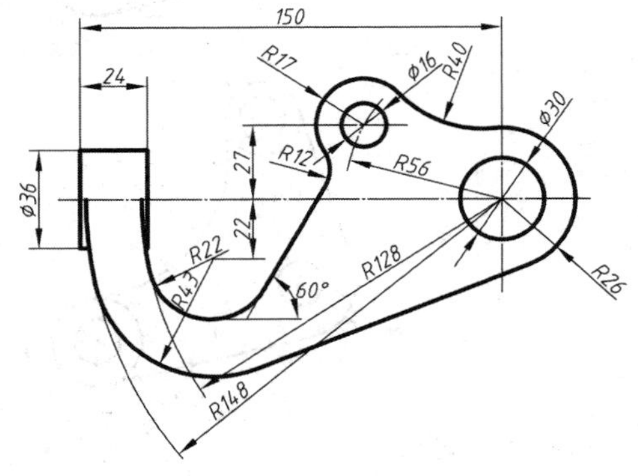

(c) 钩类图形

图 6.1.28　平面图形尺寸标注

任务 6.2　绘制零件图

用来表达零件结构、大小及技术要求的图样，称为零件图。除完整的尺寸、标题栏和技术要求等外，还需要用一组图形来表达零件的外部形状和内部结构。对于外部形状的表达通常有基本视图(含三视图)、向视图、局部视图和斜视图等，而对于内部结构的表达常见的有剖视图、断面图以及局部放大图等。

6.2.1　工作任务

1. 任务内容

先学会各种表达方法的图形的绘制，然后熟悉尺寸公差、几何公差以及表面粗糙度等技术要求的绘制，最后掌握零件图的绘制方法。

2. 任务分析

具体如表 6.2.1 所示。

表 6.2.1　任务准备与分析

<table>
<tr><td>任务准备</td><td colspan="3">网络机房，计算机每人一套，AutoCAD 2014 版软件等</td></tr>
<tr><td rowspan="7">任务实施</td><td>学习情境</td><td>实施过程</td><td>结果形式</td></tr>
<tr><td>对象追踪与三视图的绘制</td><td rowspan="6">教师讲解、示范、辅导答疑
学生听、看、记、模仿、练习</td><td rowspan="6">绘制的指定、自选图形</td></tr>
<tr><td>学会绘制其他视图</td></tr>
<tr><td>熟悉绘制剖视、断面和局部放大图</td></tr>
<tr><td>掌握表面粗糙度的标注方法</td></tr>
<tr><td>学会常用结构与几何公差的标注方法</td></tr>
<tr><td>掌握零件图的绘制方法</td></tr>
<tr><td>学习重点</td><td colspan="3">对象追踪与三视图的绘制，掌握表面粗糙度的标注方法，学会常用结构与几何公差的标注方法</td></tr>
<tr><td>学习难点</td><td colspan="3">学会常用结构与几何公差的标注方法</td></tr>
<tr><td>任务总结</td><td colspan="3">学生提出任务实施过程中存在的问题，解决并总结
教师根据任务实施过程中学生存在的共性问题，讲评并解决</td></tr>
<tr><td>任务考核</td><td colspan="3">根据学生上机模仿、图形绘制的数量、质量以及效率等方面综合打分</td></tr>
</table>

参看表 6.2.1 完成任务，实施步骤如下。

6.2.2　任务实施

1. 对象追踪与三视图的绘制

在绘制机械图样时，往往采用正投影法将物体向投影面投射所得的图形，称为视图。

在工程图样中，常用的是采用主、俯、左三个视图来表达，且“主”“俯”视图“长对正”、“主”“左”视图“高平齐”、“俯”“左”视图“宽相等，且前后关系对应”。为了在绘制时满足三视图的投影规律，在AutoCAD中需启用“对象捕捉追踪”，它是一种“角度”与“位置”的综合辅助方法。

1) 对象捕捉追踪

所谓对象捕捉追踪，就是先捕捉到对象的特征点，然后从特征点引发角度(正交)追踪线，当光标位置处于这些追踪线附近时，则自动吸附。需要强调的是：

(1) 启动或关闭“对象捕捉追踪”可单击状态栏上的“对象捕捉追踪”图标∠，或使用功能键【F11】。

(2) 为了能自动捕捉到对象的特征点，应在启动“对象捕捉追踪”之前开启“对象捕捉”选项(按【F3】键)。

下面通过绘制一个“圆”的左右视图来看看对象捕捉追踪的用法。

【实训 6.3】 用对象捕捉追踪绘图。

(1) 准备。

① 启动 AutoCAD 或重新建立一个默认文档，**建立简单绘制规范**。

② **草图设置对象捕捉左侧选项**，按标准要求建立“点画线”和“粗实线”图层。

③ 检查“极轴追踪”是否关闭(若未关闭，按【F10】键)；检查“对象捕捉追踪”是否开启(若未开启，按【F11】键)；检查“对象捕捉”是否开启(若未开启，按【F3】键)。

(2) 绘制圆柱的主视图轮廓线。

① 打开“线宽”显示，将当前图层切换到“粗实线”层。

② 启动圆(CIRCLE)命令，在图框中间偏左位置绘制直径为 $\phi 40$ 的圆，用来作为一个长为 10 的圆柱的主视图，如图ⓐ所示。

(3) 测试一下“对象捕捉追踪”的用法。

① 启动矩形(RECTANG)命令，将光标移至图ⓐ小圆标记 1 处的象限点，当出现“象限点”捕捉图符时，或稍等片刻后光标旁出现“象限点”提示时，表示可以“追踪”此点。

② 向右水平移动光标，出现“象限点”水平追踪线，光标旁动态显示**象限点:...<0°**，如图ⓑ所示。

③ 再将光标移至图ⓐ小圆标记 1 处的象限点，当出现“象限点”捕捉图符或稍等片刻后光标旁出现“象限点”提示时，此时该“象限点”追踪将自动取消。可见，对于某点来说，偶数次捕捉是取消追踪，而奇数次捕捉则是实施追踪。之后，**退出**矩形命令。

(4) 绘制定位点。

① 在命令行直接输入“DDPTYPE”并按【Enter】键，此时弹出“点样式”对话框。在对话框中，指定“☒”点样式，并按绝对单位指定其大小为“3”，单击 确定 按钮。

② 在命令行直接输入“PO”并按【Enter】键启动单点命令，将光标移到图ⓐ小圆标记 1 处的象限点，当出现“象限点”捕捉图符时向右水平移动光标，沿“象限点”水平追踪线至适当位置单击鼠标左键，点绘出。

③ 拾取刚绘出的点，进入夹点模式，单击夹点，输入“MO”并按【Enter】键指定“移动”模式，输入“C”并按【Enter】键指定“复制”选项。

④ 将光标移到刚绘出的点处，当出现"节点"捕捉图符时，向右水平移动光标；当出现**节点:…<0°**追踪线时，如图ⓒ所示。输入"10"并按【Enter】键，再按两次【Esc】键退出夹点模式。

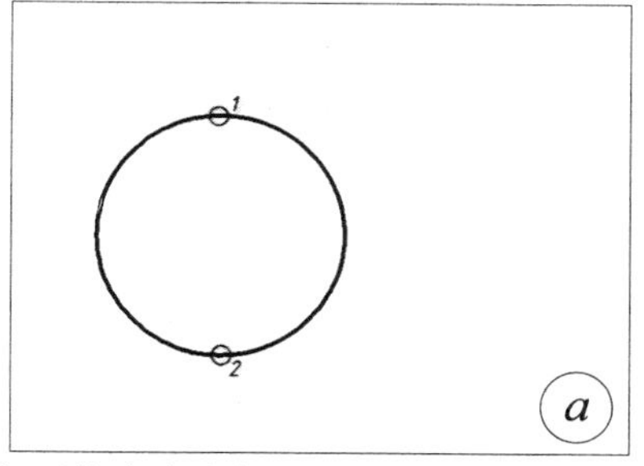
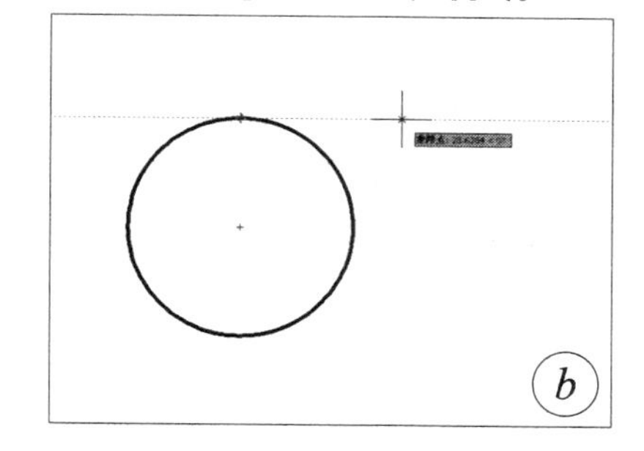

(5) 绘制左视图轮廓并补点画线。

① 启动矩形(RECTANG)命令，指定图ⓒ中A点为第一个角点。移动光标至图ⓒ小圆标记2处的象限点，当出现"象限点"捕捉图符时移动光标至B点，当出现"节点"捕捉图符时，向下移动光标。当将光标移至与象限点2成水平位置时，光标自动被吸附并出现在"象限点"水平追踪线上，如图ⓓ所示。两条追踪线的交点就是要指定的矩形的对角点，此时单击鼠标左键，矩形绘出。

② 将当前图层切换为"点画线"层。

③ 启动直线(LINE)命令，将光标移至图ⓒ小圆标记1处的象限点，当出现象限点捕捉图符时向上移动光标，当距离为3～5时，单击鼠标左键指定第一点，向下移动光标；当移至象限点2时，稍停留片刻，当出现"象限点"提示时，向下移动光标，当距离为3～5时，如图ⓔ所示，单击鼠标左键，直线绘出。之后，**退出**直线命令。

④ 类似地，绘制余下的点画线，拾取所有"点"对象并按【Delete】键删除，结果如图ⓕ所示。

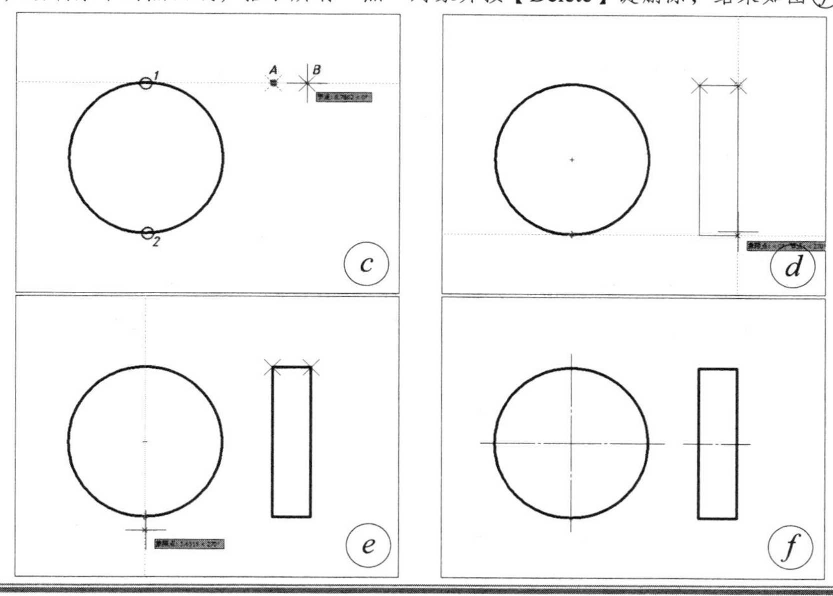

可见，实际应用时，对象捕捉追踪的使用可归纳为以下三点：

(1) 当捕捉到某点时，出现点捕捉图符或稍等片刻后在光标旁出现点名称提示时，追踪开始。同时，被追踪的点出现一个小十字标记。

(2) 若需要其他点的追踪，则继续第(1)步；若取消该点的追踪，则将光标再移至该点处稍等片刻后移出该点，原先的小十字标记将消失。

(3) 移动光标使追踪线出现，继续进行下一步操作。

2) 三视图的绘制

在三视图中，为了能使俯视图和左视图满足投影关系，通常要作出从左上到右下的45° 辅助斜线。例如，对图 6.2.1 所示的三视图，可按实训 6.4 的步骤进行绘制。

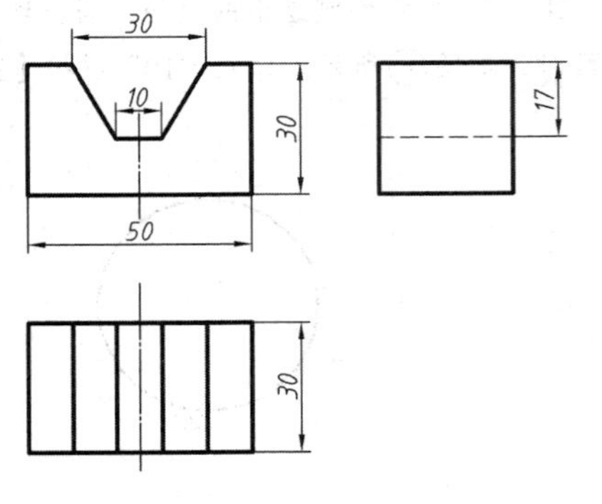

图 6.2.1　三视图

【实训 6.4】绘制三视图。

(1) 准备。

① 启动 AutoCAD 或重新建立一个默认文档，**建立简单绘制规范**。

② **草图设置对象捕捉左侧选项**，按标准要求建立“点画线”、“虚线”和“粗实线”图层。

③ 检查并打开“极轴追踪”、“对象捕捉”和“对象捕捉追踪”。

(2) 绘制主、俯视图主要轮廓线并作辅助线。

① 打开“线宽”显示，将当前图层切换到“粗实线”层。

② 使用矩形(RECTANG)命令，在左上角绘制一个 50 × 30 的矩形。

③ 因俯视图的宽度也是 30，故使用复制(COPY)命令，将矩形向下平移复制，结果如图ⓐ所示。

④ 将当前图层切换到“0”层，使用直线(LINE)命令，在右下角绘制 45° 辅助斜线，同时分别从图ⓐ中的角点 1 和角点 2 绘出水平线至 45°辅助斜线上有交点为止，如图ⓑ所示。

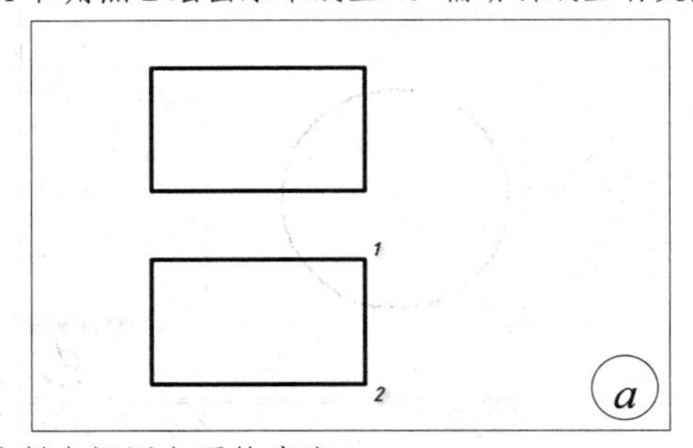

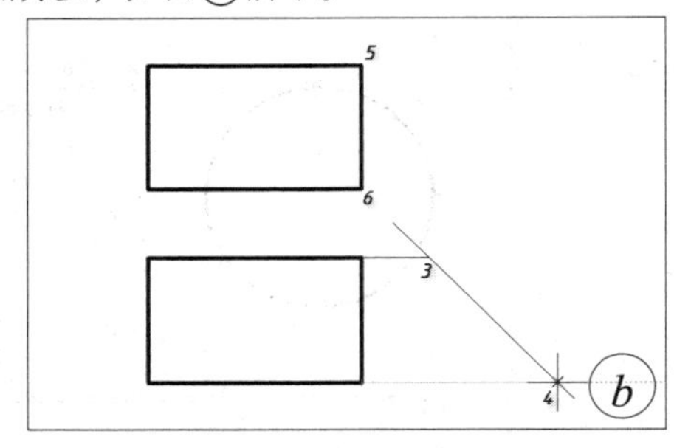

(3) 绘制左视图主要轮廓线。

① 将当前图层切回到“粗实线”层。

② 启动矩形(RECTANG)命令，移动光标分别在图ⓑ中位置点 3 和 5 停留片刻，直至出现点捕捉图符或点名称提示。

③ 在位置点 3 和 5 正交追踪线交点处单击鼠标左键，指定第一个角点。

④ 移动光标分别在位置点 4 和 6 停留片刻，直至出现点捕捉图符或点名称提示。

⑤ 当光标处在位置点 4 和 6 正交追踪线交点时，如图ⓒ所示，单击鼠标左键指定对角点，矩形绘出。

(4) 绘制缺口视图的辅助线。

① 将当前图层切换到“点画线”层。

② 用直线命令(LINE)绘制三条点画线：图ⓒ中 3、4 中点连线，5、6 中点连线和 1、2 端点连线。

③ 拾取 1、2 端点连线，单击中点夹点为热夹点，向下移动光标，当出现**极轴:...<270°**追踪线时输入“17”

并按【Enter】键，再按【Esc】键退出，结果如图ⓓ所示。

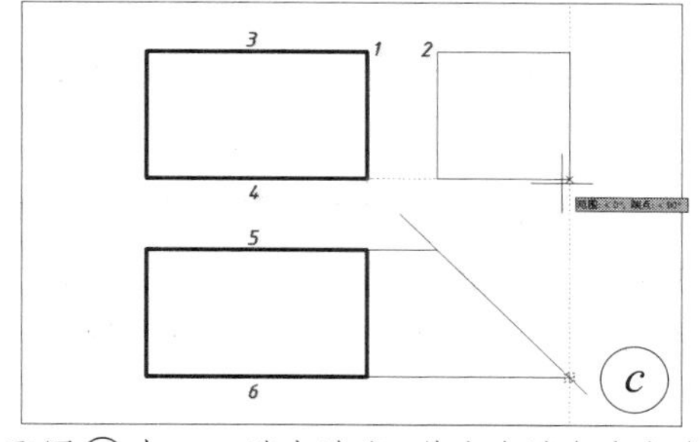

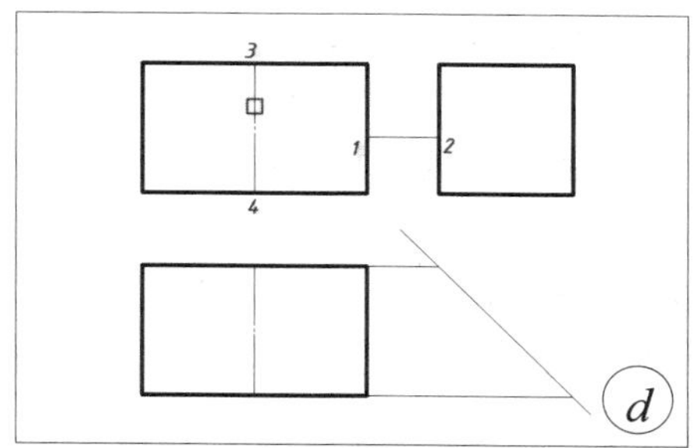

④ 拾取图ⓓ中 1、2 端点连线，单击左端点夹点为热夹点，水平拉伸至主视图最左侧竖直线，按【Esc】键退出。

⑤ 启动偏移(OFFSET)命令，指定偏移距离为“5”，拾取 3、4 中点连线，在其左侧位置单击鼠标左键，再拾取 3、4 中点连线，在其右侧位置单击鼠标左键，**退出**偏移命令。

⑥ 重复偏移(OFFSET)命令，指定偏移距离为“15”，拾取 3、4 中点连线，在其左侧位置单击鼠标左键，再拾取 3、4 中点连线，在其右侧位置单击鼠标左键，**退出**偏移命令，结果如图ⓔ所示。

(5) 绘制缺口的左视图和主视图。

① 将当前图层切换到“虚线”层。

② 使用直线(LINE)命令绘制图ⓔ中的 *AB* 水平线。

③ 将当前图层切换到“粗实线”层。

④ 启动直线(LINE)命令，指定图ⓔ中交点 1 为第一点，分别绘线至交点 2、3 和 4。**退出**直线命令，结果如图ⓕ所示。

⑤ 启动修剪(TRIM)命令，拾取图ⓕ中小圆标记 *A* 和 *B* 的对象为剪切边对象并**结束拾取**，按图ⓕ主视图中小方框位置拾取要修剪的部分(共一处)，**退出**修剪命令。

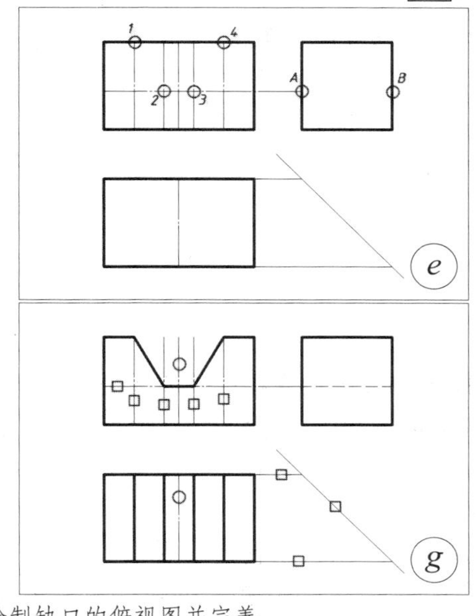

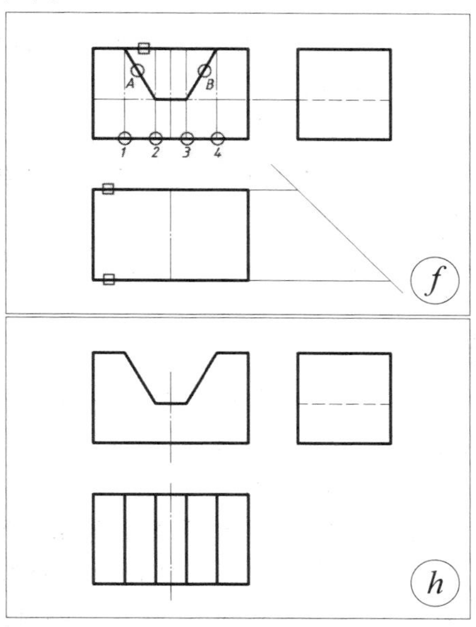

(6) 绘制缺口的俯视图并完善。

① 使用直线(LINE)命令，分别以图ⓕ中交点 1、2、3 和 4 为追踪点，在俯视图中“长对正”绘制从方框标记的两线之间的竖直线，结果如图ⓖ所示。

② 拾取图ⓖ中有小方框标记的对象，按【Delete】键删除。利用夹点调整图ⓖ中有小圆标记的点画线的大小和位置，结果如图ⓗ所示，三视图绘出。

2. 学会绘制其他视图

由于机件(机器零件)的结构形状千差万别，如果仅仅采用主、俯、左三个视图，往往不能完整、清晰地表达较为复杂的机件，因此还需要采用其他的表达方法。例如，用于表达机件外部结构形状的视图表达方法还有基本视图、向视图、局部视图和斜视图等。

1) 箭头和旋转符号

在采用其他视图表达时，在其画法中增加了表示投影方向的箭头以及斜视图旋转绘制后标注中的旋转符号。

(1) 绘制箭头(⟵)。在 AutoCAD 中，表示投影方向的箭头的绘制常见的有两种方法，一是使用引线标注(后面讨论)，二是使用多段线(PLINE)命令来绘制。

多段线(PLINE)是由一系列相互连接的具有线宽性质的直线段或圆弧段组成的整体单个对象。选择菜单“绘图”→“多段线”或单击“绘图”工具栏→“ ”或在命令行直接输入“PL”并按【Enter】键，可启动该命令。

当启动多段线(PLINE)命令后，按下列步骤可绘出箭头。

① 在命令行直接输入“PL”并按【Enter】键，任意指定箭头的起点。

② 输入“w”并按【Enter】键，指定“宽度”选项：指定起点宽度为“0”，指定端点宽度为“1”。

③ 根据所需方向拉出极轴追踪线，输入“4”并按【Enter】键，箭头绘出。

④ 输入“w”并按【Enter】键，指定“宽度”选项：指定起点宽度为“0”，指定端点宽度为“0”。

⑤ 按所需方向拉出极轴追踪线，输入“3”并按【Enter】键，箭尾绘出。之后，退出多段线(PLINE)命令。

(2) 绘制旋转符号(↶、↷)。旋转符号分为向左逆时针方向和向右顺时针方向两种，它们都可由多段线(PLINE)命令来绘制，即在指定起点和端点宽度后，指定“圆弧”选项并指定方向，然后绘制。

需要说明的是，绘制好的箭头和旋转符号可用“块”(后面再讨论)来存储，需要时直接插入即可。

2) 样条曲线

用于表达机体断裂的不规则波浪线可用样条曲线来生成。样条曲线是一种由一系列点控制或通过一系列的拟合点的光滑曲线。在 AutoCAD 中，选择菜单“绘图”→“样条曲线”→“…”，或单击“绘图”工具栏→“ ”，或在命令行直接输入“SPL”(或“SPLINE”)并按【Enter】键，可启动样条曲线(SPLINE)命令。

事实上，样条曲线(SPLINE)命令分为“拟合点”和“控制点”两种类型，其中“拟合点”是默认类型。所谓“拟合点”，即绘制的样条曲线光滑连接指定的点；而所谓“控制点”，就是由指定的点构成控制多边形，由它来决定样条曲线的形状。

下面先来看看样条曲线的“拟合点”类型。先用点(POINT)命令随意绘制几个点，如图

6.2.2(a)所示。在命令行输入“SPL”并按【Enter】键，命令行提示为：

当前设置：方式=拟合　节点=弦
SPLINE 指定第一个点或 [方式(M) 节点(K) 对象(O)]:

指定点 1 后，命令行提示为：

SPLINE 输入下一个点或 [起点切向(T) 公差(L)]:

指定点 2 后，此时移动光标，可以看到跟随的动态样条曲线，如图 6.2.2(b)所示。此时命令行提示为：

SPLINE 输入下一个点或 [端点相切(T) 公差(L) 放弃(U)]:

指定点 3 后，命令行提示为：

SPLINE 输入下一个点或 [端点相切(T) 公差(L) 放弃(U) 闭合(C)]:

指定点 4 后，按【Enter】键结束，样条曲线绘出。拾取曲线，其夹点位置就是这些指定的点的位置，如图 6.2.2(c)所示。

需要说明的是，默认时样条曲线必须指定三个及以上点才能绘出。另外，“拟合点”类型命令过程中还有一些选项，这里简要说明。

(1) 方式。用来指定是“拟合点”还是“控制点”类型(方式)。

(2) 节点。用来指定拟合点的参数化方法，即累积弦长、向心法和等距分布。默认时，使用累积弦长法。

(3) 对象。用来将用样条曲线拟合的多段线转换成等效的样条曲线。

(4) 起点切向、端点相切。用来指定样条曲线起点、终点的相切条件。

(5) 公差。用来指定样条曲线可以偏离指定拟合点的距离。当公差值为 0 时，生成的样条曲线直接通过拟合点。公差值适用于所有拟合点，但拟合点的起点和终点除外，因为起点和终点的公差值总是为 0。

(6) 放弃。用来放弃刚指定的点。

(7) 闭合。用来通过定义与第一个点重合的最后一个点，闭合样条曲线。

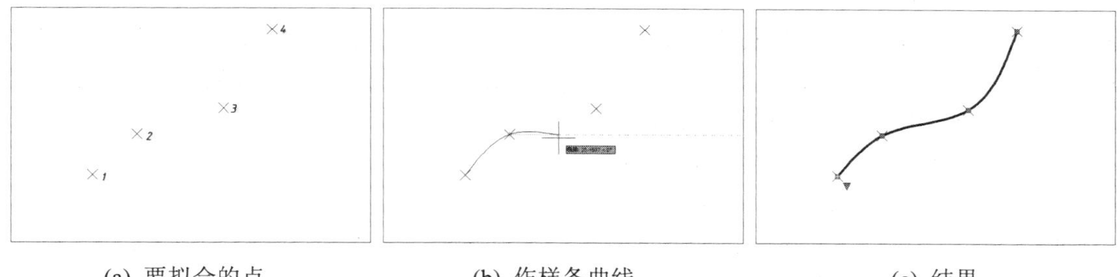

(a) 要拟合的点　(b) 作样条曲线　(c) 结果

图 6.2.2　“拟合点”样条曲线图例

下面再来看看样条曲线的“控制点”类型。撤销前面绘制的样条曲线，在命令行输入“SPL”并按【Enter】键，启动样条曲线(SPLINE)命令，输入“m”并按【Enter】键，按以下命令行提示操作：

SPLINE 输入样条曲线创建方式 [拟合(F) 控制点(CV)] <拟合>:　cv↵
当前设置：方式=控制点　阶数=3
SPLINE 指定第一个点或 [方式(M) 阶数(D) 对象(O)]:　指定图 6.2.3(a)中的点 1
SPLINE 输入下一个点:　指定图 6.2.3(a)中的点 2

SPLINE 输入下一个点或 [放弃(U)]:　指定图 6.2.3(a)中的点 3

SPLINE 输入下一个点或 [闭合(C) 放弃(U)]:　指定图 6.2.3(a)中的点 4

结果如图 6.2.3(b)所示，按【Enter】键结束，样条曲线绘出。拾取曲线，其夹点位置也是这些指定的点的位置，但它们不在曲线上(除起点和终点外)，如图 6.2.3(c)所示。

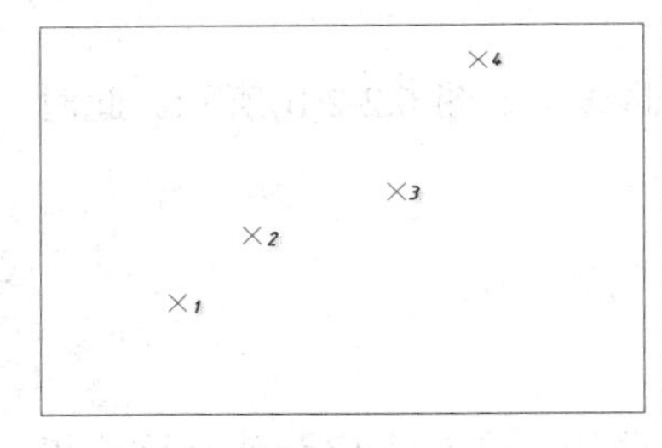

(a) 要经过的控制点

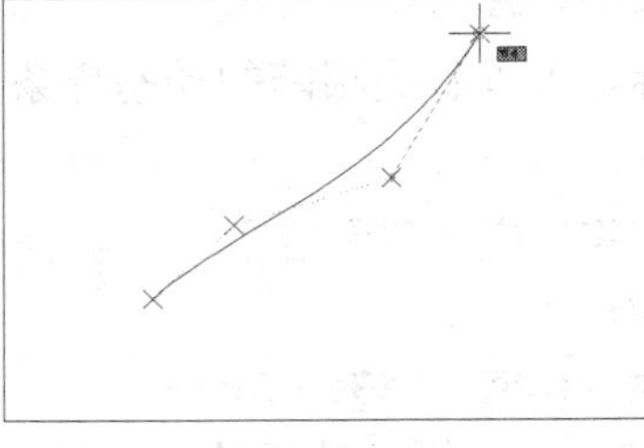

(b) 作样条曲线

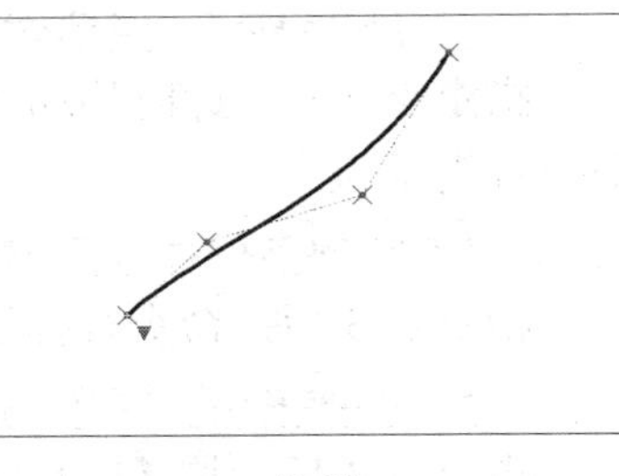

(c) 结果

图 6.2.3　“控制点”样条曲线图例

需要说明的是：

(1) 样条曲线的夹点中出现一个向下小方块箭头的“下拉”夹点，单击它可弹出快捷菜单，从中可选择“显示拟合点”或“显示控制点”。

(2) “控制点”类型中出现了“阶数”选项，它用来设置生成的样条曲线的多项式次数。3 阶为三次曲线，最高可指定 10 阶的样条曲线。3 次曲线需要四个控制点，当指定三个控制点时自动降为二次曲线。

3) 徒手画

样条曲线可用来绘制表示机体断裂的波浪线，但看上去并不完全满足标准。若用徒手画(SKETCH)命令并指定“样条曲线”类型来绘制，则几近完美，故推荐使用。

徒手画(SKETCH)命令方式仅能通过命令行来输入。命令启动后，命令行提示为：

类型 = 直线　增量 = 1.0000　公差 = 0.5000

SKETCH 指定草图或 [类型(T) 增量(I) 公差(L)]:

其中，“类型”选项用来指定徒手绘出的线的类型；“增量”选项用来指定每条手画直线段的长度，且须光标移动的距离大于增量值，才能生成一条直线；“公差”选项用于指定的“样条曲线”类型，表示绘出的曲线与手画线草图的紧密程度。

输入“t”并按【Enter】键，命令行提示为：

SKETCH 输入草图类型 [直线(L) 多段线(P) 样条曲线(S)] <直线>:

输入“s”并按【Enter】键，指定“样条曲线”类型，此时又回到最开始的提示。输入“i”并按【Enter】键，指定增量值为“3”，此时又回到最先的命令提示。这时，先在起点位置处单击鼠标左键，然后稍稍快速移动光标至终点，最后按【Enter】键结束。

4) 建立和操作 UCS

为了能够更好地辅助绘制斜视图，经常需要修改坐标系的原点和方向。这时，世界坐标系将变为用户坐标系(User Coordinate System，UCS)。在 AutoCAD 中，UCS 的原点以及 X、Y、Z 轴方向都可以移动和旋转，甚至可以对齐图形中某个特定的对象。

(1) 建立和使用 UCS。在 AutoCAD 中，建立、设置 UCS 的原点和方向是通过 UCS 命令来实现的。选择菜单“工具”→“新建 UCS”→“…”，或单击“UCS”工具栏→“…”，或在命令行直接输入“UCS”并按【Enter】键，可启动该命令。

需要说明的是，默认时，“UCS”工具栏是不显示的，当然也可以在绘图区中的坐标系图标上单击鼠标右键，从弹出的快捷菜单中选择 UCS 命令选项。

下面先来看看 UCS 的建立，然后在新建的 UCS 下绘制一个“圆”的主、俯视图。在命令行输入“UCS”并按【Enter】键，命令行提示为：

```
当前 UCS 名称: *世界*
UCS 指定 UCS 的原点或 [面(F) 命名(NA) 对象(OB) 上一个(P) 视图(V) 世界(W) X Y Z Z 轴(ZA)] <世界>:
```

此时移动光标，可以看到跟随的坐标系图标。在适当位置处单击鼠标左键指定原点，命令行提示为：

```
UCS 指定 X 轴上的点或 <接受>:
```

此时移动光标，可以看到坐标系图标中的 *X* 轴跟随转动。当转动的角度满意时，单击鼠标左键，命令行提示为：

```
UCS 指定 XY 平面上的点或 <接受>:
```

此时移动光标，可以看到不同的位置(*X* 轴的上或下)其 *Y* 轴的方向也会不同。直接按【Enter】键，一个新的 UCS 建立。此时移动光标，可以看到光标的方向和颜色与以前不同，其中红色为 *X* 轴方向，绿色为 *Y* 轴方向。

将当前图层切换到“点画线”层。启动直线(LINE)命令，任意指定一点，此时移动光标至出现**极轴：…<0°**追踪线，此时的追踪线是一条与 *X* 轴平行的斜线，如图 6.2.4(a)所示。使用直线(LINE)命令绘制一个十字线。将当前图层切换到“粗实线”层，使用圆(CIRCLE)命令，指定十字线交点为圆心，绘制适当大小的一个圆。启动直线(LINE)命令，将光标移至圆与点画线交点，当出现“交点”捕捉图符时，向 *Y* 轴负方向移动，可以看到对象捕捉追踪线如图 6.2.4(b)所示，单击鼠标左键指定第一点。

将光标移动至交点 *A*，出现“交点”捕捉图符后，移动光标至交点 *A* 追踪线与**极轴：…<180°**追踪线交点时，如图 6.2.4(c)所示，单击鼠标左键，直线绘出。**退出**直线(LINE)命令。

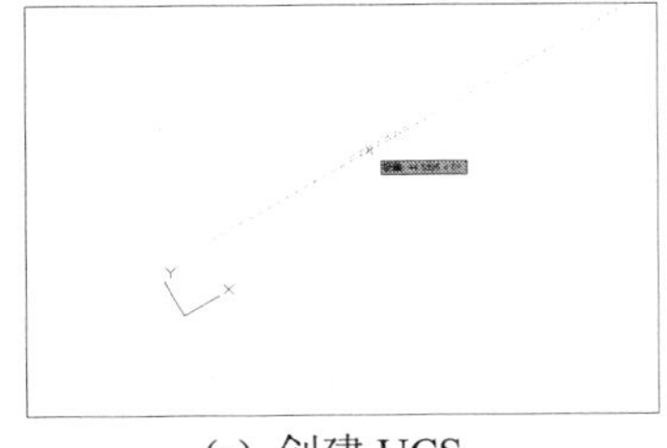
(a) 创建 UCS

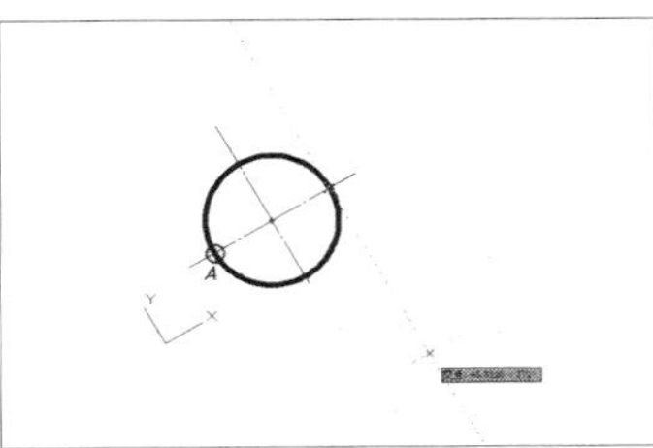
(b) UCS 中的对象追踪

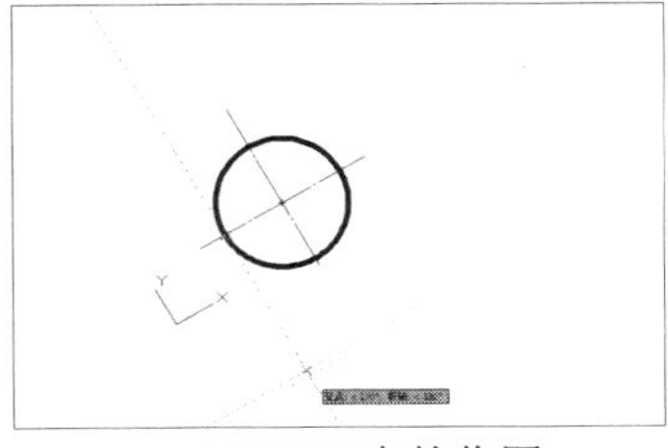
(c) UCS 中的作图

图 6.2.4　UCS 图例

(2) 多个 UCS 及其切换。当绘制的图样中有多个不同角度的斜视图时，则应创建多个 UCS。为了便于管理，可以将它们先保存并命名。

在命令行输入“UCS”并按【Enter】键启动命令，输入“NA”并按【Enter】键，指定“命名”选项。此时命令行提示为：

```
UCS 输入选项 [恢复(R) 保存(S) 删除(D) ?]:
```

输入“s”并按【Enter】键，命令行提示为：

```
UCS 输入保存当前 UCS 的名称或 [?]:
```

输入名称“u1”并按【Enter】键，则当前UCS被保存。

任意创建一个UCS并保存为“u2”。

当有多个UCS时就需要进行切换，最快捷的方法就是在绘图区的UCS图标上单击鼠标右键，从弹出的快捷菜单中选择“命名UCS”，选择要置为当前的UCS子项。

(3) 还原到WCS。将当前UCS还原到默认WCS(世界坐标系)的方法可以有：

① 在绘图区的UCS图标上单击鼠标右键，从弹出的快捷菜单中选择“世界”。

② 选择菜单“工具”→“新建UCS”→“世界”命令。

③ 选择菜单“工具”→“命名 UCS”命令，或是在命令行输入“DDUCS”(或者“UCSMAN”)并按【Enter】键，弹出如图6.2.5所示的“UCS”对话框。在列表框中选中“世界”选项，单击置为当前(C)按钮，然后单击确定按钮即可。

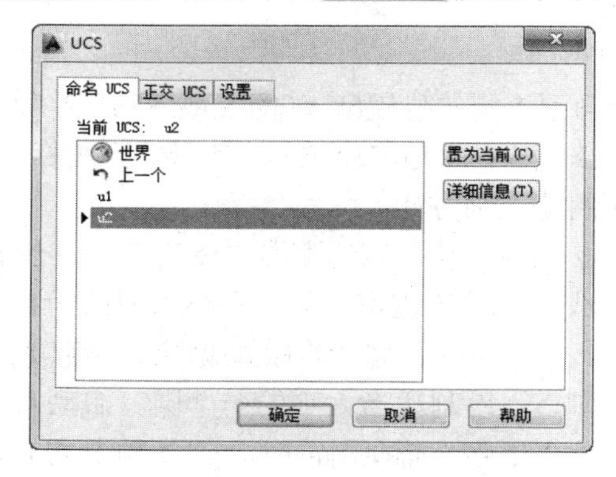

图6.2.5　“UCS”对话框

3. 熟悉绘制剖视、断面和局部放大图

常用表达的表达方法除了基本视图、向视图、局部视图等以外，还可以有剖视、断面以及局部放大等。在AutoCAD中，绘制这些图形还需要使用面域、比例缩放、填充等命令。

1) *面域*

“面域”是指二维的封闭图形，它可由各种线条围成。“面域”具有“并”、“交”和“差”等布尔运算，可用来构造不同形状的图形(面域)。在AutoCAD中，创建面域有两个命令，即REGION(区域)和BOUNDARY(边界)。由于BOUNDARY更利于局部放大图的生成，故这里仅讨论BOUNDARY命令的使用。

边界(BOUNDARY)命令是用来将拾取的封闭的区域转换成闭合的多线段或“面域”对象。选择菜单“绘图”→“边界”或在命令行直接输入“BO”并按【Enter】键，可启动该命令。命令启动后，弹出如图6.2.6所示的“边界创建”对话框。对话框中除“拾取点”、“孤岛检测”外，还有“边界保留”和“边界集”两个区域内容。现简要说明：

图6.2.6　“边界创建”对话框

(1) 拾取点。单击“拾取点”按钮，对话框消失，命令提示为“拾取内部点”。拾取

后，该点所在的封闭区域的现有对象作为边界并呈“虚线”显示，按【Enter】键或单击鼠标右键结束拾取，边界对象被保留，同时将边界对象按“对象类型”转换。

(2) 孤岛检测。所谓孤岛，就是指在一个封闭区域内部还有闭合的边界。“孤岛检测”复选框选中后，则内部的孤岛将按一定的规则进行排除。

(3) 对象类型。将选定的边界创建成“面域”对象或是“多线段”对象。

(4) 新建。单击“新建”按钮，对话框消失，命令提示为“选择对象”。拾取对象后并**结束拾取**，则拾取的对象为新的边界集对象，然后命令提示为“拾取内部点”，后面的操作与“拾取点”的操作相同。

单击对话框的 确定 按钮，对话框消失，将提示为“拾取内部点”，后面的操作与“拾取点”项的相同。单击对话框的 取消 按钮，对话框退出，命令被取消。

需要说明的是，一旦面域创建后，就可以使用 UNION(或 UNI，并运算)、SUBTRACT(或 SU，差运算)和 INTERSECT(或 IN，交运算)命令进行逻辑操作。当然，也可以选择菜单“修改”→“实体编辑”中的“并集”、“差集”和“交集”子菜单项来启动命令。

先画一个圆和一个矩形(相交)，将它们创建成面域，然后试一试其逻辑操作。

2) 比例缩放

不同于视图的缩放(ZOOM)，比例缩放(SCALE)用来按比例更改图形的尺寸大小。选择菜单“修改”→“缩放”或单击“修改”工具栏→“”或在命令行直接输入“SC”并按【Enter】键，可启动该命令。命令启动后，首先提示选择对象，然后提示指定基点，最后提示输入比例，当指定的比例因子大于 1，则为放大；当指定的比例因子小于 1 且大于 0，则为缩小。需要说明的是：

(1) 图形比例缩放后，源对象被删除。但可指定“复制”选项，当指定比例因子缩放后，源对象被保留。

(2) 比例缩放(SCALE)命令还有“参照”选项，用来将指定的“新的长度”值与“参考长度”的比值作为缩放的比例，是一种比例计算的便利手段。

3) 图案填充

对于剖视图的剖切标注来说，剖切符号、投影方向和视图名称可用以前介绍的“多段线”和“文字”命令来实现；而对于剖视图中的剖面线(薄板断面还可以用涂黑来代替)的绘制，则应使用“图案填充”(HATCH)命令来完成。

在 AutoCAD 中，选择菜单“绘图”→“图案填充”，或单击“绘图”工具栏→“”，或在命令行直接输入“BH”或“H”并按【Enter】键，将弹出如图 6.2.7(a)所示的“图案填充和渐变色”对话框，从中可以完成“图案填充”操作。

“图案填充”一般分为下列四步(先切换到“粗实线”层，绘制三个圆和一个矩形，参见后面的图 6.2.8，然后切换到“细实线”层)：

(1) 选择图案。在“图案填充创建”选项卡页面的“图案”面板中单击图案“ANSI31”(用做剖面线)；或者在“图案填充和渐变色”对话框中，单击“图案”最右侧的浏览按钮，弹出“填充图案选项板”对话框，将其切换到“ANSI”页面，单击图案“ANSI31”，如图 6.2.7(b)所示，单击 确定 按钮即可。此时，又回到“图案填充和渐变色”对话框界面中。

(2) 设定图案角度和比例。由于选定的图案“ANSI31”本身就是 45° 斜线，所以“角度”选项要么保留默认的 0°，要么设置为 90°；而“比例”用来指定剖面线的间隔大小，通常在 0.75～4.0 之间选择。这里选定“角度”为 0°，“比例”设为 1.5。需要说明的是，“图案填充原点”一般不需要设置，仅保留默认的“使用当前原点”选项即可。

(a) “图案填充和渐变色”对话框　　(b) 选择图案填充的样式

图 6.2.7　图案填充对话框

(3) 创建填充区域边界。它的操作与 BOUNDARY 命令的相类似，既可以“添加：拾取点”，也可以“添加：选项对象”。在“图案填充和渐变色”对话框中，单击“添加：拾取点”按钮，则对话框消失，命令行提示如下：

HATCH 拾取内部点或 [选择对象(S) 删除边界(B)]:

拾取区域内部的点来添加边界，这里在图 6.2.8(a)中的圆 A 和 B 之间单击鼠标左键。若输入“s”并按【Enter】键，则指定“选择对象”选项，该选项与在“图案填充和渐变色”对话框中单击“添加：选项对象”按钮后的操作相一致。

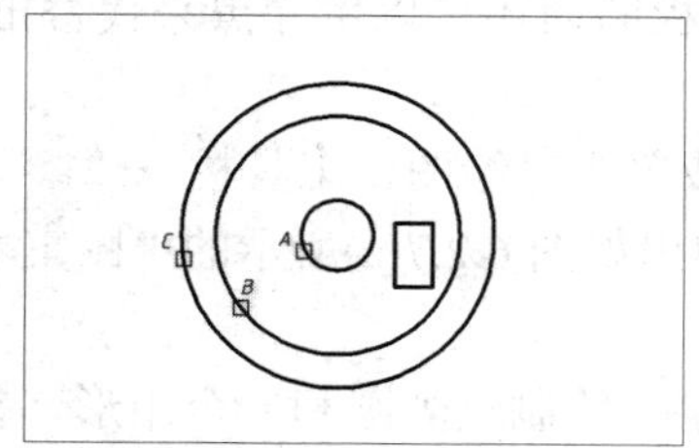

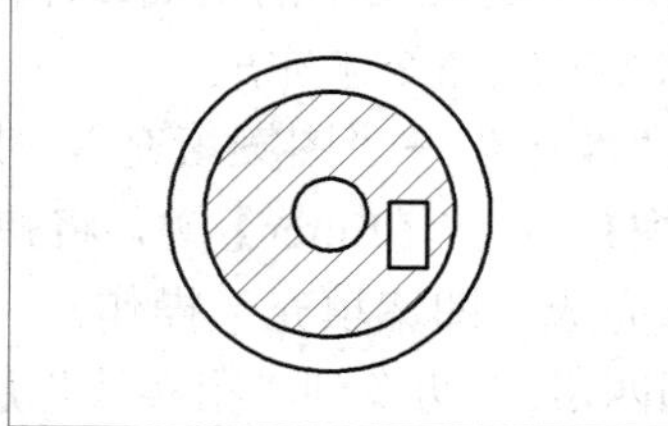

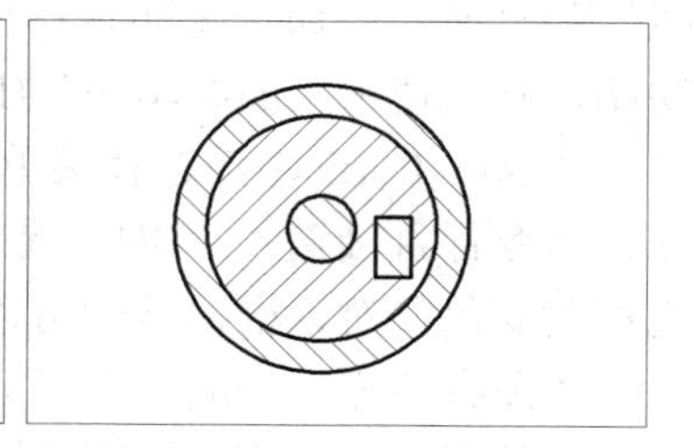

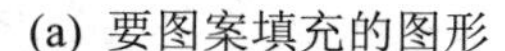

(a) 要图案填充的图形　　(b) 图案填充的效果　　(c) “试一试”的图案填充题图

图 6.2.8　图案填充操作简例

(4) 预览和调整。一旦选定边界后，按【Enter】键就接受当前选择并回到“图案填充和渐变色”对话框中。单击 预览 按钮，则对话框消失，同时显示填充效果。按【Esc】键回到对话框中，单击鼠标右键，接受填充效果，命令退出，结果如图 6.2.8(b)所示。

另外，“图案填充和渐变色”对话框中还有一个“关联”选项，选中时，当边界对象修改后，图案填充也会自动随之更新。

根据上述操作，生成如图 6.2.8(c)所示的图案填充。

4) 绘制阀杆零件的视图

从图 6.2.9 所示的阀杆零件的视图(图中未注倒角为 C1)中可以看出，要绘制该图，除阀杆主视图外，还有 *A*-*A* 移出断面图、移出断面图(用来表达中间 ϕ1.5 孔)以及局部放大图。需要说明的是，对于阀杆这样的轴类零件，在绘制主视图时，有两类方法，一是用矩形框沿中心点画线拼接而成，二是用直线绘出轴的轮廓然后按中心点画线镜像。这里，采用第二种方法，同时为其做一些改动。

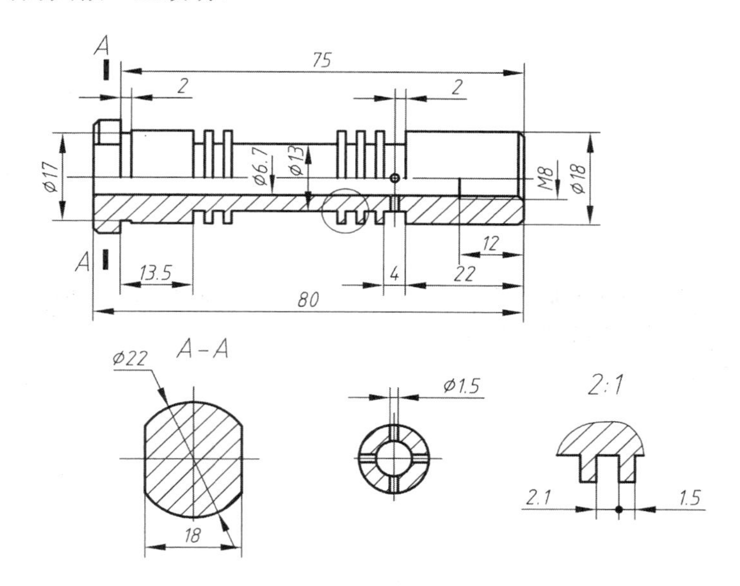

图 6.2.9　阀杆零件的视图

【实训 6.5】绘制阀杆零件的视图。

(1) 准备。

① 启动 AutoCAD 或重新建立一个默认文档，**建立简单绘制规范**。

② **草图设置对象捕捉左侧选项**，按标准要求建立所有图层。

③ 检查并开启“极轴追踪”、“对象捕捉”和“对象捕捉追踪”。

(2) 绘制基准及定位线。

① 将当前图层切换到“点画线”层。

② 使用直线(LINE)命令，在图框中间偏上位置绘出长约 90 的水平线。

③ 打开“线宽”显示，将当前图层切换到“粗实线”层。

④ 使用直线(LINE)命令，分别绘出长为 22、17、13、18 共四条竖直线，并将其中点移至点画线或延长线上。

⑤ 重复直线(LINE)命令，分别绘出长为 75、80 的两条水平线并右对齐，结果如图ⓐ所示。

(3) 绘制左边上方轮廓线。

① 启动直线(LINE)命令，从图ⓐ中的端点 1 的水平追踪线与端点 *A* 的竖直追踪线的交点开始，向右绘出水平线至端点 *B* 的竖直追踪线的交点为止。

② 向下绘出竖直线至端点 2 的水平追踪线的交点为止，向右绘出水平线长为 2，向上绘出竖直线至端点 4 的水平追踪线的交点为止。

③ 向右绘出水平线长为 13.5，向下绘出竖直线至端点 3 的水平追踪线的交点为止，向右绘出水平线长为 2.1，向上绘出竖直线至端点 4 的水平追踪线的交点为止。

④ 向右绘出水平线长为 1.5，向下绘出竖直线至端点 3 的水平追踪线的交点为止。

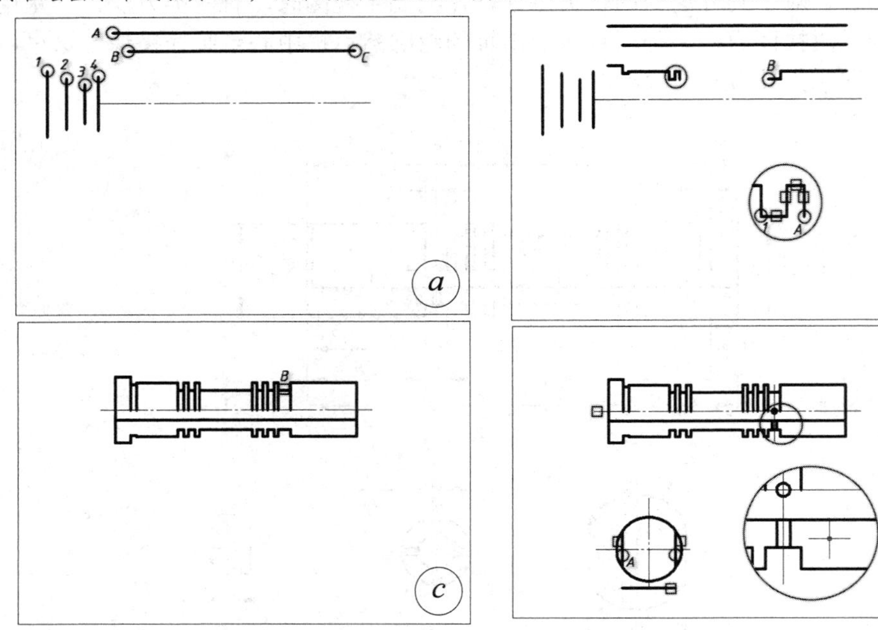

(4) 绘制右边上方轮廓线。

① 重复直线(LINE)命令，从如图ⓐ中的端点 4 的水平追踪线与端点 *C* 的竖直追踪线的交点开始，向左绘出水平线长为 22。

② 向下绘出竖直线至端点 3 的水平追踪线的交点为止，向左绘出水平线长为 4，结果如图ⓑ所示。

(5) 绘制主视图其他轮廓线。

① 启动复制(COPY)命令，拾取图ⓑ中的有方框标记的线条(四条)并**结束拾取**，指定交点 1 为基点，复制至端点 *A*。

② 重复复制(COPY)命令，拾取图ⓑ中的有方框标记的线条(四条)并**结束拾取**，指定端点 *A* 为基点，依次复制至端点 *B*、复制后对象的 1 点，再复制到刚复制后对象的 1 点。

③ 将刚复制后对象的 1 点向左侧水平拉伸至封闭为止。

④ 删除辅助的粗实线，拾取水平点画线上方的所有对象进行镜像，同时使用直线(LINE)、延伸(EXTEND)命令绘出所有的竖直线(M8 除外)以及 ϕ6.7 的转向轮廓线，结果如图ⓒ所示。

(6) 补全主视图小孔轮廓线并作 *A-A* 移出断面轮廓线。

① 将当前图层切换到“点画线”层。

② 使用直线(LINE)命令，从图ⓒ中 *B* 线段的中点开始绘出竖直线至下面轮廓线之外即可。

③ 重复直线(LINE)命令，参考图 6.2.9 的 *A-A* 移出断面图的位置绘出十字点画线。

④ 将当前图层切换到“粗实线”层。

⑤ 使用圆(CIRCLE)命令，指定十字点画线交点为圆心，绘出 $\phi22$ 的圆。

⑥ 使用直线(LINE)命令，绘出长为 18 的水平线。以其中点为基点将其移至十字点画线中的竖直点画线上。根据长为 18 的水平线的左右端点的竖直捕捉追踪线，绘出 *A-A* 移出断面图的圆两边的竖直线。

⑦ 使用圆(CIRCLE)命令，指定 *B* 处的十字点画线交点为圆心，绘出 $\phi1.5$ 的圆。

⑧ 使用直线(LINE)命令，绘出 $\phi1.5$ 的圆下方的转向轮廓线，结果如图ⓓ所示。

(7) 补全主视图左侧轮廓线和 *A-A* 移出断面轮廓线。

① 删除图ⓓ中最下方的长为 18 的水平线。

② 使用修剪(TRIM)命令，将 $\phi22$ 的圆在竖直线两侧的圆弧修剪掉。同时以竖直线 *A* 的中点为基点将其复制到主视图的水平点画线上，由其端点的水平追踪线绘出主视图左侧部分所缺的线条。

③ 使用倒角(CHAMFER)命令，指定第一个和第二个倒角距离均为“1”，对主视图左右两端进行倒角，并补画倒角线及因倒角“修剪”所缺的线条。

(8) 绘制局部放大图。

① 将当前图层切换到“细实线”层。

② 使用圆(CIRCLE)命令，参考图 6.2.9 的局部放大位置绘出适当的圆，结果如图ⓔ所示。删除图ⓔ中最左边有小方框标记的垂直线。

③ 将当前图层切换到“粗实线”层。

④ 在命令行输入“BO”并按【Enter】键，弹出“边界创建”对话框，指定“多段线”类型，单击拾取点按钮，在图ⓔ中细实线圆的内部单击鼠标左键，按【Enter】键。同时，将创建的边界平移至主视图右下角并放大 2 倍，使用分解(EXPLODE)命令将其“炸开”，删除两边的圆弧边界线，将当前图层切换到“细实线”层，重新绘出波浪线并修剪，结果如图ⓕ所示。

(9) 绘制剖面线。

① 将当前图层切换为“文字尺寸”层。

② 启动图案填充(HATCH)命令，设定“ANSI31”类型，指定比例为“0.75”，拾取图ⓕ中 *C* 内部的点(局部放大图中的内部)，按【Enter】键，图案填充绘出。

③ 将“细实线”图层关闭，重复图案填充(HATCH)命令，拾取图ⓕ中 *A* 内部的点和 *B* 内部的点，按【Enter】键，图案填充绘出。将“细实线”图层打开。

④ 重复图案填充(HATCH)命令，拾取图ⓕ中 *D* 的轮廓线对象，按【Enter】键，图案填充绘出，结果如图ⓖ所示。

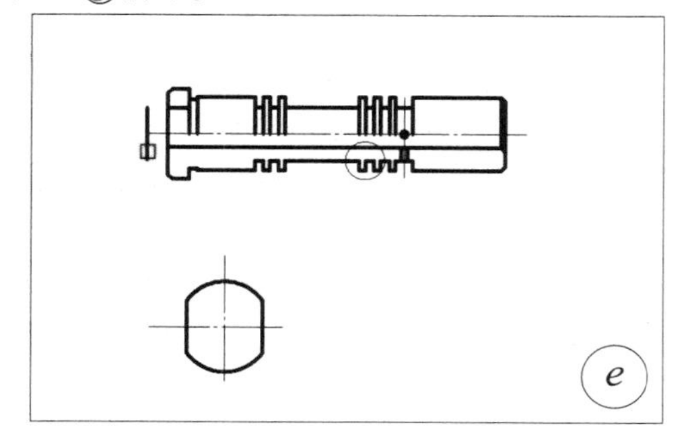

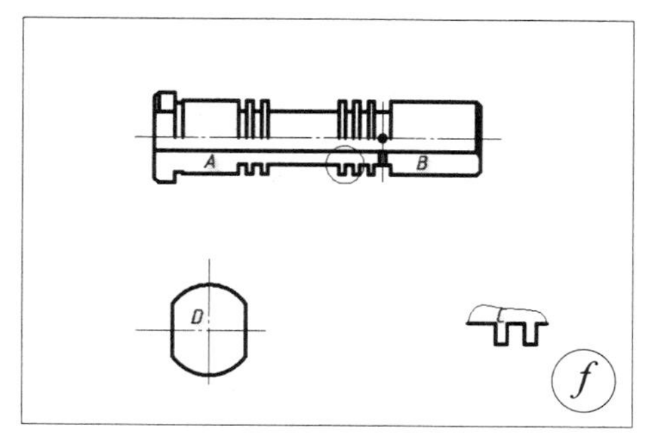

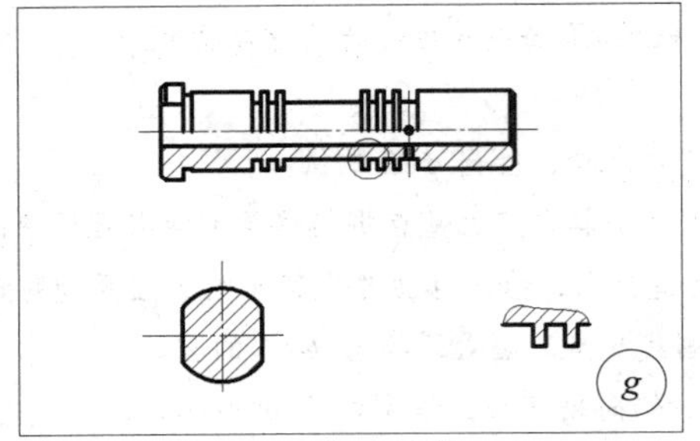

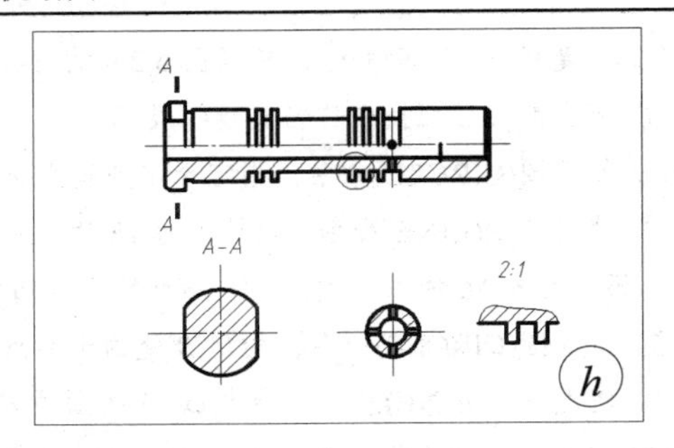

(10) 绘制小孔移出断面，拾遗补缺。

① 补画 M8 的螺纹大径线和终止线。

② 在 ϕ1.5 的圆的竖直点画线的延长线上，绘出其移出断面图。

需要说明的是，在小孔移出断面中，为了使系统能够正确地识别出要填充的区域，有时需要将 ϕ1.5 的圆的轮廓线拉抻超出 ϕ13 的外圆和 ϕ6.7 的内圆，剖面线绘出后再将 ϕ1.5 的圆的轮廓线还原到位。若 ϕ1.5 圆的轮廓线使用阵列，则还应在阵列后将其“炸开”。

③ 进行剖切和局部放大的标注，结果如图ⓗ所示。

4．掌握表面粗糙度的标注方法

在图样中，可以用不同的图形符号来表示对零件表面粗糙度的不同要求。其大小应与图样中的尺寸数字和文字有关，若设尺寸数字或字母的高度为 h，那么图 6.2.10 中所示的符号画法中的 H_1 应比 h 大一号高度；而 H_2 则取决于所标注的内容，但不应小于最小值。例如，h 为 3.5 时，H_1 应为 5 时，而 H_2 应不小于 10.5。

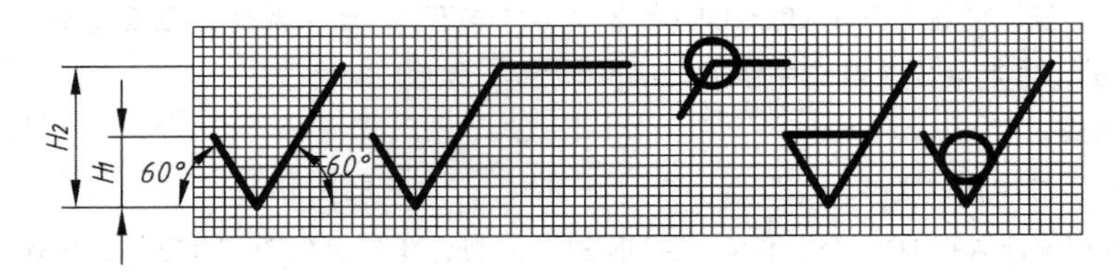

图 6.2.10 表面粗糙度的符号画法

1) 创建块(BLOCK)

在 AutoCAD 中，标注表面粗糙度可用“块”及其“属性”来进行。所谓块，简单地说，就是将多个不同图元组成一个整体的图形方式。

在使用“块”之前还必须先创建块，即定义块。选择菜单“绘图”→“块”→“创建”，或单击“绘图”工具栏→“”，或在命令行直接输入“B”并按【Enter】键，弹出如图 6.2.11 所示的对话框。这里，首先在“名称”框中输入要创建的块的名称，然后单击选择对象图标，对话框消失，待对象拾取后，又回到该对话框，单击拾取点图标，对话框消失，为“块”指定基点位置。单击 确定 按钮，“块”被创建。

需要强调的是，在“块定义”对话框的“对象”区域中，有“保留”、“转换为块”和“删除”选项，分别表示块创建后，选定的源对象保留原来的图形、转换成块对象和删除。

图 6.2.11　“块定义”对话框

2) 插入块(INSERT)

当块定义后就可以将块插入到当前图形中。选择菜单“插入”→“块”，或单击“绘图”工具栏→“ ”，或在命令行直接输入“I”并按【Enter】键，弹出如图 6.2.12 所示的对话框。

首先在“名称”框中选择要插入的块(若只有一个块则默认被选定)，单击 浏览(B)... 按钮，打开“选择图形文件”对话框(标准文件选择对话框)，从中可以选择要插入的块图形文件。

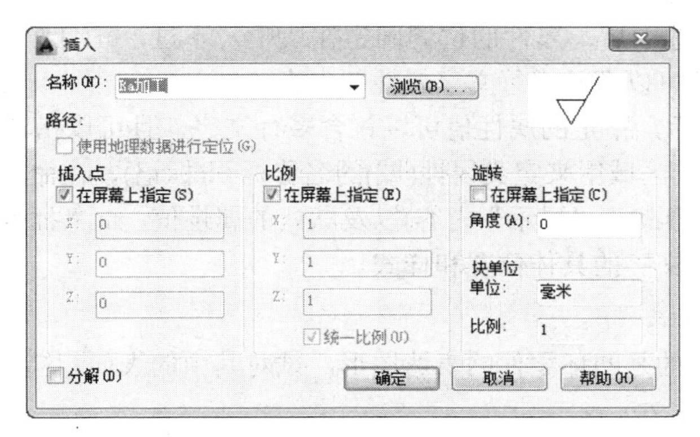

图 6.2.12　“插入”对话框

需要强调的是，“插入”对话框中还包含了“插入点”、“比例”和“旋转”区域。若选中了“在屏幕上指定”复选框，则当单击 确定 按钮后，相应的“插入点”位置、“比例”大小和“旋转”角度可通过鼠标来指定，或在命令行中根据相应的提示来输入参数值。

特别的，当选中“分解”复选框，则插入该块后，块被分解。不过，选定“分解”时，只可以指定“统一比例”因子。

3) 块属性定义

所谓块的“属性”，即图块中的“域”。域中的文字内容可以不一样，但域的大小、字体、对齐风格等均必须一一预先指定。这样一来，当插入带有属性的块时，只需填写相应的属性内容，便可将新的“块”绘出。可见，带属性的块是一种参数化方法，具有更广泛的应用意义。

块的属性是通过 ATTDEF 命令定义的。选择菜单“绘图”→“块”→“定义属性”，或在命令行直接输入“ATT”并按【Enter】键，弹出如图 6.2.13 所示的对话框。

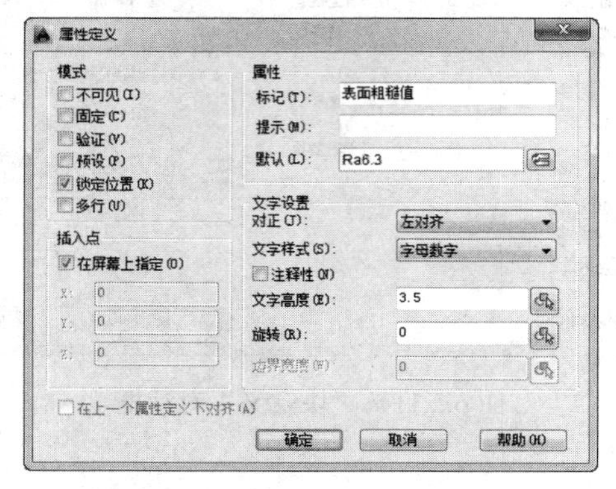

图 6.2.13　“属性定义”对话框

其中，“模式”区域中的选项含义如下：

(1) 不可见。选中后，表示块插入后，该属性不显示。

(2) 固定。选中后，表示块插入时，该属性是固定值。

(3) 验证。选中后，表示块插入时，提示该属性值是否正确。

(4) 预设。选中后，若插入块时该属性有预设置的默认属性值，则使用该默认值。

(5) 锁定位置。选中后，属性的位置固定在块中。不过，一旦解锁，属性就不仅可以在块中移动，而且还可以调整多行文字属性的大小。

(6) 多行。选中后，指定的属性值可以包含多行文字，且可以指定属性的边界宽度。

特别的，“属性”区域用来定义属性(域)的名称标识(标记)、在命令行显示的提示(若不指定，则“标记”内容就是“提示”内容)以及默认的属性值，而“插入点”和“文字设置”则是用来指定该属性文字的具体位置和样式。

4) 标注表面粗糙度

如图 6.2.14 所示的是凹环零件的表达图形，试对其中的表面粗糙度进行绘制。

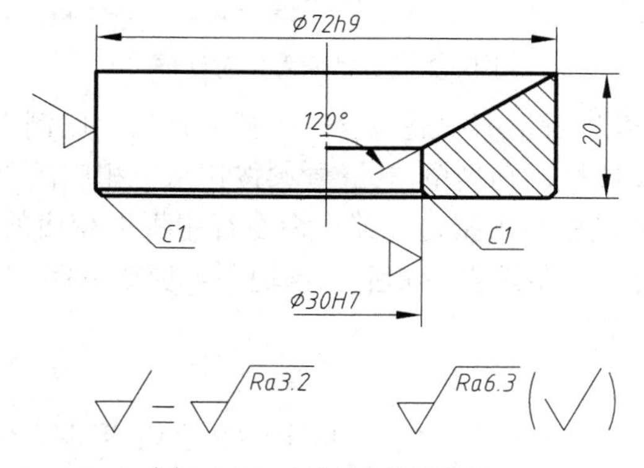

图 6.2.14　凹环零件的标注

【实训 6.6】绘制凹环零件的零件图。

(1) 准备。

① 启动 AutoCAD 或重新建立一个默认文档，**建立简单绘制规范**。

② **草图设置对象捕捉左侧选项**。按标准要求建立所有图层，建立“ISO35”标注样式。

③ 检查并开启“极轴追踪”、“对象捕捉”和“对象捕捉追踪”。

(2) 绘制主要轮廓线和辅助线。

① 打开“线宽”显示，将当前图层切换到“粗实线”层。使用矩形(RECTANG)命令，绘出长为 72、高为 20 的矩形。

② 将当前图层切换到“点画线”层。使用直线(LINE)命令，从矩形上边的中点开始绘出竖直的中心点画线，然后使用夹点调整竖直点画线的长度，结果如图ⓐ所示。

③ 使用偏移(OFFSET)命令，指定偏移距离为“15”，拾取图ⓐ有小方框标记的点画线，在其左侧位置单击鼠标左键，再拾取有小方框标记的点画线，在其右侧位置单击鼠标左键，结果如图ⓑ所示。

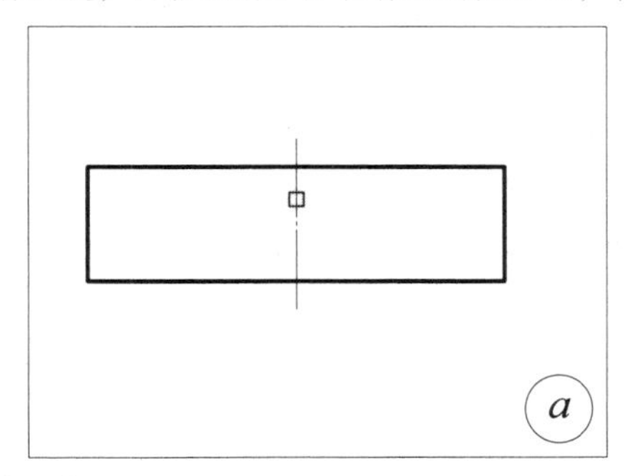

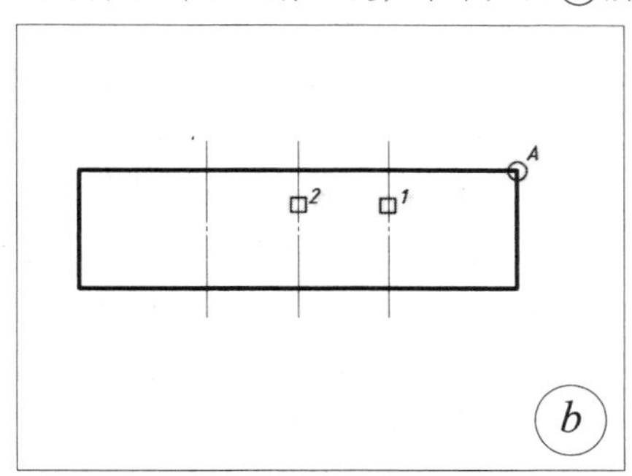

(3) 完善轮廓线。

① 将当前图层切换到“粗实线”层。

② 使用直线(LINE)命令，从图ⓑ中的角点 *A* 开始向左下沿 **极轴：…<210°** 绘至小方框标记的点画线 1 的交点为止，再向下绘至矩形的下边交点。

③ 重复直线(LINE)命令，从点画线 1 的交点开始向左绘出水平线至点画线 2 的交点为止。

④ 使用倒角(CHAMFER)命令，指定第一、第二倒角距离均为“1”，参照图 6.2.14 进行倒角，同时补画所缺线条，结果如图ⓒ所示。

⑤ 删除图ⓒ中有小方框标记的点画线。

(4) 填充并标注。

① 将当前图层切换为“文字尺寸”层。

② 启动图案填充(HATCH)命令，设定“ANSI31”类型，指定角度为 90，指定比例为 0.75，拾取图ⓒ所示的内部点 1，按【Enter】键，图案填充绘出。

③ 将斜线作以中间的点画线为镜像线的镜像，目的是便于标出角度尺寸 120°，后面还要删除它。

④ 参照图 6.2.14，标出角度尺寸 120°，标出高度尺寸 20。

⑤ 标出外径尺寸 ϕ72h9(标注时，输入“t”并按【Enter】键指定“文字”选项，输入“%%c<>h9”并按【Enter】)。

⑥ 标出内径尺寸 ϕ30H7(标注时，指定“文字”选项，输入“%%c<>H7”并按【Enter】键)。

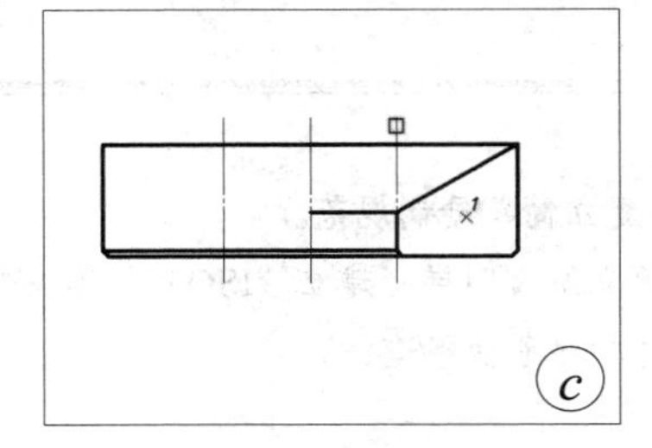

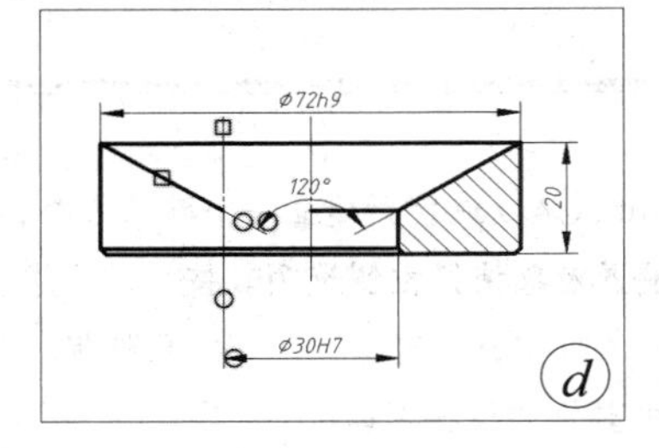

(5) 完善标注。

① 删除图ⓓ中有小方框标记的线段。

② 使用分解(EXPLODE)命令，将尺寸 120° 和 ϕ30H7 分解，删除有小圆标记的尺寸界线和箭头，调整尺寸线的大小。

(6) 作表面结构符号。

① 使用直线(LINE)命令，在图框内的空白处绘出三条水平线，间隔为 5，结果如图ⓔ所示。

② 使用直线(LINE)命令，从图ⓔ中的端点 *A* 开始向右下沿 **极轴：...<300°** 绘至小方框标记的水平线 1 的交点为止，再向右上沿 **极轴：...<60°** 绘至小方框标记的水平线 2 的交点为止。

③ 删除所作的水平线等，将绘出的表面结构基本符号复制两次，结果如图ⓕ所示。

④ 将图ⓕ中的小方框标记 *B* 的斜线向延长线方向拉伸 1 左右。

⑤ 使用直线(LINE)命令，从图ⓕ中的端点 1 开始向右绘出水平线至小方框标记 *A* 的斜线交点为止。

⑥ 重复直线(LINE)命令，从端点 2 开始向右绘出水平线至小方框标记 *B* 的斜线交点为止。

⑦ 再次重复直线(LINE)命令，从端点 3 开始向右绘出水平线长约 10 左右，结果如图ⓖ所示。

(7) 为最右边的表面结构符号指定块属性。

① 在命令行输入“ATT”并按【Enter】键，弹出“属性定义”对话框。

② 指定标记为“Ra 值”，指定默认值为“Ra3.2”，保留默认的“左对齐”对正方式，将字高设为 3.5，如图ⓗ所示。

③ 单击 确定 按钮，对话框消失，命令行提示为“指定起点：”，将光标移至图ⓖ中的交点 *A* 的位置时单击鼠标左键，属性绘出。

④ 拾取属性，向下平移 4 左右。

(8) 将表面结构符号定义成块。

① 使用块(BLOCK)命令，分别就绘好的表面结构前两个图符依次从左到右创建“Ra 基本”和“*Ra* 加工”两个块(在“块定义”对话框中，选定“对象”域中的“删除”选项)均选定基点为各自图符最下面的交点(尖顶)。

② 重复块(BLOCK)命令，将最后一个图符连同前面定义的属性创建“Ra 参数”块，选定基点为各自图符最下面的交点(尖顶)。

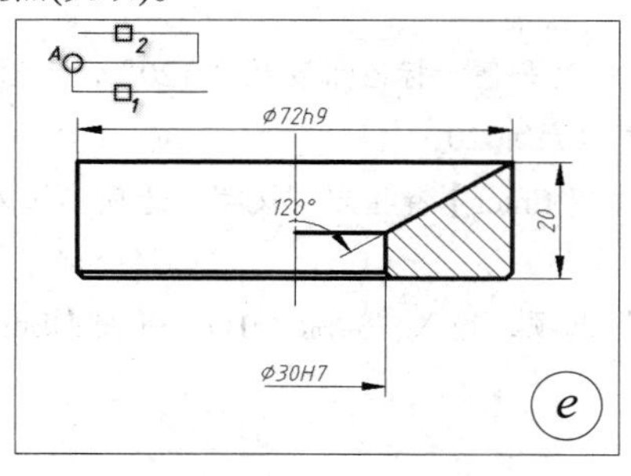

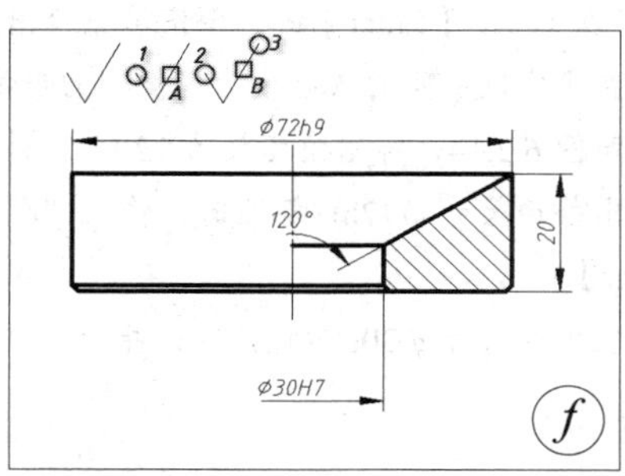

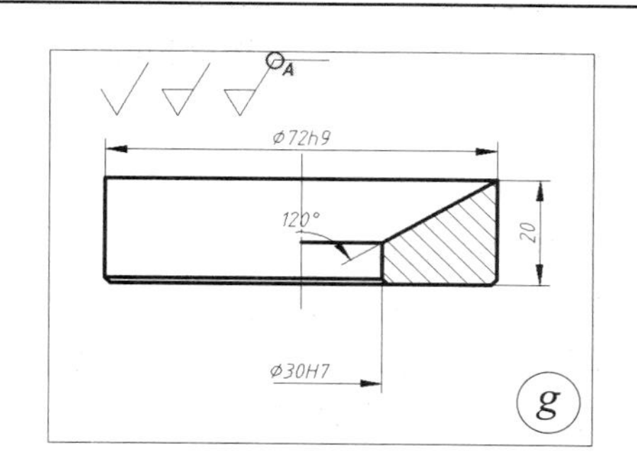

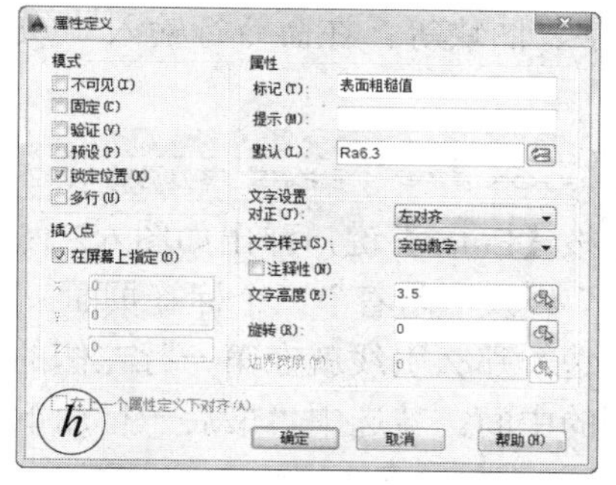

(9) 插入块。

① 在命令行输入“I”并按【Enter】键，启动块插入(INSERT)命令，弹出“插入”对话框，选择“Ra加工”块，指定“旋转”区域中的“在屏幕上指定”，如图ⓘ所示。单击 确定 按钮，对话框消失。

② 将光标移至矩形左边中点时单击鼠标左键，将光标向上移动，当出现**极轴：…<90°**追踪线时单击鼠标左键，表面结构图符绘出。

③ 类似地，绘出尺寸 ϕ30H7 上的表面结构图符，结果如图ⓙ所示。

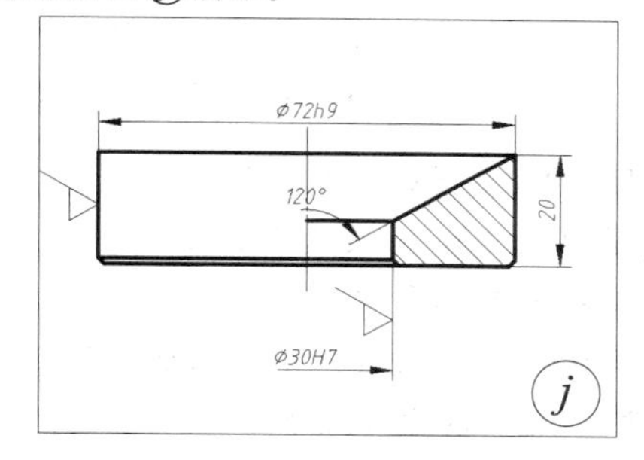

(10) 注写表面结构并完善。

① 参照图 6.2.14，使用多行文字(MTEXT)命令，将字体选定为“gbenor.shx”，字高设为 10，在左下空白区绘出“=”文字。

② 类似地，绘出“(　)”文字。

③ 使用块插入(INSERT)命令，参照图 6.2.14，将块插入到位(将块插入到文字中时，应沿文字节点的水平追踪线进行)。

④ 参照图 6.2.14，使用直线(LINE)命令和多行文字(MTEXT)命令标注“C1”尺寸。

5. 学会常用结构与几何公差的标注方法

除表面结构要求外，零件图中的技术要求还包括尺寸公差、形状和位置公差、表面处理和材料处理等。这里就来讨论形状和位置公差以及常见零件的结构要素的标注方法。

1) 快速引线

形状和位置公差以及常见零件的结构要素常用引线的形式来标注。在 AutoCAD 中，引线标注的命令有 LEADER(一般引线)、QLEADER(快速引线)以及 MLEADER(多重引线)。特别的，MLEADER 将取代 LEADER 和 QLEADER 的功能。故这里暂只讨论 QLEADER 命令，MLEADER 以后讨论。

快速引线(QLEADER)用来创建一端带有箭头的一段或多段引线，引线的另一端可以是

(多行)文字、图块等。在命令行输入“QLEADER”或“LE”并按【Enter】键，命令行提示为：

QLEADER
QLEADER 指定第一个引线点或 [设置(S)] <设置>:

直接按【Enter】键，弹出如图 6.2.15 所示的“引线设置”对话框，它有“注释”、“引线和箭头”以及“附着”三个标签页面。其中，“附着”的默认选项表示的含义是若文字在引线的右边，那么引线就在第一行左侧的中间；若文字在引线的左边，那么引线就在最后一行左侧的中间。若选中“最后一行加下划线”，那么文字总在引线的上边。

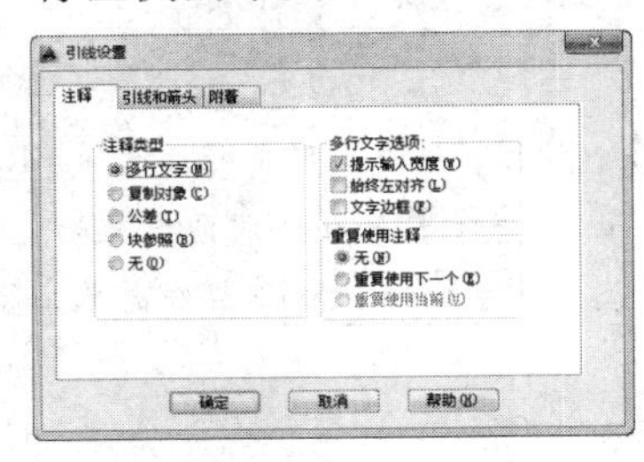

(a) “注释”页面

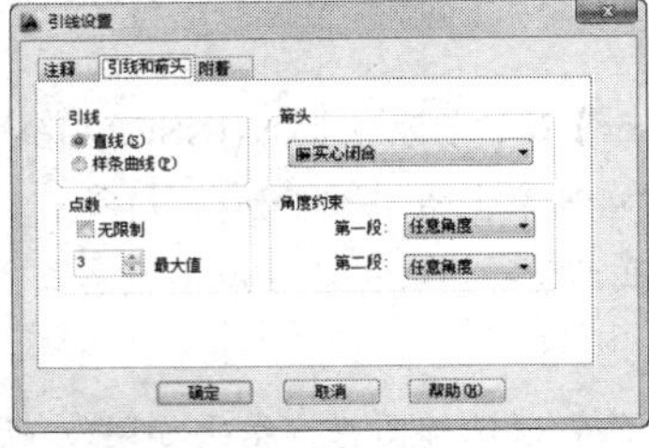

(b) “引线和箭头”页面

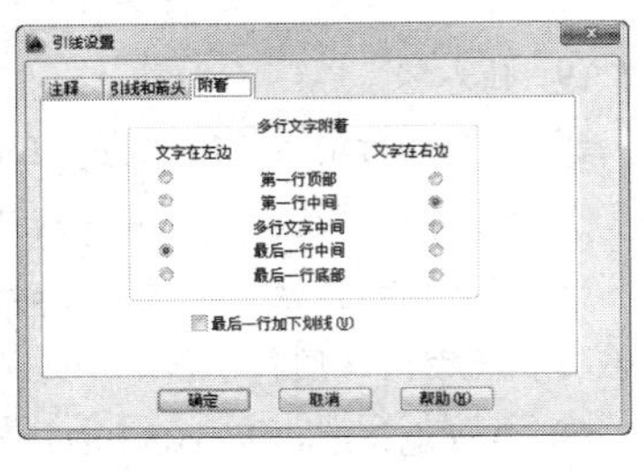

(c) “附着”页面

图 6.2.15　“引线设置”对话框及其三个选项卡页面

单击 确定 按钮，对话框退出，又回到上述命令行提示。指定任意一点，此时为引线的起点(带有箭头)，命令行提示为：

QLEADER 指定下一点:

任意指定下一点后，第一段引线绘出，命令行提示仍为“指定下一点”，按【Enter】键进行下一步，命令行提示为：

QLEADER 指定文字宽度 <0>:

用来指定多行文字的宽度。默认值为 0，表示此宽度不受限制。按【Enter】键进行下一步，命令行提示为：

QLEADER 输入注释文字的第一行 <多行文字(M)>:

直接按【Enter】键进入“文字编辑器”，从中可以输入文字。关闭文字编辑器后，引线绘出。

需要说明的是：

(1) 引线默认为由三个点构成(两段)，若在指定第二个点后按【Enter】键跳出进行下一步，则第二段为默认的水平线，其长度为当前标注样式中指定的箭头长度。

(2) QLEADER 创建的引线与多行文字是分开的两个对象。双击文字注释，可直接修改文字内容。

2) 典型零件结构的尺寸标注

在零件中常常遇到各种光孔、螺纹孔、沉孔等孔结构，这些典型结构的标注可以有普通注法和旁注法。所谓普通注法，就是对组成孔结构的基本要素逐一进行尺寸标注，如图 6.2.16(a)所示的沉孔尺寸；所谓旁注法，就是从孔的中心点线和外轮廓线的交点处进行引出说明标注，如图 6.2.16(b)所示。

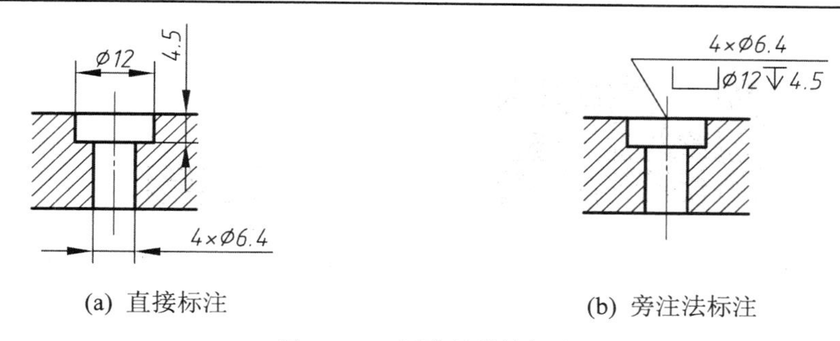

(a) 直接标注　　(b) 旁注法标注

图 6.2.16　沉孔的结构标注

可见，要想实现图 6.2.16(b)的旁注法需用快速引线(QLEADER)命令来进行，但文字中的锪平(⌴)、深度(↧)符号输入时需将其字体改为 gdt.shx，然后根据图 6.2.17 将其对应的小写字母输入即可。

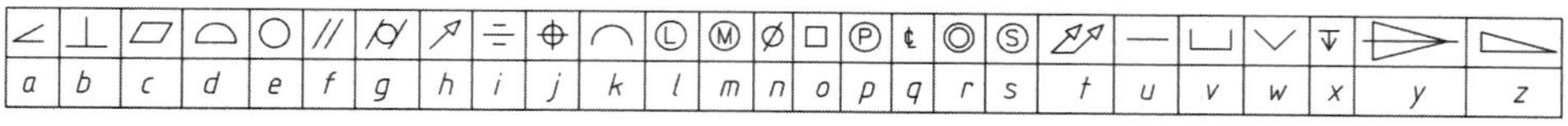

∠	⊥	▱	⌓	○	//	⌭	↗	⌯	⌖	⌒	Ⓛ	Ⓜ	Ø	□	Ⓟ	℄	◎	Ⓢ	⌰	—	⌴	⌵	↧	▷	◺
a	b	c	d	e	f	g	h	i	j	k	l	m	n	o	p	q	r	s	t	u	v	w	x	y	z

图 6.2.17　小写字母对应的图符

3) 形位公差标注

标注形位公差时，指引线的箭头要指向被测要素的轮廓线或其延长线上。当被测要素是轴线时，则指引线的箭头应与该要素尺寸线的箭头对齐。指引线的箭头所指方向是公差带的宽度方向或直径方向。基准要素是轴线时，要将基准符号与该要素的尺寸线对齐。

在 AutoCAD 中，标注形位公差一般使用 QLEADER 命令指定“公差”注释类型标注，其中要注释的公差项目还可以由专门的命令 TOLERANCE 来创建。

选择菜单“标注”→“公差”，或单击“标注”工具栏→“⊕1”，或在命令行直接输入“TOL”并按【Enter】键，弹出如图 6.2.18 所示的“形位公差”对话框。

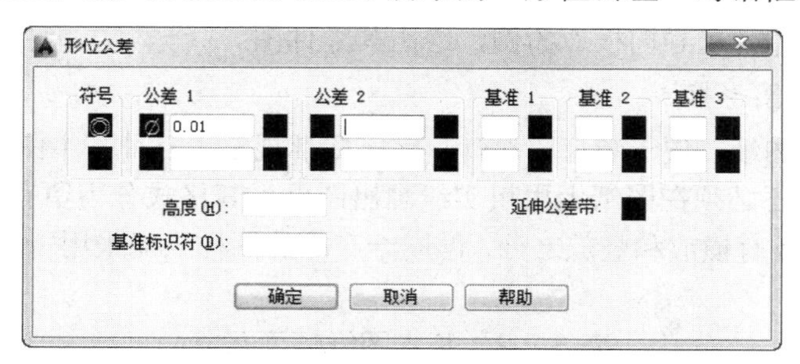

图 6.2.18　“形位公差”对话框

该对话框的含义如下：

(1) 符号。单击符号下的小黑框，弹出“特征符号”对话框，如图 6.2.19(a)所示，从中可以指定要标注的形位公差的特征符号。

(2) 公差 1、2。公差区左侧的小黑框为直径符号“ ϕ ”是否打开的开关。单击公差区左侧的小黑框，弹出“附加符号”对话框，如图 6.2.19(b)所示，该对话框用来设置被测要素的包容条件。

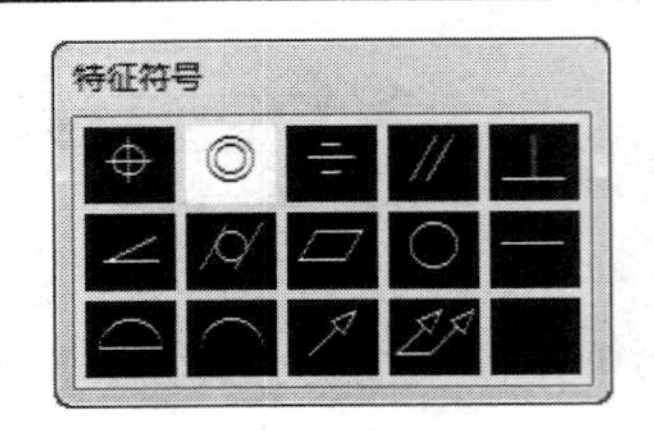

(a) “特征符号”对话框

(b) “附加符号”对话框

图 6.2.19　“特征符号”和“附加符号”对话框

(3) 基准 1、2、3。单击基准区的小黑框，弹出“附加符号”对话框，用来设置基准的包容条件。

(4) 高度。用来设置最小的投影公差带。

(5) 延伸公差带。其后的小黑框为延伸公差带符号是否插入的开关。

(6) 基准标识符。创建由参照字母组成的基准标识符。

例如，图 6.2.20 就是一个形位公差标注的示例，试绘之(具体过程略)。

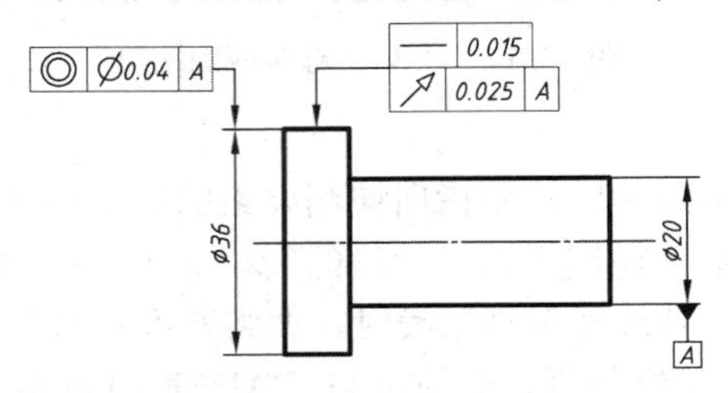

图 6.2.20　“形位公差”标注示例

6. 掌握零件图的绘制方法

这里先来讨论零件图中的图框、标题栏的绘制(前面已讨论过)以及多视口的辅助方法，最后以一个盘盖类零件“导向板”为例，绘出其零件图。

1) 幅面格式和图形框

为了合理利用图纸，便于装订、保管，国家标准规定了五种基本图纸幅面，如表 6.2.2 所示。图纸选定后还必须在图纸上用粗实线画出图框，其格式分为留有装订边和不留装订边两种，每种格式还有横放和竖放之分，但同一产品的图样只能采用一种格式，如图 6.2.21 所示。

表 6.2.2　基本图纸幅面尺寸

幅面代号	A0	A1	A2	A3	A4
$B \times L$	841 × 1189	594 × 841	420 × 594	297 × 420	210 × 297
a	25				
c	10			5	
e	20		10		

说明：若对图纸有加长、加宽的要求时，应按基本幅面的短边(B)成整数倍增加。

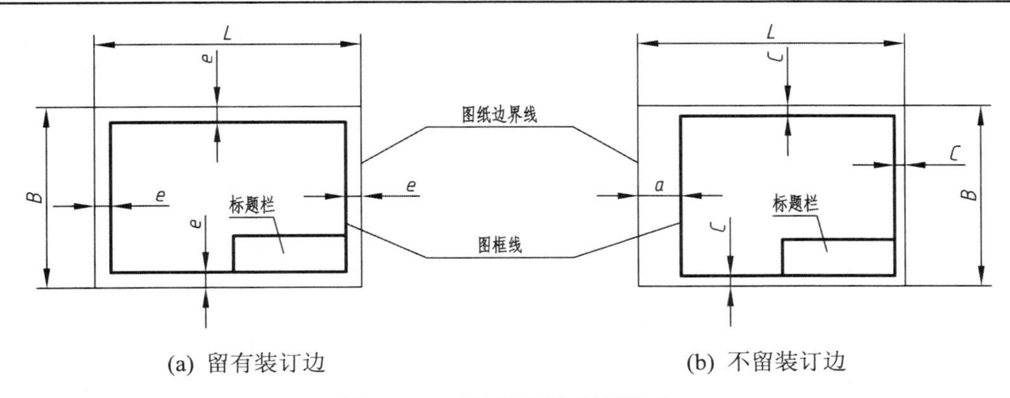

(a) 留有装订边　　　　(b) 不留装订边

图 6.2.21　图纸幅面和图框格式

下面就来绘制 A3 大小的边界线和图框线。

【实训 6.7】绘制 A3 大小的边界线和图框线。

(1) 准备。

① 启动 AutoCAD 或重新建立一个默认文档。

② **草图设置对象捕捉左侧选项**。按标准要求建立所有图层，建立“ISO35”标注样式。

③ 检查并开启“极轴追踪”、“对象捕捉”和“对象捕捉追踪”。

(2) 绘制边界线和图框线。

① 将当前图层切换到“0”层。

② 使用矩形(RECTANG)命令，指定第一个角点为“0,0”，另一个角点为“420, 297”。

③ 使用缩放(ZOOM)命令，指定“e”选项，则矩形框满显在窗口中。

④ 启动偏移(OFFSET)命令，指定距离为“5”，拾取图纸边界框矩形后，在内部任意一点单击鼠标左键，退出偏移命令。拾取偏移后绘出的矩形，将其图层修改成“粗实线”层，如图ⓐ所示。

⑤ 拾取图ⓐ中有小方框标记的矩形，按住【Shift】键，单击矩形左侧的所有端点夹点为热夹点(两个)，松开【Shift】键，单击任一热夹点，向右水平移动光标，当出现**极轴：…<0°**追踪线时，如图ⓑ所示，输入“20”并按【Enter】键，图框绘出。按【Esc】键退出夹点模式。

需要说明的是，对于第⑤步操作，也可以通过直接拖放矩形左边的中夹点来实现。

2) 标题栏

每张图样必须绘制标题栏，国家标准 GB 10609.1—2008 中对生产用的标题栏的格式做了规定，且有三种主要形式。图 6.2.22 是其中的一种，即标题栏的右边部分为名称及代号区，左下方为签名区，左上方为更改区，中间部分为其他区，包括材料标记、比例等内容。

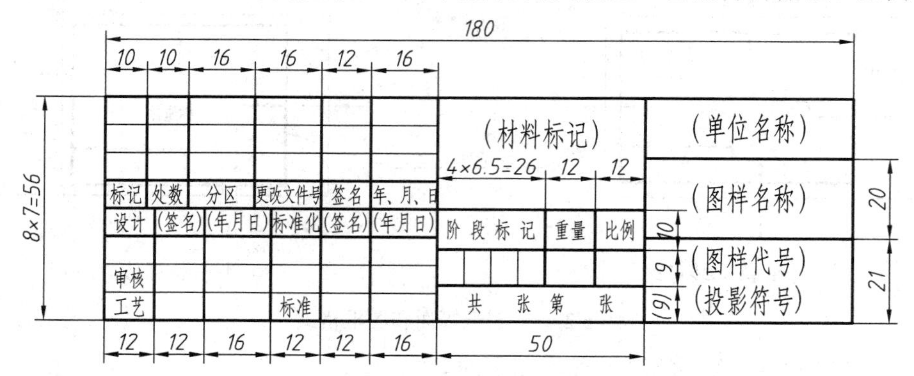

图 6.2.22　标题栏的格式

对于这样的标题栏，可采用 AutoCAD 的表格命令 TABLE 来进行，但一般不建议这么做，最好仍然用直线(LINE)命令和多行文字(MTEXT)命令来实现。

3) 视图绘制与多视口

对于零件图而言，大多数图形都是比较复杂的，为了能观察细微之处，必然要放大平移，但这样一来就必须破坏当前绘制的场景，且投影关系也不易保证。为此，需要将绘图的模型空间分为多个视口，分别用于不同的场合。

在 AutoCAD 中，VPORTS 命令就是用来实现多个视口的建立、重建、存储、连接及退出等操作。选择菜单“视图”→“视口”→“命名视口”或单击“布局”工具栏→“▤”或在命令行直接输入“VPORTS”并按【Enter】键，弹出如图 6.2.23 所示的“视口”对话框。

该对话框包含“新建视口”和“命名视口”两个选项卡。在“新建视口”选项卡页面中，单击“标准视口”列表中的多视口类型名，如“两个：垂直”，单击 确定 按钮，当前模型空间的视口被划分。当然，多视口的操作除了通过“视口”对话框进行外，还可直接使用菜单“视图”→“视口”下的子菜单项进行。

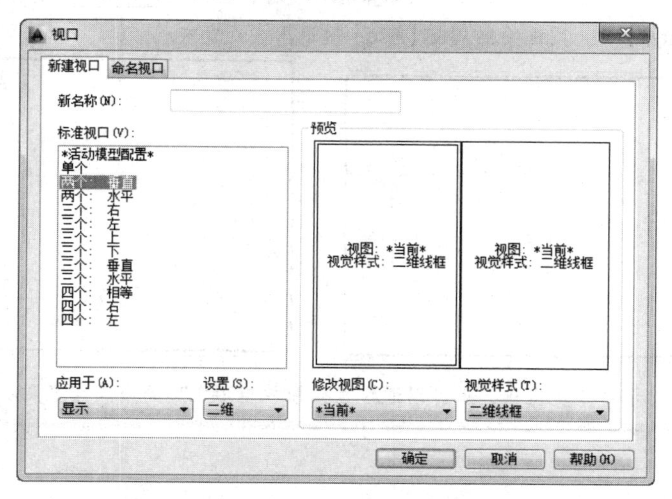

图 6.2.23　“视口”对话框

一旦建立多个视口，视图局部细节的投影图绘制就变得容易多了。例如，若绘制导向板零件图(参看图 6.2.25)的全剖主视图时，可先将左视图的 $\phi 7$ 的孔和 M6 的螺纹孔复制旋转到竖直点画线位置时，然后将视口划分为“两个：垂直”。当绘出螺纹孔的大径轮廓线时，先将当前图层切换到“细实线”心，使用直线(LINE)命令，单击左边视口，从 M6 的螺纹大径约 3/4 圆的上象限点指定直线第一点，单击右边视口，移动光标使之出现水平极轴追踪线，绘出至终止线交点，从交点绘线至右侧端面。类似地，绘出螺纹孔另一根的大径轮廓线，结果如图 6.2.24 所示。

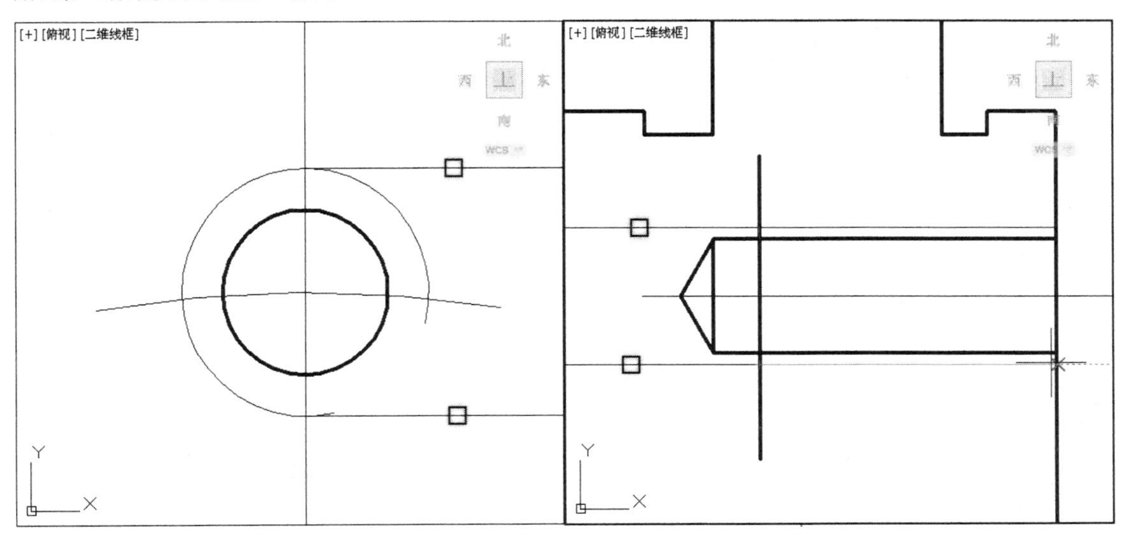

图 6.2.24　多视口绘图

可见，利用多视口可以在较小的绘图区域进行放大，从而更容易地绘制视图。

4) 绘制零件图

在 AutoCAD 中，绘制零件图的步骤一般如下。

① 启动 AutoCAD 或重新建立一个默认文档，按标准要求建立各个图层；草图设置对象捕捉左侧选项；建立“汉字注写”、“字母数字”文字样式，建立“ISO35”标注样式；选择适当的图纸大小；绘制图纸边界框并满显，绘制图形框。

② 绘制标题栏并填写内容。若标题栏已建成带属性的块，则插入到右下角即可。注意：标题栏的右下角点应与图形框的右下角点重合。

③ 布置视图的位置，确定各视图主要中心线或定位线的位置。先画有圆弧的视图或能反映形状的视图，再画其他视图；先画全轮廓线，再作剖面线。

④ 标注尺寸、表面结构和形位公差。

⑤ 注写技术要求。“技术要求”为 7 号字居中，技术要求内容为 5 号字，左对齐。需要说明的是，为了使技术要求序号后的内容对齐，可先注写技术要求的内容；然后再另注写序号，并平移到内容的前面。

⑥ 仔细检查，修改错误或不妥之处，调整布局，完善零件图。

按上述步骤，用 A3 图幅绘出如图 6.2.25 所示的零件图(具体过程略)。

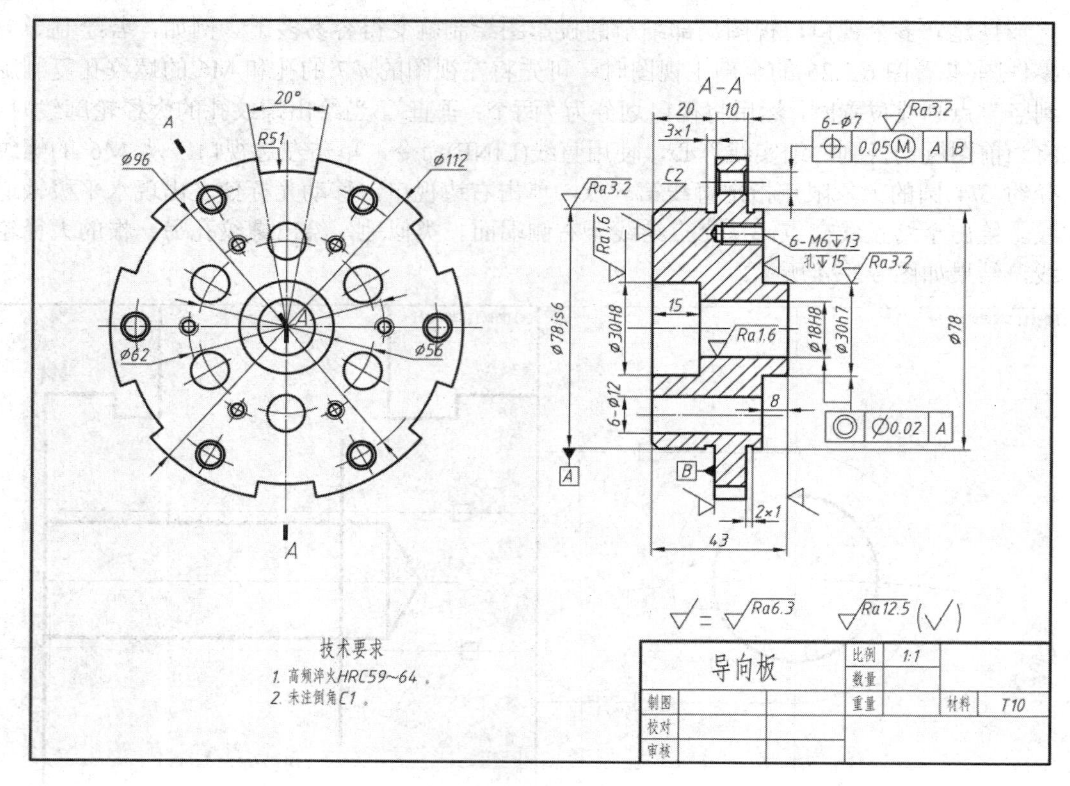

图 6.2.25　导向板零件图

6.2.3　命令小结

本次任务涉及的 AutoCAD 命令如表 6.2.3 所示。

表 6.2.3　本次任务中的 AutoCAD 命令

类别	命令	命令名	除命令行输入的其他常用方式
绘图	多段线	PLINE，PL	菜单“绘图”→“多段线”；“绘图”工具栏→
	样条曲线	SPLINE，SPL	菜单“绘图”→“样条曲线”→…；“绘图”工具栏→
	徒手画	SKETCH	——
	边界	BOUNDARY，BO	菜单“绘图”→“边界”
	图案填充	HATCH，BH，H	菜单“绘图”→“图案填充”；“绘图”工具栏→
	创建块	BLOCK，B	菜单“绘图”→“块”→“创建”；“绘图”工具栏→
	插入块	INSERT，I	菜单“插入”→“块”，“绘图”工具栏→
	块属性	ATTDEF，ATT	菜单“绘图”→“块”→“定义属性”
工具	UCS	UCS	菜单“工具”→“新建 UCS”→…；“UCS”工具栏→…
修改	比例缩放	SCALE，SC	菜单“修改”→“缩放”；“修改”工具栏→
视图	视口	VPORTS	菜单“视图”→“视口”→“命名视口”；“布局”工具栏→
标注	快速引线	QLEADER，LE	——
	公差	TOLERANCE，TOL	菜单“标注”→“公差”；“标注”工具栏→
状态开关快捷键：对象捕捉【F3】，对象捕捉追踪【F11】			

6.2.4　巩固提高

(1) 与面域造型相关的命令有哪些？说说 REGION 与 BOUNDARY 命令的区别并绘出图 6.2.26 所示的图形。

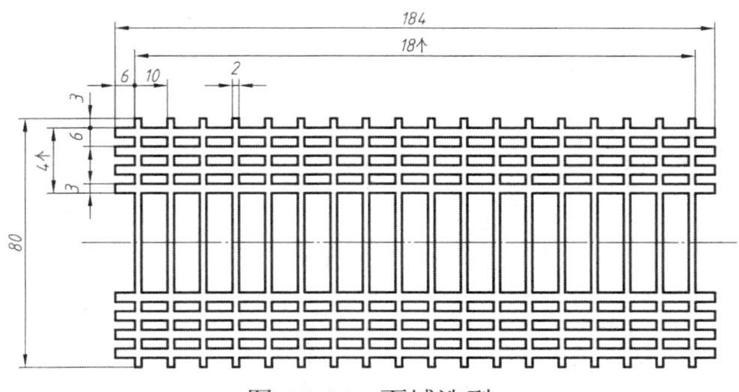

图 6.2.26　面域造型

(2) 绘制图 6.2.27 所示的图形。

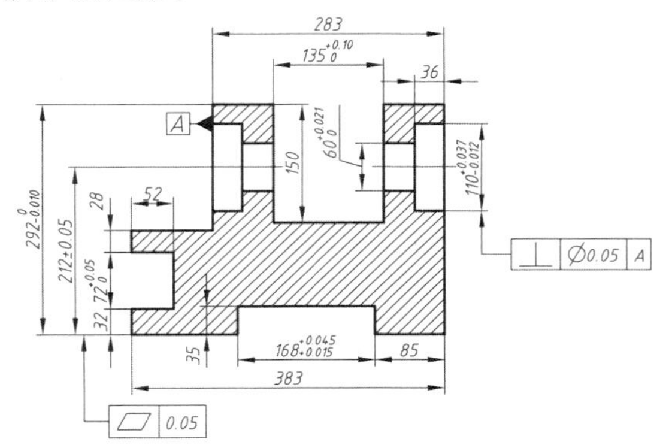

图 6.2.27　尺寸公差和几何公差

(3) 根据图 6.2.28 所示的定位套的图例说明，选择适当的图纸，绘制其零件图。

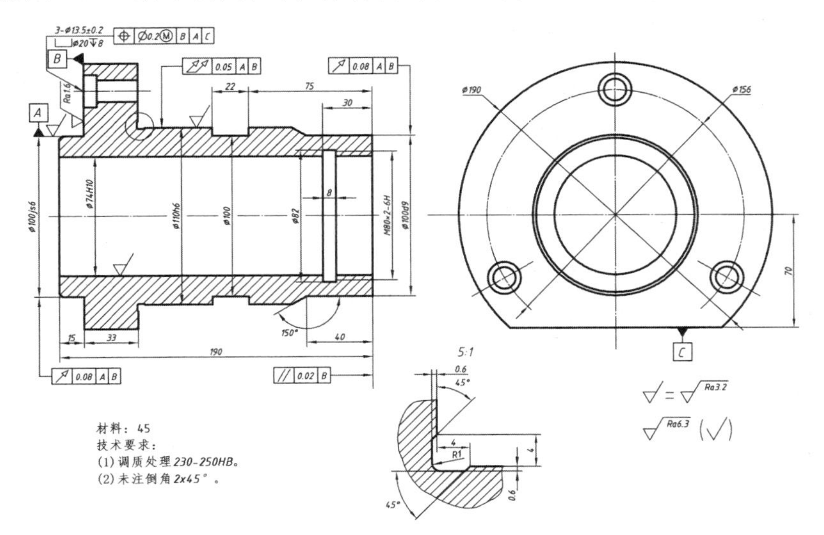

图 6.2.28　定位套

(4) 根据图 6.2.29 的扇形齿轮的图例说明，选择适当的图纸，绘制其零件图。

(5) 根据图 6.2.30 的导轨座的图例说明，选择适当的图纸，绘制其零件图。

(6) 绘制项目 4 中图 4.1.1、图 4.2.1、图 4.3.2 和图 4.4.2 所示的零件图。

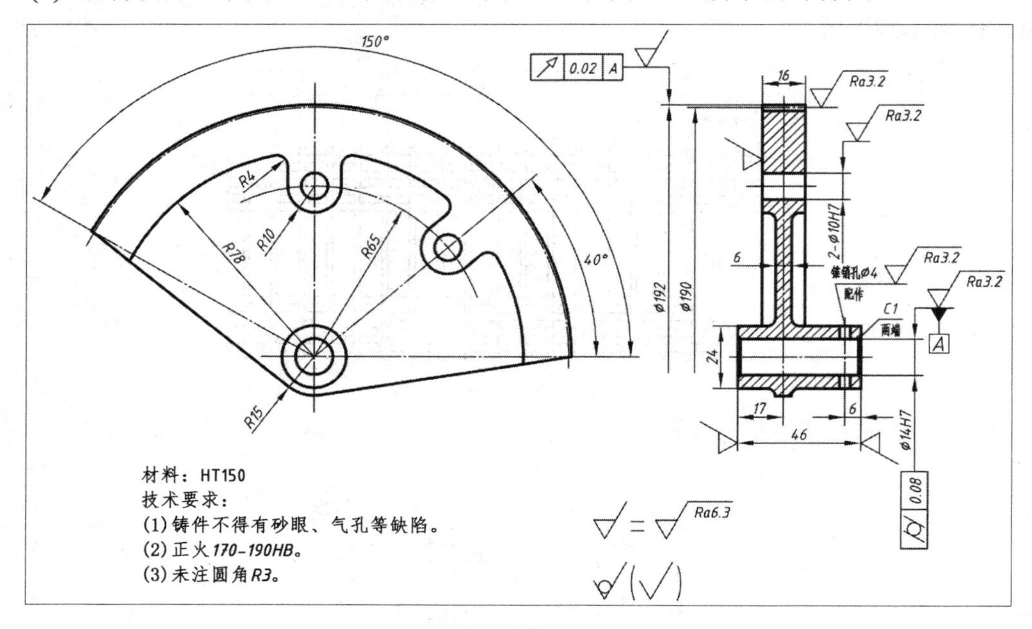

图 6.2.29　扇形齿轮

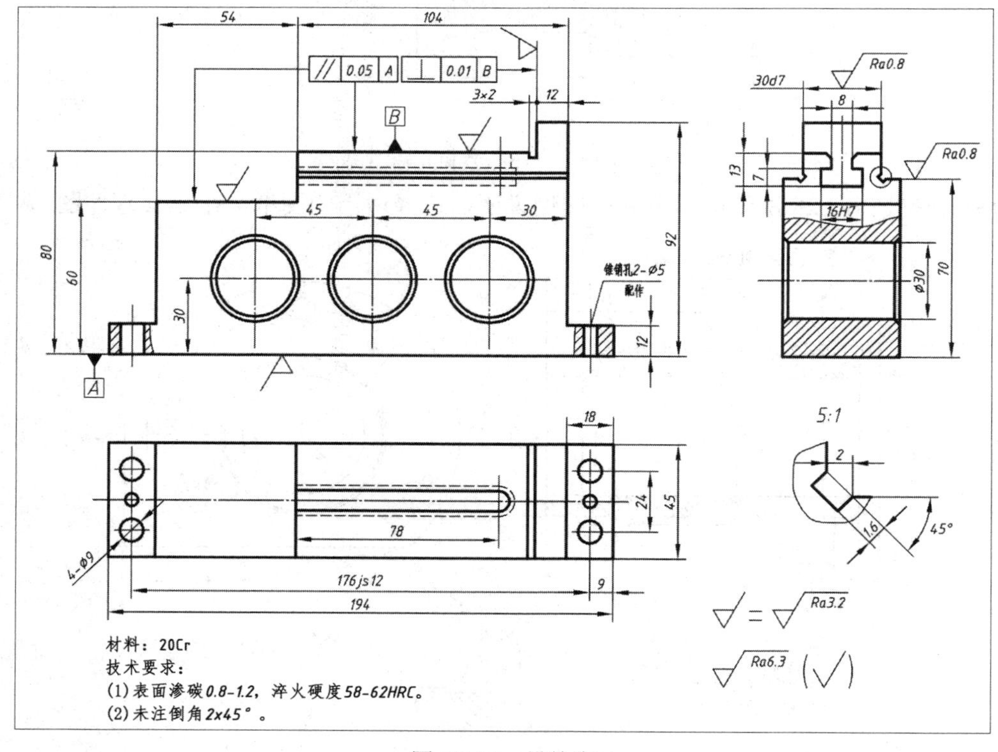

图 6.2.30　导轨座

任务 6.3　绘制装配图

装配图是用来表达机器或部件整体结构关系的图样。在设计产品时，一般先画出装配图，然后根据装配图设计绘制零件图；当零件制成后，要根据装配图进行组装、检验和调试；在使用阶段，还可以根据装配图进行维修。因此，装配图是工业生产中重要的技术文件之一。在 AutoCAD 中，并没有给出绘制装配图专门的方法，因此绘制时需要探求一些技巧。

6.3.1　工作任务

1. 任务内容

先学会用多重引线来编排零件序号并绘制明细表，然后熟悉装配图的拼绘方法。

2. 任务分析

具体如表 6.3.1 所示。

表 6.3.1　任务准备与分析

任务准备	网络机房，计算机每人一套，AutoCAD 2014 版软件等		
任务实施	学习情境	实施过程	结果形式
	熟悉序号和明细表的相关规定	教师讲解、示范、辅导答疑 学生听、看、记、模仿、练习	绘制的指定、自选图形
	使用多重引线编排零件序号		
	学会绘制明细表		
	熟悉装配图的拼绘方法		
学习重点	使用多重引线编排零件序号，熟悉装配图的拼绘方法		
学习难点	熟悉装配图的拼绘方法		
任务总结	学生提出任务实施过程中存在的问题，解决并总结 教师根据任务实施过程中学生存在的共性问题，讲评并解决		
任务考核	根据学生上机模仿、图形绘制的数量、质量以及效率等方面综合打分		

参看表 6.3.1 完成任务，实施步骤如下。

6.3.2　任务实施

1. 熟悉序号和明细表的相关规定

为了便于看图，做好生产准备工作和图样管理，对装配图中每种零、部件都必须编注序号，并填写明细栏(表)，这些是装配图与零件图最明显的区别之一。这里对零件序号和明细栏的相关规定作一些强调。

1) 零件序号编注的规定

在装配图中，编注零件序号时要遵循下列规定。

(1) 装配图中每种零、部件都必须编注序号；装配图中相同的零、部件只编注一个序号，且一般只编注一次。

(2) 零、部件的序号应与明细栏中的序号一致。

(3) 同一装配图中编注序号的形式应一致。

2) 零件序号编注的规则

编注零件序号时要遵循下列规则：

(1) 序号编注的形式由小圆点、指引线、水平线(或圆)及数字组成。指引线与水平线(或圆)均为细实线，数字写在水平线的上方(或圆内)，数字高度应比尺寸数字高度大一号，指引线应从所指零件的可见轮廓内引出，并在末端画一小圆点，如图 6.3.1 所示。

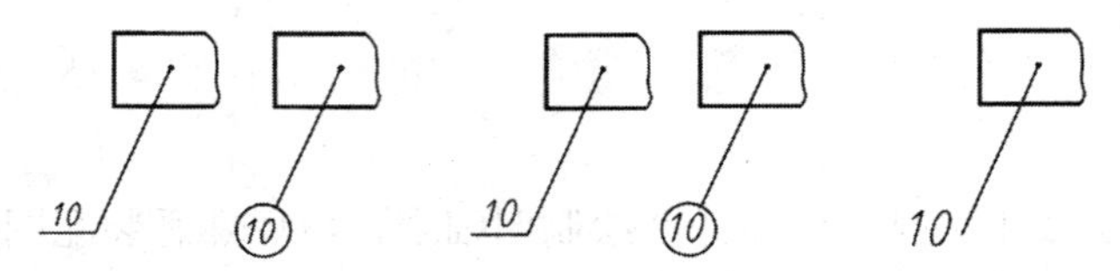

图 6.3.1　零件序号的编注形式

(2) 指引线应尽量分布均匀，彼此不能相交；当通过剖面线区域时，须避免与剖面线平行。必要时，指引线可折一次。

(3) 对于一组紧固件(如螺栓、螺母和垫圈)及装配关系清楚的组件可采用公共指引线。当所指部分不宜画小圆点(如很薄的零件或涂黑的剖面)时，可在指引线末端画一个箭头以代替小圆点，如图 6.3.2 所示。

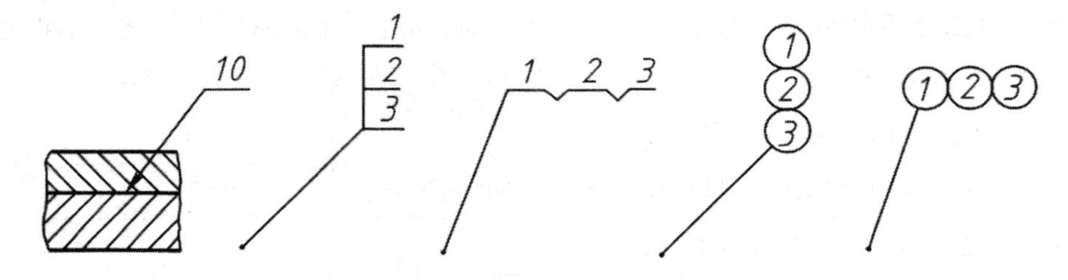

图 6.3.2　箭头指引线和公共指引线

(4) 对于标准化组件，如滚动轴承、油杯、电动机等，可看成一个整体只编注一个序号。

(5) 编注序号时，应按水平或垂直方向排列整齐，可顺时针方向或逆时针方向依次编号，不得跳号。

3) 明细栏

明细栏(表)是装配图中全部零件的详细目录，是说明装配图中零件的序号、名称、材料、数量、规格等的表格。需要强调的是：

(1) 明细栏位于标题栏的上方，并与标题栏相连，如图 6.3.3 所示的格式，上方位置不够时可续接在标题栏的左侧，若还不够可再向左侧续编。对于复杂的机器或部件也可以使用单独的明细栏(表)列出，装订成册，作为装配图的一个附件。

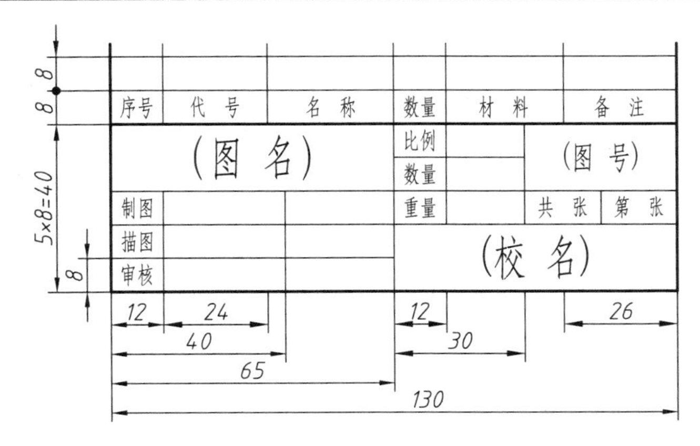

图 6.3.3　标题栏与明细表

(2) 明细栏外框竖线为粗实线，其余线为细实线，其下边线与标题栏上边线或图框下边线重合，长度相同。为便于修改补充，序号的顺序应自下而上填写，以便在增加零件时可继续向上画格。

(3) 在“代号”栏内填写一般零件的图号和标准构件的国标代号。在“名称”栏内，标准构件应填写其名称及规格，如轴承 307、螺母 M30 等。在“备注”栏内，一般标注像齿轮的模数、齿数和压力角等相关内容。

2．使用多重引线编排零件序号

AutoCAD 中的多重引线是一种功能强大的引线标注命令，它不仅可以为零件作形位公差和结构尺寸的标注，还可以用于装配图的序号标注。

1) 多重引线样式

使用多重引线标注，应先设置多重引线样式，它通过 MLEADERSTYLE 命令来进行。选择菜单“格式”→“多重引线样式”或单击“样式”(“多重引线”)工具栏→“”或在命令行直接输入“MLS”并按【Enter】键，弹出如图 6.3.4 所示的“多重引线样式管理器”对话框。

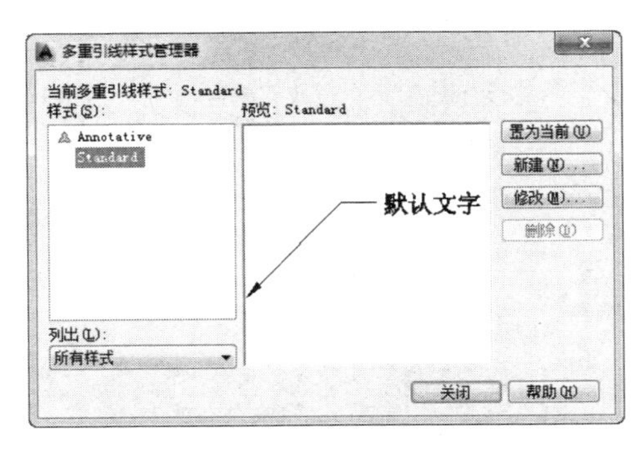

图 6.3.4　“多重引线样式管理器”对话框

单击[新建(N)...]按钮，弹出“创建新多重引线样式”对话框，输入多重引线样式名“单线序号”。单击[继续(O)]按钮，弹出“修改多重引线样式：单线序号”对话框，如图 6.3.5(a)所示。该对话框共有三个选项卡，即引线格式、引线结构和内容。

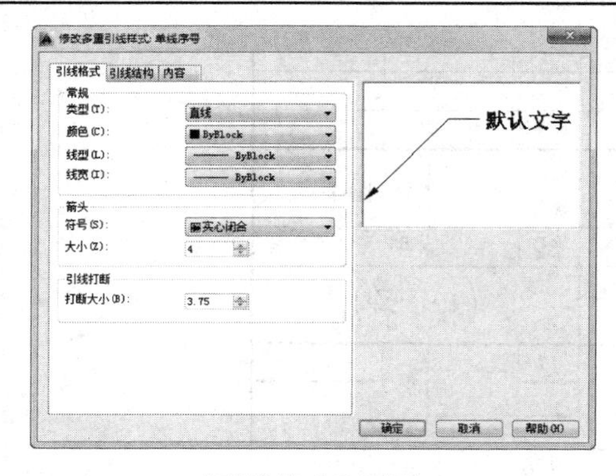

(a) “引线格式”页面

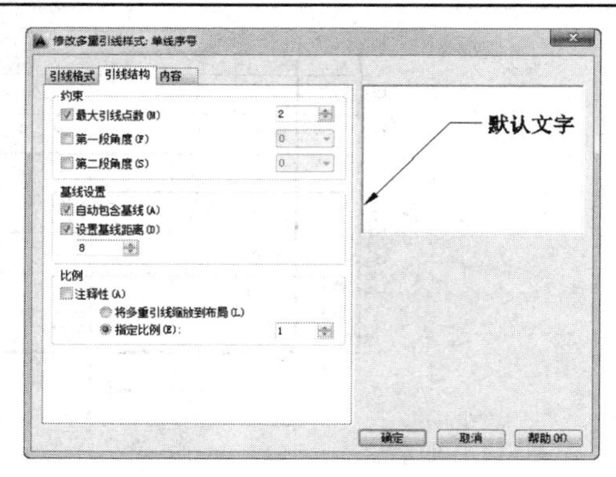

(b) “引线结构”页面

图 6.3.5　“引线格式”和“引线结构”页面

(1) 引线格式。用来设置引线类型(直线、样条曲线、无)、引线的颜色、线型和线宽等属性，还可以设定箭头的类型和大小以及将打断标注添加到多重引线时使用的大小等。

(2) 引线结构。如图 6.3.5(b)所示，用来指定控制多重引线的约束，包括最大引线点线、引线第一段(前两点构成)和第二段(第二和第三点构成)的角度；还可以对“基线”进行设置(所谓基线，就是图例预览中“默认文字”前的那一段水平线)，“基线距离”即基线长度。

(3) 内容。如图 6.3.6(a)所示，用来指定多重引线类型(多行文字、块、无)、文字的选项和文字与引线的连接方式等。需要说明的是，当指定多重引线类型为“块”时，则“内容”页面如图 6.3.6(b)所示，从中可选定五种块源或自定义块。

单击 确定 按钮，“修改多重引线样式：单线序号”对话框关闭并回到“多重引线样式管理器”对话框中，刚创建的“单线序号”多重引线样式出现在“样式”列表中并呈选中状态。单击 置为当前(C) 按钮，则当前选中的多重引线样式被置为当前。单击 修改(M)... 按钮，将弹出“修改多重引线样式”对话框，在这里可对选中的多重引线样式进行修改。

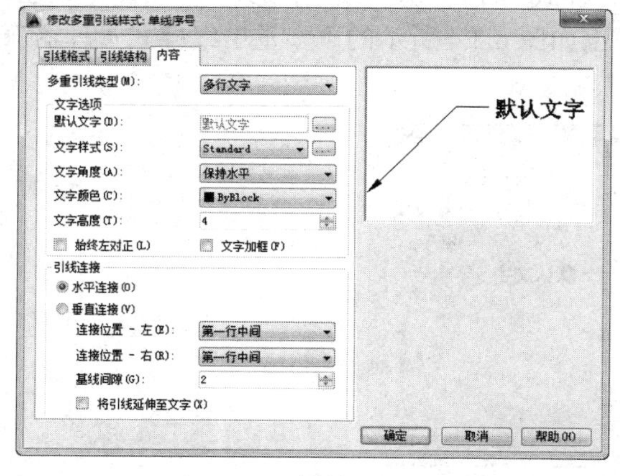

(a) 默认

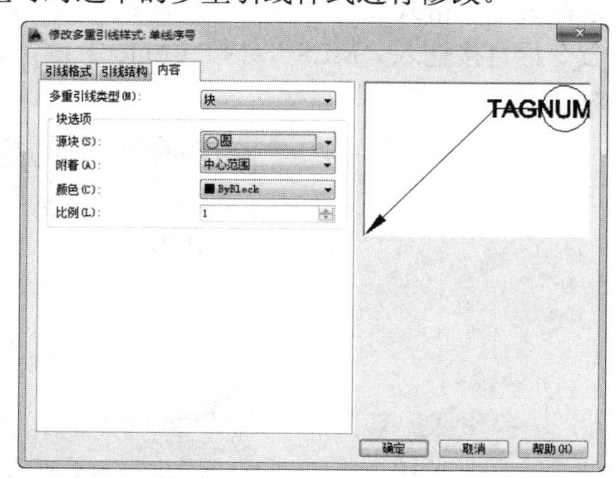

(b) 指定多重引线类型为“块”

图 6.3.6　“内容”页面

这里，修改“单线序号”多重引线样式并在“单线序号”的基础上创建“单圆序号”多重引线样式，其结果如表 6.3.2 所示。

表 6.3.2　多重引线样式的参数设置

样式名	“引线格式”页面设置	“引线结构”页面设置	“内容”页面设置
单线序号	选定“箭头”下“符号”类型为“点”，设置“大小”为 2	取消“自动包含基线”选项	选定“多重引线类型”为“多行文字”，指定“文字样式”为“字母数字”，指定“文字高度”为 5，选中“始终左对正”，将“水平连接”的连接位置均选为“第一行加下划线”
单圆序号	同上		选定“多重引线类型”为“块”，选择“源块”为“圆”，选择“附着”方式为“插入点”

2) 切换多重引线样式

在“多重引线样式管理器”对话框中单击[置为当前(C)]按钮，可将样式列表中选定的多重引线样式设定为当前使用的样式。当然，当前多重引线样式还可以通过“样式”工具栏中的多重引线样式组合框直接选定。

3) 多重引线

当多重引线样式设定后，就可以进行多重引线(MLEADER)的标注了。选择菜单“标注”→“多重引线”或单击“多重引线”工具栏→“”或在命令行直接输入“MLD”并按【Enter】键，命令行提示为(设此时当前多重引线样式为“单圆序号”)：

MLEADER
MLEADER 指定引线箭头的位置或 [引线基线优先(L) 内容优先(C) 选项(O)] <选项>:　任意位置单击鼠标左键
MLEADER 指定引线基线的位置:　在适当位置单击鼠标左键

此时弹出“编辑属性”对话框，在“输入标记编号”框中输入“1”，单击[确定]按钮，结果如图 6.3.7(a)所示。

将当前多重引线的样式设为“单线序号”，在命令行输入“MLD”并按【Enter】键，任意指定箭头和引线基线的位置后进入多行文字输入模式，输入“1”并按【Ctrl+Enter】键，则结果如图 6.3.7(b)所示。

需要强调的是，命令中还有“引线基线优先”、“内容优先”以及“选项”等参数。当指定“引线基线优先”，则首先提示指定基线的位置；若指定“内容优先”，则首先确定内容的绘制；若指定“选项”，则可重新指定多重引线的样式选项内容。

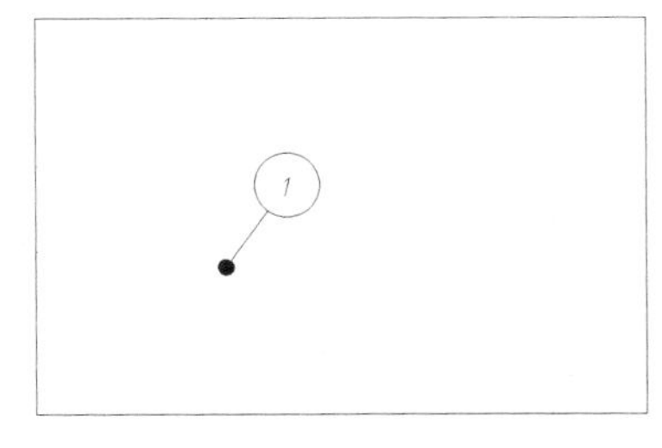

(a) “单圆序号”效果

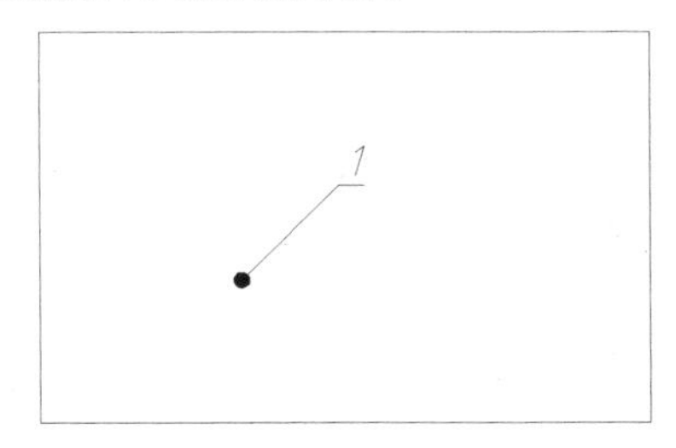

(b) “单线序号”效果

图 6.3.7　多重引线命令图例

4) 添加和删除引线

若同一个多重引线标注需要多条引线，则可以使用添加引线(MLEADEREDIT 或 MLE)命令(图标为)。当一个多重引线标注有不止一条引线时，若需要删除引线，则可以使用删除引线(MLEADEREDIT)命令(图标为)。

5) 对齐引线

按照规定，当多个引线存在时应尽可能在水平或垂直方向对齐排列，此时应使用对齐引线(MLEADERALIGN 或 MLA)命令(图标为)。

如图 6.3.8(a)所示，拾取要对齐的多重引线对象序号为 1、2、3、4，**结束拾取**后，指定以引线序号为 3 为参照对齐的多重引线，指定垂直方向(极轴追踪显示的角度为 90°)，则结果如图 6.3.8(b)所示。

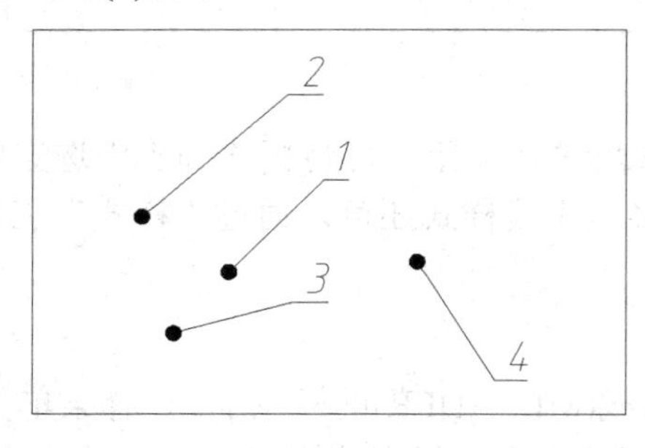

(a) 要对齐的引线

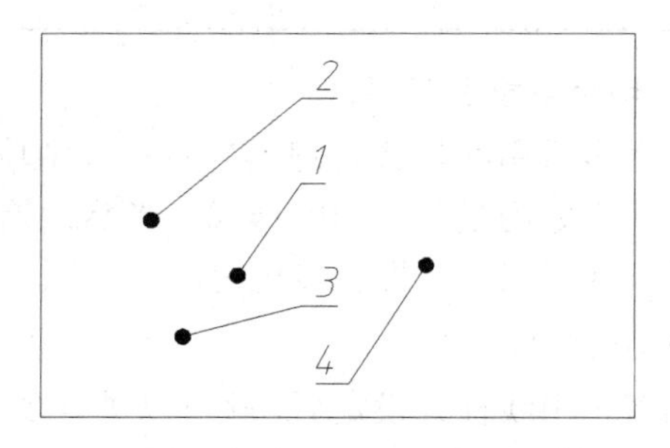

(b) 对齐后的效果

图 6.3.8　对齐引线命令图例

需要说明的是，若要改变对齐引线的间距，则可指定“选项”，并指定“指定间距”参数，输入间距值并按【Enter】键，间距得到指定。

另外，序号引线的末端小圆点还可以使用圆环(DONUT)命令来实现。选择菜单“绘图”→“圆环”或在命令行直接输入“DO”并按【Enter】键，命令行提示为：

DONUT
DONUT 指定圆环的内径 <0.5000>:　输入内径值↵
DONUT 指定圆环的外径 <1.0000>:　输入外径值↵
DONUT 指定圆环的中心点或 <退出>:　指定圆环的圆心位置
DONUT 指定圆环的中心点或 <退出>:　↵

显然，当指定内径为“0”、外径为“2”时，则绘出的实心圆点即可作为序号指引线的末端圆点。需要说明的是，圆环是否填充还与 FILLMODE 系统变量的值有关(1 为填充，0 为不填充，默认值为 1)。

3．学会绘制明细表

由于装配图的零件个数各不相同，这就导致明细表内容和数量也各不相同，因而不可能也没有必要建立一个固定的明细表格来填写。最佳的办法是为明细表的“行”建立一个带属性的块，需要时插入即可。当然，要先将装配图的标题栏和明细表的表头绘制好。(具体过程略)

4．熟悉装配图的拼绘方法

由零件图拼画装配图时，首先要理解部件的工作原理，读懂零件图，掌握部件的装配关系，然后选择适当的表达方案、图幅和比例，根据零件图提供的尺寸绘制装配图。

1) 处理好几个问题

事实上，在 AutoCAD 中，由零件图拼画装配图的过程就是“拼图”的过程。所谓“拼图”就是将不同图形文件的内容，按需要组合在一起的操作过程。当然，在拼图中还要注意处理好下列几个问题。

(1) 定位问题。不同的机器或部件有着不同的组装顺序，因此一定要先看懂机器或部件的原理图，才能确定正确的拼装顺序，并合理地利用 AutoCAD 中的追踪和捕捉功能，准确地确定各零件的基点与插入点。

(2) 可见性问题。AutoCAD 不具备块的消隐功能，因而当零件较多时很容易出错，所以一定要细心，必要时可将块分解后，将需要消隐的图线修剪或删除。

(3) 规范性问题。绘制装配图时一定要细心，因为有许多国家标准规定。例如，相邻两个零件的剖面线必须要有所不同(方向不同或间隔不同或间隔错开)，相同零件的部面线必须一致。同时要注意利用各种显示控制命令及时缩放，避免出现不合理的孤立的线条。

2) 设计中心

为了能有效地绘制图样(尤其是装配图)，可通过 AutoCAD 的设计中心来达到重复利用和共享图形的目的。设计中心是通过 ADCENTER 命令来启动的。选择菜单“工具”→“选项板”→“设计中心”或单击“标准”工具栏→“▦”或按快捷键【Ctrl+2】或在命令行直接输入“ADC”并按【Enter】键，弹出如图 6.3.9 所示的“设计中心”浮动窗口。

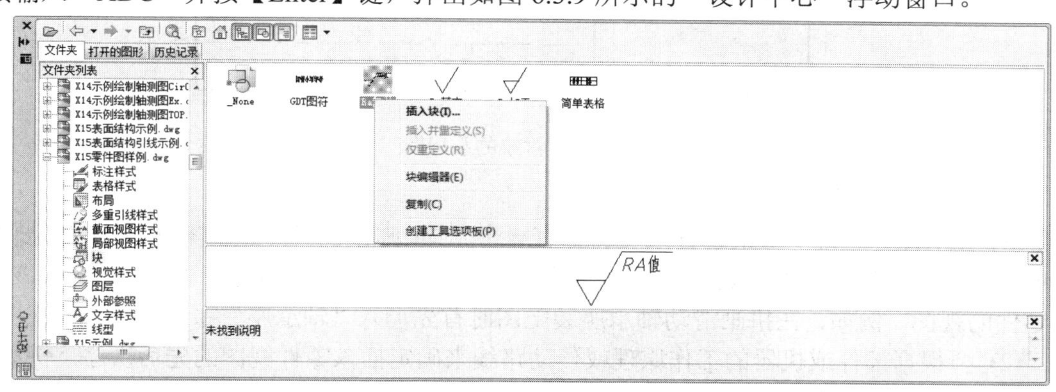

图 6.3.9　“设计中心”窗口

设计中心窗口具有 Windows 资源管理器的界面风格，其左侧通过树视图列表来浏览指定文件夹中的源文件，并可在右侧列表视图中显示当前文件内容及图形文件下的标注样式、表格样式、布局、多重引线样式、层及文字样式等信息。

当具体的信息(如“块”)列出时，则可在要操作的信息元素上单击鼠标右键，弹出快捷菜单，从中选择要操作的命令(参见图 6.3.9)；或者直接将信息元素拖放到当前图形文件中，将以默认方式插入信息。

设计中心窗口使用后，单击窗口左上角的关闭按钮✖，退出设计中心。

3) 拼绘装配图

下面以图 6.3.10 的滑动轴承座装配图(A4 图幅竖放，比例为 1:1)为例来说明由零件图拼绘装配图的过程。

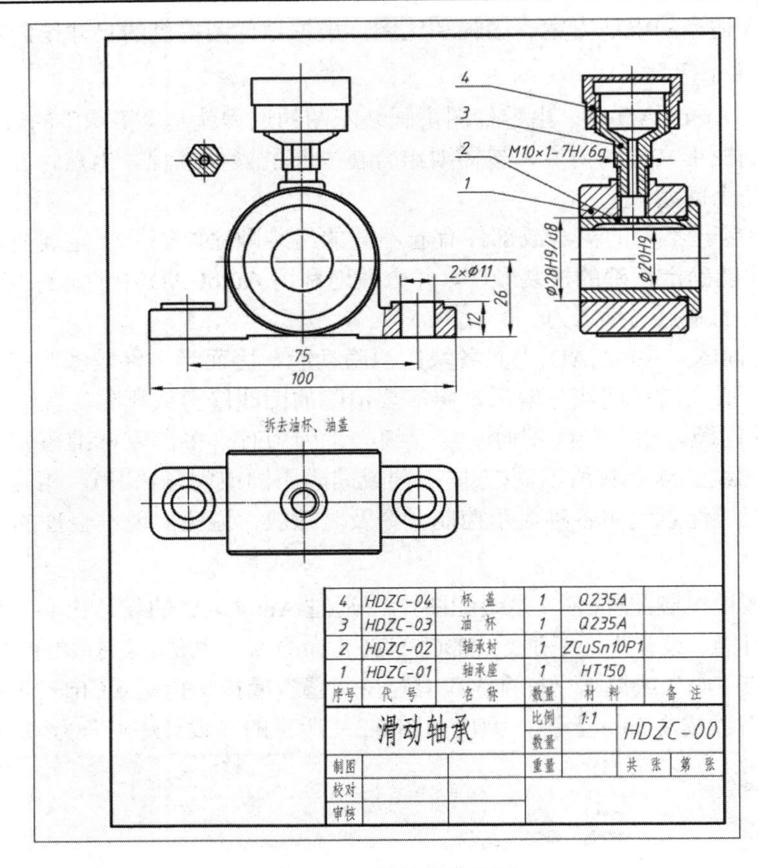

图 6.3.10　拼绘的装配图

这里需要强调的是：

(1) 泵、座、体这一类的部件或机器都有一个壳体(或箱体)类的主要零件。这个主要零件的表达方法一般也就是装配图的表达方案。所以，在拼画装配图时应先(全部)调入该主要零件的视图。例如，在拼画滑动轴承座装配图时首先调入“轴承座”零件图的全部视图。

(2) 要根据部件或机器的工作原理或传动路线来确定插入零件视图的先后次序。例如，对于滑动轴承座装配图来说，插入“轴承座”零件视图后，依次要插入“轴承衬”、“油杯”、“杯盖”零件的视图。

(3) 由于插入后的零件图存在比例差异，因而在插入时应先通过比例缩放(SCALE)命令来调整。除此之外，若是相邻零件，还需调整剖面线的方向或大小。

(4) 零件视图插入后，装配图的视图还需根据表达方案来补画视图。补画时，可根据实际情况通过“复制 + 修剪”或是“边界 + 分解”的方法来进行。

(5) 最后绘出技术要求、填写标题栏、编制明细表等。当然，标题栏可最先绘出，以便能尽早定下视图的布局方案。

可见，拼画滑动轴承座装配图的主要过程为：绘制零件图、绘制图框和标题栏、插入“轴承座”零件图、插入“轴承衬”零件的视图、插入“油杯”零件的主视图、插入“杯盖”零件的主视图、补全装配图。

【实训 6.8】拼绘滑动轴承座的装配图。

步骤

(1) 绘制零件图。

① 绘制“轴承座”零件图，如图ⓐ所示，将其保存为 HDZC-1.dwg。

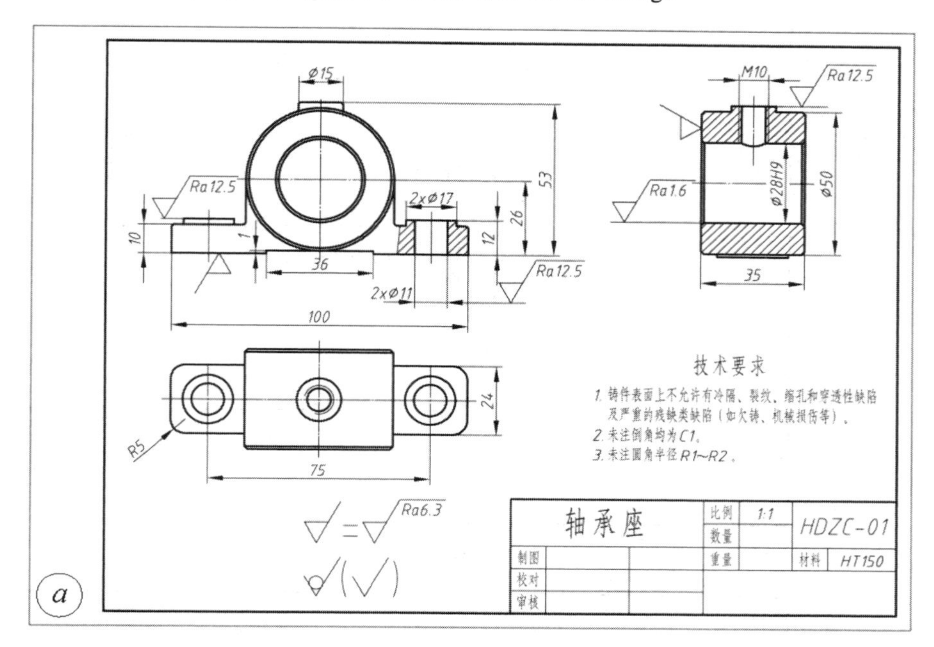

② 绘制“轴承衬”零件图，如图ⓑ所示，将其保存为 HDZC-2.dwg。

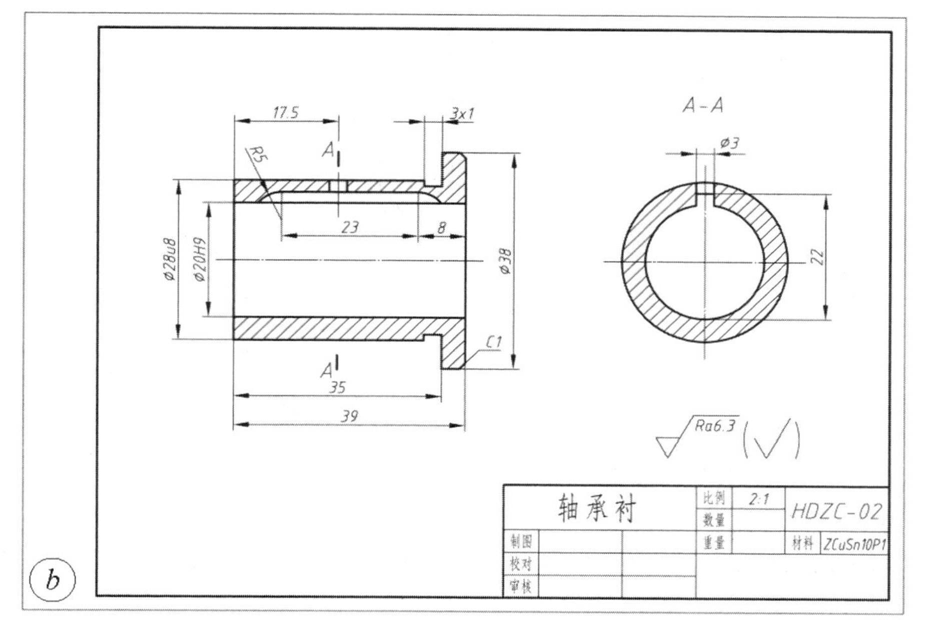

③ 绘制“油杯”零件图，如图ⓒ所示，将其保存为 HDZC-3.dwg。

④ 绘制“杯盖”零件图，如图ⓓ所示，将其保存为 HDZC-4.dwg。

需要说明的是，上述零件图均是在 A4 图幅内绘制，其中轴承衬、油杯和杯盖零件图的比例是 2:1。

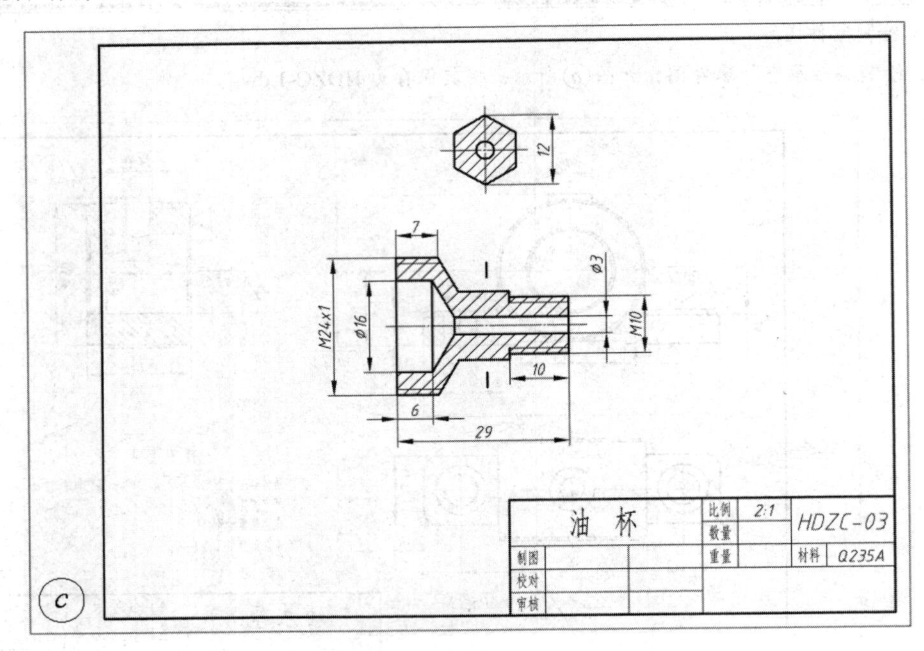

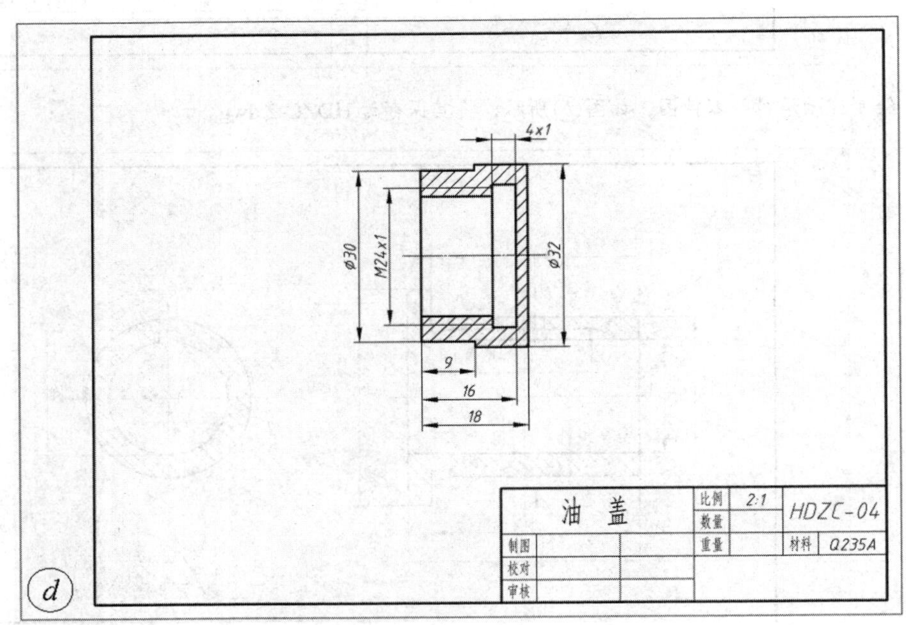

(2) 绘制图框和标题栏。

① 启动 AutoCAD 或重新建立一个默认文档，按标准要求建立所有图层，**草图设置对象捕捉左侧选项，** 建立“字母数字”文字样式，建立“ISO35”标注样式，绘制 A4 图纸边界框并满显。

② 使用偏移(OFFSET)命令，指定偏移距离为“5”，拾取边界框，指定内部偏移，并将偏移的图框的图层改为“粗实线”层。

③ 按图 6.3.3 标题栏及明细表头绘制(或将以往零件图的标题栏插入到右下角点处，然后分解并修改，最后添加明细表头)，填写的图名为滑动轴承，图号为 HDZC-00，比例为 1:1。

④ 将文件保存为 HDZC-0.dwg。

(3) 插入“轴承座”零件的视图。

① 打开“轴承座”零件图文件 HDZC-1.dwg，关闭“文字尺寸”层，框选图框内所有对象，按组合键【Ctrl+C】复制。

② 将文档窗口切换到 HDZC-0.dwg，按组合键【Ctrl+V】粘贴，移动光标，可以看到跟随的粘贴内容，如图ⓔ所示。

③ 调整位置并将“轴承座”零件左视图水平移至图形框内。注意，若是零件图和此处的装配图指定的图层名称不一样，还需要调整使用图形属性一致，结果如图ⓕ所示。

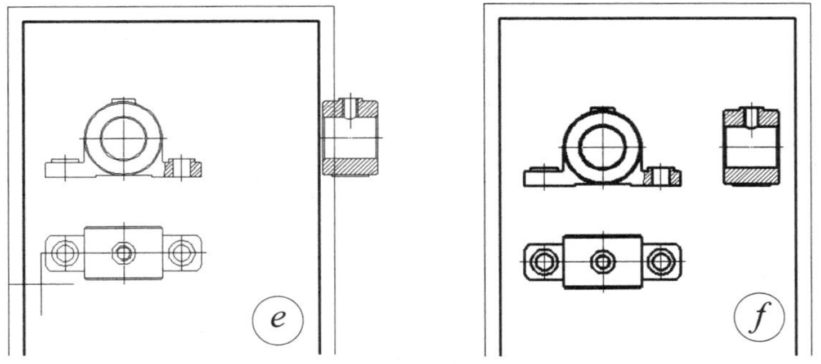

(4) 插入“轴承衬”零件的视图。

① 打开“轴承衬”零件图文件 HDZC-2.dwg，关闭“文字尺寸”层，框选图框内“轴承衬”主视图的所有对象，按组合键【Ctrl+C】复制。

② 将文档窗口切换到 HDZC-0.dwg，按组合键【Ctrl+V】粘贴到图框外的适当位置，将其缩小为 0.5 倍，并调整其图形属性使其一致，如图ⓖ所示。

③ 将当前图层切换到“0”层，作图ⓖ中小方框标记处的两端点连线，使用移动(MOVE)命令，指定小圆标记 1 的交点为基点，移至小圆标记 2 的交点处。

④ 删除或修剪被遮挡的线条及刚才作的辅助线，结果如图ⓗ所示。

⑤ 将当前图层切换到“文字尺寸”层，使用图案填充(HATCH)命令，重新为“轴承衬”视图绘制剖面线，注意与“轴承座”剖面线方向相反。

⑥ 同时调整“轴承座”主视图中间的两个圆，这里它们是“轴承衬”右端面在主视图上的投影(倒角圆可不画)，结果如图ⓘ所示。

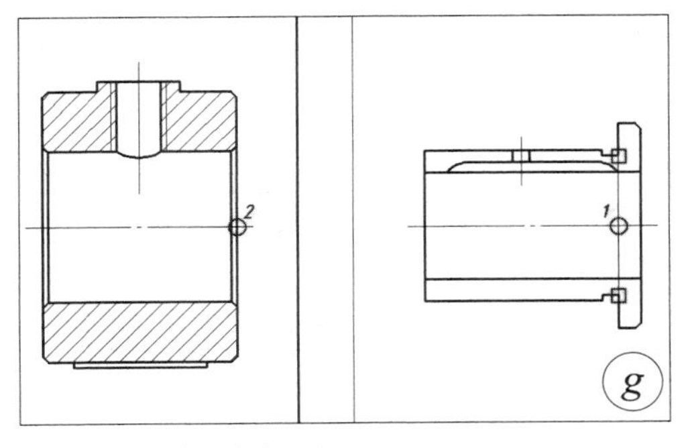

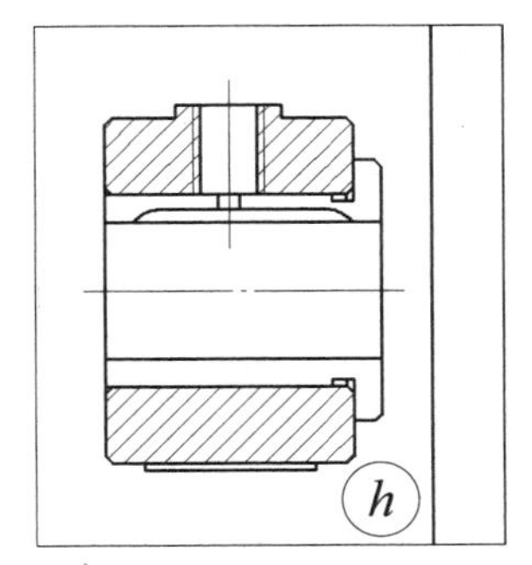

(5) 插入“油杯”零件的主视图。

① 打开“油杯”零件图文件 HDZC-3.dwg，关闭“文字尺寸”层，框选图框内“油杯”主视图的所有对象，按组合键【Ctrl+C】复制。

② 将文档窗口切换到 HDZC-0.dwg，按组合键【Ctrl+V】粘贴到图框外的适当位置，将其缩小为 0.5 倍，且顺时针旋转 90°，并调整其图形属性使其一致，如图ⓙ所示。

③ 使用移动(MOVE)命令，指定小圆标记 1 的交点为基点，移至小方框标记的点画线上。

④ 删除或修剪被遮挡的线条，注意螺纹连接处的正确性，结果如图ⓚ所示。需要说明的是，被遮挡的图案填充是无法修剪的，可先分解它再修剪(但会自动有红色圆圈标明此时边界有缺口)，或者删除图案填充再指定区域进行填充(这是比较理想的方法)。

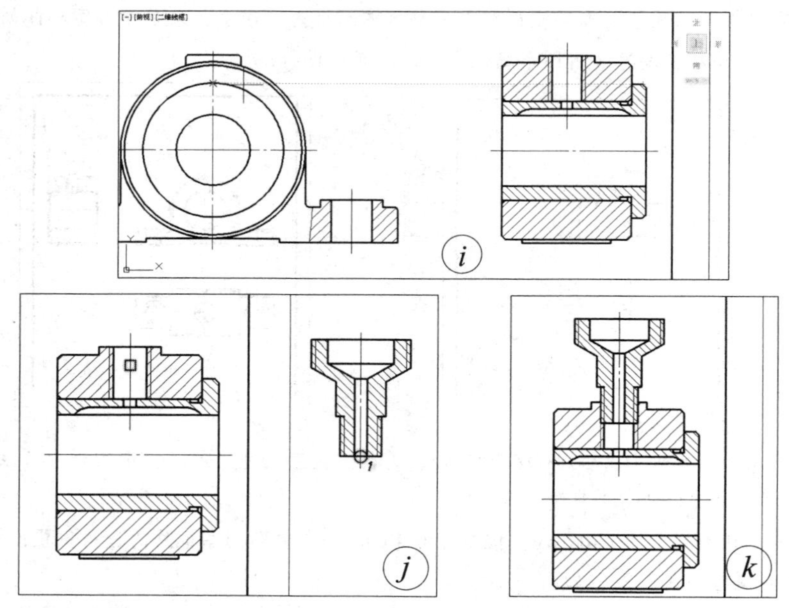

(6) 插入“杯盖”零件的主视图。

① 打开“杯盖”零件图文件 HDZC-4.dwg，关闭“文字尺寸”层，框选图框内“杯盖”所有对象，按组合键【Ctrl+C】复制。

② 将文档窗口切换到 HDZC-0.dwg，按组合键【Ctrl+V】粘贴到图框外的适当位置，将其缩小为 0.5 倍，且逆时针旋转 90°，并调整其图形属性使其一致，如图ⓛ所示。

③ 使用移动(MOVE)命令，指定小圆标记 1 的交点为基点，移至小方框标记的点画线上。

④ 删除或修剪被遮挡的线条，注意螺纹连接处的正确性。删除“杯盖”原来的图案填充再指定新的填充，注意与“油杯”的方向相反，结果如图ⓜ所示。

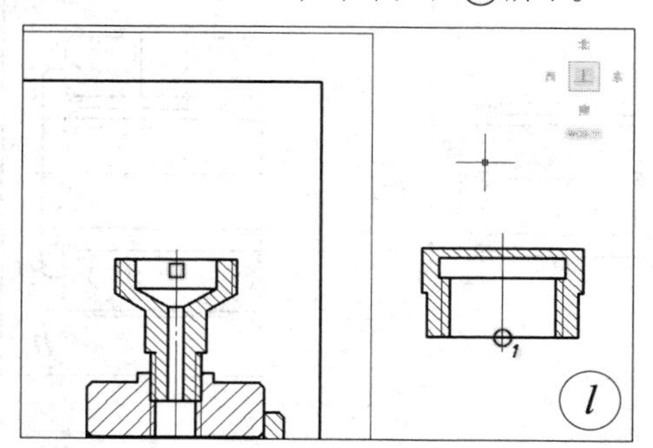

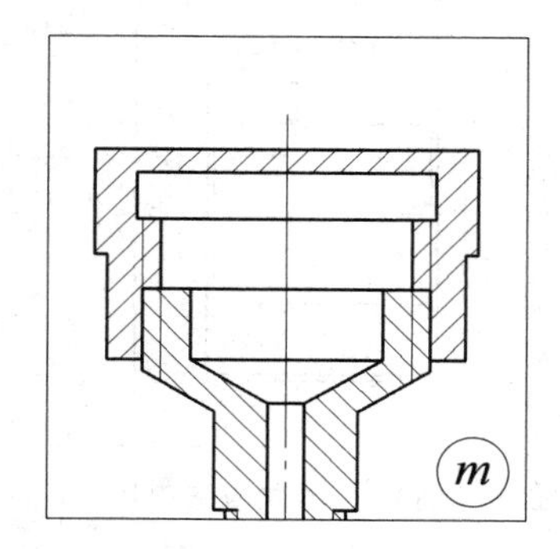

(7) 补全装配图。

① 在左视图上方，使用矩形(RECTANG)命令绘制一个方框，如图ⓝ所示。

② 在命令行输入“BO”并按【Enter】键启动边界命令，弹出“边界创建”对话框，单击“拾取点”按钮，对话框消失，指定图ⓝ中小方框位置为“拾取内部点”，按【Enter】键。

③ 拾取边界，水平移至主视图上，分解后删除不要的线段、补画修改图层，结构如图 o 所示。

④ 补画“油杯”的断面图，注意投影方向(需要旋转)和剖面线(要一致)。

⑤ 标注必要的尺寸和文字，生成零件序号(使用多重引线)、填写明细表，结果如图 6.3.10 所示。

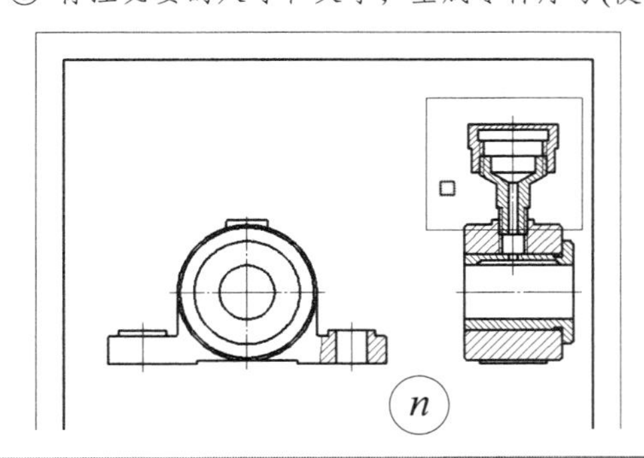

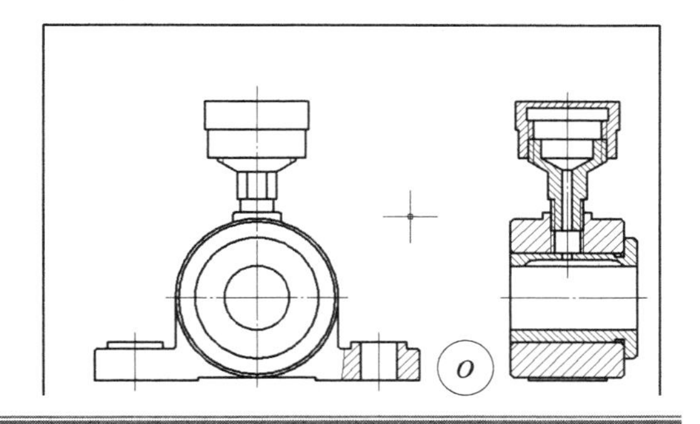

6.3.3 命令小结

本次任务涉及的 AutoCAD 命令如表 6.3.3 所示。

表 6.3.3 本次任务中的 AutoCAD 命令

类别	命令	命令名	除命令行输入的其他常用方式
绘图	圆环	DONUT，DO	菜单“绘图”→“圆环”
工具	设计中心	ADCENTER，ADC	菜单“工具”→“选项板”→“设计中心”，“标准”工具栏→▦，快捷键【Ctrl+2】
格式	多重引线样式	MLEADERSTYLE，MLS	菜单“格式”→“多重引线样式”，“样式”(“多重引线”)工具栏→[图标]
标注	多重引线	MLEADER，MLD	菜单“标注”→“多重引线”，“多重引线”工具栏→[图标]
	编辑引线	MLEADEREDIT，MLE	“多重引线”工具栏→[图标]、[图标]
	对齐引线	MLEADERALIGN，MLA	“多重引线”工具栏→[图标]

6.3.4 巩固提高

(1) 新建一个图形文件 all.dwg，通过设计中心，将练习过的图层、样式、块等内容集中添加在该文件中。

(2) 按 1:1 的比例，绘出图 6.3.11～图 6.3.14 所示的零件图。选择合适的图幅和格式，绘制图 6.3.15 所示的千斤顶装配图，并标注序号、填写标题栏和明细表。

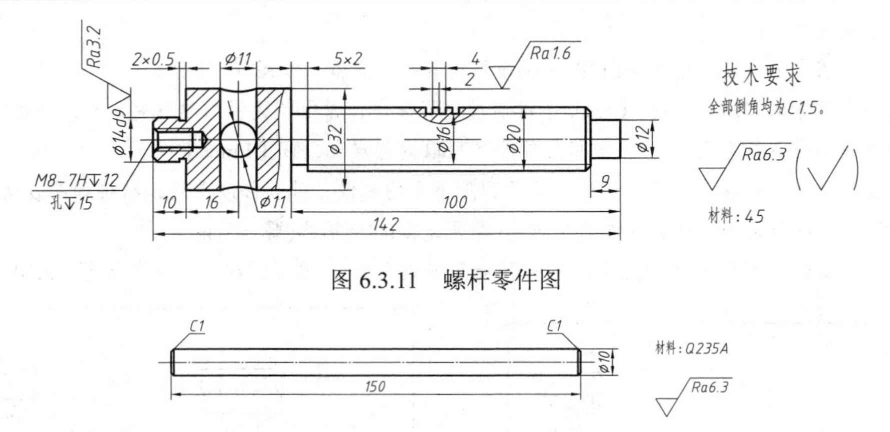

图 6.3.11　螺杆零件图

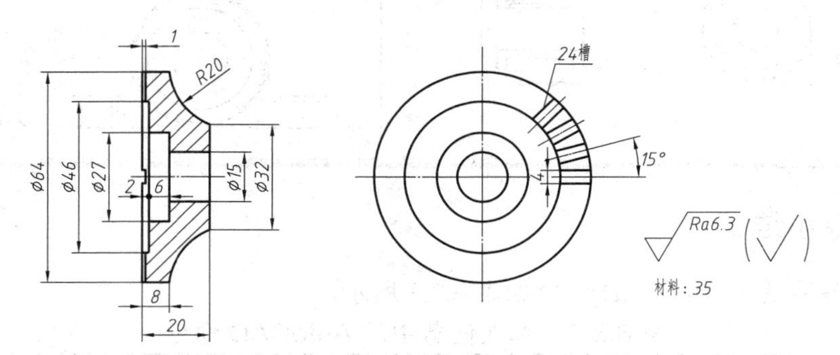

图 6.3.12　杠杆零件图

图 6.3.13　顶盖零件图

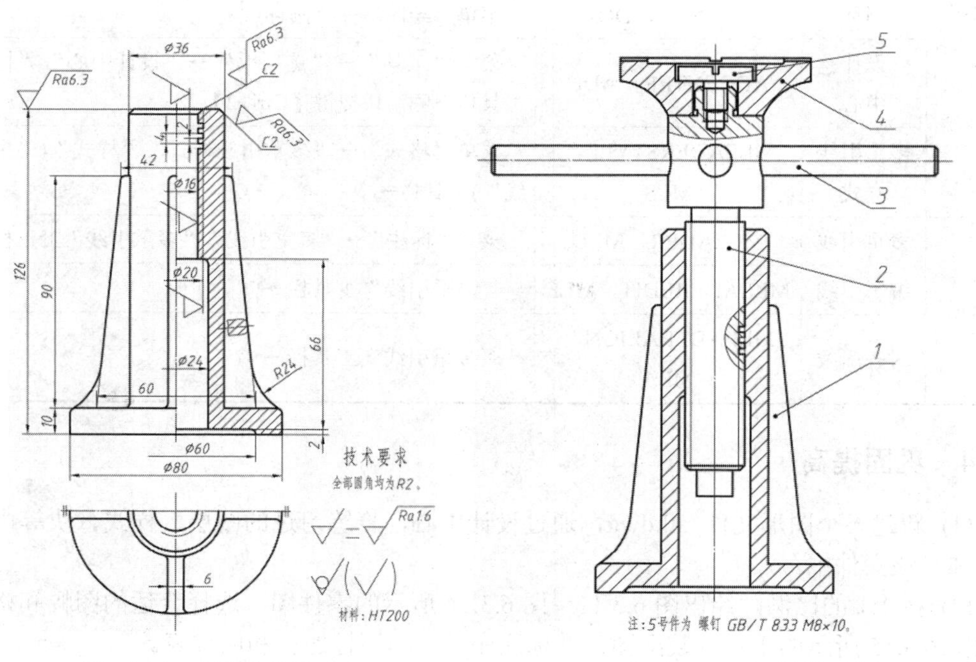

图 6.3.14　底座零件图

图 6.3.15　千斤顶装配图

项目 7　齿轮油泵测绘

齿轮油泵是依靠泵体内啮合齿轮间形成的工作腔的容积变化来输送液体或使之增压的装置。齿轮油泵的类型有很多，从齿轮啮合方式来分有外啮合式和内啮合式，从组成和功能来分有 *C*、*R*、*K* 型等。这里仅介绍使用 *C* 型齿轮油泵进行测绘，本项目主要完成“拆卸并绘制装配示意图”、“绘制零件草图”、“绘制装配图和零件图”及“撰写报告与答辩准备”四个任务。本项目的目标包括：

(1) 学会分析、拆卸齿轮油泵，并熟悉装配示意图的绘制方法。

(2) 掌握零件草图绘制与测量方法，熟悉尺寸圆整和协调，学会确定零件的技术条件。

(3) 掌握尺规绘制装配图的步骤与技巧，学会用 AutoCAD 拼绘装配图，同时掌握零件工作图的绘制方法。

(4) 熟悉测绘报告的撰写技巧以及答辩需要准备的内容，学会折叠图纸。

任务 7.1　拆卸并绘制装配示意图

C 型齿轮油泵是一种外啮合式的油泵，主要用于低压和对噪声要求不高的场合，它由左泵盖、泵体、右泵盖、传动齿轮轴、从动齿轮、密封零件及标准件等组成。需要说明的是，在进行本次任务之前应先熟知“项目 1”的内容。

7.1.1　工作任务

1. 任务内容

首先需要通过收集和查阅有关资料了解图 7.1.1 所示的 *C* 型齿轮油泵的用途、工作原理、结构特点及装配关系，然后正确拆卸部件了解装配关系，之后绘出装配示意图。

图 7.1.1　*C* 型齿轮油泵

2．任务分析

具体如表 7.1.1 所示。

表 7.1.1　任务准备与分析

任务准备	安排场所，*C* 型齿轮油泵、拆卸工具、绘图工具及用品(A3 方格纸、铅笔)等		
任务实施	学习情境	实施过程	结果形式
	了解、分析齿轮油泵	教师讲解 学生查阅资料	了解 *C* 型齿轮油泵的工作原理及装配关系
	拆卸并绘制装配示意图	教师讲解、示范 学生查阅资料、绘图	装配示意图
学习重点	拆卸并绘制装配示意图		
学习难点	绘制装配示意图		
任务总结	学生提出任务实施过程中存在的问题，解决并总结 教师根据任务实施过程中学生存在的共性问题，讲评并解决		
任务考核	根据学生在现场的操作表现及完成的装配示意图打分		

3．任务实施

参看表 7.1.1 完成任务，实施步骤如下。

7.1.2　任务实施

1．了解、分析齿轮油泵

C 型齿轮油泵是由左泵盖、泵体、右泵盖、传动齿轮轴、从动齿轮、密封零件及标准件等组成，如图 7.1.2 所示。

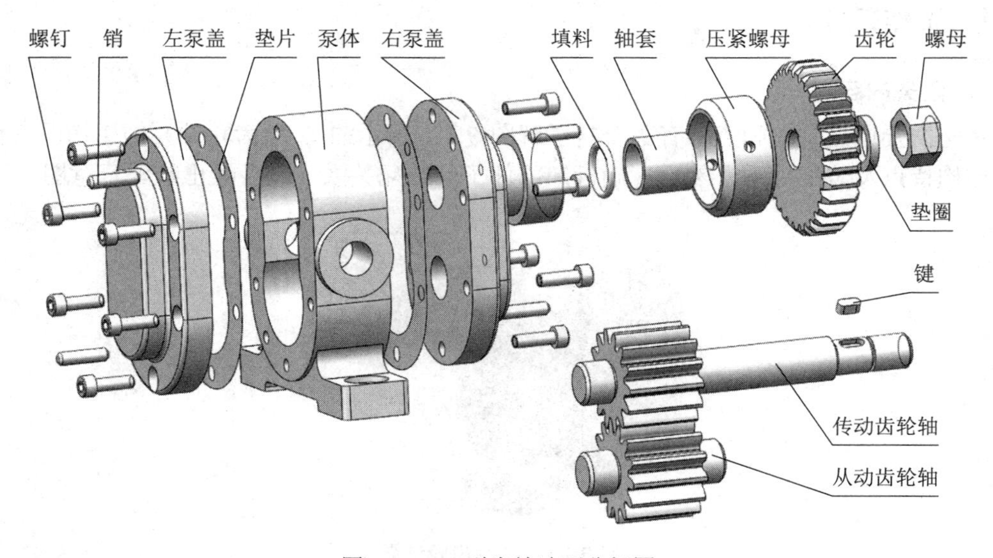

图 7.1.2　*C* 型齿轮油泵分解图

1) 工作原理

当传动齿轮转动时，通过键将扭矩传递给传动齿轮轴，使其转动。若传动齿轮轴(主动轮)沿顺时针转动时，如图 7.1.3 所示(拆下左泵盖、垫片)，则在泵体内的一对齿轮啮合后，从动齿轮作逆时针转动。此时，油泵右侧啮合的轮齿逐渐分开，使其空腔体积逐渐扩大，压力降低，形成负压，机油被吸入。随着齿轮的转动，齿槽中的油不断地被带到啮合区的左侧，而左侧的轮齿逐渐啮合，油泵的空腔体积逐渐变小，油压升高，并通过出油口压出到压力油管中。

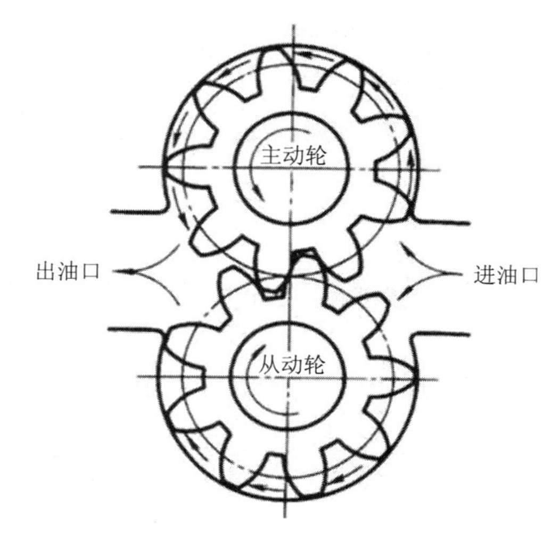

图 7.1.3　齿轮油泵的工作原理

如果传动齿轮轴(主动轮)的旋转方向改变，则进、出油口互换。

2) 结构和装配特点

(1) 连接与固定方式。泵体与泵盖通过销和螺钉定位连接，传动齿轮轴与从动齿轮轴通过两齿轮端面与左、右泵盖内侧面接触而定位，传动齿轮轴伸出端上的传动齿轮是由键与轴相连接并通过垫圈和螺母固定的。

(2) 配合关系。两齿轮轴在左、右泵盖的轴孔中有相对运动(轴颈在轴孔中旋转)，所以应选用间隙配合；一对啮合齿轮在泵体内快速旋转，两齿顶圆与泵体内腔也是间隙配合；轴套的外圆柱面与右泵盖轴孔虽然没有相对运动，但考虑到拆卸方便，选用间隙配合；传动齿轮的内孔与传动齿轮轴之间没有相对运动，右端有螺母轴向锁紧，所以应选用较松的过渡配合或较紧的间隙配合。

(3) 密封结构。传动齿轮轴的伸出端有填料，通过轴套压紧，并用压紧螺母压紧而密封；泵体与左、右泵盖连接时，垫片被压紧，也起密封作用。

总之，泵体是 *C* 型齿轮油泵的主要零件之一，它的内腔容纳一对啮合齿轮，两侧各有一个泵盖(左泵盖、右泵盖)，用以支撑一对齿轮的传动；用圆柱销将泵盖与泵体定位，用螺钉连接成整体；为了防止泵体与泵盖结合面及轴孔结合面漏油，分别用垫片、填料、轴套、压紧螺母进行密封；传动齿轮轴的右端键槽处装有一个传动齿轮，与传动齿轮轴用普通平键连接并将动力传入，垫圈和螺母用来对传动齿轮进行轴向定位。

2. 拆卸并绘制装配示意图

1) 拆卸部件

使用活动扳手、内六角扳手、木锤、起子、冲子等，将 *C* 型齿轮油泵拆解。拆卸时，要边拆卸边记录，如表 7.1.2 所示，并在拆卸的同时完成装配示意图。

表 7.1.2　齿轮油泵拆卸记录

拆卸步骤	拆卸内容	零件序号	遇到的问题	备　注
1	螺母	14		GB/T 6170 M12
2	垫圈	15		GB/T 93 12
3	传动齿轮	12		
4	键	13		GB/T 1096 5 × 15
5	压紧螺母	11		
6	轴套	10		
7	填料	9		
8	螺钉	2		GB/T 70.1 M6 × 12(12 件)
9	右泵盖	8		
10	垫片	7		
11	传动齿轮轴	5		
12	从动齿轮轴	4		
13	螺钉	2		
14	销	6		GB/T 119.1 5 × 18(4 件)
15	左泵盖	3		
15	垫片	7		
16	泵体	1		

2) 绘制装配示意图

绘制的装配示意图如图 7.1.4 所示。齿轮油泵有两条装配线：一条是传动齿轮轴装配线，传动齿轮轴装在泵体和左、右泵盖的支承孔内，在传动齿轮轴右边的伸出端装有填料、轴套、压紧螺母、传动齿轮、键、垫圈和螺母；另一条是从动齿轮轴装配线，从动齿轮轴装在泵体和左、右泵盖的支承孔内，与传动齿轮轴相啮合。

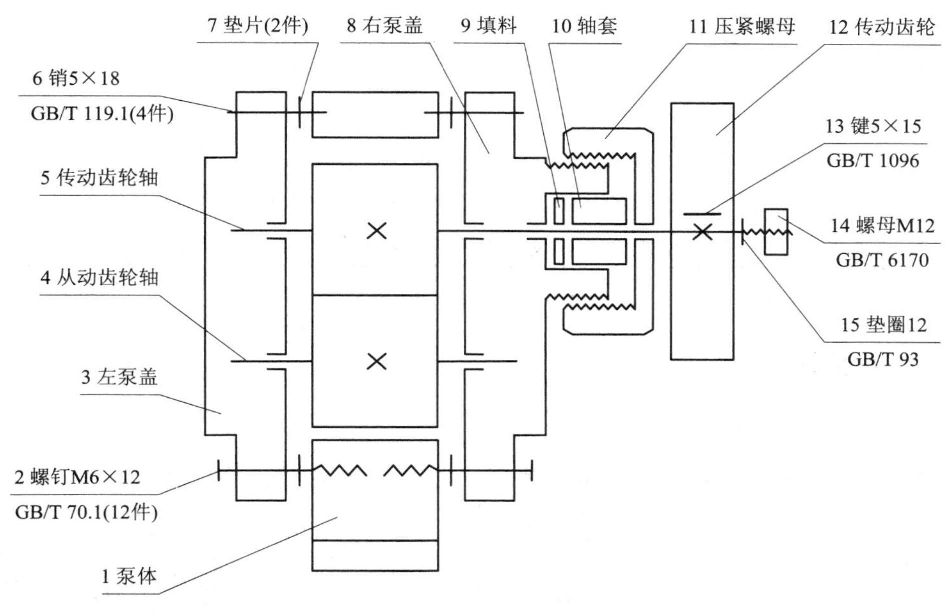

图 7.1.4　齿轮油泵装配示意图

任务 7.2　绘制零件草图

除了五种标准件外，*C* 型齿轮油泵中还有左泵盖、泵体、右泵盖、传动齿轮轴、从动齿轮等非标准零件，这些零件都要画出零件草图。需要说明的是，在进行本次任务之前应先熟知“项目 2”并参照“项目 4”完成本任务。

7.2.1　工作任务

1. 任务内容

绘制传动齿轮轴、左泵盖、右泵盖、泵体以及其他零件的零件草图。

2. 任务分析

具体如表 7.2.1 所示。

表 7.2.1　任务准备与分析

任务准备	安排场所，准备 *C* 型齿轮油泵、拆卸工具、测量工具、绘图工具及用品(A3 方格纸、铅笔)等		
任务实施	学习情境	实施过程	结果形式
	绘制传动齿轮轴草图	教师讲解、示范、辅导、答疑 学生徒手绘制草图、测量、查表、标注尺寸	零件草图
	绘制左泵盖草图		
	绘制右泵盖草图		
	绘制泵体草图		
	绘制其他零件草图		

续表

学习重点	绘制传动齿轮轴草图，绘制左泵盖草图，绘制右泵盖草图，绘制泵体草图
学习难点	绘制泵体草图
任务总结	学生提出任务实施过程中存在的问题，解决并总结 教师根据任务实施过程中学生存在的共性问题，讲评并解决
任务考核	根据学生在现场的操作表现及完成的零件草图的数量和质量打分

参看表 7.2.1 完成任务，实施步骤如下。

7.2.2　任务实施

1．绘制传动齿轮轴草图

传动齿轮轴是 C 型齿轮油泵中的主要零件之一，与从动齿轮轴相啮合，完成油的吸入和压出。传动齿轮轴属于轴套类零件，是钢件，其主体结构为同轴回转体。传动齿轮轴的左端与左泵盖的支承孔装配在一起，右端有键槽，通过键与传动齿轮联接，再由垫圈和螺母紧固；齿轮部分的两端有砂轮越程槽，螺纹端有退刀槽，如图 7.2.1 所示。

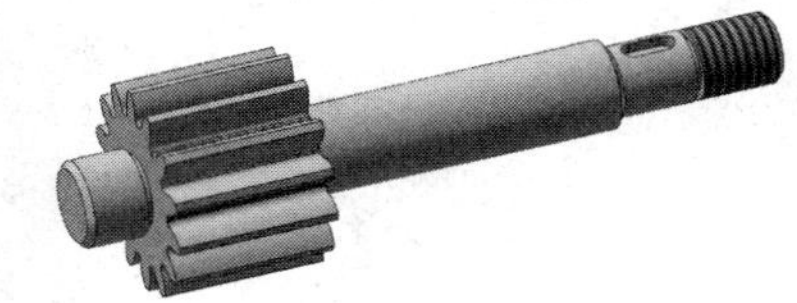

图 7.2.1　传动齿轮轴

1) 视图表达方案

(1) 主视图。按加工位置和形状特征原则，轴线水平放置(键槽置于前面)，垂直于轴线方向投射，采用主视图表达主体结构，齿轮轮齿部分用局部剖视图表示。

(2) 其他视图。采用移出断面图表达键槽结构，采用两个局部放大图分别表示齿轮两侧越程槽的形状和大小。其结果如图 7.2.2 所示。

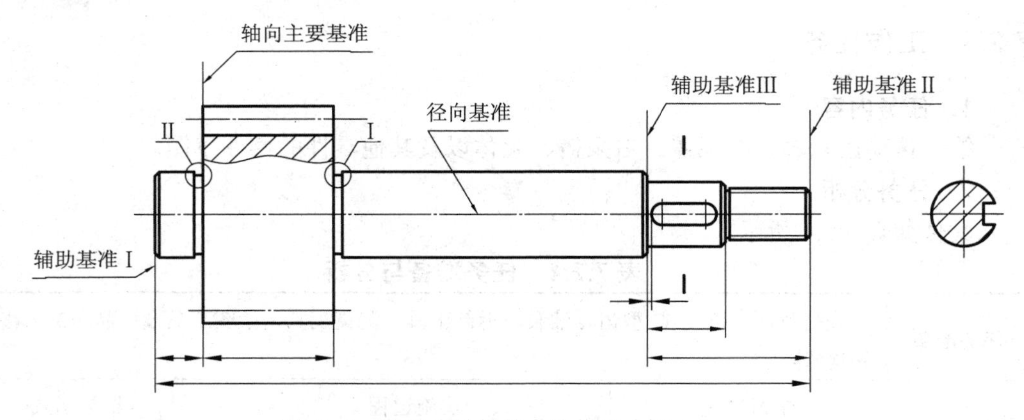

图 7.2.2　传动齿轮轴的表达与尺寸标注

2) 尺寸基准和重要尺寸标注

(1) 尺寸基准。

① 径向尺寸基准：传动齿轮轴的轴线。

② 轴向主要基准：齿轮的左端面(此端面是确定齿轮轴在油泵中轴向位置的重要端面)。

③ 轴向辅助基准 I：传动齿轮轴的左端面。

④ 轴向辅助基准Ⅱ：传动齿轮轴的右端面。

⑤ 轴向辅助基准Ⅲ：靠键槽左侧的轴肩端面。

(2) 重要尺寸(定位尺寸)。

① 径向：齿轮分度圆直径、齿顶圆直径以及键槽的宽度。

② 轴向：齿轮左端面(主要基准)到轴左端面(辅助基准Ⅰ)之间的尺寸；传动齿轮轴的左端面(辅助基准Ⅰ)到轴的右端面(辅助基准Ⅱ)之间的尺寸；轴的右端面(辅助基准Ⅱ)到键槽左侧的轴肩端面(辅助基准Ⅲ)之间的尺寸；齿轮的宽度尺寸，各轴段的直径尺寸；键槽所在轴段的长度，键槽长度及键槽与辅助基准Ⅲ的定位尺寸。

3) 测量

根据上述分析，参照“项目 2”对重要尺寸和其他尺寸进行标注并测量。

4) 完善草图

参照“项目 3”和“项目 4”的内容，对所测量的尺寸进行圆整并确定传动齿轮轴的技术要求，完善传动齿轮轴的草图，如图 7.2.3 所示。完善后的草图的主要结构的技术要求如下：

(1) 齿轮的宽度尺寸有公差要求：(公称尺寸)h7。

(2) 齿轮的齿顶圆直径有公差要求：(公称尺寸)f7。

(3) 齿轮两侧轴的直径有公差要求：(公称尺寸)f6。

(4) 带键槽的轴的直径有公差要求：(公称尺寸)k6。

(5) 齿轮两侧轴圆柱外表面的表面粗糙度 *Ra* 1.6 μm。

(6) 齿轮左、右端面对轴线有垂直度要求，且其表面粗糙度 *Ra* 3.2 μm。

(7) 齿轮轮齿的表面粗糙度 *Ra* 3.2 μm。

(8) 键槽两侧面的表面粗糙度 *Ra* 3.2 μm，键槽底面的表面粗糙度 *Ra* 6.3 μm。

(9) 齿轮两侧轴有同轴度要求。

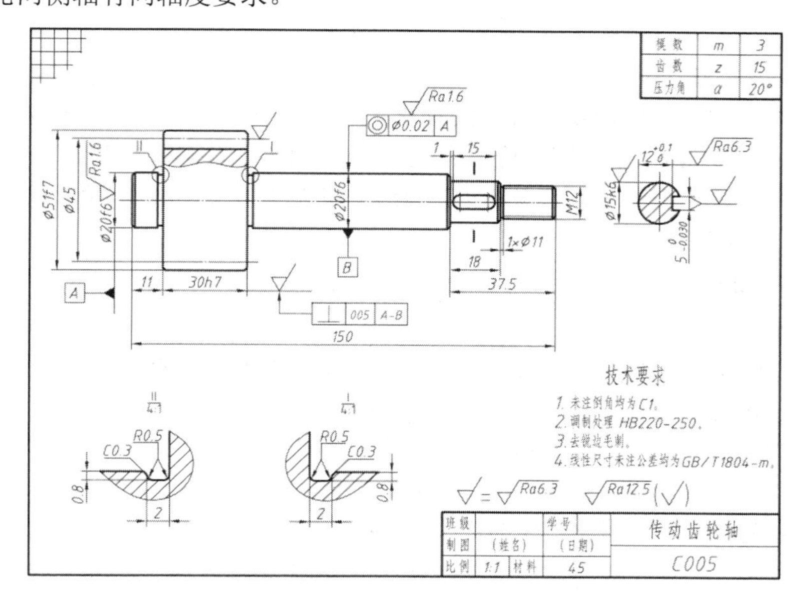

图 7.2.3　传动齿轮轴草图

需要说明的是，草图的标题栏可以使用更为简易的参考格式，如图 7.2.4 所示。

班级		学号		(图名)
制图	(姓名)	(日期)		
比例		材料		(图号)

12　3×8=24　12　12　24　36　60　120

图 7.2.4　简易标题栏的参考格式

2. 绘制左泵盖草图

左泵盖用于支撑传动齿轮轴和齿轮轴，并与泵体一起形成密闭容积腔；左泵盖属于盘盖类零件，是铸件。为了与泵体很好的连接，左泵盖的端面形状与泵体的端面形状相互吻合；在左泵盖上加工六个台阶孔用于螺钉连接，同时有两个销孔，以便与泵体安装时用销先定位；为了支承齿轮轴，在左泵盖上设计两个孔。图 7.2.5 所示为左泵盖。

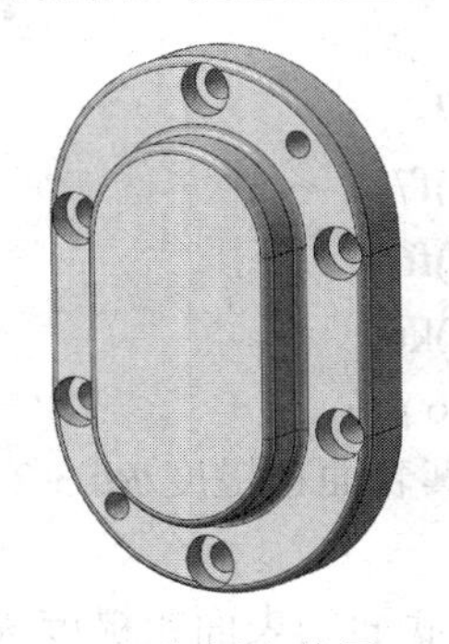

(a) 左侧立体图

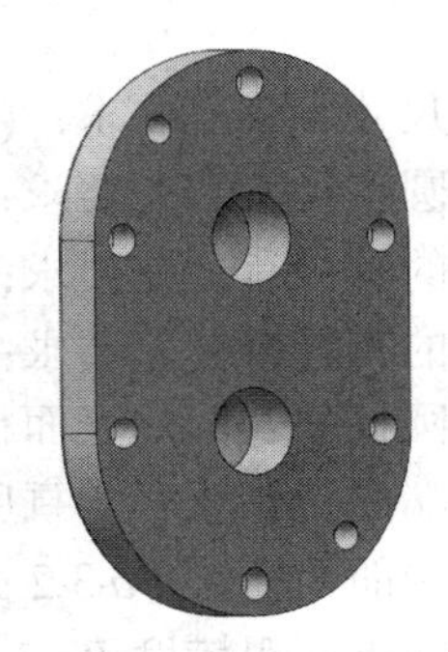

(b) 右侧立体图

图 7.2.5　左泵盖

1) 视图表达方案

(1) 主视图。按加工位置和形状特征原则，轴线水平放置，垂直于轴线方向投射。采用两个相交的剖切平面的剖切方法(旋转剖)得到全剖视图，以表达其内部结构。

(2) 左视图。采用视图表达左泵盖的左端面的形状特征、左端凸缘形状以及各个孔的大小及位置，如图 7.2.6 所示。

2) 尺寸基准和重要尺寸标注

(1) 尺寸基准。

① 长度方向尺寸基准：泵盖的右端面(右端面是与泵体相互接触的表面，为安装面)。

② 高度方向尺寸基准：上轴孔的轴线(与右泵盖一致)。

③ 宽度方向尺寸基准：泵盖的左、右对称平面。

(2) 重要尺寸(定位尺寸)。

① 长度方向：左、右端面之间的连接尺寸(厚度)。

② 高度方向：两轴孔之间的中心距尺寸(需与泵体上相关尺寸保持一致)。

③ 宽度方向：台阶孔定位尺寸、销孔的定位尺寸(需与泵体上相关尺寸保持一致)。

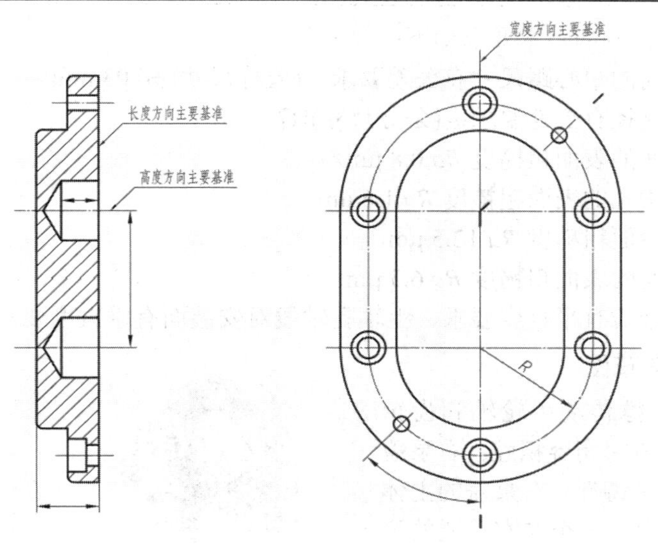

图 7.2.6　左泵盖的表达与尺寸标注

3) 测量

根据上述分析，参照“项目 2”对重要尺寸和其他尺寸进行标注并测量。

4) 完善草图

参照“项目 3”和“项目 4”的内容，对所测量的尺寸进行圆整并确定左泵盖的技术要求，完善左泵盖的草图，如图 7.2.7 所示。

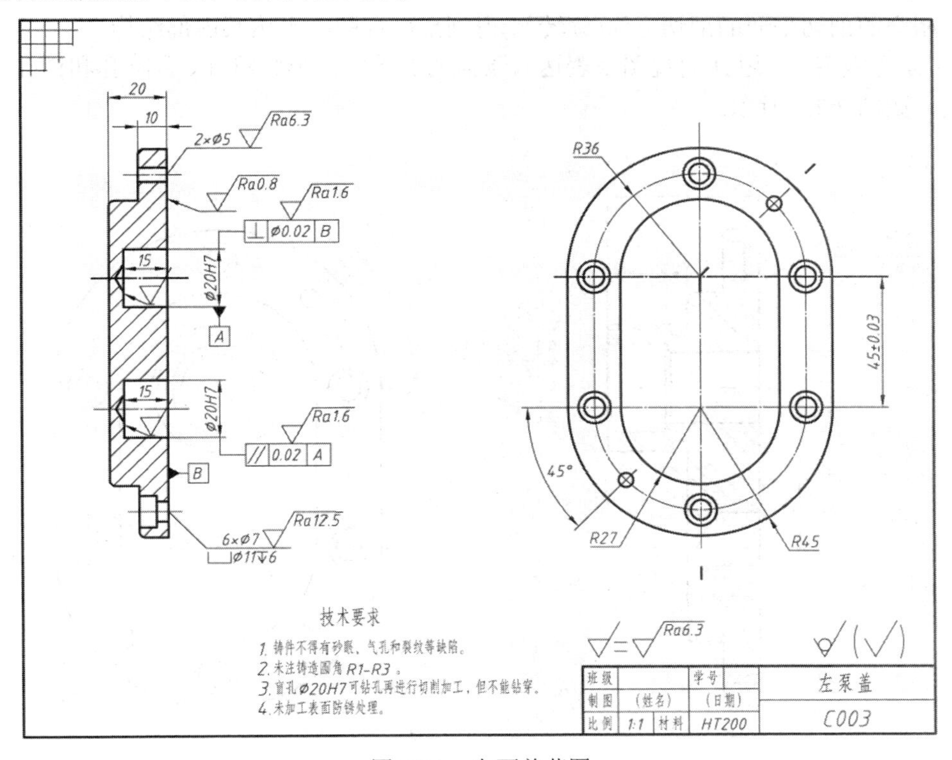

图 7.2.7　左泵盖草图

左泵盖的主要结构的技术要求如下：

(1) 两轴孔之间的中心距尺寸有公差要求：(公称尺寸)±0.03 mm。

(2) 两轴孔的直径有公差要求：(公称尺寸)H7。

(3) 泵盖右端面的表面粗糙度 *Ra* 0.8 μm。

(4) 两个支撑轴孔的表面粗糙度 *Ra* 1.6 μm。

(5) 台阶孔的表面粗糙度 *Ra* 12.5 μm。

(6) 销孔内表面的表面粗糙度 *Ra* 6.3 μm。

(7) 两轴孔的轴线有平行度要求，上轴孔轴线对安装面有垂直度要求。

3．绘制右泵盖草图

右泵盖用于支撑传动齿轮轴和齿轮轴，与泵体一起形成密闭容积腔；右泵盖属于盘盖类零件，是铸件。右泵盖的主体是长圆形结构，其上有一个左右贯通的阶梯状轴孔，下有一个不通的圆柱轴孔，右端面上有用于螺钉连接的六个台阶孔和两个销孔，右端圆柱面上刻有外螺纹，如图 7.2.8 所示。

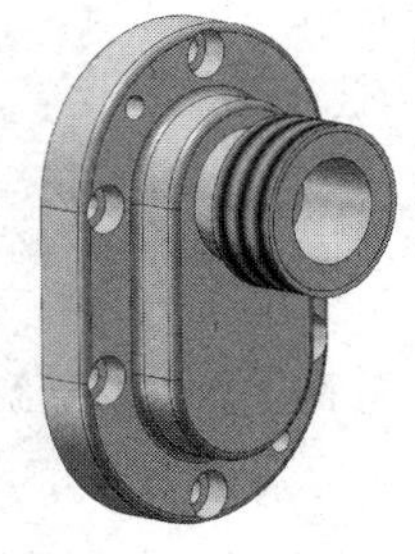

(a) 右侧立体图

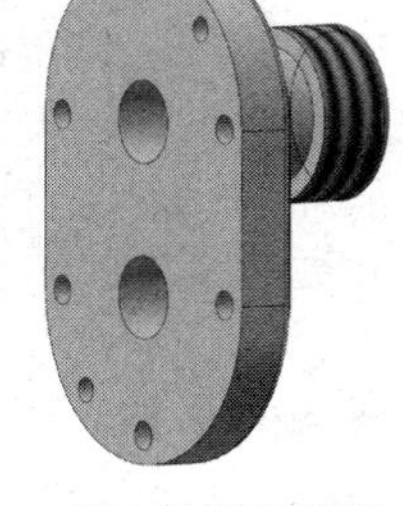

(b) 左侧立体图

图 7.2.8　右泵盖

1) 视图表达方案

(1) 主视图。按加工位置和形状特征原则，轴线水平放置，垂直于轴线方向投射。采用两个相交的剖切平面的剖切方法(旋转剖)得到全剖视图，表达其内部结构。

(2) *A* 向视图。采用 *A* 向视图来表达右泵盖的右端面的形状特征、台阶孔和销孔的大小及位置，如图 7.2.9 所示。

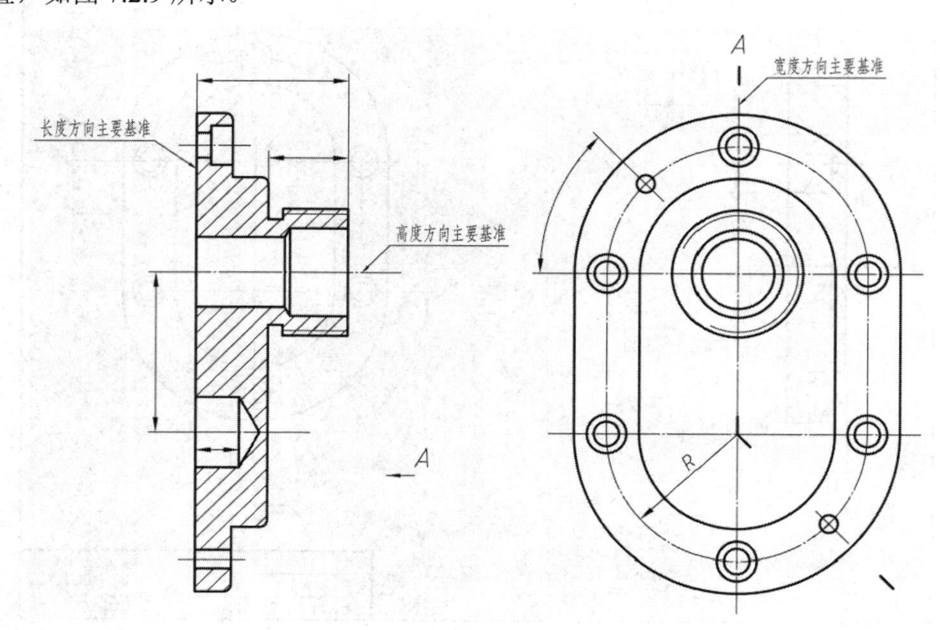

图 7.2.9　右泵盖的表达与尺寸标注

2) 尺寸基准和重要尺寸标注

(1) 尺寸基准。

① 长度方向尺寸基准：泵盖的左端面(左端面是与泵体相互接触的表面，为安装面)。

② 高度方向尺寸基准：上轴孔的轴线。

③ 宽度方向尺寸基准：泵盖的左、右对称平面。

(2) 重要尺寸(定位尺寸)。

① 长度方向：左、右端面之间的联络尺寸(厚度)，右伸出端螺纹长度。

② 高度方向：两轴孔之间的中心距尺寸(需与泵体上相关尺寸保持一致)。

③ 宽度方向：台阶孔定位尺寸、销孔的定位尺寸(需与泵体上相关尺寸保持一致)。

3) 测量

根据上述分析，参照“项目 2”对重要尺寸和其他尺寸进行标注并测量。

4) 完善草图

参照“项目 3”和“项目 4”的内容，对所测量的尺寸进行圆整并确定右泵盖的技术要求，完善右泵盖的草图，如图 7.2.10 所示。

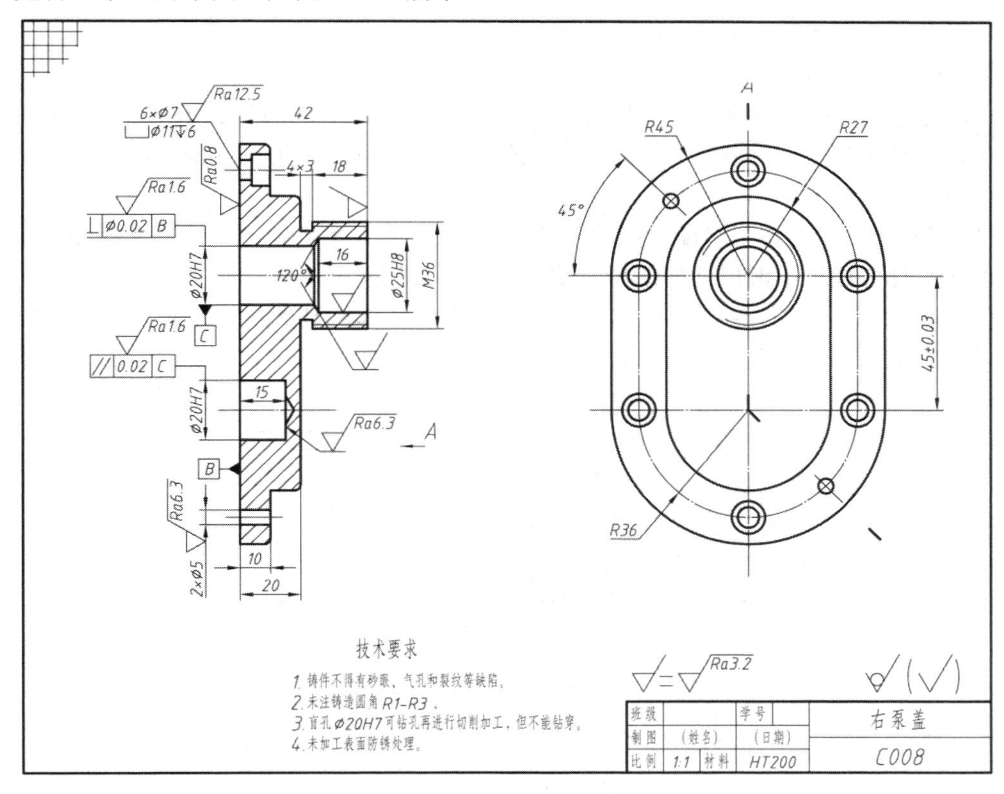

图 7.2.10　右泵盖草图

右泵盖主要结构的技术要求如下：

(1) 两轴孔之间的中心距尺寸有公差要求：(公称尺寸)±0.03 mm。

(2) 两轴孔的直径有公差要求：(公称尺寸)H7。

(3) 上轴孔 ϕ25 内孔面的直径有公差要求：(公称尺寸)H8。

(4) 泵盖左端面的表面粗糙度 *Ra* 0.8 μm。

(5) 两个支撑轴孔的表面粗糙度 *Ra* 1.6 μm。

(6) 上轴孔 ϕ25 内孔面及过渡斜面的表面粗糙度 *Ra* 3.2 μm。

(7) 台阶孔的表面粗糙度 *Ra* 12.5 μm。

(8) 销孔内表面的表面粗糙度 *Ra* 6.3 μm。

(9) 两轴孔的轴线有平行度要求，上轴孔轴线对安装面有垂直度要求。

4．绘制泵体草图

泵体用于容纳和支承主动齿轮轴和从动齿轮轴，与泵盖一起形成密闭容积腔；泵体属于箱(壳)体类零件，是铸件。为了使泵体与左右泵盖连接，在泵体的左右两侧分别加工六个螺纹孔，同时左右两侧各有两个销孔，以便在泵体与泵盖安装时可以用销先定位；为了使齿轮油泵在工作时与液压系统连接，在泵体的前后壁上各加工螺纹孔，即进出油孔；底板部分用来固定油泵；底座为长方形，其凹槽是为减少加工面；底座两边各有一个固定油泵用的安装孔，如图 7.2.11 所示。

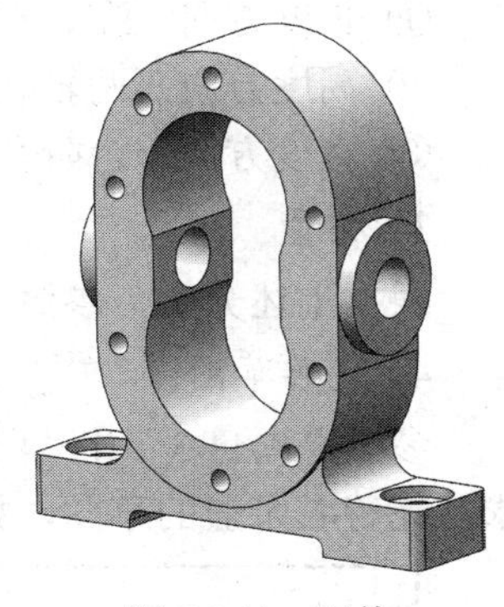

图 7.2.11　泵体

1) 视图表达方案

(1) 主视图。按工作位置和形状特征原则，底座平放，沿轴线方向投射。采用视图表达泵体的主体内外轮廓形状和螺纹孔、销孔的大小和位置；采用局部剖视图表达进出油口的结构以及安装孔的结构。

(2) 左视图。采用相交平面的剖切方法(旋转剖)得到全剖的左视图，用来补充表达泵体的宽度、泵体内腔进出油口处的结构、螺纹孔和销孔的内部结构。

(3) 局部向视图。以仰视图的投影方向得到泵体底部的视图，用来补充表达安装孔的结构以及凹槽的外部形状，如图 7.2.12 所示。

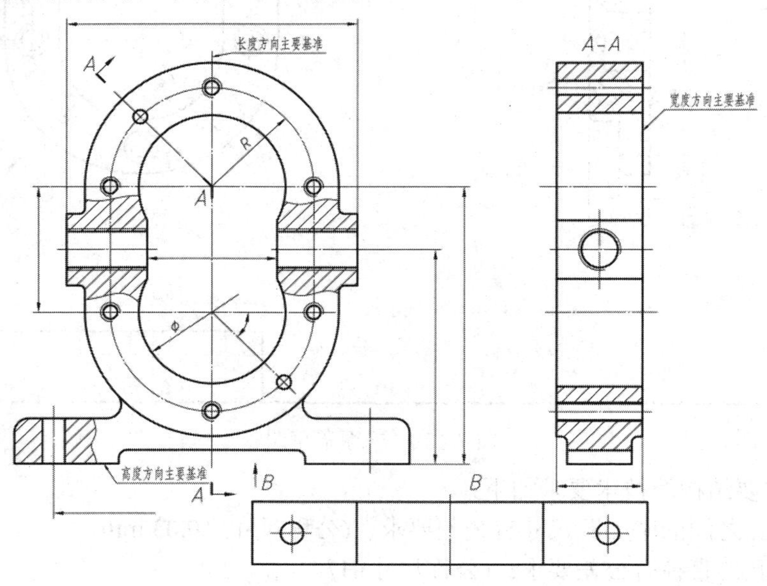

图 7.2.12　泵体的表达与尺寸标注

2) 尺寸基准和重要尺寸标注

(1) 尺寸基准。

① 长度方向尺寸基准：泵体的左右对称面。

② 高度方向尺寸基准：泵体底座的底面。

③ 宽度方向尺寸基准：泵体的前端面或后端面。

(2) 重要尺寸(定位尺寸)。

① 长度方向：底座两个安装孔的中心距尺寸；泵体端面上螺纹孔和销孔中心的定位尺寸；进、出油口的内侧面间距尺寸。

② 高度方向：底座底面到传动齿轮轴轴线的高度尺寸；底座底面到进、出油口轴线的高度尺寸；传动齿轮轴与从动齿轮轴之间的中心距尺寸。

③ 宽度方向：进、出油口轴线的定位尺寸。

3) 测量

根据上述分析，参照“项目 2”对重要尺寸和其他尺寸进行标注并测量。

4) 完善草图

参照“项目 3”和“项目 4”的内容，对所测量的尺寸进行圆整并确定泵体的技术要求，完善泵体的草图，如图 7.2.13 所示。泵体材料一般选用中等强度的灰铸铁 HT200，其毛坯应经时效处理。

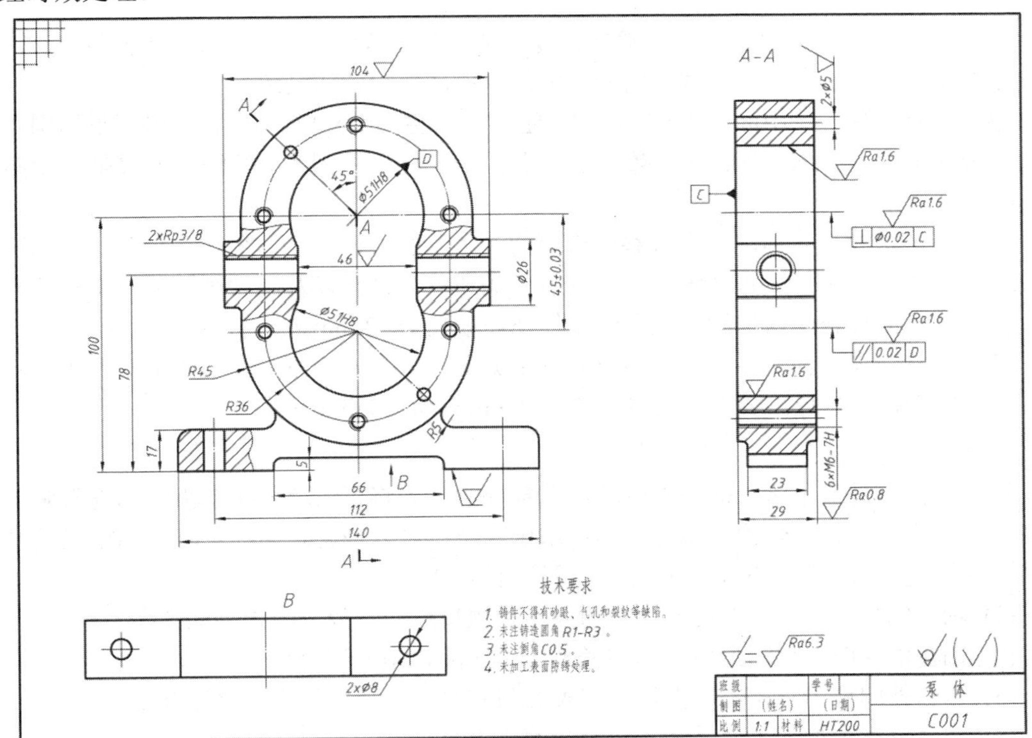

图 7.2.13　泵体草图

泵体主要结构的技术要求如下：

(1) 传动齿轮轴与从动齿轮轴之间的中心距尺寸有公差要求：(公称尺寸)±0.03 mm。

(2) 泵体上、下圆形结构的内表面直径有公差要求：(公称尺寸)H8。

(3) 泵体左、右端面的表面粗糙度 *Ra* 0.8 μm。

(4) 泵体内腔圆形表面的表面粗糙度 *Ra* 1.6 μm。

(5) 其余加工表面的表面粗糙度 *Ra* 6.3 μm。

另外，为了保证两齿轮正确啮合，泵座上两齿轮孔轴线相对轴安装孔轴线应有同轴度要求，且它们均与结合面有垂直度要求，结合面对安装面应有垂直度要求。需要说明的是，虽然这几个孔的圆度、圆柱度也直接影响齿轮的旋转精度，但该齿轮泵属于一般齿轮泵，其要求包含在国家标准的未注形位公差值内，所以在泵体零件图中不需要专门提出。

5．绘制其他零件草图

除上述零件外，还有从动齿轮轴、垫片、轴套、压紧螺母以及传动齿轮等，这里仅作简单分析，相应的零件草图如图 7.2.14 所示。

1) 从动齿轮轴

从动齿轮轴与传动齿轮轴相啮合传动，齿间输送油液。该零件的齿轮与轴被制成一体，有轮齿(直齿)、倒角、砂轮越程槽等工艺结构。

从动齿轮轴属于轴套类零件，其视图表达、尺寸以及技术要求可参照前面的传动齿轮轴草图。

2) 垫片

垫片是 C 型齿轮油泵中的一个零件。装配时，在泵体与左、右泵盖之间各装一片，用来调整两个齿轮的端面与泵盖端面间的间隙，以保证齿轮转动灵活。

垫片上有三种孔：中间为“8”字形的通孔(用来穿插一对啮合齿轮)，腰圆形周围有六个规律分布的螺孔(用来穿插六个螺钉)以及对角 45° 处的两个圆柱销孔(用来穿插两个圆柱销)。

垫片的形状和尺寸标注完全可参照前面的泵体草图，但要注意垫片、泵盖、泵体这几者的尺寸协调。除了外形尺寸统一外，连接用的通孔、螺孔以及圆柱销孔的定位尺寸应一致，同时垫片三种孔的内径均比相配的零件外径略大 1～2 mm。

考虑到从动齿轮轴与传动齿轮轴中的齿轮宽度为 30 mm，而泵体主体宽度为 29 mm，故泵体两端面的垫片厚度 δ 在装配时可选用 0.5 mm 或 0.8 mm。

3) 轴套

轴套的作用是为了防止油液沿传动齿轮轴外渗，先将填料填入传动齿轮轴与右泵盖轴孔之间的空隙，再将轴套顶住填料，然后用压紧螺母压紧轴套。因此，轴套的松紧关系到油液是否沿传动齿轮轴外渗的密封性。需要说明的是：

(1) 轴套的内孔左端应有内倒角，用来压紧填料挤向轴径，防止渗漏。

(2) 轴套内径应比传动齿轮轴的轴径大 1～2 mm，是非配合面。

(3) 轴套外圆柱为阶梯圆柱面，左端表面与右泵盖轴孔之间为间隙配合。

(4) 轴套全部为加工表面，其表面粗糙度均为 *Ra* 12.5 μm。

4) 压紧螺母

压紧螺母用来压紧轴套，外圆柱上有四个均匀分布的通孔用于旋转，内孔左端刻有螺纹并与右泵盖伸出端的外螺纹构成一对螺纹副，螺纹孔右端有退刀槽，退刀槽右端面与轴套右侧外端面相接触。压紧螺母最右侧的内孔直径比传动齿轮轴的轴径大 1～2 mm，是非配合面。压紧螺母全部为加工表面，其表面粗糙度均为 *Ra* 12.5 μm。

5) 传动齿轮

传动齿轮用来输入动力，与平键、传动齿轮轴联结在一起来传递扭矩。传动齿轮的视图表达、尺寸以及技术要求可参照前面的传动齿轮轴草图以及“项目 4”中的齿轮零件图(图 4.5.1)。

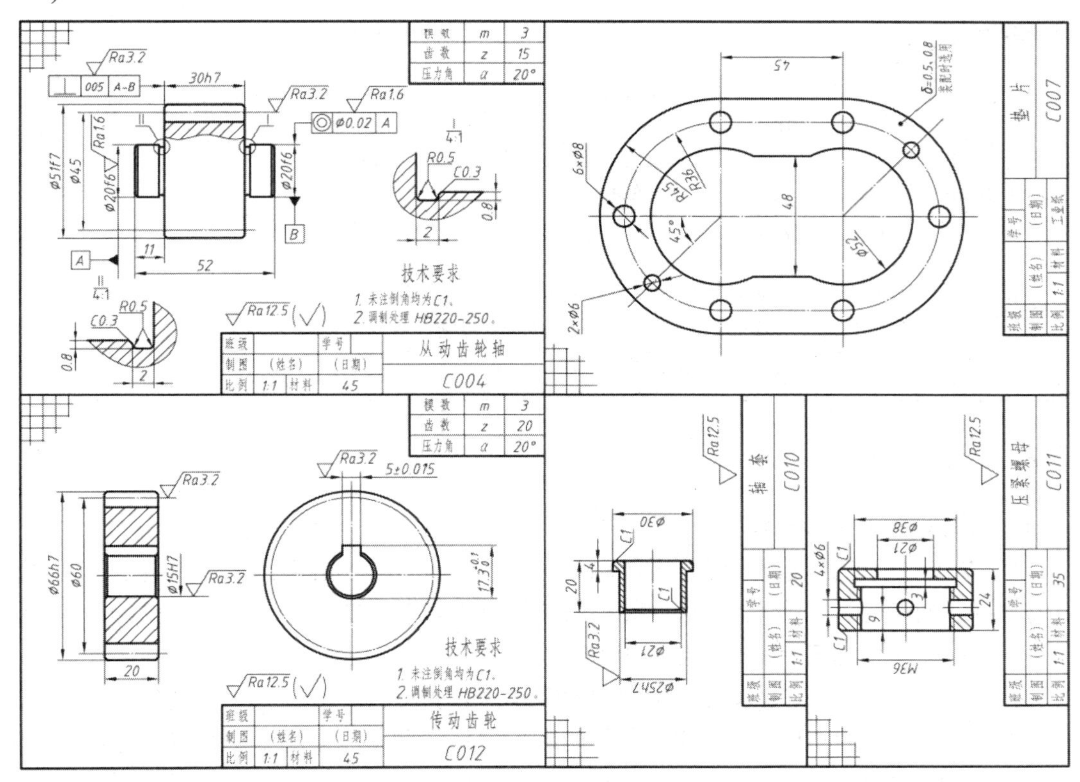

图 7.2.14　其他零件草图

任务 7.3　绘制装配图和零件图

零部件完成测绘后，需要根据零件草图完成装配图。装配图完成后，还要根据零部件间的装配、联结关系等，对测绘的零件草图进行修订，最后完成所有的零件工作图。

7.3.1　工作任务

1. 任务内容

绘制装配图并完成所有零件的零件图。

2. 任务分析

具体如表 7.3.1 所示。

参看表 7.3.1 完成任务，实施步骤如下。

表 7.3.1　任务准备与分析

<table>
<tr><td>任务准备</td><td colspan="3">安排场所，准备零件草图、绘图工具及用品(A2 图纸、A3 图纸、铅笔)、相关资料等</td></tr>
<tr><td rowspan="4">任务实施</td><td>学习情境</td><td>实施过程</td><td>结果形式</td></tr>
<tr><td>绘制齿轮油泵装配图</td><td rowspan="2">教师讲解、示范、辅导、答疑
学生绘制齿轮油泵装配图</td><td rowspan="2">齿轮油泵装配图</td></tr>
<tr><td>用 AutoCAD 拼绘齿轮油泵装配图</td></tr>
<tr><td>绘制零件工作图</td><td>教师讲解、示范、辅导、答疑
学生绘制零件图</td><td>齿轮油泵所有的零件工作图</td></tr>
<tr><td>学习重点</td><td colspan="3">绘制齿轮油泵装配图，用 AutoCAD 拼绘齿轮油泵装配图</td></tr>
<tr><td>学习难点</td><td colspan="3">绘制齿轮油泵装配图</td></tr>
<tr><td>任务总结</td><td colspan="3">学生提出任务实施过程中存在的问题，解决并总结
教师根据任务实施过程中学生存在的共性问题，讲评并解决</td></tr>
<tr><td>任务考核</td><td colspan="3">根据学生绘制过程中的表现及完成的装配图以及零件图的质量打分</td></tr>
</table>

7.3.2　任务实施

1．绘制齿轮油泵装配图

零件草图完成后，根据装配示意图和零件草图用尺规绘制装配图。在画装配图的过程中，对草图中存在的零件形状和尺寸的不妥之处应作必要的修改。

1) 齿轮油泵装配图的表达方案的确定

齿轮油泵选择工作位置放置，主视图选用轴向作为投射方向，因为该投射方向能够较多地反映出齿轮油泵的形状特征和各零件的装配关系。主视图采用全剖视图表达出齿轮油泵内部各零件之间的相对位置、装配关系以及联接情况。因为前后对称，左视图选用半剖视图实现内部结构和外形的共同表达。从泵体与泵盖的结合面进行剖切，未剖开部分可表达主要零件(泵盖和泵体)的外形轮廓和紧固件的分布情况，剖开部分则表达出两齿轮的啮合情况。此外，在左视图的剖开部分再做局部剖视以表达进油口的内部结构，根据对称关系也可以清楚地知道出油口的内部结构。

2) 确定图纸幅面和绘图比例

图纸幅面和绘图比例应根据装配体的复杂程度和实际大小来选用，应能清楚地表达出主要装配关系和主要零件的结构。选用图幅时，还应注意在视图之间留有足够的空隙，以便标注尺寸、编写零件序号、注写明细栏、技术要求等。

根据上述分析，本任务中的装配图图纸幅面选为 A2，比例为 1:1。

3) 绘制装配图的步骤

(1) 布图。在 A2 图幅上通过绘制各个视图的轴线、中心线、基准位置线来布图，并将明细栏和标题栏的位置定好，如图 7.3.1(a)所示。

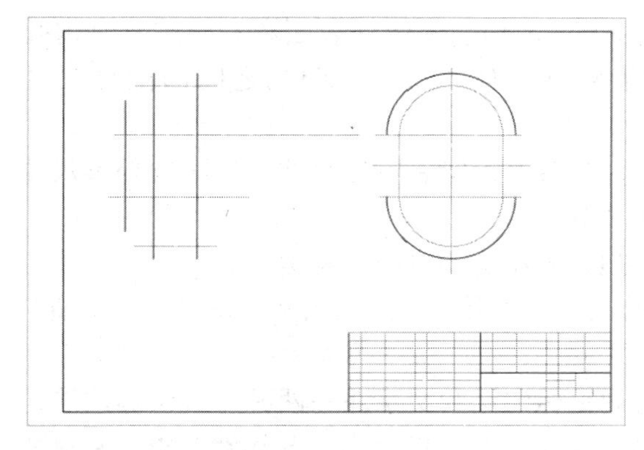

(a) 画框线、标题栏(含明细表)中心线和基准线

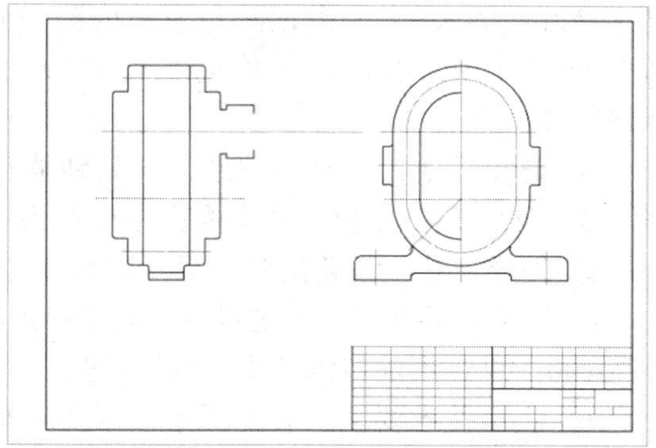

(b) 画主要零件轮廓

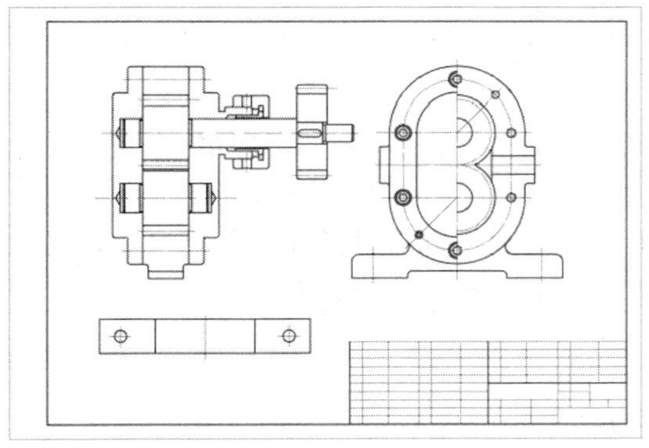

(c) 完善各零件轮廓

(d) 标注尺寸及其他

图 7.3.1　齿轮油泵装配图的绘制步骤

(2) 画主要零件的轮廓。根据齿轮油泵实物，按照先画主要零件或较大零件的步骤画出泵体各视图的轮廓线。绘图一般先从主视图开始，几个视图结合起来画，如图 7.3.1(b)所示。

(3) 画其他零件。按照各零件的大小、相对位置和装配关系依次按定位和遮挡关系将各零件表达出来。在剖视图中，由于内部零件遮挡了外部零件，在不影响零件定位的条件下，一般由内向外逐个画出，即先画传动齿轮轴，再画从动齿轮轴、泵体、泵盖、垫片、填料、轴套、压紧螺母、键、传动齿轮等；或者从泵体开始由外向内逐个画出传动齿轮轴、从动齿轮轴等，完成装配图的底稿，如图 7.3.1(c)所示。

(4) 检查、填充。完成联接件等局部结构的绘制并检查修正，擦出多余的作图线，画剖面线。

(5) 尺寸标注。打好尺寸界线、尺寸线和箭头，标注以下尺寸，如图 7.3.1(d)所示。

① 性能尺寸。齿轮油泵的性能、规格大小尺寸，如两轴线中心距 45±0.05，进、出油口螺孔尺寸 Rp3/8。

② 装配尺寸。表明配合性质的尺寸，如两个齿轮轴分别与左泵盖、右泵盖孔的配合尺寸 ϕ20H7/f6、齿轮齿顶圆与泵体内腔 ϕ51H8/f7、轴套左侧外表面和右泵盖右侧内孔的配合尺寸 ϕ20H7/h7、传动齿轮与传动齿轮轴右侧轴段(有键槽)之间的配合尺寸 ϕ15H7/k6 等。

③ 安装尺寸。将机器和部件安装到基座、机器上的安装定位尺寸。如底板外形尺寸 140、23 及高 17，底板上两个螺孔中心距为 112 等。

④ 外形尺寸。齿轮油泵外形轮廓尺寸，总长 160、总高 145、总宽 140。

⑤ 其他重要尺寸。经过设计、计算得到的尺寸或主要零件结构尺寸。如传动齿轮轴中心高 100，进、出油口螺孔中心高 78 等。

(6) 注写技术要求。装配图中技术要求有规定标注法和文字注写两种。规定标注法是指零件装配后应满足的配合技术要求；文字注写是指在装配图空白处就润滑要求、密封要求、检验试验等提出的操作规范及要求，如下面的技术要求。

① 齿轮安装后，用手转动齿轮时，应转动灵活。

② 用垫片调整齿轮端面与泵盖的间隙，使其在 0.10 ± 0.15 范围内。

③ 不得有渗油现象。

(7) 完成装配图。加深图线、编写零件序号、填写标题栏和明细栏，完成 *C* 型齿轮油泵装配图，最后结果可参照图 7.3.2 所示。

特别注意，装配图中各零件的剖面线，是看图时区分不同零件的重要依据之一，必须按有关规定绘制。剖面线的间隔可按零件的大小来决定，不宜太稀或太密。

2. 用 AutoCAD 拼绘齿轮油泵装配图

利用 AutoCAD 绘制装配图，一般采用如下方法。

(1) 图块插入法。先绘制零件图，然后再将零件图所需视图创建成图块。绘制装配图时，将所需图块插入，分解图块，编辑修改完成装配图。

(2) 设计中心调用法。通过“设计中心”插入零件图，分解图块，编辑修改完成装配图。

(3) 剪切板交换数据法。利用 AutoCAD 的“复制”(【Ctrl+C】)操作，将零件图中所需的视图复制到剪贴板上，然后再使用“粘贴”(【Ctrl+V】)操作，将图形粘贴到装配图中，编辑修改完成装配图。

参照“项目 6”的内容，用 AutoCAD 绘制齿轮油泵的装配图，这里不再赘述。

3. 绘制零件工作图

在零件草图和装配图整理之后，将用尺规或计算机绘制出来的零件图称为零件工作图。绘制零件工作图不是简单地抄画零件草图，因为零件工作图是制造零件的依据，它要求比零件草图更加准确、完善，所以针对零件草图中视图表达、尺寸标注和技术要求注写存在不合理、不完整的地方，在绘制零件工作图时要调整和修改。

在绘制零件工作图中，要注意配合尺寸、关联尺寸及其他重要尺寸应保持一致，要反复认真检查校核，直至无误后齿轮油泵测绘画图工作才告结束。

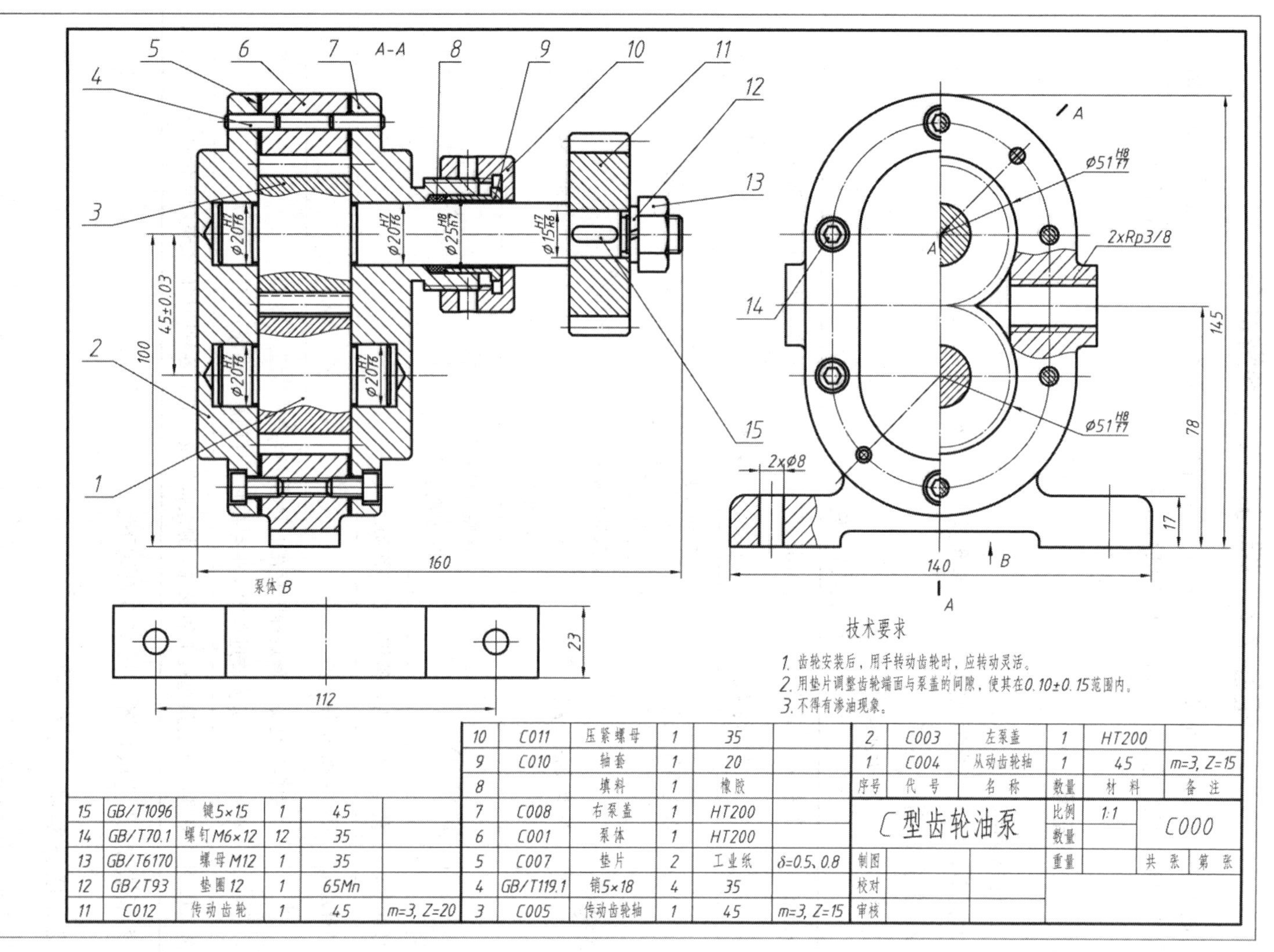

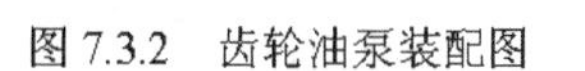
图 7.3.2　齿轮油泵装配图

任务 7.4　撰写报告与答辩准备

测绘工作完成后，应着手准备答辩工作。在这个任务中，要对已经绘制的全部图纸、填写的表格、测绘笔记、计算数据等进行整理，并在此基础上撰写测绘报告，做好答辩准备。

7.4.1　工作任务

1．任务内容

本任务内容包括撰写测绘报告、整理文档、做好答辩准备。

2．任务分析

具体如表 7.4.1 所示。

表 7.4.1　任务准备与分析

<table>
<tr><td>任务准备</td><td colspan="3">安排场所，准备完成的全部图纸、填写的表格、测绘笔记、计算数据等</td></tr>
<tr><td rowspan="4">任务实施</td><td>学习情境</td><td>实施过程</td><td>结果形式</td></tr>
<tr><td>撰写测绘报告</td><td>教师讲解、辅导、答疑
学生撰写测绘报告</td><td>测绘报告</td></tr>
<tr><td>答辩准备与答辩</td><td>教师讲解、辅导、答疑并组织答辩
学生做好答辩准备</td><td>答辩记录</td></tr>
<tr><td>图纸折叠</td><td>教师讲解、示范、辅导、答疑
学生整理文档</td><td>材料装袋</td></tr>
<tr><td>学习重点</td><td colspan="3">撰写测绘报告，答辩准备与答辩</td></tr>
<tr><td>学习难点</td><td colspan="3">撰写测绘报告</td></tr>
<tr><td>任务总结</td><td colspan="3">学生提出任务实施过程中存在的问题，解决并总结
教师根据任务实施过程中学生存在的共性问题，讲评并解决</td></tr>
<tr><td>任务考核</td><td colspan="3">根据学生答辩过程中的表现、测绘报告及完成的各种图档的数量和质量打分</td></tr>
</table>

参看表 7.4.1 完成任务，实施步骤如下。

7.4.2　任务实施

1．撰写测绘报告

测绘报告是以书面形式对部件测绘实训后的一次总结汇报。测绘报告应统一格式，按部件测绘内容及顺序表述，要求文字简明通顺、论述清楚、书写整齐。测绘报告包括的主要内容如下：

(1) 说明部件的作用及工作原理。

(2) 分析部件装配图表达方案的选择理由，并说明各视图的表达意义。

(3) 说明部件各零件的装配关系以及各种配合尺寸的表达含义、主要零件结构形状的分析、零件之间的相对位置以及安装定位的形式。

(4) 说明装配图技术要求的类型以及表达含义。

(5) 装配图尺寸的种类，以及这些尺寸如何确定和标注。

(6) 说明装配图的画图步骤。

(7) 测绘实训的体会与总结。

2. 答辩准备与答辩

答辩是测绘实训的最后一个环节，其目的是检查学生参与测绘实训后的效果，以及在测绘实训学习中了解和掌握的程度。通过答辩让学生展示自己的测绘作品，并且全面分析检查测绘作业的优缺点，总结在测绘实训中所获得的体会和经验，进一步巩固和提高在机械制图课程中学习和培养起来的解决工程实际问题的能力。同时，答辩也是评定学生成绩的重要依据。

1) 答辩前的准备

答辩前应对测绘实训学习过程作一次回顾与总结，结合测绘作业复习总结部件的作用与工作原理，零、部件测绘方法与步骤，视图表达方案的选择与画图步骤，零、部件技术要求和尺寸的选择，测量工具及其使用方法等，并写好测绘报告书。同时对下列答辩参考题做好准备：

(1) 述说齿轮油泵的作用与工作原理。

(2) 说明齿轮油泵的拆卸顺序。

(3) 齿轮油泵装配图采用了哪些表达方法，说明各视图的表达意义。

(4) 泵盖与泵座是靠什么联接和定位的？并说出该联接件和定位件的标准尺寸。

(5) 说明齿轮油泵中是什么类型的齿轮，齿数、模数是多少，两齿轮中心距是多少。

(6) 轴与齿轮的配合尺寸有哪些，并说明配合意义。

(7) 两齿轮齿顶圆与泵体的配合尺寸是多少，并说明配合意义。

(8) 主动轴上有几个零件与其装配在一起，并说出装配联接关系。

(9) 说明齿轮油泵的总体尺寸、安装尺寸和工作性能尺寸。

2) 展示测绘作业

学生要向答辩教师展示在测绘中绘出的全部图纸，并将各种报告、计算书等交给教师。

3) 阐述规定问题

答辩一般都有必须回答的问题，除了上述答辩参考题外，一般还应重点回答自己印象最深的或是最得意的内容。

在阐述规定问题时，一般都有时间限制，超过时间可强行终止。因此，用简练的语言表达自己的思想也是答辩准备中的一项重要内容。

4) 抽签答题

在答辩时，还可采用现场抽题的形式或根据情况由教师随机提出问题，要求学生根据题目回答问题，这类题目一般以 2～3 个为宜。

3．图纸折叠

答辩结束后，学生要将自己的图纸按 GB/T 10608.3—2009《技术制图 复制图的折叠方法》中的有关规定进行折叠后，连同测绘报告一起装入资料袋，填好资料袋封面交给指导教师。折叠后的图纸一般取 A4 或 A3 幅面的规格。图纸有需装订成册的，也有不需成册的。需装订成册的又分为有装订边和无装订边的两种，它们各自的折叠方法可根据需要从中选取。

1) 需装订成册的图纸

需装订成册的有装订边的图纸，先沿标题栏的短边方向折叠，再沿标题栏的长边方向折叠，并在图纸的左上角折出三角形的藏边，最后折叠成 A4 或 A3 的规格，使标题栏露在外面，如图 7.4.1 和图 7.4.2 所示。

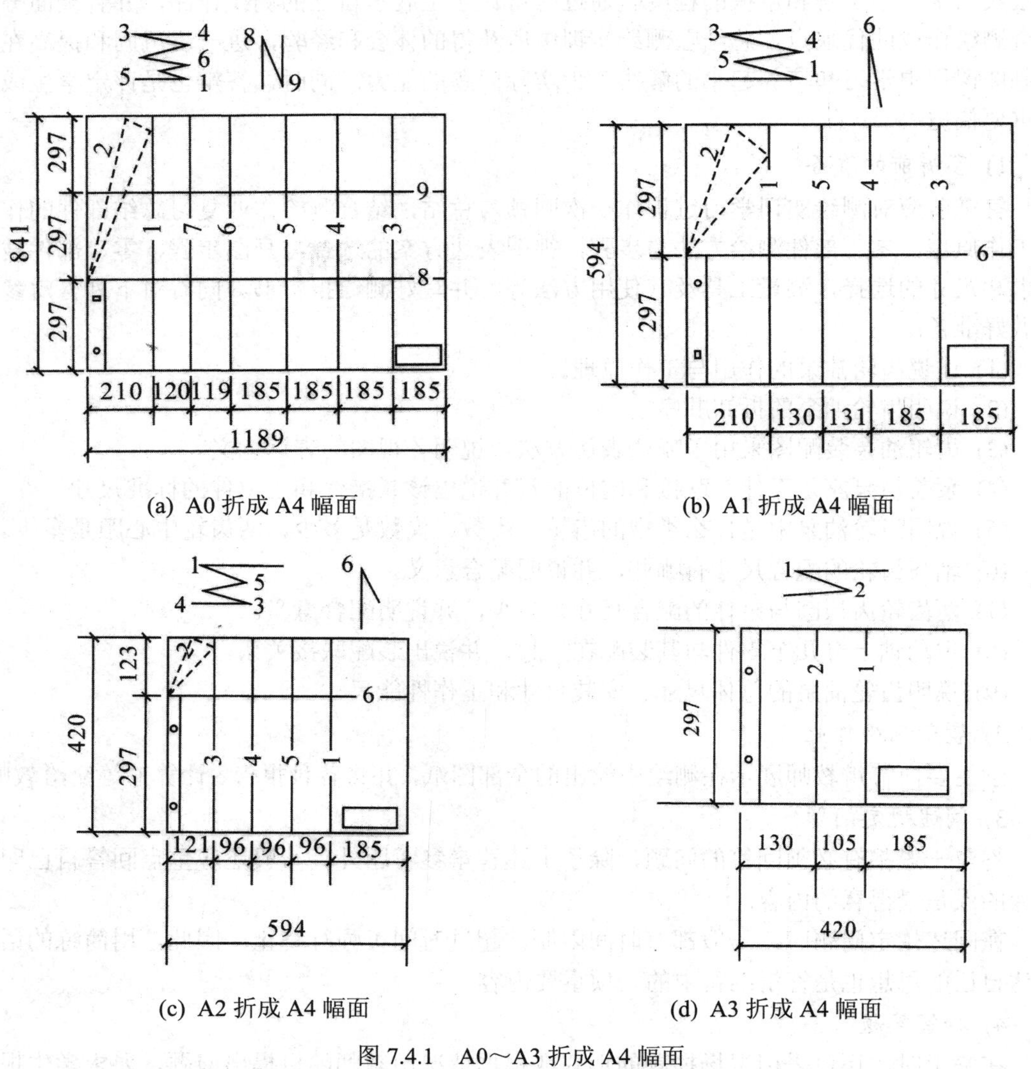

(a) A0 折成 A4 幅面　　(b) A1 折成 A4 幅面

(c) A2 折成 A4 幅面　　(d) A3 折成 A4 幅面

图 7.4.1　A0～A3 折成 A4 幅面

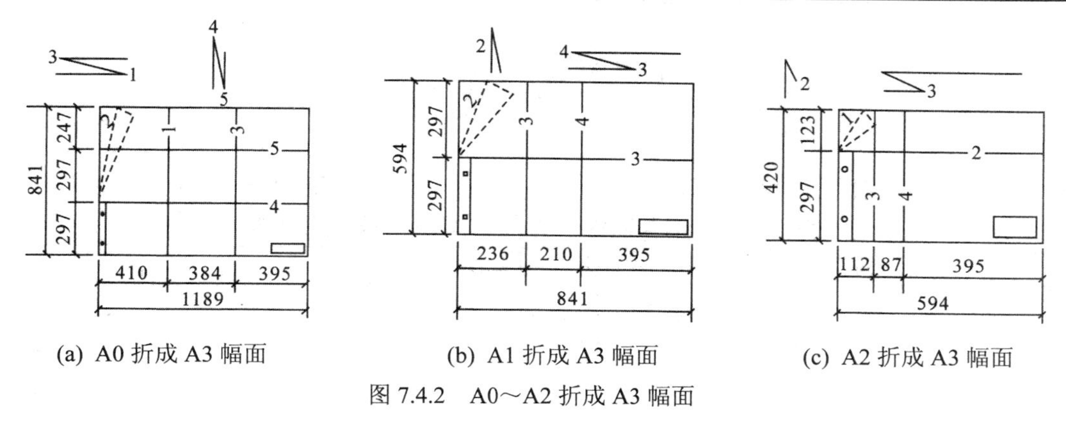

(a) A0 折成 A3 幅面　(b) A1 折成 A3 幅面　(c) A2 折成 A3 幅面

图 7.4.2　A0～A2 折成 A3 幅面

2) 不需装订成册的图纸

不需装订成册的折叠方法有两种：一是先沿标题栏的长边方向折叠，再沿标题栏的短边方向折叠成 A4 或 A3 的规格，使标题栏露在外面；另一是先沿标题栏的短边方向折叠，再沿标题栏的长边方向折叠成 A4 或 A3 的规格，使标题栏露在外面，如图 7.4.3 所示。

加长幅面复制图的折叠方法，可根据标题栏在图纸幅面上的方位，参照上述方法折叠。总之，无论采用何种折叠方法，折叠后复制图上的标题栏应露在外面，以便查找。

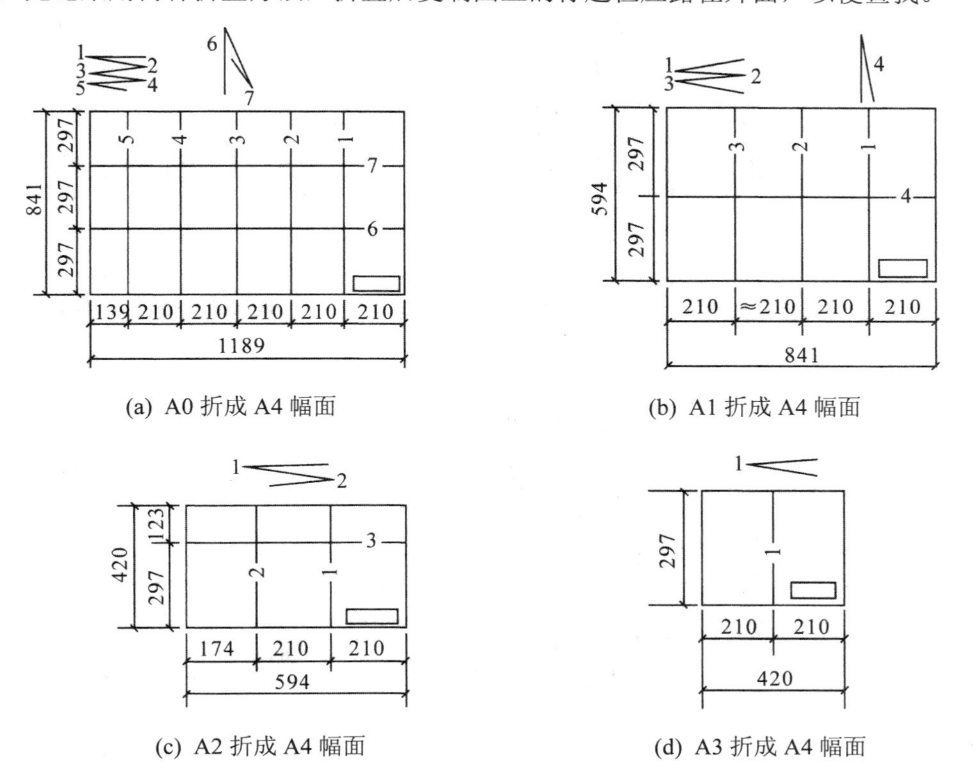

(a) A0 折成 A4 幅面　(b) A1 折成 A4 幅面

(c) A2 折成 A4 幅面　(d) A3 折成 A4 幅面

图 7.4.3　A0～A3 折成 A4 幅面

附录A　普通螺纹

常用普通螺纹直径、螺距(GB/T 193—2003)和基本尺寸(GB/T 196—2003)如表 A.1 所示。

表 A.1　常用普通螺纹直径、螺距和基本尺寸表

公称直径	螺距 P		中径	小径
D、d	粗牙	细牙	D_2、d_2	D_1、d_1
2	0.4		1.740	1.567
		0.25	1.838	1.729
2.5	0.45		2.208	2.013
		0.35	2.273	2.121
3	0.5		2.675	2.459
		0.35	2.773	2.621
4	0.7		3.545	3.242
		0.5	3.675	3.459
5	0.8		4.480	4.134
		0.5	4.675	4.459
6	1		5.350	4.917
		0.75	5.513	5.188
8	1.25		7.188	6.647
		1	7.3503	6.917
		0.75	7.513	7.188
10	1.5		9.026	8.376
		1.25	9.188	8.647
		1	9.350	8.917
		0.75	9.513	9.188
12	1.75		10.863	10.106
		1.5	11.026	10.376
		1.25	11.188	10.647
		1	11.350	10.917
(14)	2		12.701	11.835
		1.5	13.026	12.376
		1	13.350	12.917
16	2		14.70.1	13.835
		1.5	15.026	14.376
		1	15.350	14.917
(18)	2.5		16.376	15.294
		2	16.701	15.835
		1.5	17.026	16.376
		1	17.350	16.917
20	2.5		18.376	17.294
		2	18.701	17.835
		1.5	19.026	18.376
		1	19.350	18.917
(22)	2.5		20.376	19.294
		2	20.701	19.835
		1.5	21.026	20.376
		1	21.350	20.917
24	3		22.051	20.752
		2	22.701	21.835
		1.5	23.026	22.376
		1	23.350	22.917
(27)	3		25.051	23.752
		2	25.701	24.835
		1.5	26.026	25.376
		1	26.350	25.917
30	3.5		27.727	26.211
		2	28.701	27.835
		1.5	29.026	28.376
		1	29.350	28.917
(33)	3.5		30.727	29.211
		2	31.701	30.835
		1.5	32.026	31.376
36	4		33.402	31.670
		3	34.051	32.752
		2	34.7.1	33.835
		1.5	35.026	34.376
(39)	4		36.402	34.670
		3	37.051	35.752
		2	37.701	36.835
		1.5	38.026	37.376
42	4.5		39.077	37.129
		3	40.051	38.752
		2	40.701	39.835
		1.5	41.026	40.376
(45)	4.5		42.077	40.129
		3	43.051	41.752
		2	43.701	42.835
		1	44.026	43.376
48	5		44.752	42.587
		3	46.051	44.752
		2	46.701	45.835
		1.5	47.026	46.376
(52)	5		48.752	46.587
		3	50.051	48.752
		2	50.701	49.835
		1.5	51.026	50.376
56	5.5		52.428	50.046
		4	53.402	51.670
		3	54.051	52.752
		2	54.701	53.835
		1.5	55.026	54.376

说明：公称直径栏中不带括号的均为第一系列，带括号的为第二系列(部分)。

附录 B　常用金属材料的特性及应用

表 B.1　常用黑色金属材料特性及应用

序号	材料名称及牌号		特　　性	应　　用
1	优质碳素结构钢	08F	强度、硬度很低而冷变形塑性很高，生产成本低，深冲压、深拉延的冷加工性能和焊接性能很好，但成分偏析倾向较大，时效敏感性强	常用于生产薄板、钢带、冷拉钢丝，适于制造深冲击、深拉伸等零件，如汽车车身、发动机罩、翼板、盖罩件、各种贮存器具、搪瓷设备等不承受载荷的零件；也用作心部强度要求不高的渗碳、碳氮共渗零件，如套筒、靠模、挡块、支架等
		08	强度和硬度均很低，韧性和塑性很好，深冲压等变形冷加工性能良好，焊接性能良好；淬硬性和淬透性极低，是一种塑性很好的冷冲压钢	供汽车、拖拉机制造中用以制造只要求容易加工成形而不求强度的深冲压或深拉延的覆盖件和焊接构件，也可用于制作心部强度不高而表面硬化的渗碳或碳氮共渗零件，如离合器盘、齿轮等
		08Al	特性和用途与 08 钢的相似，但其塑性和韧性优于 08 钢的	
		10	强度不高，但韧性和塑性很好，焊接性能优良，无回火脆性，焊接性好，在冷状态下，易于挤压成形和压模成形，强度低，在热处理或冷拉处理后切削性能提高，淬透性和淬硬性差	可以用弯曲、冷冲、热压及焊接等多种方法，制作各种负荷小、要求高韧性的零件，如钢管垫片、摩擦片、汽车车身、容器、防护罩、深冲器具、轴承安全架、冷镦螺栓螺母、较小负荷的焊接件；还可制作渗碳件，如齿轮、链滚、套筒、链轮等
		20	焊接性优良，热处理可得到良好的切削加工性，无回火脆性，其强度稍高于 15 钢的	在汽车、拖拉机及一般机器制造业中，多用于制作不太重要的中、小型渗碳、碳氮共渗件，如汽车手制动蹄片、杠杆轴、变速箱变速叉、传动从动齿轮、气阀挺杆及拖拉机上的凸轮轴、悬挂平衡器轴等
		35	具有良好的塑性及一定的强度，切削性良好，适于冷拉、冷镦及冷冲压等冷作加工，焊接性不理想，通常不用于制作焊接件	广泛用于制作各种锻件、热压件、冷拉及冷镦锻的钢材、无缝钢管、负荷较大但截面尺寸较小的各种机械零件，如销轴、曲轴、横梁、连杆、杠杆、星轮、轮圈、垫圈、钩环、螺栓、螺钉等

续表一

序号	材料名称及牌号		特　性	应　用
1	优质碳素结构钢	45	具有较高的强度、一定的塑性和韧性，切削性能良好，调质后可得到很好的综合力学性能，淬透性较差，焊接性不好，冷变形塑性低，是一种较高强度的中碳钢，一般淬火及回火后使用	用于制造较高强度的机械运动零件，如空压机、泵活塞、汽轮机的叶轮、重型机械中的轴、连杆、蜗杆、齿条、齿轮、销子等；因含碳量范围较窄，也很适合高频、火焰淬火，也代替渗碳钢制造表面耐磨零件，如曲轴、齿轮、机床主轴、活塞销、传动轴等；还用于农机中等负荷的轴、脱粒滚筒、链轮、齿轮及钳工工具等
		50	高强度中碳钢，切削性能中等，焊接性差，冷变形时塑性低，淬透性较低，一般淬火及回火后使用	常用于制作耐磨性高、动负荷及冲击作用不大的机械零件，如锻造齿轮、拉杆、轧辊、摩擦盘轴、不重要弹簧、发动机曲轴、机床主轴、农机中掘土犁、翻土板、铲子、重载心轴及轴等
		65Mn	具有高强度和高硬度、弹性良好、淬透性较好，是一种高锰弹簧钢，适于油淬，水淬易产生裂纹，退火后的切削性尚好，冷作变形塑性差，焊接性不好，一般不适于作焊接构件，通常在淬火、中温回火状态下应用	经淬水及低温回火或调质，表面淬火处理，用于制造受摩擦、高弹性、高强度的机械零件，如收割机铲、犁、切碎机切刀、翻土板、整地机械圆盘、机床主轴、机床丝杠、弹簧卡头、钢轨、螺旋滚子轴承的套圈；经淬火、中温回火处理后，用于制造中负荷的板弹簧(厚度 5～15 mm)，螺旋弹簧、弹簧垫圈、弹簧卡环、弹簧发条、轻型汽车离合器弹簧、制动弹簧、气门弹簧等
2	碳素结构钢	Q195	具有良好的韧性，较高的伸长率，焊接性良好	用于载荷小的零件，如制作地脚螺栓、铆钉、炉撑、钢丝网屋面板、低碳钢丝、焊管、薄板、拉杆、犁板、短轴、心轴、垫圈、支架、小负荷凸轮、焊接件等
		Q235A Q235B	韧性良好，有一定的强度和伸长率，铸造性、冲压和焊接性均良好，用作心部强度要求不高的渗碳件或氰化零件	广泛用于制作一般机械零件，如销、轴、拉杆、连杆、套圈、螺栓、螺母、气缸、齿轮、支架、机架及焊接件等

续表二

序号	材料名称及牌号		特性	应用
3	弹簧钢	65Mn	强度高，淬透性好，易产生淬火裂纹，有回火脆性，主要在淬火、中温回火下使用	可用于制作厚度达5～15 mm、受中等载荷的板簧和直径达7～20 mm的螺旋弹簧及弹簧垫圈、弹簧环等，如坐垫弹簧、弹簧发条、弹簧环、气门簧、冷卷簧
		60Si2Mn	强度大，弹性极限好，屈强比高，热处理后韧性好，但焊接性差、冷应变塑性低。热处理时不易过热，有回火稳定性及抗松弛稳定性，无回火脆性，轧制较难，且有深度脱碳	主要在淬火并中温回火下，制作机车、汽车、拖拉机上承受较大负荷的扁形弹簧或线径在30 mm以下的螺旋弹簧，如汽车、拖拉机、机车车辆的板簧、螺旋弹簧、安全阀及止回阀用簧、工作温度低于250℃的耐热弹簧、高应力的重要弹簧
4	低合金高强度结构钢	Q345	有良好的综合力学性能，焊接性能、低温冲击性能、冷冲压及可切削性均好，通常在热轧或正火状态下使用。C、D、E级钢具有良好的低温韧性	广泛用于制作车辆结构件及其他较高载荷的焊接结构件
5	碳素工具钢	T8、T8A	强度和塑性不高、淬透性低，经淬火回火处理后，可得到较高的硬度和良好的耐磨性，热硬性低，承受冲击负荷能力低	用于制造木材加工工具、软金属切削加工工具、软金属切削工具、钳工装配工具、铆钉冲模、虎钳口、弹性垫圈、弹簧片等
		T10 T10A	强度和韧性较高，耐磨性较好，热硬性低，淬透性不好，淬火变形较大，	用于制造切削条件较差，耐磨性较高，但振动不大，要求韧性及刃锋的工具，如车刀、钻头、丝锥、刨刀、扩孔刀具、铣刀、切纸机刀具、冷切边模、冲孔模、卡板量具等
6	汽车梁用钢板	10TiL	具有优良的冷成型性能	主要用于制造汽车纵梁、横梁，发动机支架等
		09SiVL	具有优良的冷成型性、焊接性和抗疲劳性能	用于制造汽车车厢纵梁、横梁、车架横梁、车轮轮辋和轮辐等
		16MnL	强度高、韧性好	主要用于制造汽车纵梁、横梁等
7	合金结构钢	40Cr	调质处理可得到良好的综合力学性能、低温冲击性，淬透性良好，油淬可提高疲劳强度，水淬时，复杂形状零件易裂纹，冷弯塑性中等	经调质处理后可用于制造中速、中载的零件，如机床齿轮、轴、蜗杆、花键轴、顶针套等；调质并表面高频淬火后用于制造表面高硬度、高耐磨的零件，如齿轮、轴、主轴、曲轴、心轴套筒、销子、连杆、进气阀、螺钉等淬火及中温回火用于制造重载、中速冲击的零件，如油

续表三

序号	材料名称及牌号		特　性	应　用
7	合金结构钢	40Cr	热处理后切削性能良好，焊接性不佳。一般在调质状态下使用，也可碳氮共渗和高频淬火，是应用最多的一种合金结构钢	泵转子、滑块、齿轮、主轴套等；淬火及低温回火后用于制造重载、低冲击、耐磨的零件，如蜗杆、轴类、套等；碳氮处理制造尺寸较大、低温韧性较高的传动零件，如轴、齿轮等；可代替 40Cr 使用的钢有 40MnB、45MnB、35SiMn、42SiMn 等
		35SiMn	性能良好，调质处理后具有高的静强度、疲劳强度和耐磨性，韧性及淬透性良好，冷变形时塑性中等，切削性良好，焊接性能差，可以代替 40Cr 或部分代替 40CrNi 使用。	在调质状态下制造中速、中负荷的零件，在淬火回火状态下用于制造高负荷、小冲击的零件，截面较大、表面淬火的零件，如汽轮机的主轴和轮毂、叶轮以及各种重要紧固件、传动轴、主轴、连杆、心轴、齿轮、蜗杆、曲轴、发电机轴、飞轮、各种锻件、锄铲柄、犁镶、薄壁无缝钢管等。
		42SiMn	强度、耐磨性及淬透性均稍优于 35SiMn 的，其他性能与 35SiMn 的相近；强度和耐磨性比 40Cr 的好，可以代替 40CrNi 使用	在高频淬火及中温回火状态下，用于制造中速、中载的齿轮传动件；在调质后高频淬火、低温回火状态下，用于制作较大截面、表面高硬度、较高耐磨性的零件，如齿轮、主轴、轴等；在淬火后低、中温回火状态下，用于制造中速、重载的零件，如主轴、齿轮、液压泵转子、滑块等
		40MnB	具有高强度、高硬度、良好的韧性和塑性，经高温回火后，其低温冲击韧性良好，调质或淬火低温回火后，承受动载荷能力有所提高，淬透性良好，冷热加工性良好，工作温度范围为–20～425℃，一般在调质状态下使用	用于制造拖拉机、汽车及其他通用机械中重要的中、小尺寸调质零件，如汽车半轴、转向轴、花键轴、蜗杆、机床轴、齿轴等；可代替 40Cr 制造较大截面的零件，如卷扬机中轴；还可代替 40CrNi 用于制造小尺寸零件
		45MnB	强度和淬透性均高于 40Cr 的，塑性和韧性略低，热加工和切削加工性良好，热处理变形小	用于代替 40Cr、45Cr 和 45Mn2，制造中、小截面的耐磨调质件及高频淬火零件，如钻床主轴、拖拉机曲轴、机床齿轮、凸轮、花键轴、拔叉、轴套等
		20CrMnTi	渗碳钢，或作调质钢，淬火低温回火后，综合力学性能良好，低温冲击韧性较佳，渗碳可得到良好的抗弯强度和耐磨性，热加工和冷加工性能均较好，是一种用量很大的合金结构钢	用于制造中载或重载，耐冲击、耐磨、高速的汽车、拖拉机重要零件，如齿轮、轮轴、十字轴、蜗杆、爪牙离合器；可以代替 20SiMnVB 使用

续表四

序号	材料名称及牌号		特　　性	应　　用
7	合金结构钢	38CrMoAl	高级氮化钢，具有优良的氮化性能和很高的力学性能，耐热和耐蚀性良好，氮化处理后可得到高表面硬度、高疲劳强度及良好的抗过热性，工作温度不高于500℃，焊接性和淬透性均差，一般在调质及氮化后使用	用于制造高疲劳强度、高耐磨性、热处理后尺寸精度极少降低的小型氮化零件，如气缸套、底盖、活塞螺栓、检验规、精密磨床主轴、车床主轴、搪杆、高精度丝杆、齿轮、高压阀门、汽轮机的调速器、塑料挤压机上的耐磨零件
8	不锈钢	1Cr18Ni9	经冷加工有高的强度，但伸长率比1Cr17Ni7的稍差	多用于装饰部件
		0Cr18Ni9	作为不锈耐热钢使用最广泛	食品用设备、一般化工设备等
		1Cr18Ni9Ti		作焊芯、抗磁仪表、医疗器械、耐酸容器及设备衬里输送管道等设备和零件
		1Cr13	具有良好的耐蚀性、机械加工性	一般用途、刀具类
9	球墨铸铁	QT400−18 QT400−15	(基体组织为铁素体100%) 具有良好的焊接性和可加工性，常温时冲击韧性高，而且脆性转变温度低，同时低温韧性也很好	农机具：重型机引五铧犁、轻型二铧犁、悬挂犁上的犁柱、犁托、犁侧板、牵引架、收割机上的导架、差速器壳、护刃器。 汽车、拖拉机、手扶拖拉机：牵引框、轮毂、驱动桥壳体、离合器壳、差速器壳、离合器拨叉、弹簧吊耳、汽车底盘悬挂件。 通用机械：1.6～6.4 MPa阀门的阀体、阀盖、支架；压缩机上承受一定温度的高低压汽缸、输气管。 其他：铁路垫板、电机机壳、齿轮箱、汽轮壳
		QT450−10	(基体组织为铁素体≥80%) 焊接性、可加工性均较好，塑性略低于QT400-18的，而强度与小能量冲击韧度优于QT400-18的	
		QT500−7	(基体组织为珠光体+铁素体＜80%～50%) 具有中等强度与塑性，切削性尚好	内燃机的机油泵齿轮，汽轮机中温气缸隔板，水轮机的阀门体，铁路机车车辆轴瓦，机器座架、传动轴、链轮、飞轮、电动机架，千斤顶座等
		QT600−3	(基体组织为铁素体+珠光体＜80%～50%) 具有中高强度、低塑性，耐磨性较好	内燃机：柴油机和汽油机的曲轴、部分轻型柴油机和汽油机的凸轮轴、气缸套、连杆、进排气门座。 农机具：脚踏脱粒机齿条、轻负荷齿轮、畜力犁铧。 通用机械：空调机、气压机、冷冻机、制氧机及泵的曲轴、缸体、缸套
		QT700−2 QT800−2	(基体组织为珠光体或回火索氏体) 有较高的强度、耐磨性、低韧性(或低塑性)	
		QT900−2	(基体组织为下贝氏体或回火马氏体、回火托氏体) 有高的强度、耐磨性、较高的弯曲疲劳强度、接触疲劳强度和一定的韧性	农机具：犁铧、耙片、低速农用轴承套圈。 汽车：曲线齿锥齿轮、转向节、传动轴。 拖拉机：减速齿轮。 内燃机：凸轮轴、曲轴

续表五

序号	材料名称及牌号		特　　性	应　　用
10	灰铸铁件	HT150 (铁素体珠光体灰铸铁件)	中等强度铸件，基体组织为珠光体+铁素体(20%)。 铸造性能好，工艺简单；铸造应力小，不用人工时效；有一定的机械强度及良好的减振性。 工作条件为： ① 承受中等应力的零件(弯曲应力小于 9.81 MPa)。 ② 摩擦面间的单位面积压力小于 0.49 MPa 下受磨损的零件。 ③ 在弱腐蚀介质中工作的零件	① 一般机械制造中的铸件，如支柱、底座、罩壳、齿轮箱、刀架、刀架座、普通机床身及其形状复杂、对强度要求不高、不容许有很大变形又不能进行人工时效处理的零件。 ② 滑板、工作台等与较高强度铸铁床身(如 HT200)相摩擦的零件。 ③ 薄壁(质量不大)零件，工作压力不大的管子配件以及壁厚小于等于 30 mm 的耐磨轴套等。 ④ 在纯碱或染料介质中工作的化工零件。 ⑤ 圆周速度 6～12 m/s 的带轮以及其他符合所列条件的零件
10	灰铸铁件	HT200 HT250 (珠光体灰铸铁件)	较高强度铸件，基体组织为珠光体。 强度、耐磨性、耐热性均较好，减振性也良好；铸造性能较好，需进行人工时效处理。 工作条件为： ① 承受较大应力的零件(弯曲应力小于 29.40 MPa)。 ② 摩擦面间的单位面积压力大于 0.49 MPa。 ③ 要求一定的气密性或耐弱腐蚀性介质	① 一般机械制造中较为重要的铸件，如气缸、齿轮、机座、金属切削机床床身及床面等。 ② 汽车、拖拉机的气缸体、气缸盖、活塞、刹车轮、联轴器盘以及汽油机和柴油机的活塞环。 ③ 具有测量平面的检验工件，如划线平板、V 形铁、平尺、水平仪框架等。 ④ 承受 7.85 MPa 以下中等压力的油缸、泵体、阀体以及要求有一定耐腐蚀能力的泵壳、容器。 ⑤ 圆周速度大于 12～20 m/s 的带轮以及其他符合所列条件的零件。 ⑥ 需经表面淬火的零件
		HT300 HT350 (孕育铸铁件)	高强度、高耐磨性铸件，基体组织为 100%珠光体，属于需要采用孕育处理的铸件。 强度高，耐磨性好；白口倾向大，铸造性能差，需进行人工时效处理。 工作条件为： 承受高弯曲应力 (弯曲应力小于 49 MPa)及抗拉应力。 摩擦面间的单位面积压力大于等于 1.96 MPa。 要求保持高度气密性	机械制造中重要的铸件，如床身、导轨、车床、冲床、剪床和其他重型机械等受力较大的床身、机座、主轴箱、卡盘、齿轮、凸轮、衬套；大型发动机的曲轴、气缸体、缸套、缸盖等。 高压的油缸、水缸、泵体、阀体。 镦锻和热锻锻模、冷冲模等。 需经表面淬火的零件。 圆周速度大于 20～25 m/s 的皮带轮以及其他符合所列条件的零件

续表六

序号	材料名称及牌号		特　　性	应　　用
11	可锻铸铁	黑心可锻铸铁 KTH350-10 KTH370-12	有较高的韧性和强度，用于承受较高的冲击、振动及扭转负荷下工作的零件	用于制作汽车、拖拉机上的前后轮壳、差速器壳、转向节壳，农机上的犁刀、犁柱，船用电机壳等
		珠光体可锻铸铁 KTZ450-06 KTZ550-04 KTZ650-02 KTZ700-02	韧性较低，但强度大、硬度高、耐磨性好，且可加工性良好；可代替低碳、中碳、低合金钢及有色合金制造承受较高的动、静载荷，在磨损条件下工作并要求有一定韧性的重要的工作零件	可用于制造曲轴、连杆、齿轮、摇臂、凸轮轴、万向接头、活塞环、轴套、犁刀、耙片等
12	一般工程用铸造碳钢件	ZG270-500	中碳铸钢，有一定的韧性及塑性，强度和硬度较高，切削性良好，焊接性尚可，铸造性能比低碳钢的好	用于制作飞轮、车辆车钩、水压机工作缸、机架、蒸汽锤气缸、轴承座、连杆、箱体、曲拐等
		ZG310-570		用于制作重负荷零件，如联轴器、大齿轮、缸体、气缸、机架、制动轮、轴及辊子
		ZG340-640	高碳铸钢，具有高强度、高硬度及高耐磨性，塑性、韧性低，铸造、焊接性均差，裂纹敏感性较大	用于起重运输机齿轮、联轴器、齿轮、车轮、阀轮，叉头

表 B.2　常用有色金属材料特性及应用

序号	材料名称及牌号		特　　性	应　　用
1	加工铜	T1	有良好的导电、导热、耐蚀和加工性能，可以焊接和钎焊，易引起“氢病”；用作导电、导热、耐蚀器材	用于制造电线、电缆、导电螺钉、爆破雷管、化工用蒸发器、贮藏器及各种管道等。 T1 产品种类有板、带、箔。 T2 产品种类有板、带、箔、管、棒、线
		H65	性能介于 H68 和 H62 之间，有较高的强度和塑性，能良好地承受冷、热压力加工，有腐蚀破裂倾向	用于制作小五金、日用品、中弹簧、螺钉、铆钉和机器零件
		H68	有极为良好的塑性(是黄铜中的最佳者)和较高的强度，切削加工性能好，易焊接，对一般腐蚀非常安定，但易产生腐蚀开裂	用于复杂的冷冲压件和深冲件，如散热器外壳、导管、波纹管、弹壳、垫片、雷管等
		HPb59-1	应用较广的铅黄铜，它的特点是切削性好，有良好的力学性能，能承受冷、热压力加工，易钎焊和焊接，对一般腐蚀有良好的稳定性，但有腐蚀破裂倾向	适用于以热冲压和切削加工制作的各种结构零件，如螺钉、垫圈、垫片、衬套、螺母、喷嘴等

续表一

序号	材料名称及牌号		特　性	应　用
2	铸造铜合金	ZCuSn5Pb5Zn5	耐磨性和耐蚀性好，易加工，铸造性能和气密性较好	适用于在较高负荷、中等滑动速度下工作的耐磨、耐蚀零件，如轴瓦、衬套、缸套、活塞、离合器、泵件压盖、蜗轮等
3	变型铝及铝合金	1060、1050A	这是一组工业纯铝。 具有高的可塑性、耐蚀性、导电性和导热性，但强度低，热处理不能强化，可切削性不好；可气焊、原子氢焊和电阻焊，易承受各种压力加工和引伸、弯曲	用于不承受载荷，但要求具有某种特性，如高的可塑性、良好的焊接性、高的耐蚀性或高的导电、导热性的结构元件。 1060、1050A产品种类有板、箔、管、线。 1035、8A06产品种类有板、型、箔、管、棒、线
		1035、8A06		
		3A21	为Al-Mn系合金，是应用最广的一种防锈铝，这种合金的强度不高(仅稍高于工业纯铝)，不能热处理强化，故常采用冷加工方法来提高它的力学性能；在退火状态下有高的塑性，在半冷作硬化时塑性尚好，冷作硬化时塑性低，耐蚀性好，焊接性良好，切削性能不良	用于要求高的可塑性和良好的焊接性，在液体或气体介质中工作的低载荷零件，如油箱、汽油或润滑油导管、各种液体容器和其他用深拉制作的小负荷零件；线材用作铆钉。 3A21产品种类有板、型、箔、管、棒、线
4	铸造铝合金	ZL101	系铝硅镁系列三元合金。 适用于铸造形状复杂、承受中等负荷的零件，也可用于要求高的气密性、耐蚀性和焊接性能良好的零件，但工作温度不能超过200℃	用于水泵及传动装置壳体、水冷发动机气缸体、抽水机壳体、仪表外壳、汽化器等
		ZL101A	成分、性能和ZL101的基本相同，但其杂质含量低，且加入少量Ti以细化晶粒，故其力学性能比ZL101的有较大程度的提高	应用同ZL101的，主要用于铸造高强度铝合金铸件
		ZL102	系铝硅二元合金。常在铸态或退火状态下使用，适用于铸造形状复杂、承受较低载荷的薄壁铸件，以及要求耐腐蚀和气密性高、工作温度小于等于200℃的零件	用于制作仪表壳体、机器罩、盖子、船舶零件等
		ZL104	系铝硅镁锰系列四元合金。 适用于铸造形状复杂、薄壁、耐腐蚀和承受较高静载荷和冲击载荷的大型铸件，但不宜用于工作温度超过200℃的场所	用于制作水冷式发动机的曲轴箱、滑块和气缸盖、气缸体以及其他重要零件

续表二

序号	材料名称及牌号		特　性	应　用
4	铸造铝合金	ZL106	系铝硅铜镁系列四元合金。 适用于铸造形状复杂、承受高负荷的零件，也可用于要求气密性高或工作温度在225℃以下的零件	用于制作泵体、水冷发动机气缸头等
		ZL107	系铝硅铜三元合金。 用于铸造形状复杂、壁厚不均、承受较高负荷的零件	机架、柴油发动机的附件、汽化器零件、电气设备外壳等
		ZL108	系铝硅铜锰多元合金	主要用于铸造汽车、拖拉的发动机活塞和其他在250℃以下高温中工作的零件，当要求热胀系数小、强度高、耐磨性高时，也可以采用这种合金
		ZL201	系加有少量锰合金	适用于铸造工作温度为175～300℃或室温下承受高负荷、形状不太复杂的零件，也可用于低温下(−70℃)承受高负荷的零件，是用途较广的一种铝合金
		ZL203	易于铸造形状简单、承受中等静负荷或冲击载荷、工作温度不超过200℃并要求可切削加工性能良好的小型零件	适用于制作曲轴箱、支架、飞轮盖等

附录C　常见热处理和表面处理的方法、应用及代号

表C.1　常见热处理和表面处理的方法、应用及代号

名词	代号	说　明	应　用
退火	5111	将钢件加热到临界温度以上(一般是710～715℃，个别合金钢800～900℃)30～50℃，保温一段时间，然后缓慢冷却(一般在炉中冷却)	用来消除铸、锻、焊零件的内力，降低硬度，便于切削加工，细化金属晶粒，改善组织，增加韧性
正火	5121	将钢件加热到临界温度以上，保温一段时间，然后在空气中冷却，冷却速度比退火速度快	用来处理低碳和中碳结构钢及渗碳零件，使其组织细化，增加强度与韧性，减少内应力，改善切削性能
淬火	5131	将钢件加热到临界温度以上，保温一段时间，然后在水、盐水或油中(个别材料在空气中)急速冷却，使其得到高硬度	用来提高钢的硬度和强度极限，但淬火会引起内应力使钢变脆，所以淬火后必须回火
回火	5141	回火是将淬火的钢件加热到临界点以下的温度，保温一段时间，然后在空气中或油中冷却下来	用来消除淬火后的脆性和内应力，提高钢的塑性和冲韧性
调质	5151	淬火后在450～650℃进行高温回火，称为调质	用来使钢获得高的韧性和足够的强度。重要的齿轮、轴及丝杆等零件是调质处理的
表面淬火	5212 或 5213	用高频电流或火焰将零件表面迅速加热至临界温度以上，急速冷却	使零件表面获得高硬度，而心部保持一定的韧性，使零件既耐磨又能承受冲击。表面淬火常用来处理齿轮等
渗碳淬火	5311	在渗碳剂中将钢件加热到900～950℃，停留一定时间，将碳渗入钢表面，深度为0.5～2 mm，再淬火后回火	增加钢件的耐磨性能、表面强度、抗拉强度及疲劳极限。适用于低碳、中碳结构钢的中小型零件
渗氮	5340	氮化是在500～600℃、在通入氨的炉子内加热，向钢的表面渗入氮原子的过程。氮化层为0.025～0.8 mm，氮化时间需40～50 h	增加钢件的耐磨性能、表面硬度、疲劳极限和抗蚀能力。适用于合金钢、碳钢、铸铁件，如机床主轴、丝杆以及在潮湿碱水和燃烧气体介质的环境中工作的零件
碳氮共渗	5320	在820～860℃的炉内通入碳和氮，保温1～2h，使钢件的表面同时渗入碳、氮原子，可得到0.2～0.5 mm的氰化层	增加表面硬度、疲劳强度、耐磨性和耐蚀性。用于要求硬度高、耐磨的中、小型及薄片零件和刀具等
固溶处理，时效	5181	低温回火后，精加工之前，加热到100～160℃，保持10～40 h。对铸件也可用天然时效(放在露天中一年以上)	使工件消除内应力和稳定形状。用于量具、精密丝杆、床身导轨、床身等
发黑	发黑	将金属零件放在很浓的碱和氧化剂溶液中加热火氧化，使金属表面形成一层氧化铁所组成的保护性薄膜	美观、防腐蚀。用于一般连接的标准件和其他电子类零件

附录 D　典型零件的表面粗糙度数值的选择

表 D.1　典型零件的表面粗糙度数值的选择

表面特征	部位		表面数值粗糙度 *R*a 不大于/μm			
滑动轴承的配合表面	表面		公差等级			液体摩擦
			IT7～IT9		IT11～IT12	
	轴		0.2～3.2		1.6～3.2	0.1～0.4
	孔		0.4～1.6		1.6～3.2	0.2～0.8
带密封的轴颈表面	密封方式		轴颈表面速度/(m/s)			
			≤3	≤5	>5	≤4
	橡胶		0.4～0.8	0.2～0.4	0.1～0.2	
	毛毡					0.4～0.8
	迷宫		1.6～3.2			
	油槽		1.6～3.2			
圆锥结合	表面		密封结合		定心结合	其他
	外圆锥表面		0.1		0.4	1.6～3.2
	内圆锥表面		0.2		0.8	1.6～3.2
螺纹	类别		螺纹精度等级			
			IT4		IT5	IT6
	粗尺普通螺纹		0.4～0.8		0.8	1.6～3.2
	细牙普通螺纹		0.2～0.4		0.8	1.6～3.2
键结合	结合形式		键		轴槽	毂槽
	工作表面	沿毂槽移动	0.2～0.4		1.6	0.4～0.8
		沿轴槽移动	0.2～0.4		0.4～0.8	1.6
		不动	1.6		1.6	1.6～3.2
	非工作表面		6.3		6.3	6.3
矩形齿花键	定心方式		外径		内径	键侧
	外径 *D*	内花键	1.6		6.3	3.2
		外花键	0.8		6.3	0.8~3.2
	内径 *d*	内花键	6.3		0.8	3.2
		外花键	3.2		0.8	0.8
	键宽 *b*	内花键	6.3		6.3	3.2
		外花键	3.2		6.3	0.8～3.2

续表

<table>
<tr><td>表面特征</td><td colspan="2">部位</td><td colspan="6">表面数值粗糙度 Ra 不大于/μm</td></tr>
<tr><td rowspan="5">齿轮</td><td colspan="2" rowspan="2">部位</td><td colspan="6">齿轮精度等级</td></tr>
<tr><td>IT5</td><td>IT6</td><td>IT7</td><td>IT8</td><td>IT9</td><td>IT10</td></tr>
<tr><td colspan="2">齿面</td><td>0.2～0.4</td><td>0.4</td><td>0.4～0.8</td><td>1.6</td><td>3.2</td><td>6.3</td></tr>
<tr><td colspan="2">外圆</td><td>0.8～1.6</td><td>1.6～3.2</td><td>1.6～3.2</td><td>1.6～3.2</td><td>3.2～6.3</td><td>3.2～6.3</td></tr>
<tr><td colspan="2">端面</td><td>0.4～0.8</td><td>0.4～0.8</td><td>0.8～3.2</td><td>0.8～3.2</td><td>3.2～6.3</td><td>3.2～6.3</td></tr>
<tr><td rowspan="7">蜗轮蜗杆</td><td colspan="2" rowspan="2">部位</td><td colspan="6">蜗轮蜗杆精度等级</td></tr>
<tr><td>IT5</td><td>IT6</td><td>IT7</td><td>IT8</td><td colspan="2">IT9</td></tr>
<tr><td rowspan="3">蜗杆</td><td>齿面</td><td>0.2</td><td>0.4</td><td>0.4</td><td>0.8</td><td colspan="2">1.6</td></tr>
<tr><td>齿顶</td><td>0.2</td><td>0.4</td><td>0.4</td><td>0.8</td><td colspan="2">1.6</td></tr>
<tr><td>齿根</td><td>3.2</td><td>3.2</td><td>3.2</td><td>3.2</td><td colspan="2">3.2</td></tr>
<tr><td rowspan="2">蜗轮</td><td>齿面</td><td>0.4</td><td>0.4</td><td>0.8</td><td>1.6</td><td colspan="2">3.2</td></tr>
<tr><td>齿根</td><td>3.2</td><td>3.2</td><td>3.2</td><td>3.2</td><td colspan="2">3.2</td></tr>
<tr><td rowspan="5">链轮</td><td colspan="2" rowspan="2">部位</td><td colspan="6">精　度</td></tr>
<tr><td colspan="3">一般</td><td colspan="3">高</td></tr>
<tr><td colspan="2">链齿工作表面</td><td colspan="3">1.6～3.2</td><td colspan="3">0.8～1.6</td></tr>
<tr><td colspan="2">齿底</td><td colspan="3">3.2</td><td colspan="3">1.6</td></tr>
<tr><td colspan="2">齿顶</td><td colspan="3">1.6～6.3</td><td colspan="3">1.6～6.3</td></tr>
<tr><td rowspan="3">带轮</td><td colspan="2"></td><td colspan="6">带轮直径/mm</td></tr>
<tr><td colspan="2" rowspan="2">带轮工作表面</td><td colspan="2">≤120</td><td colspan="2">≤300</td><td colspan="2">>300</td></tr>
<tr><td colspan="2">0.8</td><td colspan="2">1.6</td><td colspan="2">3.2</td></tr>
</table>

参 考 文 献

[1] 朱辉，等. 画法几何及工程制图. 上海：上海科学技术出版社，2007.
[2] 唐克中，朱同钧. 画法几何及工程制图. 北京：高等教育出版社，2009.
[3] 郑阿奇，丁有和. 新编 AutoCAD 实训. 北京：电子工业出版社，2013.
[4] 孙开元，郝振洁. 机械制图工程手册. 2 版. 北京：电子工业出版社，2018.
[5] 刘立平. 制图测绘与 CAD 实训. 上海：复旦大学出版社，2015.
[6] 裴承慧，刘志刚. 机械制图测绘实训. 北京：机械工业出版社，2017.
[7] 刘雪玲，黄艳. 制图测绘与 AutoCAD 综合训练指导. 大连：大连理工大学出版社，2013.
[8] 金茵. 机械制图测绘指导书(加工制造类). 北京：中国水利水电出版社，2012.
[9] 王旭东，周岭. 机械制图零部件测绘. 广州：暨南大学出版社，2018.
[10] 秦永德. 机器测绘：齿轮油泵零部件测绘. 北京：北京理工大学出版社，2012.
[11] 郑建中. 机器测绘技术. 北京：机械工业出版社，2017.
[12] 傅成昌，傅晓燕. 几何量公差与技术测量. 北京：石油工业出版社，2013.
[13] 孙开元，许爱芬. 机械制图与公差测量速查手册. 2 版. 北京：化学工业出版社，2012.
[14] 蒋继红，姜亚南. 机械零部件测绘. 2 版. 北京：机械工业出版社，2018.
[15] 王克，张军民. 新版五金手册. 郑州：河南科学技术出版社，2014.